AF343373

ÉTUDES GÉOLOGIQUES

DANS LES ALPES.

IMPRIMERIE D'HIPPOLYTE TILLIARD,

RUE SAINT-HYACINTHE-SAINT-MICHEL, 30.

ÉTUDES

GÉOLOGIQUES

DANS LES ALPES

PAR M. L. A. NECKER.

TOME PREMIER.

PARIS

CH. PITOIS, ÉDITEUR

LANGLOIS ET LECLERCQ, LIBRAIRES

SUCCESSEURS DE PITOIS-LEVRAULT ET C.ie

RUE DE LA HARPE, 81.

STRASBOURG, V.e LEVRAULT, LIBRAIRE.

1841

PRÉFACE.

L'ouvrage dont je publie maintenant le premier volume
est le résultat d'un travail sur la chaîne des Alpes, ainsi
que sur certaines portions de ses bases, que j'ai commencé
dès ma jeunesse et dont je n'ai jamais cessé dès lors de m'occuper. A ceux qui n'ont pas suivi les progrès immenses qu'a
faits la géologie depuis le commencement de ce siècle, et
plus particulièrement encore dans ces dernières années, il
pourrait sembler qu'après de Saussure, et peut-être aussi
après ce qu'en ont dit Ebel, Escher et le grand nombre de
géologues qui ont parlé des Alpes, il ne reste plus rien à apprendre sur ces montagnes et sur les terrains qui les environnent. Ainsi donc celui qui aujourd'hui annonce une
suite de volumes destinés à présenter des faits nouveaux, des
considérations encore inédites sur un sujet en apparence
aussi épuisé, risque bien d'être taxé d'une grande présomption. Sûrement nul ne peut être plus exposé à un pareil reproche que le petit-fils de celui dont l'immortel ouvrage sur
le même sujet n'a jamais été et ne sera jamais égalé pour
la réunion si rare de l'exactitude parfaite des détails avec la
grandeur et la profondeur des vues générales, la sagesse admi-
rable dans les déductions et les hypothèses, et surtout pour
l'étendue et la difficulté de l'entreprise et pour le nombre
prodigieux de travaux de tout genre, toujours pénibles et très
souvent dangereux, qu'une pareille entreprise nécessitait.

Il m'est donc imposé, dès l'entrée, l'obligation d'expliquer pourquoi l'ouvrage que je commence ici n'est pas une

œuvre inutile ; comment, en s'attachant surtout aux parties de la chaîne que de Saussure n'avait pas visitées et à celles auxquelles sa prédilection bien connue pour les terrains primitifs et centraux, ceux qui forment les sommités les plus élevées de cette chaîne, ne lui avait pas permis de donner le même temps et la même attention ; comment des faits nouveaux ont pu être recueillis ; comment, enfin, par le perfectionnement de la nomenclature et de la classification des roches et des fossiles, par celui des méthodes d'observation, par l'introduction de nouveaux points de vue, de nouvelles idées, fruits de l'énorme extension qu'ont prises nos connaissances de la structure de l'écorce terrestre dans les deux hémisphères, une nouvelle ère s'étant ouverte pour la géologie, de nouveaux travaux sur les Alpes, de nouvelles recherches sur la structure de cette vaste chaîne, faites dans toute son étendue en longueur, étaient devenues un besoin impérieux pour la science.

Il eût été sans doute à désirer qu'une main plus habile eût entrepris ce travail, et y eût consacré encore plus de temps que je n'ai pu le faire ; mais au point de ma carrière où je suis arrivé, n'ayant plus beaucoup de temps devant moi, j'ai cru que le moment était venu de répondre à l'appel dont depuis longtemps m'ont honoré des géologues éminents, qui, persuadés qu'il existait là une lacune à remplir, et voyant par quelques notices abrégées des découvertes les plus saillantes qui s'étaient offertes à moi dans le cours de ces travaux, et auxquelles je m'étais hâté de donner de la publicité, que je m'occupais de ce sujet, m'avaient dans leurs ouvrages invité à ne pas trop tarder à publier le résultat de mes études.

Il est nécessaire aussi que je fasse connaître et les régions qui ont fait l'objet de mes investigations, et les moyens ainsi que les méthodes d'observation que j'ai employés, afin qu'on juge du degré de confiance que méritent les résultats que je présente maintenant, et qu'on ait une idée de l'étendue des travaux entrepris.

Déjà familiarisé depuis bien des années avec les hautes Alpes, dont j'avais parcouru diverses parties, en suivant pied à pied les descriptions de mon aïeul, et m'étant formé à ses idées, à sa nomenclature, en même temps qu'à la synonymie des géologues de l'école de Werner; ayant aussi considéré les portions de la chaîne centrale, naturellement les premières à éveiller la curiosité de celui qui débute dans la carrière, sous le point de vue alors nouveau de l'école d'Hatton, que je venais d'étudier en Écosse, je ne tardai pas à me convaincre que la chaîne centrale, objet spécial, comme je l'ai dit, des recherches de de Saussure, avait moins besoin pour le moment d'être étudiée de nouveau que bien d'autres parties des Alpes. Aussi, dès l'année 1821, je me prescrivis d'abord un examen méthodique et détaillé de toutes les montagnes et de toutes les couches dont se compose le versant septentrional des Alpes, près de Genève, en y joignant, comme c'était naturel, l'examen des terrains moins élevés qui entourent la portion occidentale du lac Léman; je m'astreignis enfin à parcourir à pied tout cet espace, afin d'être sûr de ne laisser échapper aucune occasion d'observer et de connaître.

A cet effet, j'entrepris chaque année deux excursions géologiques au moins, chacune plus ou moins prolongée. La première se faisait au commencement de l'été, dans les portions les plus extérieures et les moins hautes de la chaîne; et, quoiqu'on puisse croire que l'étude de ces basses montagnes ne dût être qu'un jeu en comparaison de celles que je poursuivais plus tard dans la saison au milieu des monts très élevés qui avoisinent la chaîne centrale, je puis dire avec vérité que j'ai presque toujours éprouvé plus de fatigue et de peine en escaladant sous un ardent soleil de juin ou du commencement de juillet les arides rochers calcaires dont la blancheur éclatante réverbère de toutes parts les rayons solaires, les talus rapides, les ravins pierreux, tous formés de fragments anguleux et tranchants, dans une atmosphère brûlante qu'aucun souffle de vent ne venait rafraîchir et qu'aucun cours d'eau ne tempérait, sur ces monts élevés tout au plus de 16 à 1800 mètres, que je n'en ai ressenti au mois d'août sur des sommités qui atteignent et surpassent même 2,000 à 3,000 mètres. Là, en effet, l'air a une fraîcheur et une élasticité qui soutient la marche, et qui a été plus d'une fois célébrée par les amateurs des montagnes; là, de frais gazons émaillés de fleurs, traversés par d'abondants ruisseaux; là, des neiges éparses, des glaciers encore peu considérables, il est vrai, ne permettent pas à l'été d'y déployer une ardeur incommode; là enfin, vu la nature du sol, ordinairement argileux et schisteux, les pentes sont en général plus douces, et les montées, quoique bien plus prolongées, sont moins harassantes.

Il y a plus, et si l'on osait parler de dangers dont personne ne vous tiendrait compte, tant ces monts extérieurs, à en juger par leur hauteur, soit absolue, soit comparée à celle des formidables colosses des hautes Alpes, paraissent peu redoutables, je dirais qu'il y a peut-être plus de dangers à braver en poursuivant une couche coquillée au milieu d'énormes escarpements calcaires, parfaitement verticaux dans certaines portions de ces basses montagnes, que dans bien des cimes plus élevées et plus rapprochées du centre de la chaîne. Maintes fois je me suis vu obligé de suivre de petits sentiers de chèvres, larges à peine de 16 centimètres,

et qui étaient les seuls points où l'on pût poser le pied
sur de rapides talus de gazon glissant, sous peine d'être
irrévocablement précipité du haut d'un roc vertical de
400 mètres d'élévation où venaient aboutir ces talus.

A peu près à la même époque où je commençai l'étude
détaillée de la portion occidentale de la chaîne des Alpes,
j'entrepris une étude analogue vers son extrémité orientale,
et parcourus à plusieurs reprises l'Istrie, les environs de
Trieste, la plus grande partie de la Carniole, une portion
de la Carinthie et de la Styrie, et poussai mes excursions et
mes recherches, d'une part, au midi, dans la Croatie litto-
rale, jusqu'à Segna, à l'entrée de la Morlaquie ; de l'autre,
au nord, dans la basse Autriche, jusqu'à Vienne, cherchant, comme dans les Alpes de la Suisse et de la Savoie,
à étudier complétement, district par district, les différentes
couches qui s'offraient à l'observation, particulièrement
dans l'Istrie, dans la Carniole et quelques portions de la
Carinthie. Je revins plusieurs années, presque consécutives,
dans ces régions, et visitai souvent plusieurs fois les mêmes
localités lorsqu'elles ne me parurent pas suffisamment examinées.

Cependant, quoique ces travaux de détail, entrepris
ainsi sur deux des points les plus opposés de cette longue
chaîne, pussent avoir certainement de l'intérêt, ils auraient manqué de cette liaison entre eux qui seule pouvait
conduire à connaître la structure générale de la chaîne
entière, si les régions intermédiaires étaient demeurées
inconnues en tout ou du moins en très grande partie. Ce
furent de pareilles considérations qui me déterminèrent,
en 1828, à consacrer un été tout entier, depuis mai à septembre, à entreprendre la reconnaissance géologique de la
plus grande partie des vallées qui, entre la Savoie et Trieste,

viennent, sur le versant méridional de la chaine, atteindre les plaines du nord de l'Italie. Mais, je le répète, ce ne fut là qu'une simple reconnaissance, un voyage géologique, et non, comme aux deux extrémités de la chaine, une étude détaillée des terrains et des localités qui les présentent. Malgré cela, comme ces recherches remplirent le but que je m'étais proposé, et comme ce sont encore jusqu'à ce jour à peu près les seuls documents qui existent sur bien des points de cette portion si étendue et si intéressante des Alpes, je n'hésiterai pas, quelque incomplètes et imparfaites qu'elles soient, à publier leurs résultats.

Dans le cours de ce voyage, je traversai, rapidement il est vrai, toute la Tarentaise, le Petit-Saint-Bernard, toute la Val d'Aoste; je visitai les environs d'Ivrée, ceux de Traverselle et de Brosso, et me rendis par Biele dans la Val Sesia, puis sur les bords du lac d'Orta et sur ceux du lac Majeur. Ceux-ci, ainsi que les rives des lacs de Côme et de Lugano, m'avaient déjà fourni auparavant, et m'ont offert dès lors à diverses reprises, des objets d'étude d'un grand intérêt que je ferai connaître. Les environs de Lecco, ceux de Bergame et de Breccia, une partie considérable des vallées Sériana, Camonica, Trompia, le lac d'Isco, Vérone et l'extrémité méridionale de la vallée de l'Adige, furent visités. J'entrai ensuite dans le Vicentin, où, près de Recoaro et de Schio, je vérifiai une grande partie des observations de M. Maraschini; et plusieurs des gisements si remarquables et si importants découverts par M. Pasini me furent montrés par cet industrieux géologue. De là, par Bassano, et avec les utiles directions de M. Parolini et de M. le professeur Catullo, je remontai la vallée de la Piave, par Feltre et Bellune, jusqu'à Piève di Cadore; et, après avoir de là contemplé les cimes dolomitiques imposantes du Pelmo et de l'Antelao, couvertes de neiges et de glaces éternelles, j'entrai par le col de la Maura dans la vallée du Tagliamento, que je suivis jusqu'à son débouché dans la plaine. J'avais ainsi atteint les terrains des environs de Trieste et des frontières méridionales de la Carniole, et rempli partiellement mon but.

Il me restait encore à reconnaître, plus au nord sur le même versant, les contrées qui lient la haute Carniole et la Carinthie avec les montagnes de la Suisse méridionale. Traversant donc depuis Trieste toute la Carniole jusqu'à Klagenfurt] et à Villach, je remontai de là la vallée de la Drave, et, par Innikin et Brixen, arrivai dans le Tyrol méridional. Quoique la carte géologique et les Mémoires de M. de Buch aient déjà jeté une vive lumière sur cette région, l'une des plus importantes et des plus intéressantes des Alpes, je pus pourtant encore y recueillir des observations nombreuses et qui ne me semblent pas dépourvues d'utilité, surtout dans la vallée de Fassa, déjà renommée pour la variété et la beauté de ses minéraux, mais que les curieux phénomènes géologiques qu'elle présente dans toute son étendue, y compris la vallée de Fiemme, que M. le comte Marzari Pencati a fait connaître le premier, rendent digne de l'attention la plus assidue des géologues.

Passant ensuite par Botzen et Méran, je traversai le mont Stilvio, le passage le plus élevé de toutes les Alpes qui ait été rendu praticable aux voitures, puisque le point culminant de la route s'élève fort au-dessus des glaciers et atteint la hauteur absolue de 2,730 mètres, et en même etmps la limite des neiges éternelles. Arrivé là à l'extrémité supérieure de la Valteline, je descendis cette longue vallée longitudinale jusqu'à son débouché dans le lac de Côme. J'ai essayé, dans la *Bibliothèque universelle*, octobre 1829, de donner une faible esquisse des phénomènes géologiques du plus haut intérêt qu'offre toute cette route, qui suit un axe principal de soulèvement mis à découvert par l'excavation de cette profonde vallée. Là, sur cette terre encore vierge pour les géologues, je me trouvai, entre Bormio et Tirano, et non sans étonnement, au milieu de masses centrales de granit plutonique qui poussaient de nombreux filons dans les gneiss adjacents; plus loin, vers Buladoro et La Prese, c'étaient des syénites hypersténiques pleines de grosses masses et de cristaux volumineux d'hyperstène métalloïde; plus au midi encore, après Tirano, et à Casace, c'étaient des protogines granitoïdes qui s'élevaient au milieu des schistes talqueux. Mais, voyageant rapidement, je ne pus prendre qu'une idée très superficielle de cette Valteline si curieuse et si digne qu'un géologue consacre tout son temps à l'examen détaillé de tous les faits importants qu'elle présente.

Cependant j'avais encore une fois rempli l'objet de mon voyage, en rattachant sur une ligne nouvelle les observations géologiques que j'avais faites en Carniole à celles que je continuais de faire dans les Alpes de la Suisse et de la Savoie : car, après 1829, je ne me reposai point, et je vis encore une partie de l'Istrie et de l'Illyrie que je n'avais pas parcourue ; et j'étendis en outre mes reconnaisances géologiques sur plusieurs points remarquables du versant septentrional des Alpes. J'avais déjà traversé bien des fois le Mont-Cénis et la Maurienne; mais je revins étudier un peu plus soigneusement la Tarentaise, et particulièrement quelques-unes de ses riches mines, ainsi que les remarquables gisements d'anthracite et de schistes à empreintes végétales et ceux de bélemnites, découverts peu de temps auparavant, par M. Élie de Beaumont, à Petit-Cœur, près de

Moutiers. Les passages du Grimsel, du Saint-Gothard, du Splugen, furent aussi visités, ainsi que le Grindelwald ; enfin, plus récemment, je parcourus de nouveau la vallée de Saint-Nicolas dans le Valais, et remontai celle de Saas ; je m'élevai jusqu'à Saint-Théodule sur le col du Mont-Cervin, au pied de ce formidable obélisque, à la hauteur absolue de 3,410 mètres ; et je visitai à la même époque (1837) le revers méridional de la chaîne du Grindelwald, celui qui forme la berge droite ou septentrionale de la vallée longitudinale du Valais.

Mais ma santé fort altérée m'avait appelé à aller chercher du soulagement dans le climat insulaire et tempéré de l'Écosse ; et me retrouvant là sur le théâtre de mes premières études géologiques, je cherchai à profiter de ce temps et des connaissances antérieurement acquises pour me livrer à de nouvelles explorations sur ce sol classique pour la géologie. Ces nouvelles recherches n'étaient pourtant pas étrangères à mon travail sur les Alpes. Il me semblait utile de chercher là, dans cette vieille chaîne du nord, soulevée si longtemps avant les Alpes, et depuis si longtemps aussi exposée à l'action destructive des éléments qui en ont disséqué et mis au jour l'intérieur, d'y chercher, dis-je, par la comparaison, de nouvelles lumières sur ce que doit être l'état et la structure de l'intérieur de ces chaînes alpines, intérieur que leur jeunesse relative, si je puis le dire, et par conséquent leur intégrité ou leur conservation, cache au regard de l'observateur.

Aussi de longs séjours dans les îles d'Arran et de Sky, des voyages dans les portions les plus septentrionales de l'Écosse, dans les Orcades, et surtout dans l'archipel des îles Schetland que j'ai parcourues l'année, passée 1839, jusqu'à l'extrémité de l'île d'Unst, la plus boréale de toutes, m'ont mis en possession de bien des faits nouveaux et inattendus qui me paraissent jeter un grand jour sur la véritable nature et le gisement des protogines et des serpentines de la chaîne centrale des hautes Alpes ; car Unst m'a offert des protogines tout à fait analogues à celles des aiguilles de Chamouni , mais bien autrement placées que celles qui forment ces colosses ; et en même temps j'y ai retrouvé, ainsi que dans l'île de Fetlar qui l'avoisine, d'énormes masses de serpentine associées aux mêmes schistes, aux mêmes calcaires, aux mêmes roches de quartz que celles que j'avais étudiées deux ans auparavant au col du Mont-Cervin.

La persuasion que la lumière devait jaillir de semblables comparaisons entre les différentes chaînes de montagnes était si forte à mes yeux, que, ne pouvant les parcourir toutes, j'ai du moins cherché dans l'étude approfondie des descriptions les plus authentiques que j'ai pu trouver des diverses chaînes qui s'élèvent à la surface du globe, les données qui m'étaient nécessaires ; et l'on verra que, dans le cours de cet ouvrage , j'ai fait un fréquent usage de nos connaissances actuelles dans la géographie géologique.

D'après ce qui précède, on peut juger approximativement de l'étendue qu'aura ce long ouvrage, des sujets qui y seront traités , et en même temps de ses principales grandes divisions. Celles-ci sont au nombre de trois : 1° Une description détaillée des terrains et des principaux accidents du sol aux environs de Genève ; je me suis en effet imposé comme une loi générale l'obligation de ne jamais séparer la géologie des portions de la géographie physique qui sont intimément liées à cette science. 2° Une description presque aussi détaillée de l'Istrie et des parties de la Carniole et de la Carinthie que j'ai étudiées : à chacune de ces deux divisions se rattacheront naturellement les reconnaissances géologiques

faites dans les districts rapprochés de ces deux régions différentes. 3° Les reconnaissances géologiques entreprises sur le
versant méridional de la chaîne des Alpes, et destinées à
former la liaison entre les deux premières parties de ce travail. Les détails que je viens de présenter sur la marche que
j'ai suivie dans cette exploration ont dû déjà donner une
idée des sujets dont se composera cette troisième partie.

J'aurais désiré compléter cet ouvrage par une reconnaissance analogue sur le versant septentrional, entre la Suisse
et Vienne ; mais l'existence des nombreux documents pu-
bliés sur cette région par MM. Beudant, Boué, Murchison
et Sedgewick, rend l'absence d'un pareil travail peu re-
grettable.

C'est avec regret que dans cette préface je me suis vu et
me trouverai encore contraint d'occuper beaucoup de moi-
même le public auquel elle est adressée ; mais il était impossible de l'éviter. Un observateur qui rend compte de ses
travaux est tenu de faire connaître et les époques et les
lieux où ils ont été exécutés, et les moyens employés pour
atteindre son but, tout cela sous peine de ne pas obtenir la
confiance qu'il lui importe de réclamer. Il ne peut dans
ce cas se dispenser de parler souvent de lui-même, et
j'espère qu'à cet égard cette considération deviendra mon
excuse.

On sera maintenant probablement tenté de m'adresser
quelques questions, auxquelles je dois répondre. Pourquoi,
d'abord, ayant commencé depuis vingt ans l'étude de
diverses parties de la chaîne, ne me suis-je pas hâté davantage de publier le résultat de mes observations, à mesure que certains sujets étaient complétés ? Indépendamment
de ce que d'autres travaux déjà rendus publics, du moins
pour la plupart, m'ont occupé pendant cet espace de temps,

il m'a paru d'abord qu'il y aurait un grand avantage à publier à la fois des ensembles les plus étendus possible sur chaque sujet au lieu d'en morceler et d'en isoler les détails ; en second lieu, vu la grandeur des objets de ces études, leur complication, les difficultés inhérentes à la géologie des Alpes, il m'a fallu très longtemps avant de pouvoir me faire à moi-même des idées claires et précises sur la nature, la succession et l'âge des terrains dont cette chaîne se compose. Présenter des aperçus incomplets, peut-être erronés, avant que je me fusse formé une opinion motivée sur la structure géologique et la vraie place des districts et des terrains que j'étudiais, aurait été travailler en pure perte. Bien du temps s'est écoulé avant que je pusse m'assurer que l'opinion encore généralement admise plusieurs années après que j'eus commencé ces recherches était une opinion tout à fait erronée, et que dans tous ces terrains des Alpes jusqu'alors considérés comme intermédiaires il n'existait pas un seul lambeau de terrain de transition dans l'acception actuelle de ce mot. Alors la géologie des terrains secondaires ne faisait que de naître; on commençait seulement à étudier en Angleterre les couches et les fossiles qui devaient plus tard servir de terme de comparaison pour l'étude du continent européen. Toute publication faite dans des circonstances aussi défavorables eût été présomptueuse et vraisemblablement inutile. Même à présent, je suis loin de regarder tous les doutes comme définitivement levés, tous les problèmes comme résolus; mais je me trouve pourtant à même de donner assez de détails, et des détails assez circonstanciés, sinon pour entraîner un assentiment général à mes propres vues, du moins pour que ces vues méritent d'être discutées, et pour fournir des données propres à établir, si la nécessité y est, une opinion différente de la mienne.

Enfin il m'a fallu du temps pour voir beaucoup, pour voir
à fond et pour voir très loin, et sur un espace fort étendu :
un grand nombre d'années a donc été nécessaire uniquement pour recueillir des matériaux. D'ailleurs, comme je
l'ai dit plus haut, lorsque j'ai cru avoir fait des observations
assez nouvelles et assez importantes pour mériter de devoir
être immédiatement communiquées aux géologues, je me
suis hâté de les publier.

Mais quelles précautions ai-je prises, ne manquera-t-on
pas de me demander, pour que, obligé comme je le suis à
présent d'avoir recours à des observations faites il y a un
plus ou moins grand nombre d'années, je puisse encore
compter sur leur exactitude? Cette question est très importante et mérite une réponse catégorique et développée. Voici
cette réponse.

Dès le moment où je résolus de me livrer à une étude
méthodique des Alpes, dans quelque partie de la chaîne
que ce fût, c'est-à-dire il y a maintenant vingt ans, je prévis tout de suite qu'il s'écoulerait un temps très long avant
que je pusse faire usage des données que je recueillais;
aussi m'imposai-je d'abord la règle stricte, règle que j'ai
dès lors suivie sans m'en dévier un instant, de ne confier
rien du tout à ma mémoire, ne fût-ce que l'observation en
apparence la moins importante, ne fût-ce que pour l'espace
d'un quart d'heure. L'expérience de travaux précédents
m'avait montré la nécessité de cette mesure et m'avait
fourni en même temps l'idée des moyens à employer pour
parer à ces accès de négligence et d'indolence si communs
dans les voyages fatigants, et qui sont la source de la disposition bien naturelle qu'éprouve tout observateur à se
fier trop implicitement à des souvenirs presque toujours
fugaces ou trompeurs.

PRÉFACE.

Notant d'abord dans tous les cas la date de l'année et du jour où j'observais (afin de pouvoir plus tard, lorsque je répétais une ou plusieurs fois mes visites à une même localité, comparer les observations d'époques différentes dans un ordre chronologique), j'inscrivais ensuite sur le lieu même de l'observation chaque remarque au moment où elle s'offrait à moi. Je m'étais soigneusement appliqué à faire entrer dans ces notes le plus de détails possible et à les rédiger dans des termes tels qu'ils ne présentassent jamais aucune obscurité ou qu'ils ne pussent jamais donner lieu à aucun doute sur leur vrai sens. De cette manière je ne quittais jamais aucun endroit, je ne faisais pas une seule remarque sans emporter avec moi un mémorial fidèle et inaltérable de tout ce qui avait attiré mon attention; et je faisais toujours en sorte que rien de ce qui avait le moindre titre à cette attention ne m'échappât. En outre, tout ce qui, dans la structure des montagnes, des rochers, des couches, des carrières, était susceptible d'être représenté graphiquement, était tout de suite dessiné d'après nature sur les lieux mêmes. J'esquissais des vues de toutes les localités, en notant la nature des roches que j'y avais reconnues. De nombreuses sections étaient également scrupuleusement copiées sur la nature. Enfin, j'essayai, par des croquis de plans et même de cartes topographiques, levés quelquefois simplement à la vue, d'autres fois à l'aide de la boussole de poche du géologue, et sur lesquels j'inscrivais souvent sur place la nature minéralogique des roches, j'essayai, dis-je, d'emporter les portraits les plus fidèles que je le pouvais, et sous tous les points de vue possibles, de tous les lieux que je visitais.

Tout ce qui tenait à la structure en grand ou aux caractères saillants des diverses roches était écrit en face des rochers mêmes qu'elles formaient; mais, pour des détails minéralogiques plus minutieux, je recueillais de nombreux échantillons destinés à être étudiés plus à loisir. Chacun d'eux était soigneusement étiqueté sur le lieu même au moment où il venait d'être brisé, et sa place était quelquefois inscrite sur la section, le dessin ou le plan du rocher ou de la montagne dont il provenait, et toutes les précautions étaient prises pour éviter toute possibilité de confusion à cet égard. Les mêmes soins étaient pris à l'égard des cristaux, des minéraux simples et des corps organisés fossiles que je récoltais.

Mais un genre d'observations auquel j'ai donné la plus grande attention, c'est à tout ce qui est relatif à la stratification. On sait déjà toute l'importance de ce qui se rapporte à cette disposition d'une grande portion des masses minérales. Aussi tous les bons, tous les vrais géologues observateurs, n'ont pas manqué de donner à cet objet une place éminente dans leurs descriptions locales. La position, c'est-à-dire la direction et l'inclinaison des couches, est réellement un des faits les plus importants à constater dans chaque localité, non-seulement pour bien connaître la superposition des diverses couches d'une montagne et d'une contrée, mais encore pour résoudre une infinité de problèmes géologiques, tels que les rapports qui existent entre la stratification, les axes de soulèvement des chaînes, la position des masses plutoniques non stratifiées et centrales, le relief ou la configuration physique du sol, ainsi que bien des problèmes de la physique terrestre qui, tels que la distribution de la température à la surface du globe, dépendent de la forme et du relief du sol, de la direction des pentes et des versants, et de leur exposition relativement au soleil, source de cette température; circonstances qui toutes sont de leur côté intimement dépendantes de la direction des couches, provenant de celle des axes ou lignes de soulèvement, et dépendantes aussi de leur inclinaison, qui détermine en général la rapidité et l'exposition des pentes du terrain.

On ne s'étonnera pas, en conséquence, de voir les lignes isothermes, celles qui sont formées par une suite de points ou lieux du globe jouissant d'une même température moyenne annuelle, de voir ces lignes se conformer à la configuration générale des continents et surtout à la direction des grandes chaînes de montagnes, à laquelle cette configuration est due en dernière analyse. Nous avons essayé ailleurs (*Bibl. univ. des Sc. et Arts*, t. XLIII, p. 166) de faire voir comment une pareille coïncidence semblait exister en grand, dans l'hémisphère boréal, entre la direction générale de la stratification, et par là entre celle des chaînes et des continents et les courbes d'égale intensité magnétique. Nous ne reviendrons pas ici sur ce sujet, si ce n'est pour annoncer que les nombreuses données nouvelles que nous avons recueillies depuis sur la direction générale des couches dans les diverses parties du même hémisphère où cette direction a été déterminée, ont manifestement tendu à confirmer la coïncidence que nous avions annoncée, et que le petit nombre d'observations positives que nous avons pu rassembler sur le même sujet comme provenant de l'hémisphère austral, nous ont paru encore appuyer nos conclusions.

Mais nous ne pouvons nous dispenser cependant d'exprimer ici notre opinion sur la manière dont quelques géologues distingués ont cru pouvoir interpréter les expressions par lesquelles nous terminions notre notice, en faisant apercevoir l'existence d'un rapport entre la stratification, la direction des chaînes principales, le relief des continents et les courbes d'égale intensité magnétique, et en laissant entrevoir dans les couches minérales et les chaînes de montagnes une disposition apparente à se coordonner symétriquement autour des deux points où se trouvent placés les deux pôles magnétiques boréaux. D'après ces conclusions, on a paru croire que nous avions pensé à chercher dans les phénomènes de l'électricité ou du magnétisme la cause de la formation ou de la stratification des masses minérales ; mais jamais pareille idée n'est entrée dans notre esprit, nous avons même positivement déclaré en finissant que nous n'entreprendrions point de rechercher la cause du rapport que nous annoncions : et même, bien loin d'aller chercher dans le magnétisme la cause des phénomènes géologiques, opinion qu'il serait impossible d'établir sur aucun fondement rationel, nous aurions au contraire été plutôt tenté d'attribuer à ces derniers une certaine influence sur l'existence et la distribution de l'électricité et du magnétisme terrestre.

Il nous semblait en effet, dans la figure et la structure du sol, apercevoir deux sources différentes d'électricité voltaïque pu magnétique : l'une, dans la disposition actuelle de la surface du globe en divers systèmes de versants, les uns plus exposés que les autres à la chaleur solaire, ce qui en faisait comme autant d'appareils ou d'éléments thermo-électriques ; l'autre, dans la structure en couches distinctes que présente la croûte du globe, couches différant par leur nature les unes des autres, et entre lesquelles circulent des courants d'eau pure ou d'eau chargée de matières minérales. Dans cette dernière disposition, et surtout lorsque l'existence de l'électricité souterraine avait été clairement démontrée, nous avions cru trouver une certaine ressemblance avec une pile galvanique, et des physiciens connus avaient eu la même opinion. Mais, comme nous l'avons montré dans la notice déjà citée, la configuration ou le relief du sol d'où nous supposons que dépendent les effets thermo-électriques, tout en se rapprochant beaucoup pour la forme de celle que les axes de soulèvement ont imprimée à la direction générale de la stratification (laquelle nous a paru devoir faire l'effet d'une pile proprement dite et déterminer ainsi la direction des courants électriques), ne coïncide pas cependant complétement avec cette dernière ; les points ou pôles autour desquels les diverses parties de chacun de ces différents systèmes se coordonneraient symétriquement, quoique rapprochés, ne seraient cependant pas les mêmes, et nous avions cru trouver dans cette circonstance une apparence d'explication du changement périodique qu'éprouvent la position des pôles magnétiques, et par conséquent celle des lignes d'égale intensité.

Effectivement, si de ces deux appareils électriques on suppose l'un doué d'une intensité constante, et l'autre d'une intensité variable, alternativement supérieure, égale et inférieure à celle du premier, on comprendra que le point de rencontre des courants partis de ces deux appareils, ou celui des résultantes de ces courants, devra occuper des places différentes suivant que l'un ou l'autre appareil aura l'intensité la plus grande. Or, dans le cas qui nous occupe, la direction de la stratification étant invariable, celle-ci serait l'appareil à intensité constante, tandis que l'appareil thermo-électrique formé par le relief du sol et soumis à toutes les variations de la température atmosphérique, devrait par ces variations mêmes imprimer aux centres où se réunissent tous ces courants coordonnés des mouvements tantôt dans un sens, tantôt dans le sens opposé, de telle sorte que le centre commun où iraient converger les courants partis des deux appareils à la fois oscillerait toujours entre le centre de figure des courbes formées par la direc-ion générale des couches et le centre de celles que tracent les crêtes culminantes du sol sur chaque continent.

J'ai dû, à l'occasion de la stratification et de l'intérêt que présente son étude relativement non-seulement à la géologie, mais à de grands et importants phénomènes physiques, j'ai dû interjeter les idées qui précèdent, malgré le désavantage évident que me donnait l'impossibilité d'entrer ici dans aucun développement à cet égard; mais ces développements, j'espère pouvoir les donner plus tard ailleurs. Les considérations qui m'ont semblé rendre nécessaire, ne fût-ce qu'une simple indication du rôle que m'ont paru jouer relativement aux phénomènes de l'électricité terrestre, d'un côté, la direction générale des couches minérales, de l'autre, la forme que le relief du sol a donnée aux continents, aux îles, aux chaînes de montagnes, forme qui, en dernière analyse, se rapproche beaucoup de celle qu'affecte la direction des couches, parce qu'elle en est une dépendance évidente; ces considérations sont les suivantes :

1° Il m'importait de montrer qu'en signalant un rapport entre les courbes isodynamiques et la stratification générale des terrains, l'objection qu'on eût pu élever contre la prétention de comparer des effets d'une nature changeante et en quelque sorte mobile avec une cause supposée dont la constance et la fixité ne pouvait être niée, que cette objection, dis-je, ne m'avait pas paru insurmontable.

2° Il m'a semblé intéressant de joindre à mes précédentes recherches la considération si importante des lignes isothermes, liées comme elles le sont, d'une part, aux phénomènes du magnétisme terrestre, de l'autre, au relief du sol, à la configuration des continents, et par conséquent, en dernier ressort, à la stratification des masses minérales dont ces continents sont formés.

3° Et c'est ce qui m'a surtout déterminé à aborder ici ce sujet, je mettais un grand prix à montrer que jamais l'idée de chercher dans les phénomènes du magnétisme ou de l'électricité, ce qui est la même chose, la cause de la formation et de la disposition en couches des masses minérales qui composent l'écorce du globe, que jamais cette idée n'était entrée dans ma pensée.

Enfin, si les vues précédentes pouvaient avoir pour résultat d'engager non-seulement les géologues voyageurs, dont c'est, si je puis le dire, le devoir strict, mais aussi les physiciens qui vont dans les contrées les plus éloignées du globe déterminer, à l'aide d'instruments de précision, les phénomènes naturels susceptibles de mesures positives, si cela pouvait les engager à donner un peu de leur attention à la détermination de la stratification des roches dans les diverses régions de la terre, je m'applaudirais toujours d'avoir soulevé de semblables questions.

La direction et l'inclinaison des couches sont, en effet, aussi susceptibles d'une détermination précise et rigoureuse que le sont la longitude et la latitude des lieux, leur hauteur absolue ou relative, les divers phénomènes de déclinaison, d'inclinaison, d'intensité, dont se compose l'étude du magnétisme terrestre, sujets qui tous sont depuis long-temps en possession d'occuper l'esprit des voyageurs physiciens et des navigateurs. Ici, ce sont des angles à mesurer, des azimuths à déterminer : une bonne boussole divisée en degrés, un fil à plomb se mouvant sur un demi-cercle gradué, voilà quels sont les instruments indispensables, auxquels cependant on pourrait, à son choix, substituer les divers *clinomètres* qui ont été inventés. Mais, dans tous les cas, on pourrait encore au besoin négliger d'indiquer l'inclinaison des couches et se contenter d'observer leur direction, qui est l'élément le plus essentiel et le plus constant. Or, dans la plupart des cas, rien n'est plus simple que cette observation; il ne s'agit, en effet, que de tracer une ligne horizontale sur la surface plane d'une couche inclinée, et de noter les points de la boussole auxquels correspondent les deux extrémités de cette droite. On peut en faire de même pour la ligne d'intersection entre les plans de couches inclinées et celui d'une surface d'eau tranquille, d'un ruisseau, d'un lac, de la mer, dans lesquels ces couches s'enfoncent.

Et l'on ne doit pas se laisser arrêter par l'idée que des anomalies fréquentes, des exceptions nombreuses peuvent induire en erreur sur la direction générale des couches dans un certain district. Plus on multipliera les observations, plus on donnera d'étendue au champ de ses recherches, plus il sera facile alors d'en déduire la direction générale qu'affectent les couches dans une contrée donnée.

Pour la détermination de la direction et de l'inclinaison, je n'ai employé, en général, que les moyens usités par tous les autres géologues; seulement, en prenant note sur place .de chaque observation, j'ai toujours eu soin d'indiquer le point vers lequel les couches *plongent*, vu que l'expérience m'avait appris que le mot *inclinent* pouvait donner lieu à quelque doute. Le terme *plonger* a, en effet, une acception absolue, et il indique, sans possibilité d'erreur ou de confusion, le point vers lequel la couche s'abaisse; au lieu que le mot *incliner* peut admettre deux interprétations opposées, suivant qu'on suppose la couche verticale ou horizontale avant l'acte de son inclinaison.

Le degré de précision que j'ai donné à la détermination de la direction a dépendu du degré d'importance qu'avait une pareille précision dans la circonstance donnée. Ordinairement, je me suis contenté d'indiquer le *rhumb* d'après la division habituelle de la boussole en trente-deux points ou rhumbs, et j'ai donné à chacun les noms que leur donnent toujours les géographes, les marins et la généralité des géologues; mais lorsqu'une plus grande précision m'a semblé nécessaire, j'ai employé la division de la boussole en 360 degrés, et j'ai signalé le degré même.

Dans les cas où la nature ne présentait pas de section de rocher convenable pour l'appréciation véritable de la direction et de l'inclinaison des couches, il m'a fallu, lorsque les couches étaient planes, avoir recours aux procédés que j'ai indiqués dans un mémoire *sur la détermination de la stratification*, etc., imprimé dans les *Transactions de la Société royale d'Édimbourg*, t. XII. Dans ce travail, j'ai fait connaître comment, au moyen de deux sections quelconques dans un rocher stratifié, on pouvait, après avoir déterminé exactement l'angle que font avec l'horizon les lignes apparentes de la stratification et le point de l'horizon vers lequel elles plongent, en déduire la vraie inclinaison des couches ou l'angle que fait leur ligne de plus grande pente avec l'horizon, le point vers lequel la couche plonge, et en même temps la direction, qui est, sur un plan horizontal, une ligne perpendiculaire à la projection horizontale de l'inclinaison; et cela par trois voies différentes : 1° par une formule algébrique; 2° par des procédés de géométrie descriptive; 3° d'une manière plus commode et plus expéditive, au moyen d'un instrument que j'ai imaginé et nommé *boussole clinométrique*. Je me contente ici de renvoyer pour les détails au mémoire cité.

Après avoir soigneusement observé et noté dans chaque localité tout ce qui était de nature à être examiné de près, je ne négligeai pas d'observer chaque lieu à distance; et, connaissant les détails de la composition de chaque montagne et même de chaque rocher, je découvrais souvent de loin des dispositions particulières de la superposition des terrains et de la stratification des masses que j'aurais en vain cherché à saisir de près. Telle est, en effet, la grandeur de l'échelle sur laquelle ont été formées les Alpes, qu'il est impossible de comprendre le moindre ensemble si l'on se contente d'étudier chaque chose pour ainsi dire à portée du contact; et, pour mieux parvenir à mon but, j'ai esquissé une foule de vues éloignées en traçant exactement les différences d'aspect extérieur que présentent les diverses couches. J'ai aussi dessiné du sommet des principales cimes isolées des vues circulaires ou panoramas de tout l'espace visible du haut de ces belvédères élevés. Une partie de ces vues et de ces panoramas est destinée à être reproduite dans cet ouvrage. J'y donnerai aussi, lorsque cela sera nécessaire pour l'intelligence des observations, des cartes géologiques de districts plus ou moins étendus. Enfin, je possède les matériaux nécessaires à la confection d'une carte géologique générale de la chaîne des Alpes, ou du moins de la partie de cette chaîne que j'ai parcourue, et elle accompagnera peut-être plus tard ces *Études géologiques;* mais en attendant, et spécialement pour le volume que je publie maintenant, il sera facile, à l'aide des cartes existantes de la Suisse et de la Savoie, et surtout des plus récentes et des plus détaillées, telles, entre autres, que les cartes de Keller, de Chaix, et les grandes cartes des Alpes de Bacler-d'Albe et de Raymond, de trouver la position de tous les lieux cités dans ce volume.

D'après tout ce qui précède, on peut maintenant comprendre comment j'ose non-seulement me fier moi-même à mes observations anciennes, mais aussi réclamer pour elles la confiance des autres. Une épreuve fréquemment répétée m'a convaincu que, pour l'exactitude et la précision, je pouvais m'en rapporter aussi bien à mes plus anciennes notes, à des descriptions tracées il y a vingt ans, qu'à mes observations toutes récentes. Celles-ci, dans des lieux déjà visités, m'ont fourni sans doute de nouveaux faits et de nouvelles données; mais il est extrêmement rare qu'elles aient nécessité une correction, une altération quelconque même aux plus anciennes notes.

Le travail que je présente aujourd'hui aux géologues est tantôt le résumé, tantôt la substance identique de ces notes et de ces descriptions écrites sur les lieux mêmes. On pourra, dans bien des cas, trouver les nombreux détails contenus dans l'ouvrage bien minutieux, bien superflus peut-être, mais il ne m'en a pas paru ainsi : ce sont des détails que réclame la science, car c'est sur des faits particuliers et détaillés que se fondent ses généralisations et qu'elle doit fonder ses hypothèses et ses théories, si elle veut les rendre dignes d'un examen sérieux. Différente en cela des sciences plus abstraites, comme la physique et la chimie, dans lesquelles les phénomènes à étudier sont plus simples, plus susceptibles d'être caractérisés à l'aide d'une seule observation, d'une seule expérience, la géologie a besoin de faire converger une multitude de faits semblables vers un même point avant d'oser en déduire une conséquence générale. Pour établir un principe, il faut qu'elle en montre l'existence, pour ainsi dire, dans tous les lieux de la terre, et que dans chaque lieu du globe les détails des observations analogues coïncident complétement sous peine de confondre l'exception avec la règle. C'est pour cela que, lorsque dans quelques vues présentées à la Société géologique de Londres sur les relations qui existent entre les dépôts métallifères et les masses plutoniques non stratifiées, ainsi que sur quelques causes non encore signalées du phénomène des tremblements de terre, j'ai paru accumuler presque sans fin des exemples tirés d'observations authentiques faites sur les points les plus variés et les plus éloignés du globe, j'ai cru suivre la seule marche logique que l'on pût adopter dans l'état actuel de la géologie, science qui, dès sa naissance, a été avec raison accusée d'admettre des généralisations fondées sur un nombre de faits beaucoup trop restreint. On verra que dans ce livre-ci, et même dès le premier volume, j'ai continué à suivre la même marche, lorsque pour faire jaillir de nouvelles conséquences de faits nouvellement observés dans les régions que j'ai moi-même étudiées, et pour établir de nouvelles lois dans la géologie proprement dite, ou dans la géographie physique éclairée (si je puis le dire) par la géologie, il m'a fallu rechercher des observations analogues sur le plus grand nombre de points possible de la surface du globe, et cela dans les écrits des meilleurs observateurs.

J'avais, d'ailleurs, d'autres motifs en conservant tous les détails de mes recherches : c'était de faciliter l'étude à l'élève et la vérification des faits allégués aux observateurs qui me suivront. Je désirais aussi mettre à même, sur toute l'étendue des régions que je décris, toute personne qui aurait intérêt de connaître la nature du sol sur chaque point, même le plus limité, de ces régions, de profiter de cette connaissance pour son but spécial.

Mais si l'on me reproche trop de détails sur certains faits, on sera porté, sans doute, à me faire un reproche inverse sur d'autres : on ne trouvera pas, en effet, ici, comme dans d'autres travaux géologiques et minéralogiques, des catalogues complets des fossiles trouvés dans chaque couche particulière, dans chaque terrain, non plus que des minéraux simples et des formes cristallines que présente chaque localité. Il me suffira de dire que j'ai mentionné avec détails, souvent décrit et même figuré, ce que j'ai trouvé moi-même, ou ce que je suis sûr que d'autres ont rencontré dans les couches que j'ai examinées. Ce que je voulais, c'était de bien caractériser les couches mêmes et leur position, laissant à d'autres à compléter les listes de fossiles et de minéraux contenus dans ces couches, lorsqu'ils auront acquis à cet égard plus de certitude que je n'en ai eu moi-même. C'est surtout à ceux qui, comme **M. J.-A. De Luc** neveu, et comme beaucoup de naturalistes en Suisse et en Italie, ont de grandes et belles collections de fossiles et toutes les connaissances et les facilités nécessaires pour décrire leurs richesses, que je voudrais pouvoir faire au nom de la science un appel, et les inviter à en publier le catalogue raisonné, et à avancer sous ce rapport la géologie des Alpes, comme l'ont fait MM. Sowerby, Goldfuss, Nielson, etc., pour la géologie de l'Angleterre, de l'Allemagne, de la Suède, etc.

Comme on a pu le comprendre, tout ce qui précède se rapporte à l'ouvrage entier, destiné à paraître successivement volume par volume. On voit par là que ce n'est pas une simple et pure description géognostique des terrains, considérés abstraitement d'après leur composition, leur nature, les fossiles et les minéraux qui les caractérisent, et l'ordre de leur superposition, ni des faits abstraits de géographie physique isolés de leurs relations avec les phénomènes géologiques. Sans doute, une semblable analyse, une pareille séparation des points de vue divers, peut avoir de l'avantage dans l'enseignement et dans des traités spéciaux. Mais un géologue observateur, en rendant compte de ses recherches, doit être fidèle à la nature ; il doit la voir en même temps en petit et en grand, et doit surtout se garder de séparer arbitrairement ce qu'elle a réuni, ce qui s'est présenté simultanément à son investigation ; car alors il risquerait de perdre les faits et les points de vue les plus importants, ceux qui tiennent à l'ensemble, et dont, par conséquent, découlent les conséquences théoriques les plus importantes. Son office est en même temps celui d'un peintre qui doit représenter fidèlement, tant dans leurs détails que dans leur vaste étendue, tous les tableaux qui s'offrent à ses regards, et en même temps celui d'un philosophe qui, généralisant les faits observés, les groupant dans l'ordre le plus naturel, les discutant, les comparant entre eux et avec les autres faits connus, en tire par induction des conséquences, explique ceux qui sont susceptibles d'explications rationelles, et s'élève à la recherche des causes, non il est vrai des causes purement hypothétiques, qui n'ont d'existence que dans sa propre imagination, et qui embrassent dans une seule et même théorie tout l'ensemble des questions que soulève la vaste science de la terre et de l'univers, mais des causes prochaines, de celles qui se déduisent des faits généraux et des principes déjà reconnus par la géologie elle-même et par les autres branches des sciences physiques.

On verra donc que, loin de m'abstenir de la généralisation des faits, de leur discussion et de la recherche des causes limitée au point de vue que je viens d'indiquer, j'ai, au contraire, recherché les occasions d'établir des faits généraux, des principes, des lois encore nouvelles, ou de défendre contre des altérations qui ne me paraissaient pas motivées, les lois et les principes déduits par mes prédécesseurs de leurs propres observations; et je crois pouvoir considérer ces questions de théorie comme formant la portion la plus intéressante et la plus utile de tout l'ouvrage.

Quant au premier volume, spécialement consacré à la description des terrains les plus récents des environs de Genève et du bassin du lac Léman, il présentera peut-être moins d'intérêt que les suivants, parce que, quoiqu'il renferme, il est vrai, bien des faits et des détails nouveaux, la plupart des sujets qui y sont traités ont déjà occupé les géologues qui avant moi ont étudié ce district. Il n'y aura non plus aucune description géographique ni pittoresque des localités, celles-ci étant déjà bien généralement connues; tandis que dans les autres volumes, spécialement dans ceux qui traiteront du Chablais, de mes reconnaissances géologiques dans les Alpes italiennes, de la Carniole, de l'Istrie, etc., régions qui toutes n'ont été qu'imparfaitement décrites sous tous les rapports, le style de l'ouvrage variera et se rapprochera souvent d'une narration de voyage. Cependant, j'ose espérer qu'en particulier les morceaux suivants pourront, par la nouveauté et l'importance des considérations qui y sont présentées, mériter l'intérêt et l'attention. Tels sont :

Les nombreuses divisions des terrains de transport formés dans la chaîne même des Alpes et à ses bases pendant la durée de l'époque actuelle.

Les considérations déduites des irrégularités que j'ai observées dans la stratification ou la structure des dépôts de sable, au confluent de l'Arve et du Rhône; l'explication de la manière dont a dû se former cette structure, que j'ai nommée *torrentielle*, et qui se fait remarquer dans les dépôts

arénacés et les terrains de grès de tous les âges, particulièrement, et sur l'échelle la plus colossale, dans la disposition
des strates du terrain houiller ; circonstances qui semblent
prouver avec évidence que l'origine de ces dépôts et de ces
divers terrains est due à l'action de courants d'eau dans certains cas énormes.

A l'occasion de la très grande profondeur du lac de Genève et d'une discussion étendue sur la cause de cette profondeur, des vues nouvelles sur la position des grands lacs,
en général, au pied des chaînes d'une certaine antiquit,é
qui m'ont conduit à attribuer la cause de leur existence et
de leur profondeur à des affaissements envisagés comme
une conséquence du mode particulier de soulèvement qui
a produit les chaînes de montagnes.

Des considérations non encore présentées sur la formation et le mouvement progressif des glaciers, destinées à défendre les vues de de Saussure et de tous les géologues qui
l'ont suivi contre l'essai qui a été fait dernièrement de substituer à ces idées si justes des explications différentes. Ce
sujet, qui préoccupe dans ce moment tous les géologues habitants des Alpes et des régions qui les avoisinent, nous a
paru digne d'un examen approfondi.

Enfin, la tentative que j'ai faite d'expliquer le transport
des blocs erratiques alpins par une cause à laquelle on
n'avait pas encore songé, et que m'a suggérée, d'une part la
liaison de ces blocs avec d'épais dépôts diluviens, de l'autre l'existence de certains phénomènes dans les hautes vallées des Alpes auxquels on n'avait pas attaché toute l'importance qu'elle me paraît avoir sous le point de vue de
la théorie du transport des blocs.

A une époque où l'on cherche avec raison dans l'étude
des causes qui agissent actuellement à la surface du globe

les données que celles-ci peuvent fournir sur le mode de formation des divers terrains anciens, j'ai cru qu'il y aurait quelque intérêt à débuter dans ce long ouvrage par un exposé rapide des événements de tout genre et de toute grandeur, si je puis le dire, qui ont à ma connaissance modifié, de quelque manière que ce soit, la croûte terrestre depuis le commencement du présent siècle. J'ai cherché par là à pénétrer dès l'entrée le lecteur de l'idée si importante, et qui doit être toujours présente à l'esprit, que dans cette terre, en apparence le symbole de la stabilité et de l'inertie, rien n'est fixe, rien n'est permanent ; qu'une loi d'une action extrêmement lente, il est vrai, mais d'une imperturbable constance, tend continuellement à dégrader, à détruire les monts, les collines et les continents, et à en transporter les débris dans le fond des vallées, des lacs et des mers, nivelant ainsi peu à peu la superficie du globe, jusqu'à ce que de nouveaux soulèvements viennent lui rendre cette inégalité qui seule la rend susceptible d'être habitée, et qui en même temps fait toute sa beauté.

J'avais aussi pour but de montrer qu'il est certains phénomènes naturels susceptibles de prendre, dans certains moments, une intensité tellement supérieure à celle qu'ils possèdent habituellement, que, devenus en quelque sorte des causes nouvelles, ils produisent des effets aussi nouveaux qu'inattendus : et, à cette occasion, j'avais essayé de montrer comment des déluges partiels et de courte durée avaient produit sur certains points de l'Europe, dans ces derniers temps, des effets que l'on eût pu raisonnablement attribuer aux cataclysmes qui ont précédé l'état comparativement tranquille dont jouit actuellement notre planète.

Mais pendant que les feuilles dans lesquelles ce sujet est traité s'imprimaient, en novembre 1840, des déluges bien plus considérables, plus étendus et d'une durée bien plus longue encore que ceux que j'y ai cités, ont inondé la plus grande partie de la France, de la Suisse et de l'Italie septentrionale : ces feuilles étaient déjà sorties de mes mains lorsque m'est parvenue la nouvelle de ces désastres, qui ont duré presque tout le mois de novembre. Tout retentit encore de ces affreuses dévastations, qui dans bien des villes ont détruit des quartiers entiers. En même temps des fentes se sont, dit-on, formées dans la montagne du Vouache, qui menacerait maintenant de combler en tout ou en partie l'étroite fente où coule le Rhône au-dessous du fort de l'Écluse, et, en fermant la seule issue qu'ait la masse énorme d'eau qui s'écoule journellement du bassin du lac Léman, pourrait produire des inondations bien autrement redoutables. Ce n'est donc pas le moment, quand tant de souffrances sont encore à soulager, quand tant et de si vives inquiétudes nous préoccupent, de calculer et d'envisager froidement les effets géologiques de si grandes catastrophes. Mais une idée remplit notre pensée, et nous montre dans ces événements, qui pourraient n'être eux-mêmes que le signe et l'indice de bien plus terribles événements encore, que ce n'est pas l'homme individuel seulement, mais bien le genre humain tout entier, qui, sur cette terre qu'il croit posséder et dominer en maître, ne s'y trouve, ainsi qu'il a été dit, que « comme étranger et voyageur. »

ÉTUDES GÉOLOGIQUES

DANS LES ALPES.

PREMIÈRE DIVISION.

Événements et changements géologiques contemporains.

Avant d'entrer dans la description des Alpes et de leurs bases, je crois devoir indiquer sommairement quels sont les changements, tant grands que petits, que la surface, soit du pays que je vais décrire, soit d'autres contrées, a éprouvés, à ma connaissance, depuis l'époque où j'ai pu commencer à étudier la géologie jusqu'au moment présent. Ce tableau, qui comprendra d'abord l'indication d'événements que leur importance a rendus célèbres, et même historiques, renfermera ensuite celle de faits bien moins considérables, mais qui m'ont paru dignes d'être constatés ; ce tableau, dis-je, aurait pu être rendu infiniment plus complet : mais tel qu'il est pourtant, il suffira, j'espère, pour montrer, ce qui, au reste, est une vérité dont les géologues se pénètrent chaque jour davantage, que, même dans les lieux en apparence les plus à l'abri des grandes catastrophes volcaniques, des éboulements considérables et des tremblements de terre, l'œuvre destructive des agents atmosphériques se poursuit constamment, et se poursuit avec plus de rapidité qu'on ne pourrait d'abord l'imaginer.

Si chaque géologue observateur recueillait ainsi, au bout d'un certain laps de temps, tous les faits de même nature qui sont parvenus à sa connaissance, on serait étonné de voir combien de pareils changements ont eu lieu dans tous les pays pendant le court espace d'un demi-siècle, et même seulement d'un quart de siècle; et on se persuaderait encore mieux que la stabilité et l'inertie, en quelque sorte proverbiale, attribuée aux éléments inorganiques du globe, n'est qu'apparente, et que l'action qui tend en dernier ressort à niveler nos continents et à en transporter les matériaux dans les mers, agit toujours, et avec une constance presque effrayante.

PREMIÈRE PARTIE.

FAITS HISTORIQUES.

Je rappellerai ici quelques événements assez importants pour avoir été mentionnés dans quelques journaux périodiques, ou dans des relations spéciales, ou même qui ont été l'objet de mémoires et de descriptions publiées par de savants observateurs.

Et d'abord, dans les Alpes, la chute du Rossberg, le 2 septembre 1806, qui a enseveli la vallée de Goldau dans ses débris, a été l'objet de plusieurs relations, et a fourni à M. Théodore de Saussure le sujet d'un mémoire remarquable, contenu dans la *Bibliothèque Britannique* de la même année, dans lequel il a montré comment l'action des sources souterraines, en détruisant des couches d'argile attaquables, qui alternaient avec de vastes masses de poudingues (*nagelfuhl*), a laissé sans appui ces couches de poudingue. Celles-ci, fortement inclinées contre la vallée de Goldau, ont glissé sur la pente des couches inférieures, et sont venues se briser dans le fond de cette vallée, en recouvrant les pâturages, les chalets, les villages, les habitants et les troupeaux.

Les neiges accumulées sur les hautes Alpes pendant l'été froid et pluvieux de 1816, avaient tellement agrandi la plupart des glaciers, que plusieurs de ceux qui descendent dans la vallée de Chamouni avaient franchi leurs limites et s'étaient avancés plus

loin qu'on ne les eût encore vus, particulièrement
le glacier des Bois, dont la moraine inférieure avait
presque atteint les premières maisons du hameau du
même nom. Ces immenses amas d'énormes blocs de
protogine sont encore là suspendus au-dessus de ces
chaumières, et demeurent aujourd'hui, même après
que le glacier s'est retiré, comme un monument de
cette désastrueuse année.

A la même époque, les glaciers de la vallée de
Bagnes en Valais avaient éprouvé un accroissement
pareil, et le glacier de Gétroz, l'un d'entre eux, suspendu sur la cime d'une des berges à pic de cette
vallée, et poussé par la masse des neiges et des glaces
supérieures, précipitait constamment ses débris du
haut de ce précipice dans le fond de la vallée. Là, ces
glaçons accumulés avaient formé un barrage, comme
une épaisse muraille, qui traversait la vallée de part
en part, et, en obstruant le passage du torrent qui la
parcourt, avait occasionné la formation d'un lac d'une
étendue d'environ une demi-lieue.

En 1818, la pression des eaux de ce lac contre le
mur de glace qui les contenait, en rompant cette barrière, produisit l'écoulement soudain de cette énorme
masse d'eau, qui, se précipitant avec une effroyable
rapidité tout le long de l'étroite vallée de Bagnes,
descendit dans la grande vallée du Valais, entraînant
avec elle tout ce qui se trouvait sur son passage, blocs
énormes de rochers, habitations, arbres, animaux,
hommes, etc., pour déposer les objets les plus dis-
parates, confusément mêlés les uns avec les autres,
dans un vaste fleuve de boue et de sable liquide, sur
la riche et fertile plaine de Martigny, qui en un instant

ne présenta plus que l'aspect du lit caillouteux et sablonneux d'un torrent, et qui resta longtemps couverte de débris de forêts et d'énormes quartiers de roches alpines. De là le torrent, débouchant par la vallée transversale de Saint-Maurice, alla se verser dans le lac de Genève, dont il agita les eaux, et dans lequel il s'avança fort au delà du point où le Rhône, dont il avait usurpé le lit, s'étend, même dans ses plus fortes crues.

Ce sinistre événement, sur lequel MM. de Charpentier et Escher de la Linth ont donné les détails les plus savants et les plus circonstanciés dans les journaux du temps, et particulièrement dans la *Bibliothèque Universelle* (1), a été, de l'aveu de tous les géologues, la représentation la plus fidèle, quoique sur une bien petite échelle sans doute, de ces immenses torrents diluviens, de cette grande débâcle, à laquelle de Saussure avait attribué le transport des blocs alpins répandus dans les plaines de la Suisse et jusque sur les pentes du Jura. Dans cette occasion aussi, des blocs presque aussi volumineux que ceux de nos plaines, furent portés en peu de minutes des hauteurs de la vallée de Bagnes jusque au fond de la vallée de Martigny, mêlés, comme l'ont dû être les blocs diluviens, avec des cailloux de toute grandeur, des sables et une pâte dense de boue liquide.

Quelques années après, un autre désastre vint affliger la vallée de Viège ou de Saint-Nicolas, autre vallée latérale du Valais. Un grand glacier, suspendu au haut de précipices de rochers de plusieurs cen-

(1) Voyez aussi *Edimb. Philosoph. Journ.*, t. 1, p. 188.

taines de mètres d'élévation, sur la berge occidentale de cette vallée et vis-à-vis du village de Ronda, s'écroula en partie, et ses débris vinrent joncher tout le sol de la vallée au-dessous et le lit de la Viège, en entraînant avec eux une partie des blocs qui formaient sa moraine, ainsi que des fragments des rochers qu'ils avaient balayés dans leur chute. Les pâturages, les chalets et les hameaux qui avoisinent Ronda souffrirent beaucoup de cette énorme avalanche de glace et de rochers.

Dans l'automne de 1835, une portion considérable du rocher qui forme la cime jusqu'alors très régulièrement pyramidale de la Dent du Midi, ce magnifique obélisque qui s'élève dans la zone des glaciers au-dessus de Saint-Maurice dans le Valais, s'écroula, et vint couvrir des pâturages et des forêts élevées, d'où, pénétrant dans le ravin étroit où coule un torrent qui prend sa source au pied de la Dent, ces décombres amoncelés arrêtèrent momentanément le cours de ce torrent; mais les eaux de celui-ci, surmontant bientôt ces obstacles, entraînèrent dans la vallée inférieure les blocs énormes, les cailloux et les argiles boueuses qui avaient obstrué leur lit, et, les transportant dans le Rhône au travers de la grande route du Simplon, rendirent celle-ci impraticable pendant quelques jours sur une étendue de près d'une demi-lieue. Un vaste talus, uniquement formé de blocs et de cailloux de diverses grosseurs, ou un cône de débris très surbaissé qui traverse aujourd'hui toute la vallée depuis le pied des rochers à pic qui forment la base de la Dent du Midi jusque sur la rive du Rhône, resserré là contre la berge droite ou septentrionale de la vallée, également élevée et escarpée ; ce talus, dis-je, restera comme un monument durable de cette chute de rocher. On voit aussi aisément, et sans l'aide de lunettes, la grande brèche que la même chute à produite à la pointe de la Dent du Midi.

Enfin, en 1837, le joli petit lac de Chéde, dont la position pittoresque était admirée par tous les nombreux voyageurs qui se rendent chaque été de Genève à Chamouni, et dans lequel se réfléchissait d'une manière si frappante la masse entière du Mont-Blanc ; ce petit lac a disparu, probablement à la suite d'un éboulement qui a eu lieu dans le sol meuble qui le supportait.

La même année, le sommet du Mont-Bréven, qui domine au nord le prieuré de Chamouni, s'est écroulé, et a enseveli sous ses ruines une portion considérable du cône étendu et très surbaissé qu'une longue suite de siècles avait formé des débris peu volumineux détachés journellement de cette montagne. Comme ce cône était couvert de prairies, de pâturages, de cultures et d'habitations, cet événement a été la cause de pertes considérables éprouvées par plusieurs habitants de Chamouni.

Des catastrophes de la nature de celles que nous venons de rappeler, communes dans les montagnes et dans les hautes vallées alpines, sont heureusement fort rares dans les plaines et les plateaux élevés qui s'étendent au pied de la chaîne. Je n'aurais donc à signaler ici, pour la plaine, aucune de ces catastrophes qui ont amené des changements géologiques notables sur la surface de la terre, si le remarquable orage qui fondit, le 20 mai 1827, sur la ville de

Genève et sur ses environs immédiats, ne méritait d'être rappelé, moins peut-être pour les effets qu'il a produits, effets qui se sont bornés à quelques glissements de quelques portions peu étendues du sol sur des pentes rapides, que pour les circonstances et les phénomènes atmosphériques qui ont accompagné cette espèce de déluge, et qui, dans toute autre position, auraient pu le rendre cause de désastres et d'éboulements très considérables.

Le 20 mai 1827, vers les quatre heures de l'aprèsmidi, le temps commença à se couvrir; des nuages noirs, rapidement formés, annoncèrent un orage. A quatre heures, ces nuages répandent des torrents d'eau qui continuent, sans un instant d'interruption, à tomber comme une cascade, pendant trois heures consécutives, sur une circonférence d'environ une lieue et demie de diamètre, dont Genève occupait le centre. Bientôt tous les terrains en pente présentent l'aspect de véritables torrents, et dans les lieux bas et encaissés, dans les chemins bordés de murailles, les eaux s'élèvent à la hauteur de 2 à 2 $\frac{1}{7}$ mètres. Dès lors il devient impossible de sortir des maisons; toute communication de la ville est interceptée, même avec les campagnes les plus rapprochées, non-seulement pour les piétons et les gens à cheval, mais même pour les voitures. Des hommes surpris par l'orage sur la grande route de Lausanne, arrivés à Sécheron, où le chemin est bordé de murs, trouvent ce chemin changé en une profonde rivière, et sont obligés de se mettre à la nage sur cette route où l'eau s'élevait au-dessus de leur tête. Trois fleuves rapides et écumants entrent dans la ville de Genève, par ses trois portes ; et telle est leur profondeur et leur rapidité, qu'on les voit cheminer sur les ponts, quoique ceux-ci ne soient point bordés de murs, et quoique par là les eaux se déversassent en abondance des deux côtés du pont dans les fossés, où elles se précipitaient comme de puissantes cataractes.

Pendant ces trois heures, la quantité de pluie tombée fut de 16 centimètres (V. *Bibl. univ.*, t. xxxv, p. 53). Il fut remarqué avant l'orage que le vent soufflait du N. E., que pendant sa durée le temps fut calme, et que vers sa fin il s'éleva un fort vent de S. O. ; d'où il paraît probable que ce fut un conflit entre deux vents opposés qui maintint stationnaire pendant trois heures sur Genève ce nuage chargé de vapeur aqueuse, amené probablement par le vent venant du S. O.

Malgré la violence et la durée de cette terrible averse, ses effets géologiques furent, comme je l'ai dit, à peu près nuls. J'ai vu dans un *nant* ou vallon étroit, à pentes rapides, situé à l'origine du coteau de Cologny, quelques mètres carrés de terrain couvert de broussailles qui s'étaient détachés de leur place et avaient glissé dans le fond du ravin. Quelques murs ont cédé à la pression de l'eau, et se sont écroulés. Mais si un pareil déluge avait eu lieu dans ces rapides couloirs des montagnes remplis de débris incohérents, les effets auraient pu être considérables. J'ai vu à peu près à la même époque, en juin 1827, les restes de masses énormes de gravier, de gros cailloux et même de blocs, qui avaient envahi tout le terrain, tant dans le village de Bernex, au pied de la Dent d'Oche et au-dessus d'Evian, que dans ses environs, à la suite d'un orage d'été à peu près semblable à celui dont je viens de parler.

Des pluies encore plus fortes que celles-ci ont eu lieu dans des pays un peu plus méridionaux que le nôtre, et auraient pu y produire de grands dégâts. Ainsi M. Tardy de la Brossy a vu, à Joyeuse, tomber en un seul jour (le 9 août 1807) $0^m,250$ d'eau; et le 9 octobre 1827, par une violente tempête qui dura vingt-deux heures, $0^m,791$. (*Ann. de Chimie*, t. XXXVI, p. 414.)

A Gènes, le 25 octobre 1822, il tomba au moins 8 décimètres d'eau dans la journée. (*Ann. de Chimie*, t. XXVII, p. 407.)

Mais rien n'égale les désastres occasionnés sur une grande étendue de pays, dans le comté de Moray en Écosse, par des déluges de pluie tombée sans cesser un seul instant, pendant les journées entières du 3 et du 4 août 1829, et pendant la nuit intermédiaire, tant dans les montagnes que dans les plaines. Plusieurs grandes rivières, entre autres le Spey, la Dee, le Don, d'autres plus petites, telles que la Nairn, la Findhorn, etc., s'enflèrent outre mesure et brisèrent tous leurs ponts, au nombre de 38.

Une vaste plaine qui s'étend de Forrès jusqu'à la mer, ou plutôt jusqu'au golfe nommé Moray-Firth, plaine que traverse la rivière Findhorn, avait été changée en un grand lac par le débordement de cette rivière. De nombreuses habitations ont été submergées, d'autres détruites; les moindres ruisseaux étaient devenus des torrents furieux, qui causaient des ravages considérables sur leurs rives. Si ces faibles cours d'eau occasionnaient de pareils ravages, on peut compren-

dre ce que devaient être alors les rivières. Elles en-
traînaient tout ce qui se trouvait sur leur passage;
emportaient les promontoires qui gênaient leur cours,
minaient les pentes douces et couvertes de végétation
qui formaient leurs berges, et taillaient ces berges en
falaises à pic de quelques centaines de mètres d'élévation. Les masses énormes de débris de rochers, de
sable, de gravier et de glaise, produites par ces dévastations, étaient emmenées au loin par ces fleuves
larges, profonds et rapides, et déposées sur les prairies et les champs cultivés dans les portions les plus
larges et les plus plates des vallées, là où le cours
des eaux se trouvait un peu ralenti.

On vit alors un bloc de grès d'environ 3 $\frac{1}{2}$ mètres de
long, 1 mètre de large et de 0$^\mathrm{m}$,3 d'épaisseur, entraîné
par la rivière Nairn pendant un espace de plus de 200
mètres.

Je n'entrerai pas dans plus de détails sur ces remarquables et désastreux événements, qui ont fourni à
Sir Thomas Dick-Lauder, l'un des grands propriétaires dans les districts dévastés, le sujet d'un ouvrage
étendu et du plus grand intérêt. Là se trouvent réunies les données les plus exactes et les plus circons-
tanciées sur les effets physiques de cette immense
inondation, avec les peintures les plus touchantes des
souffrances et de la résignation des malheureux habitants de ces contrées. On y voit dépeintes des scènes
de mœurs aussi frappantes que plusieurs de celles
qu'on admire dans les romans de Walter Scott, et
qui ont sur ces dernières l'avantage d'être la fidèle
représentation d'événements réels. Ayant le bonheur
de connaître particulièrement plusieurs des proprié-

taires de cette contrée, qui ont eux-mêmes éprouvé de grandes pertes dans ces terribles journées, et ayant visité moi-même, en 1831 et en 1837, quelques-uns des lieux dévastés décrits et figurés dans l'ouvrage de sir T. D. Lauder, j'ai pu me convaincre ainsi de la parfaite exactitude de ses descriptions et de ses récits.

Il m'a paru, d'après quelques tableaux météorologiques annexés à l'ouvrage, qu'un conflit de vents opposés, l'un venant de l'ouest, chargé d'humidité, l'autre de l'est, avait pu, comme dans l'orage du 20 mai 1827 à Genève, donner naissance à cette précipitation d'eau énorme et rapide.

M. Lyell signale, dans le deuxième chapitre de son second livre (1), le débordement non moins désastreux de l'Anio, à Tivoli, qui eut lieu le 15 novembre 1826, à la suite de déluges de pluie, et pendant lequel la rivière, abandonnant son ancien lit, en prit un nouveau, après avoir miné et renversé une haute falaise.

Voilà des exemples de phénomènes accidentels qui ont produit momentanément, et dans diverses localités fort éloignées les unes des autres, et quelquefois très circonscrites, une élévation de niveau dans les eaux des rivières et des ruisseaux, accompagnée souvent du transport de gros blocs de rochers, enfin de phénomènes tels, qu'on n'aurait jamais dû, *à priori*, les considérer comme possibles dans l'époque actuelle ou jovienne. Si, sans avoir été informé des circonstances auxquelles ont été dus de pareils transports, un géologue eût rencontré sur les berges de l'Anio ou

____

(1) *Princ. of Geol.*

des rivières du Morayshire, des blocs métriques, et plus grands encore, placés à des hauteurs de 20 et même de 23 mètres au-dessus du niveau le plus élevé des cours d'eau voisins, il aurait sans doute été très excusable de reculer l'époque de l'arrivée de semblables débris aux temps antédiluviens, tandis qu'ils pouvaient bien n'occuper la place où l'observateur les trouvait que depuis un petit nombre de mois ou tout au plus d'années.

De pareils exemples doivent nous prouver avec quelle circonspection un géologue doit prononcer sur l'époque du transport de fragments de rochers, quel que volumineux qu'ils soient, quelque haut placés au-dessus des rivières actuelles qu'ils se présentent, et lors même qu'ils seraient disséminés sur une grande surface de pays, quand ils ne sont pas accompagnés de débris d'animaux ou de végétaux, dont la nature serait dans un tel cas, non-seulement le meilleur, mais peut-être l'unique critère de l'âge de pareils terrains.

Je devrais maintenant parler ici des tremblements de terre qui, dans certaines contrées, particulièrement dans diverses parties de l'Amérique du sud, dans les Indes Orientales, en Espagne, en Italie, et plus récemment, pendant l'hiver de 1838, dans la partie sud-est de l'Europe, en Hongrie, en Transylvanie, en Valachie, en Bessarabie, en Gallicie, etc., ont produit, depuis le commencement de ce siècle, des effets bien autrement considérables et désastreux que ceux qui ont été dus aux inondations.

Mais ici, outre que j'ai été devancé par M. Lyell, dont l'énumération de pareilles catastrophes (contenue dans le chapitre quatorzième du livre deuxième de ses *Principes de Géologie*) est assez étendue et accompagnée de détails suffisamment circonstanciés et caractéristiques pour que ce que je dirais ici n'en fût à peu près qu'une simple répétition, Genève et ses environs n'ont à ma connaissance, depuis près de quarante ans, éprouvé que trois ou quatre très faibles secousses, qui n'ont pas même occasionné la chute d'aucun bâtiment ni d'une seule muraille. Celle qui paraît avoir été la plus forte (je sentis alors distinctement la maison où j'étais s'ébranler, j'entendis craquer les murs et les boiseries) eut lieu le matin du 19 février 1822 (1). Cette date a ceci de remarquable, qu'elle précède de deux jours la grande éruption du Vésuve, arrivée le 22 février 1822, et qu'elle est aussi presque contemporaine de la plus forte secousse ressentie le 13 février de la même année à Alep en Syrie, et d'une légère secousse éprouvée à Laybach en Carniole le 14 du même mois.

Le 24 janvier 1837, un autre tremblement de terre a été senti à Genève. Il y en a eu dès lors un notable le 17 août 1839, qui a été aussi ressenti dans d'autres villes voisines. Et enfin, le 2 novembre de la même année, on éprouva une légère secousse.

Nous ne nous croyons pas non plus appelé à énumérer ici toutes les éruptions volcaniques qui ont eu lieu sur la surface du globe pendant la période de temps qui nous occupe. Outre que nous sommes bien

---

(1) Voyez *Bibl. univ. Sciences et Arts*, t. xix, p. 147 et 210. Voyez aussi le même recueil, t. xxiii, p. 198, pour le rapprochement que j'ai signalé entre ce tremblement de terre, ceux de Syrie et de Carniole, et une grande éruption du Vésuve.

loin d'avoir les données suffisantes pour concevoir un pareil dessein, il existe déjà dans plusieurs ouvrages quelques indications succinctes des éruptions modernes des divers volcans les mieux connus (1).

Quant aux deux volcans principaux du midi de l'Europe, on possède heureusement des documents complets sur leur histoire (2).

Je me bornerai donc maintenant à retracer rapidement le tableau des changements les plus importants qu'ont éprouvés ces deux volcans dans les derniers temps.

Le Vésuve, depuis la terrible éruption de 1794, dans laquelle un énorme courant de lave envahit une partie de la ville de Torre del Greco, en a éprouvé

(1) On en trouvera dans la notice de M. Brongniart sur les volcans, dans le Traité de M. Daubeny sur le même sujet, dans un des anciens Annuaires du bureau des longitudes et dans l'ouvrage de M. de Hoff; pour les volcans des îles Canaries, dans la description qu'en a donnée M. de Buch; pour ceux des Andes et des Antilles, dans les divers ouvrages de M. de Humboldt, ainsi que dans les Mémoires de M. Boussingault; pour ceux des îles du grand Océan, dans les relations des missionnaires anglais; pour celui de l'île de Bourbon, dans le Voyage aux quatre îles de l'Afrique, par M. Bory de Saint-Vincent; pour les volcans de Java, de Sumatra et d'autres îles de la Sonde, dans les Mémoires de sir Stamford Raffles et de M. Horsfield, et par extrait, dans les Principes de Géologie de M. Lyell : ce dernier ouvrage contient quelques détails sur les principales éruptions de l'Islande; il y en a aussi dans ceux de Sir George Mackensie, d'Henderson, de Hooker. M. Marmier a récemment donné quelques dates des éruptions des volcans islandais dans ses intéressantes Lettres sur cette contrée, encore si peu connue, et sur laquelle la publication des recherches scientifiques de l'expédition dont il faisait partie va sans doute jeter un grand jour.

(2) Pour le Vésuve, dans les intéressantes relations de MM. Monticelli, Covelli, Donati; et pour l'Etna, dans celles de l'abbé Ferrara et de M. Gemellaro, etc.

plusieurs autres non moins fortes, quoique peut-être moins dévastatrices; et d'abord celles de 1813 et de 1817 peuvent être comptées parmi les principales. Depuis cette dernière jusqu'en 1821, des éruptions moins considérables se sont succédé presque sans interruption. Lorsque je visitai ce volcan, en avril 1820, son cratère jetait de la fumée, des cendres et des pierres ardentes, et la lave coulait de ses flancs. J'ai publié les observations que j'eus occasion de faire alors, soit dans un appendice à mon mémoire sur la Somma, dans le tome deuxième des *Mémoires de la Société de physique et d'histoire naturelle de Genève*, soit dans la *Bibliothèque universelle*, nouvelle série, vol. 23, juillet 1823, pag. 202 et de 219 à 228. Ce sont les observations que je fis sur la structure du cône et sur la forme du cratère tel qu'il existait alors au Vésuve, et que j'ai consignées dans ce dernier recueil à l'endroit cité, qui m'ont permis de suivre dès lors avec précision les remarquables changements qui se sont opérés depuis dans toute la partie supérieure du Vésuve, changements que je vais exposer en peu de mots, renvoyant pour les détails à ma relation originale et à l'extrait que j'ai donné dans ce même morceau de la description faite par MM. Monticelli et Covelli de la remarquable éruption de 1822, à laquelle ces changements ont été dus.

C'est dans la partie supérieure du cône et dans le cratère qu'ont eu lieu, de 1817 au mois d'octobre 1822, les changements dont je viens de parler. Pour les bien comprendre, il faut se rappeler qu'il y avait alors dans le Vésuve deux parties distinctes : l'une, le grand cône de lave, formé d'assises alternatives de lave

et de cendres ou de scories tassées, cône qui s'élève
de 550 mètres au-dessus de la Pedementina et de
l'Atrio del Cavallo, petite plaine circulaire qui en
forme la base; et le cône, dont le point culminant, la
Punta del Paolo, a toujours conservé jusqu'aujour-
d'hui la hauteur de 1,185 mètres au-dessus de la mer,
que de Saussure avait reconnu en 1773. Cette partie
du Vésuve, composée comme elle l'est de matériaux
solides, a, sauf quelques dégradations dans la partie
méridionale du périmètre du vaste cratère qui s'ouvre
à son sommet, suites des éruptions de 1794 et de 1822,
résisté jusqu'à présent à toutes les secousses que lui
imprime constamment le foyer volcanique qu'elle renferme dans son sein. C'est donc une partie de la montagne qui peut être considérée comme à peu près
permanente. Mais il n'en est pas ainsi d'une autre
portion du volcan qui existait avant 1822; celle-ci
est formée entièrement de débris incohérents, de
sables, de pierres détachées, qui, lancées par la bouche du volcan et retombées dans son vaste cratère,
s'étaient accumulées depuis 1817, et peut-être même
depuis plus longtemps.

Ces matières meubles avaient commencé par former dans le fond du cratère un petit monticule conique qui avait continué à s'accroître. Des fragments
d'anciennes laves tombées des parois du cratère, de
petits courants de lave nouvelle sortis de la cheminée
du monticule, avaient agrandi et consolidé cette structure d'origine récente, qui, d'abord renfermée en entier dans l'intérieur du gouffre, avait fini par atteindre,
puis par surpasser son bord supérieur; dès lors la
Punta del Palo avait cessé d'être le point culminant

du Vésuve; un nouveau cône, un cône de cendre et
de scories, était venu se surajouter au grand cône de
lave; sa base, qui se confondait avec le sommet de ce
dernier, atteignait presque la hauteur de la Punta
del Palo, son sommet dépassait d'environ 160 mètres
cette pointe du cône de lave, et d'environ 180 mètres
les autres portions du périmètre de son cratère. Tels
étaient la forme et l'état du sommet de ce volcan lorsque j'y montai en avril 1820; aussi la montagne, vue
de Naples, paraissait-elle alors sensiblement plus élevée qu'elle ne l'était en 1773 et qu'elle ne l'a jamais
été depuis l'éruption de 1822.

Trois bouches, dont l'une très grande et très profonde, en forme d'entonnoir, s'ouvraient au sommet
du cône surajouté, et communiquaient avec l'intérieur du grand cratère, qui probablement était rempli
de lave ardente, car je voyais cette lave s'agiter au
fond de la grande bouche qui formait alors le cratère
principal du volcan. De 1820 à 1822, la sommité
conserva à peu près la même hauteur. Si parfois une
portion du nouveau cône de cendre retombait dans
l'intérieur, de nouvelles matières rejetées rétablis-
saient ce sommet, duquel la forme ainsi que le nombre des bouches ou orifices dont il était percé variaient
irrégulièrement de jour en jour.

Mais après que l'éruption de février 1822 eut
ébranlé cette portion supérieure, et après que celle
d'octobre de la même année eut achevé de la miner,
cette énorme superstructure, s'enfonçant tout à la
fois avec un fracas épouvantable, fut engloutie dans le
gouffre volcanique, pour être, peu de moments après,
lancée à de grandes distances; et, sous la forme

d'immenses nuées de sable, de cendres et de pierres, elle alla couvrir au loin de ses débris les plaines situées au pied du volcan. Ce fut dans la nuit du 22 au 23 octobre 1822 qu'eut lieu cette terrible émission de matériaux incohérents. On pourra se faire une idée de la quantité de matières rejetées alors par le cratère lorsqu'on saura qu'elles couvrirent un espace circulaire d'environ 15,000 mètres, soit de près de 3 lieues de diamètre, dont le cratère occupait le centre, d'une couche de sable, épaisse de 1^m,6 du côté sud, et de 0^m,8 du côté nord, sur les lèvres du cratère, et par conséquent au centre ; épaisseur qui, diminuant graduellement en s'éloignant de ce point, se trouvait réduite à 24 centimètres à l'extrémité du rayon sud du cercle, à 21 $\frac{1}{2}$ centimètres à celle du rayon est, à 4 $\frac{1}{2}$ millimètres à celle du rayon nord, et enfin, à 27 millimètres à l'extrémité du rayon ouest ; la direction du vent qui alors dominait ayant causé ces différences d'épaisseur (1).

Lorsque, le 26 octobre, le Vésuve devint de nouveau visible de Naples, après avoir été caché pendant trois jours par les formidables nuages de cendres et de fumée, on s'aperçut d'une diminution très sensible dans la hauteur de la montagne, due non-seulement à l'engloutissement de la superstructure de 180 mètres de haut, formée par le cône de sable maintenant disparu, mais à ce que celui-ci, en s'engouffrant, avait entraîné dans l'abîme une portion haute de 97 mètres du bord méridional de ce même cratère du grand cône de lave sur lequel il reposait. Dès lors la

(1) Voyez Monticelli et Covelli, *Storia dei phen.* ; et *Bibl. univ. Sciences et Arts*, t. XXIII, p. 215.

cime du Vésuve, qui avait toujours paru de Naples comme terminée par une ligne horizontale, sembla taillée en biseau du nord au sud. La Punta del Palo devient comme auparavant le point culminant de la montagne, s'élevant immédiatement au-dessus de l'immense abîme intérieur, semblable à un vaste puits cylindrique d'environ une lieue de tour, qui, après avoir englouti les cimes, la petite plaine et le vallon qui le recouvraient naguère, était resté ouvert et béant jusqu'à une profondeur inconnue (1).

Non-seulement la hauteur totale du Vésuve avait diminué, mais la base du grand cône s'était élargie par les courants de lave qui avaient coulé sur ses flancs et par les amas de sable qui avaient couvert sa circonférence, formant tous ensemble une couche de plus de 60 mètres d'épaisseur. Le sol de l'Atrie del Cavallo, petite vallée demi-circulaire qui sépare le Vésuve de la Somma, s'était aussi considérablement rehaussé par des accumulations de sable.

Tel est l'état où le Vésuve est demeuré depuis le 16 novembre 1822 (jour où s'est terminée la mémorable éruption qui a laissé sur cette montagne des traces presque ineffaçables de son action) jusqu'en 1828. Dans cet intervalle de près de 6 ans, le repos du volcan a été complet, et il ne s'y est manifesté d'autre changement que le comblement de la partie inférieure du gouffre ou cratère par les fragments et les débris qui se détachaient continuellement des

____

(1) Consultez la Vue de ce cratère dans *Storia dei phenomeni del Vesuvio*, par MM. Monticelli et Covelli; et une autre Vue très inté ressante donnée par M. Poulett-Scrope dans le *Quarterly Journ. of Science, July* 1823, t. vx.

rochers dont les parois de ce gouffre étaient formées. L'effet d'une pareille accumulation de débris avait été non-seulement de diminuer sensiblement la profondeur, mais de changer la forme de ce gouffre.

Effectivement, au commencement de mars 1828, au lieu de présenter une cavité cylindrique bordée de murs à pic, et descendant à une profondeur inconnue, le cratère ressemblait à un cône renversé, évidé, et profond d'à peu près 230 mètres ; c'est au fond de cette coupe que déjà, dès le mois de juin de 1826, des fentes fumantes s'étaient formées, et des cheminées s'étaient ouvertes; mais ce ne fut que le 14 mars 1828 que le volcan reprit de l'activité, et qu'il recommença à lancer des pierres et des sables, qui, en retombant autour de la bouche ouverte au fond du cratère, élevèrent un petit monticule conique ou cône de sable (1). Dès lors des éruptions, toujours plus fréquentes et plus fortes, n'ont cessé de se succéder, d'abord dans l'intérieur du cratère uniquement; mais le fond de celui-ci s'élevant toujours plus par la superposition successive des petits courants de lave qui sortaient occasionnellement de la bouche ouverte au sommet du monticule, et le monticule lui-même s'accroissant continuellement par l'addition de nouvelles couches du sable lancé par cette bouche, ce petit cône s'éleva bientôt au-dessus des lèvres du cra-

(1) La Vue du cratère dans cet état se trouve dans les *Sections and Views* de M. de la Bèche, dans le *Journal of the Royal Institution*, nᵒ 2, par M. Donati, et dans la *Biblioth. univers. Sciences et Arts*, mai 1831, p. 87. J'ai joint à cette dernière Vue un diagramme comparatif représentant l'état de la cime du Vésuve et de ses cratères, lorsque je l'ai visité en avril 1820, par conséquent deux ans et demi avant la grande éruption de 1822.

tère, et devint visible de Naples, en même temps que le fond du cratère, en s'élevant toujours plus, se rapprochait du niveau de ces lèvres. Au moment où j'écris ceci (janvier 1839), s'il ne les a pas encore atteintes, il doit en être bien près. Et dès lors on doit s'attendre à de grandes éruptions sorties de la base du grand cône; car déjà, depuis quelque temps, les courants de lave ayant cessé d'être renfermés dans l'intérieur de la coupe, plusieurs ont coulé sur la surface extérieure du cône de lave. Peut-être aussi que le moment n'est pas éloigné où une nouvelle grande éruption, analogue à celle de 1822, engloutira la nouvelle superstructure qui a commencé à se former en mars 1828, et redonnera au cratère du Vésuve la forme d'un énorme puits sans fond qu'il avait avant cette époque.

L'Etna, dont l'activité est bien moins constante, a cependant éprouvé, depuis un demi-siècle, un grand nombre d'éruptions; mais la plupart ont eu lieu dans le haut de la montagne et près du cratère; elles n'ont donc été ni très considérables ni très destructives, comparées aux éruptions plus anciennes qui se sont fait jour à la base du volcan. Les plus récentes sont celles de 1811, 1819, 1832, 1833 et 1838; les deux premières ont eu ceci de remarquable, que de petits cônes latéraux ou parasites, tout composés de scories, et analogues à ceux qui, répandus de toute part sur les pentes de l'Etna, en forment le trait le plus caractéristique, se sont élevés à l'origine des courants de lave vomis par ces éruptions.

Le sommet du volcan, le grand cratère, a aussi éprouvé depuis peu d'années de notables changements, qui sont bien plus rares à l'Etna qu'au Vésuve.

D'après le beau travail de M. Élie de Beaumont (1), dans lequel tous les faits relatifs à l'Etna sont rendus plus clairs et plus intelligibles que dans tout autre ouvrage, on peut voir qu'au commencement du dix-huitième siècle le sommet de l'Etna se terminait par une vaste plaine, le Piano del Lago, à environ 2,800 ou 2,900 mètres de hauteur absolue. Le cône supérieur, qui s'élevait auparavant au-dessus de cette plaine, s'était éboulé, et le cratère s'ouvrait sans aucun parapet au milieu du Piano del Lago, se réduisant alors à un soupirail énorme. Pendant la durée du dix-huitième siècle, un nouveau cône, formé de cendres, de scories, de fragments de lave incohérents, s'est élevé autour de cet orifice, jusqu'à une hauteur d'environ 320 mètres au-dessus de sa base, soit de 3,314 mètres au-dessus de la mer, et a formé dès lors la cime de l'Etna.

A peine ce cône a-t-il eu un siècle d'existence, qu'il a commencé à s'écrouler pièce à pièce; de sorte que déjà, dans les premières années du présent siècle, la crête circulaire qui le termine, ou le périmètre du cratère, était toute dentelée. Parmi ces dentelures, il y en avait deux qui surpassaient notablement toutes les autres en hauteur, d'où était venu le nom de *Bicorne* qu'on donnait à la cime de l'Etna. La plus basse des deux sommités n'était inférieure à l'autre que de 14 mètres; la plus élevée, point culminant de ce grand volcan, atteignait la hauteur absolue de

(1) Mémoires pour servir à une description géologique de la France, t. IV.

3,314 mètres. Au mois de novembre 1832, cette plus haute cime s'écroula, et fut engloutie dans le cratère; et sa place fut dès lors occupée par un gouffre presque circulaire et cylindrique, de 80 à 100 mètres de diamètre. Ce gouffre touche au grand cratère, dont la forme est encore, comme auparavant, celle d'un vaste entonnoir, en partie cylindrique, en partie conique.

La seconde cime, celle qui était la moins élevée, restée seule, forme maintenant la sommité de l'Etna; mais M. Elie de Beaumont, dont j'ai cherché, dans ce qui précède, à reproduire les propres paroles, prévoit que cette pointe, déjà fissurée de toutes parts, et traversée par les vapeurs et la fumée sorties du foyer volcanique, ne tardera pas longtemps à s'écrouler elle-même dans l'abîme qui a déjà englouti sa sœur.

Outre les diverses manifestations de l'activité du feu des volcans à la surface de la terre que nous venons de rappeller, le commencement de ce siècle a déjà présenté, à trois reprises différentes et à de grandes distances sur la surface du globe, des marques indubitables de l'action des volcans sous-marins, par l'apparition subite et inattendue de trois ou quatre petites îles qui se sont élevées au-dessus des flots, dans les Açores, dans les îles Aleutiennes, et dans la partie de la Méditerranée qui sépare la Sicile de l'Afrique. Toutes sont sorties du sein de la mer en jetant des pierres embrasées, des cendres ardentes, et de la fumée; toutes, après quelques mois d'existence, se sont de nouveau englouties sous les flots, et ont entièrement disparu.

Déjà, à la fin du siècle passé, de semblables phénomènes avaient eu lieu. La petite île volcanique de
Nyoë s'était élevée, à 10 lieues au sud-ouest du cap
Reykianefs en Islande (1), en 1713 ; mais avant
qu'un an se fût écoulé, elle avait déjà été engloutie.

Une île nouvelle se forma, le 8 mai 1796, au
nord d'Oomnack, à peu de distance d'Oonalatsckha, l'une des îles Aleutiennes. Elle était encore
chaude en 1804, et M. de Kotzebue dit (*Traduct.
anglaise de son Voyage*, t. II, p. 180) qu'en 1817,
lorsqu'il la visita, elle continuait à croître tant en
hauteur qu'en largeur ; sa chaleur subsistait encore,
et de la fumée sortait de son cratère ; sa hauteur au-
dessus de la mer était alors de 113 $\frac{1}{2}$ mètres. Je vois
mentionné dans les *Principes de Géologie* de M. Lyell,
t. II, p. 248, sur l'autorité de M. Langsdorf, qu'en
1806, il s'éleva une île, en forme de pic, de la mer
qui baigne les îles Aleutiennes, et qu'une autre éruption du même genre donna naissance à une autre nouvelle île près d'Oonalatsckha, dans le même archipel.
Cette île, dit M. Lyell, avait un pic de 974 mètres
de haut, qui subsista pendant un an, quoique dans
cet intervalle sa hauteur eût diminué. Il est difficile,
si les îles dont parle M. Lyell sont les mêmes que
celles dont M. de Kotzebue a fait mention, de concilier les deux récits, qui diffèrent tellement par les
dates et les mesures de hauteur. Si, d'un autre côté,
ce qui serait bien improbable, il avait paru un si
grand nombre d'îles nouvelles dans les mêmes parages et à des époques si rapprochées, comment

(1) Lyell, *Princ. of geol*, t. II, p. 181.

MM. de Kotzebue, Chamisso et Etcholtz, qui ont visité Oonalatsckha en 1817, auraient-ils ignoré l'existence d'une île de 974 mètres d'élévation qui serait sortie de la mer onze ans seulement avant leur voyage ?

Dans les Açores, la petite île volcanique de Sabrina parut en 1811, dans les mêmes parages où déjà, en 1691 et en 1720, il s'était élevé des îles. Sabrina atteignit la hauteur d'environ 97 mètres, et la mer ne tarda pas à la démolir et à en recouvrir les débris.

Le souvenir de l'îlot qui se fit voir pendant un court espace de temps en 1831, entre la côte méridionale de la Sicile et l'Afrique, est encore trop présent pour qu'il soit nécessaire de retracer les particularités de cet intéressant événement, d'autant plus que cette île, qui a eu moins de mois d'existence qu'elle n'a reçu de noms, a eu le singulier avantage d'avoir été étudiée avec soin par des géologues très distingués, M. Constant Prévot et M. Hoffmann de Berlin ; ces savants ont publié leurs observations, et je ne puis mieux faire que d'y renvoyer. Je me contenterai donc d'observer ici que, pendant les mois qui ont précédé cette remarquable éruption sous-marine, la côte de Gènes a été le théâtre de secousses très violentes et presque continuelles de tremblements de terre. Il est difficile de ne pas penser qu'il y a eu quelque connexité entre les deux événements.

La mer d'Azoff a aussi vu, dit-on, sortir de son sein, en 1814, une île nouvelle. En revanche, il paraît que la petite île de Santorin, dans l'archipel grec (déjà célèbre dans l'antiquité par les îlots sortis du sein des flots près de ses rivages, et qui en avait vu surgir de nouveaux en 1573, en 1707 et 1709), qui n'est elle-même qu'une portion de cône volcanique embrassant un cratère en activité, recouvert en grande partie par la mer, aurait été presque entièrement détruite le 1er avril 1837.

Tels sont, parmi les événements parvenus à ma connaissance qui ont, dans le cours des quarante à cinquante dernières années, modifié d'une manière marquante quelques parties de la surface du globe, ceux qui m'ont semblé les plus dignes d'être rappelés. Après de pareils récits, après des catastrophes dont plusieurs devenues historiques seront longtemps conservées dans les traditions tant orales qu'écrites des populations qui en ont éprouvé les effets, la mention que je vais faire de petits faits particuliers jusqu'ici inaperçus, dont les conséquences n'ont pu avoir de retentissement pour personne, pas même pour ceux qui se trouvaient placés le plus près des lieux où ils se sont passés, une pareille mention peut paraître tout à fait dénuée d'intérêt, par conséquent inutile, et même, jusqu'à un certain point, puérile : il ne me semble pourtant pas qu'il en soit ainsi. On se ferait, suivant moi, une idée bien peu juste de la marche constante que suit la nature dans la destruction perpétuelle, et le morcellement qu'elle opère sans cesse dans toutes les portions de nos continents exposées à l'action combinée de tous les agents atmosphériques, si on la supposait bornée à ces cas relativement rares, qui, par leur étendue, leur grandeur, l'intensité de l'action déployée et de l'effet produit, frappent l'imagination des peuples et les remplissent de terreur. Et pourtant ce ne sont guère que des événements sem-

blables que nous trouvons cités dans les ouvrages de
géologie en preuve de la destruction continuelle de
la terre habitable par les agents naturels et du transport de ces débris dans les lieux bas, et, en dernière
analyse, sous les eaux de la mer. Les petites occur-
rences journalières, ces minimes exemples d'une
constante dégradation de nos montagnes, de nos rochers, des plus basses collines, des plaines même,
qui paraissent assises sur de bien plus solides fondements, ces exemples d'un mouvement intestin toujours renaissant dans une masse en apparence aussi
inerte que la terre, nous paraissent peut-être encore
plus significatifs, plus probants, quand ce ne serait
que par la fréquence de leur répétition, que ceux
même d'entre les plus frappants des désastres que
nous avons signalés plus haut. Aussi, sans nous arrêter à la crainte de passer ici pour trop minutieux, et
convaincu que les petits faits que nous allons citer
rappelleront à chaque géologue des faits analogues
qui, quoique observés par eux, ont pu leur paraître
trop peu considérables pour mériter d'en conserver
le souvenir, nous allons retracer ceux qui sont parvenus à notre connaissance; et peut-être, en engageant
ainsi les observateurs qui nous suivront à imiter notre
exemple, arriverons-nous à faire assez augmenter
notre petite liste de petits effets pour lui donner un
jour une plus grande importance qu'elle ne peut paraître en avoir aujourd'hui.

DEUXIÈME PARTIE.

FAITS PARTICULIERS.

Le petit nombre de faits que j'ai à présenter ici peuvent se ranger sous trois catégories :

I. Changements opérés par la nature seule.

II. Changements opérés par l'action combinée de la nature et de l'homme, ou causés par des ouvrages humains, mais opérés par la nature.

III. Changements dus à la seule action de l'homme.

Dans la première catégorie, je mentionnerai les événements qui suivent :

1° Depuis l'année 1810, les berges, de plus de 26 mètres de haut, qui bordent la rive droite de l'Arve, à une petite demi-lieue à l'est de Genève, entre Champel et la campagne nommée la Paumière, et qui auparavant formaient des falaises parfaitement à pic et verticales, ces hautes berges ont commencé à se crevasser, puis ont été sillonnées de ravins, et enfin taillées en aiguilles isolées et en grands obélisques, tous formés de poudingue diluvien, et tout à fait semblables à ceux qui existaient dans les berges du Rhône, au-dessous du village de Cartigny, et que de Saussure a décrits dans la première partie de ses voyages dans les Alpes. Une autre falaise, sur la même rive de l'Arve, et peu éloignée des précédentes, falaise aussi formée d'amas diluviens, et qui s'élève vis-à-vis de

Carouge, sous la grande campagne de Champel, s'est aussi fort augmentée, et est devenue beaucoup plus verticale depuis la même époque. Enfin, dans le premier lieu désigné dans ce paragraphe, la partie supérieure de la falaise, toute formée d'une couche de glaise d'environ 10 à 13 mètres d'épaisseur, et qui forme le sol d'une grande prairie parfaitement plate, minée par des cours d'eau souterrains descendus originairement de la surface du sol, minée aussi dans ses fondements par le courant de l'Arve, cette portion supérieure s'est détachée en masses de plusieurs arpents, a glissé dans l'Arve, et a formé un revêtement en talus rapide au pied de la falaise à pic, dont elle a ainsi préservé la base de l'action corrodante des eaux de cette rivière, qu'on pourrait bien nommer un torrent.

2° Une longue et épaisse bande de rochers calcaires descend obliquement des hautes montagnes qui bordent la grande route conduisant de Genève au Simplon : elle se rapproche beaucoup de cette route entre le hameau du Bouveret et la Porte du Scex, dans le Bas-Valais. En 1820, des fragments anguleux calcaires, d'abord fort petits, puis toujours plus considérables, ont commencé à se détacher des flancs de ce roc escarpé, et glissant ou tombant le long de la pente de la montagne; au bout d'un petit nombre d'années, ils ont formé un grand éboulement, qui a couvert les alentours de la route et la route elle-même de gros blocs et de menus débris de rochers, rendant ainsi parfois, lorsque les chutes de pierre étaient abondantes, cette partie du chemin périlleuse pour les voyageurs.

3° On voyait depuis un temps immémorial projeter en avant du massif à pic de poudingue diluvien
qui forme la falaise verticale sur laquelle est planté le
bois de La Bâtie, et au pied de laquelle coule la petite
rivière appelée l'Aire, vers son confluent avec l'Arve,
une grande masse de poudingue naturellement taillée
en forme de demi-cylindre ou de tour surmontée
d'une épaisse tablette horizontale qui, débordant de
tous côtés l'épaisse tige qui la supportait, et surplombant de toutes parts, ressemblait ainsi à un énorme
champignon. Les promeneurs qui visitaient ce petit
bois, situé à un quart de lieue de Genève, se plaisaient
à s'arrêter sur cette plate-forme élevée, d'où un magnifique point de vue sur la ville, les Alpes, le Jura,
se déployait à leurs yeux, et d'où leurs regards plongeaient sur les confluents réunis de l'Aire et de
l'Arve, ainsi que de l'Arve et du Rhône, et sur les
fertiles jardins qui couvrent l'espèce de delta formé
entre ces deux dernières rivières. Au printemps de
1833, placé moi-même sur le haut de ce belvédère
naturel, j'avais encore, comme plusieurs fois auparavant, en contemplant la beauté de cette vue, admiré
aussi la forme si remarquable et si pittoresque de cet
emplacement. Au mois de décembre 1835, j'ai trouvé
cette singulière tour, ainsi que la tablette qu'elle supportait, gisant, brisée en gros fragments, au pied de
la falaise et sur le bord de l'Aire. Sa chute avait probablement été occasionnée par la filtration des eaux
supérieures dans les nombreuses fentes dont ce roc
était sillonné. A côté de l'emplacement qu'il occupait,
s'élève encore une sorte de tour, à peu près semblable, quoique cependant moins caractérisée; comme

celle-ci est aussi traversée par de nombreuses et larges fissures, il est probable qu'elle ne tardera guère à éprouver le sort de la première.

4° A Édimbourg, une des portions les plus belles et les plus récentes de la nouvelle ville, les magnifiques places circulaires nommées Moray-Place, et Ainslie-Place, sont en partie situées sur le haut de la berge droite ou méridionale de l'étroit et profond vallon, au fond duquel court le petit torrent appelé Water of Leith. La pente rapide de cette berge élevée, que couronnent les maisons de ces grands cirques, est couverte de charmants jardins, avec leurs vertes pelouses en talus, variées par des groupes et des bosquets de lauriers, d'arbousiers, de laurelles, de lauriers-thyms, etc., qui même au fort de l'hiver conservent dans ce climat insulaire toute la brillante verdure de leurs feuilles. Ces jardins recouvrent des couches fortement inclinées et épaisses de grès houiller, alternant avec des couches également épaisses d'une argile schisteuse noire et tendre. En 1838, une fente s'est ouverte dans ces couches, obliquement à la stratification, et une faille ou un glissement d'une masse assez considérable de ces couches s'en est suivi ; le terrain a été par là bouleversé, et une assez grande portion de ces jolis jardins a glissé vers le bas du vallon et presque atteint le bord du Water of Leith. Ce lieu présentait encore à la fin de 1838 et au commencement de 1839, lorsque je l'ai vu, l'aspect d'un bouleversement complet du sol.

5° Plus récemment encore, le *Journal des Débats* du 2 février 1839 annonce, d'après la *Revue du Havre* du 30 janvier, que, le 27 janvier 1839, la falaise du cap La Hève, qui s'élève verticalement sur le rivage de la mer, au nord du Havre, falaise bien connue des géologues par ses couches et ses fossiles des terrains d'oolithes et du grès vert, et que j'ai visitée en 1835, s'est éboulée en grande partie avec un fracas épouvantable; une masse, de 62 mètres de longueur et de $3^m,8$ de largeur de terre labourable est tombée du haut du plateau jusqu'au bord de la mer, qui a été jonché d'énormes fragments de la roche calcaire dont la falaise se compose. Il paraît que des fentes très larges et très étendues avaient été depuis quelque temps observées dans ce rocher et en avait fait prévoir la chute.

6° On lit dans le *Journal des Débats* du 2 février 1840 : « Dans la nuit du 29 au 30 janvier 1840, la montagne entière de Cernans, près de Salins (Jura), est descendue en masse dans le précipice qui entourait sa base; une partie de la route de Dijon à Pontarlier a été abaissée de plus de 50 mètres. Les uns attribuent l'événement à des enlèvements de terre au bas de la montagne; d'autres, à ce qu'une fontaine qui s'était arrêtée depuis 25 ans a dû prendre une autre direction et miner la montagne. »

7° Le 5 février 1840, à Douvres, une chute considérable a eu lieu dans une falaise voisine du rocher dit de Shakspeare : une portion, de 180 mètres de long, de 12 à 15 mètres de profondeur depuis le sommet, et de 120 mètres au moins de hauteur, est tombée sur le rivage, dont elle a jonché la plage de fragments de rochers de craie, sur une étendue de 0,8 hectares. (Journaux anglais.)

Dans la seconde catégorie de changements, ceux

qui, ayant pour cause originaire des travaux entrepris par les hommes, ont été depuis opérés par la seule nature, je n'ai qu'un seul fait à citer, mais il est assez marquant, et pourra servir d'exemple de ce genre d'effets; j'y joindrai ensuite la mention d'un effet constant également produit par l'action combinée de l'homme et de la nature.

L'établissement du grand pont de pierre sur l'Arve à Carouge, près de Genève, à la suite duquel l'Arve a été encaissée entre les massives piles de ce pont, conjointement avec des travaux d'art, entrepris à peu près dans le même temps, c'est-à-dire entre les années 1809 et 1814, sur les deux rives de l'Arve à la fois, au confluent de cette rivière avec le Rhône, ont influé non-seulement sur la direction du cours de l'Arve, mais aussi sur ses rivages, et même un peu sur ceux du Rhône, au confluent même.

Avant que ces divers ouvrages eussent été entrepris, le cours de l'Arve, depuis son entrée sous les murs des dernières maisons de Carouge à l'ouest, jusqu'à son embouchure dans le Rhône, sur une étendue d'environ 1,100 toises, soit 2,200 mètres, peut-être considéré comme ayant été à peu près rectiligne, et tout en plaine, c'est-à-dire, au milieu d'un grand plateau, parfaitement de niveau, et dont la surface ne s'élève guère au delà de 8 à 10 pieds (3 mètres) au-dessus des eaux de la rivière; à l'exception cependant des 250 ou 300 dernières toises (500 à 600 mètres) que parcourt l'Arve avant d'entrer dans le lit du Rhône. Là, sur la rive gauche de l'Arve, s'élèvent les falaises d'environ 26 mètres de haut que couronne le bois de La Bâtie, la rive droite de l'Arve continuant cependant toujours à faire partie du plateau peu élevé ou de la plaine dont je viens de parler. Dans le même temps, soit en 1809 et 1810, l'Arve arrivait au Rhône perpendiculairement à son cours, et les deux rivières se rencontraient à angle droit; et comme le courant du Rhône est presque toujours plus faible que celui de l'Arve, il arrivait que, dans les grandes crues de ce dernier torrent, les eaux du Rhône étaient repoussées contre les falaises à pic qui bordent la rive droite, falaises de même hauteur que celles du bois de La Batie, vis-à-vis desquelles elles sont placées et auxquelles elles correspondent.

Ces falaises, tant d'un côté que de l'autre, n'étant formées que de cailloux roulés diluviens, plus ou moins faiblement cimentés par des infiltrations calcaires de la nature des stalactites, le plus souvent même tout à fait incohérents, étaient ainsi continuellement minées par les eaux, et les faibles talus qui se produisaient constamment à leur pied par la chute des cailloux supérieurs étaient détruits et entraînés presque aussitôt que formés.

Le lit de l'Arve, à son confluent, avait une largeur considérable, et les eaux impétueuses de cette rivière se portaient tantôt d'un côté, tantôt de l'autre de cette plaine caillouteuse, vrai lit de torrent, qui s'étend entre l'extrémité nord-ouest du delta formé entre les deux rivières (delta occupé par les jardins de Plainpalais) et le pied des falaises du bois de La Bâtie.

Les propriétaires des jardins situés à cette extrémité du delta, dans le but de préserver leurs terrains des érosions périodiques de l'Arve, et aussi avec l'espoir d'accroître considérablement leurs possessions au dépens de ce grand espace couvert de galets où l'Arve promenait ses eaux, entreprirent, en 1810, de repousser par de fortes digues le courant de l'Arve contre le bois de La Batie ; et par ce moyen un grand espace triangulaire fut complétement abandonné par les eaux, même dans les plus fortes crues : et le courant de l'Arve, continuant à creuser son lit toujours plus profondément au milieu d'un sol meuble de cailloux roulés, l'espace gagné se trouva occuper un niveau élevé au-dessus de l'Arve, planté dès lors d'arbustes, tels que saules, peupliers, vernes, etc.; il devint à son tour l'extrémité fixe et permanente du delta cultivé.

Ces travaux ont eu pour effet d'abord, en resserrant le lit d'Arve, d'augmenter sur ce point là la rapidité et la force de son courant, puis de transporter le confluent à quelques centaines de pas au-dessous du point où il avait lieu auparavant, sans toutefois que l'angle de rencontre des deux rivières fût par là notablement diminué ; en sorte que, dès lors, la force de l'Arve pour refouler les eaux du Rhône s'était augmentée, et que ces eaux, au lieu d'aller miner le pied d'une falaise à pic, éloignée de toute habitation, exerçaient maintenant et avec plus d'énergie encore leurs ravages contre un talus de débris cultivé et couvert de vignes, talus qui, s'étant graduellement formé au pied d'une falaise sur la sommité de laquelle est placée une maison de campagne, masquait entièrement cette falaise et lui servait de parapet et d'abri contre la fureur des eaux réunies des deux rivières.

Ce talus une fois attaqué et miné, aurait en peu de temps été emporté, et alors, non-seulement des terrains d'une grande valeur auraient été entraînés, mais la maison de plaisance située au sommet du talus, et jusqu'alors séparée des eaux du Rhône et de l'Arve par cette pente, comparativement peu inclinée et cultivée avec soin, se serait vue suspendue sur la crête d'un abîme, au haut d'un mur à pic de 26 mètres d'élévation, mur qui, composé uniquement de cailloux roulés et pour la plupart incohérents, n'eût pas manqué d'être bientôt lui-même miné par le courant, et d'entraîner avec lui, dans sa chute, la maison qui le couronne.

Le propriétaire de la maison menacée, justement effrayé des dangers auxquels il se voyait exposé, et voulant aussi arrêter, autant que possible, la destruction de son talus cultivé, et par là, en même temps, prévenir la ruine du seul boulevard qui défendait contre l'attaque des flots le rocher peu solide qui supportait sa maison, se hâta de remplacer les portions déjà entraînées de ce talus par des amas de gros blocs de rochers destinés à servir de digue contre l'envahissement du Rhône.

Mais, reconnaissant que ce moyen était encore insuffisant, il eut la judicieuse idée de détourner assez le cours de l'Arve au-dessus de son confluent pour porter ce confluent encore plus bas, et au-dessous du point occupé par le talus qui avait été attaqué; en sorte que, dès lors, ce talus, hors de l'atteinte des crues de l'Arve, ne serait plus baigné que par les eaux comparativement calmes du Rhône, telles qu'elles le sont toujours à quelque distance au-dessus du confluent. Ce projet avait encore l'avantage de diminuer notablement l'angle de rencontre des deux rivières, et par là de prévenir efficacement le refoulement des eaux du Rhône contre sa rive droite où se trouvaient les possessions menacées.

L'exécution de ce plan nécessita l'excavation d'un profond et large canal dans le talus de débris qui s'élève au pied des falaises placées à la suite de celle du bois de La Bâtie, sur la rive gauche de l'Arve, canal destiné à devenir le lit futur de l'Arve. L'opération, habilement dirigée, réussit à souhait : l'Arve, à sa première grande crue, se précipita dans le nouveau lit qui venait de lui être ouvert, et rencontra le Rhône sous un angle plus aigu qu'elle ne l'eût fait encore ; le talus et la maison sur la rive droite du Rhône furent sauvés pour longtemps, et en même temps l'excavation du talus dans lequel fut ouvert le canal offrit aux géologues quelques observations intéressantes dont nous parlerons plus loin.

Mais ce changement du lit de l'Arve à son embouchure, coïncidant avec la construction du pont de Carouge, et en même temps avec l'établissement irréfléchi de deux grands barrages et de deux moulins, l'un sur une des rives de l'Arve, tout près de Carouge, l'autre sur la rive opposée, non loin du bois de La Batie, amena une complication de perturbations dans le cours de ce torrent qui le dévia de la direction à peu près rectiligne qu'il avait toujours suivie jusqu'alors, et lui imprima un cours serpentant, par lequel il se jetait alternativement, tantôt sur l'une, tantôt sur l'autre de ses ses rives, excavant ici les terrains, tandis que vis-à-vis il laissait à sec de grands promontoires, formés uniquement d'un amas de gros cailloux roulés. Les revêtements de blocs, les digues que les propriétaires attaqués par l'Arve opposaient à ses dévastations, n'avaient d'autre effet que de repousser l'Arve avec plus de violence contre la rive opposée, où elle se portait avec un angle de réflexion égal à l'angle d'incidence sous lequel elle était venue frapper les digues. Ainsi, ses deux rives ont été successivement attaquées, et des masses assez considérables de terrain cultivé ou couvert de prairies ont été emportées des deux côtés de la rivière également. En même temps le lit de l'Arve et la grande plage couverte de gros galets qui le forme, s'élargit tous les jours; et le courant qui, lorsqu'il se mouvait en ligne droite, avait une force suffisante pour entraîner une quantité notable de ces cailloux, maintenant que sa pente est diminuée par l'augmentation du terrain qu'il parcourt, due à ses sinuosités toujours plus grandes, le courant ne peut plus entraîner ces débris, qui, restant amoncelés sur une surface plane, empêchent ce courant de se creuser un lit fixe, et par là favorisent la disposition de la rivière à se contourner en zigzags.

L'un des effets les plus marquants de cette perte de force dans le courant a été de combler les portions les plus basses du lit, et en particulier là où le plus occidental des deux moulins dont j'ai parlé avait été placé. C'était, en 1828, l'un des points où la rivière était la plus profonde, et là où le courant, qui faisait tourner la roue du moulin avec rapidité, avait le plus de force. Aujourd'hui le courant s'est jeté complétement sur la rive opposée, en abandonnant entièrement la rive sur laquelle on avait bâti le moulin. Et maintenant, à la fin de 1837, celui-ci est devenu complétement inutile, puisqu'un espace de près de cent pas de large, tout couvert de gros cailloux, le sépare de la rivière.

Un peu au-dessous de ce moulin, la rivière, en rongeant et en emportant le terrain meuble qui forme sa rive gauche, avait mis en partie à découvert un immense bloc alpin de protogine granitoïde, qui, il n'y a pas quinze ans, gisait inconnu enseveli au milieu des terres, sous une masse d'ancienne alluvion recouverte de prairies. Longtemps le plus fort courant longea et serra de près cet énorme bloc, et là était la plus grande profondeur des eaux; mais peu à peu ce bloc, faisant office d'éperon, rejeta le courant sur la rive opposée; le trou profond qu'il dominait se combla; et à présent l'Arve a laissé bien loin ce rocher, qui est, à cette heure, séparé d'elle par une longue grève de cailloux dont il est en partie recouvert lui-même.

Il fallut dès lors songer à garantir la rive droite de l'Arve sur laquelle la force du courant s'était portée et les jardins qu'elle menaçait. Ce fut en revêtant cette rive de gros fragments de rocher qu'on y parvint. Mais cette opération rejeta le courant de la rivière contre l'angle de la falaise du bois de La Batie, qui domine la rive gauche de l'Arve, à l'embouchure de l'Aire. Cette colline descendait là en pente rapide, mais cependant aisément praticable pour les piétons, au moyen d'un sentier tracé obliquement et en écharpe, et par lequel on montait facilement au bois. L'Arve alors avait son cours parallèle à la base de la colline qu'elle suivait de très près, sans pourtant l'entamer. Mais, depuis que sa direction a été si fort changée, elle a fait un angle assez considérable avec la direction de la colline, et l'effet des ricochets (si l'on peut s'exprimer ainsi) auxquels son courant fut soumis a été de porter celui-ci directement contre l'angle oriental de la colline, à l'embouchure de l'Aire. Depuis ce moment, le talus, qui là, comme plus à l'ouest, cachait du haut en bas le rocher diluvien taillé en falaise à pic, ce talus de débris incohérents a été peu à peu attaqué, puis abattu, puis tout à fait entraîné; en sorte que, depuis un petit nombre d'années, il n'en reste là plus de traces, et le rocher à pic de poudingue s'est montré à nu dans toute la hauteur du coteau. Ainsi, ce qui était, probablement depuis plusieurs siècles, une pente couverte de verdure, d'arbrisseaux et de chênes, a été depuis peu changé en une falaise décharnée toute formée, sur une hauteur de 80 mètres, de cailloux amoncelés et de sable, au pied de laquelle l'Arve a d'abord roulé ses ondes rapides, ne laissant pas même la place pour le plus étroit sentier, pour la plus petite grève, entre le rocher et la rivière; mais, plus tard, le courant s'étant de nouveau éloigné de ce point, la chute incessante des galets de la falaise a commencé à reformer un nouveau talus à sa base, sur lequel on peut à présent cheminer.

La longue pente, dirigée de l'est à l'ouest et exposée au nord, qui s'étend de l'angle attaqué jusqu'au confluent, a plus tard commencé à être aussi minée par l'Arve. De longues bandes de terrain, couvertes d'arbres et d'arbustes, ont glissé dans la rivière, qui les a emportées, et l'intérieur caillouteux de la colline a été aussi, dans cette partie là, mis à découvert.

Cependant, de tous les nombreux changements que l'altération dans la direction du cours de l'Arve a produits, il n'en est pas de plus menaçant que celui qui s'est opéré au confluent même : en effet, le ricochet du choc qui avait porté le courant de l'Arve contre le bois de La Bâtie a de nouveau porté celui-ci contre la rive droite, près du lieu où jadis il entrait dans le Rhône à angle droit, avant que les ouvrages d'art dont j'ai parlé plus haut eussent beaucoup diminué l'ouverture de cet angle de rencontre des deux rivières. Voilà donc qu'aujourd'hui un état de choses pareil à celui qu'on avait réussi à détruire par le changement de l'embouchure de l'Arve au moyen d'un canal très coûteux, menace de se reproduire de nouveau ; le confluent va de nouveau se reporter plus haut que la maison de campagne pour la sûreté de laquelle de pareils frais avaient été faits, et les eaux du Rhône, de nouveau refoulées par celles de l'Arve, vont bientôt recommencer à attaquer le talus, puis plus tard la falaise au-dessus desquels s'élève cette maison.

Ainsi, ces grands travaux pourront bien avoir été entrepris à pure perte, et cela par l'influence certainement bien imprévue qu'ont exercée, et le pont de Carouge, et les deux moulins, sur la portion du cours de l'Arve qui s'étend au-dessous de ces constructions.

Je me suis peut-être arrêté à décrire trop en détail les circonstances minutieuses de pareils changements ; mais, comme j'ai eu occasion de les étudier avec quelque soin pendant plusieurs années, et que l'histoire de cette faible partie du cours de l'Arve est un résumé de celle non-seulement du cours entier de cette rivière, mais encore de tous les torrents alpins, j'ai cru qu'un exposé de ces faits pourrait avoir quelque intérêt et même quelque utilité.

Le fait général et constant provenant d'une action combinée de l'homme et de la nature, que j'ai encore à exposer ici, par sa généralité même et par l'étendue en surface sur laquelle il se manifeste près du lac de Genève, plus peut-être que par la grandeur intrinsèque de l'effet produit, acquiert une certaine importance, du moins relativement aux conséquences théoriques que la géologie peut en tirer.

Tous les agriculteurs, et ceux en particulier qui se sont occupés de la culture de la vigne, savent qu'en général c'est sur la pente des coteaux que les vignobles sont établis ; ils savent aussi que, pour le succès de cette culture, il est nécessaire de remuer, à plusieurs reprises dans l'année, le terrain au pied des ceps ; qu'il faut être continuellement occupé à le diviser, à l'ameublir et à en extirper toutes les plantes herbacées qui pourraient en absorber les principes nutritifs au préjudice de la vigne. Cet état d'incohérence auquel on réduit les particules dont se compose le terreau végétal, joint à l'inclinaison du sol des vignobles, fait que, par l'action des pluies, la terre des parties supérieures d'un vignoble est constamment entraînée vers ses parties les plus basses ; de là vient que presque chaque année, au commencement du printemps, les vignerons sont obligés de *remonter les terres* de leurs vignobles ; c'est-à-dire de reporter le terreau du bas de la vigne vers le haut, qui a été dénudé de son sol végétal. Un pareil transport de la terre meuble, que cultive l'homme, s'effectue sans doute dans les terrains en pente, cultivés en champs de céréales, en prairies naturelles ou artificielles; mais dans ces sortes de cultures, de même que dans les terrains non cultivés, l'effet de l'entrecroisement des innombrables et longues racines des végétaux herbacés est de retenir et de lier entre elles les particules meubles du terreau, et de les dérober à l'action des eaux atmosphériques. Alors cette tendance est presque insensible, et ne pourrait tout au moins se manifester que très à la longue. Ainsi le remontage des terres, que nécessite presque annuellement le genre de culture qu'exige la vigne, devient une preuve constante et presque journalière du transport continuel que fait la nature des matériaux de la surface terrestre des lieux élevés dans les lieux bas; et c'est ainsi que l'ouvrage de l'homme, dans le labour d'un vignoble, produit une manifestation claire et continuelle d'une loi générale de la nature, loi qui, comme on le voit ici, s'exerce aussi bien en petit, sur les grains de terreau de la surface d'un vignoble, qu'en grand, sur les blocs de rochers, les cailloux et les sables charriés du haut des montagnes dans les plaines, et de là dans la mer, d'abord par les glaciers et les torrents des Alpes, puis par toutes les rivières et les fleuves qui sillonnent les parties les plus basses des continents.

La troisième catégorie des événements particuliers qui ont contribué à modifier dans le cours des premières années de ce siècle certaines portions de la surface terrestre, comprend, comme nous l'avons déjà dit, les changements opérés par la seule action de l'homme. Mais ici, si nous nous perdions dans les détails, et si nous voulions citer tous les cas particuliers, un volume entier ne suffirait pas, et une semblable énumération serait sans utilité. Nous nous bornerons donc à énoncer en termes généraux quels sont les principaux ouvrages des hommes entrepris récemment, qui peuvent avoir eu quelque influence modifiante sur la surface, et surtout sur la partie solide de la croûte du globe, quelque faible d'ailleurs qu'ait pu être cette influence, et nous citerons un petit nombre d'exemples parmi ceux qui ont pu parvenir à notre connaissance.

M. Lyell (livre III, chap. XII) a déjà présenté quelques considérations sur l'influence de l'homme, considéré comme apportant des modifications à la géographie physique : il a surtout montré l'effet que la destruction des forêts a sur la quantité annuelle de pluie, ainsi que la répartition inégale de cette quantité aux diverses époques de l'année, l'influence du desséchement des marais et des lacs sur le climat, celle que l'homme exerce sur la distribution géographique des animaux. Il émet aussi l'opinion que la tendance générale des travaux humains, par lesquels (à l'exception toutefois de ceux des mines, où les matériaux de la croûte terrestre sont apportés du bas en haut à la surface) l'action de l'homme se trouve agir dans le même sens que celle de la nature, que cette tendance est de niveler la surface du globe en transportant des lieux élevés dans les lieux bas les pierres et les rochers qu'il emploie dans ses constructions. Enfin M. Lyell remarque, ainsi que nous l'avons fait plus haut, au sujet des vignobles, que l'effet des labours, par lesquels des étendues considérables à la surface de la terre restent pendant une partie de l'année exposées à l'action des éléments, favorise le pouvoir destructeur des pluies, et diminue l'action conservatrice de la végétation.

Nous ne reviendrons pas sur ces différents sujets, si ce n'est pour apporter encore quelques confirmations à l'idée émise par M. Lyell, que l'homme agit dans le sens de la nature en favorisant le transport des débris de rochers des régions élevées dans les lieux bas, et pour rappeler quelques faits qui ont échappé à la minutieuse analyse de ce célèbre géologue.

Parmi les nombreuses carrières exploitées dans tous les pays, tant auprès de chaque ville que des moindres villages, il faut distinguer celles qui, comme la plupart des grandes carrières de pierre calcaire des environs d'Édimburg, sont exploitées au-dessous de la surface du sol, par des travaux souterrains, comme ceux des mines proprement dites, et les carrières qui s'exploitent à ciel ouvert sur le penchant des coteaux et des montagnes, comme sont la plupart de celles des environs de Genève. Dans les premières, comme dans les mines, le travail de l'homme, en remontant du bas en haut les fragments de l'écorce du globe, agit en sens inverse de celui de la nature; tandis que dans les dernières, où il transporte ses matériaux de haut en bas, il agit dans le même sens que celle-ci. Cependant, en y réfléchissant, on se convaincra que, dans les deux cas également, l'action de l'homme concourt, en dernier résultat, avec celle de la nature, en rompant l'agrégation des masses solides et en favorisant l'effet destructeur des éléments sur

les rochers, ainsi que le transport final de leurs fragments dans les lieux profonds.

Si les effets produits dans les différents cas mentionnés ci-dessus, relativement à la masse des continents, doivent être considérés comme infiniment
petits, comme des quantités réellement évanescentes,
il est des ouvrages de l'homme qui, dans les régions
très civilisées, méritent un peu plus d'attention; car,
bien qu'ils occupent beaucoup moins d'espace que
des terres laissées à la seule action de la nature, ils
se prolongent sur une étendue réellement appréciable, et, en outre, ils consomment annuellement une
quantité également appréciable des matériaux solides
du globe; enfin leur multiplication est dans un rapport assez élevé avec les progrès de la civilisation : je
veux parler ici des routes.

Ce n'est pas tant l'espace de terrain occupé par les
routes elles-mêmes qui nous frappe, quoiqu'il soit
souvent considérable, soit par la largeur des routes,
comme en France, soit par leur multiplicité, comme
en Angleterre, en Suisse et dans le nord de l'Italie, que
ce n'est la grande et continuelle destruction de pierres
que nécessite leur entretien. Cette consommation
constante de roches exige l'excavation d'innombrables
carrières, ou le transport presque journalier d'un
nombre immense de cailloux roulés. Ce n'est pas sans
surprise que j'ai contemplé souvent les tas considérables, et très rapprochés les uns des autres, de débris de rochers qui bordent partout les deux côtés
des routes, et qui, ainsi que les bornes placées également à peu de distance les unes des autres, à droite
et à gauche des routes, dans certains pays, offrent

au géologue qui voyage rapidement en voiture, un aperçu assez correct de la nature des formations dominantes dans la contrée qu'il parcourt.

Tantôt, comme sur les plateaux bas de la Suisse et de l'Italie septentrionale, les débris destinés à couvrir les routes sont des galets ou cailloux roulés alpins, où diverses roches primitives et secondaires sont mêlées, amenés du lit des ruisseaux, des rivières, ou des bords des lacs, ou enfin arrachés des flancs de collines diluviennes; tantôt, comme dans le Jura, dans la Franche-Comté, la Bourgogne, le nord-est de l'Angleterre, ce sont des fragments de calcaires oolithiques ou liassiques, souvent remplis de leurs fossiles caractéristiques, au milieu desquels on chemine pendant des journées entières. Ailleurs, en Champagne, dans le nord de la France, dans la Picardie et l'Artois, ainsi qu'au midi et à l'est de Paris, et même fort avant dans le bassin tertiaire de cette capitale, aussi bien que dans la partie sud-est de l'Angleterre et dans les environs de Londres, on ne peut voir sans étonnement la prodigieuse quantité de rognons de silex, provenant du terrain de craie, qui dans toute cette étendue de pays borde ou recouvre les routes. Ailleurs encore, dans presque toute la basse Écosse, les routes ne sont ferrées que de débris de basalte, de dolérite, de porphyre, tirés des innombrables buttes ou filons trapéens dont cette contrée est remplie. Au milieu des Alpes et des monts Grampiens, ce sont les roches primitives extraites des montagnes elles-mêmes qui fournissent les matériaux destinés au même but.

Les bornes placées sur le bord des chemins sont

aussi, dans ces grandes routes des Alpes, des feuillets
de gneiss, de micaschistes primitifs; pendant des
lieues entières, sur les bords du lac Majeur et bien au
delà encore du côté de Milan, on voyage entre deux
rangs serrés de bornes, formées du beau granit rose
de Baveno. Le long du pied des Alpes du Brescian et
du Véronnais, ce sont des bornes de calcaires blancs
ou des beaux marbres rouges, et de la *scaglia* couleur
de fleur de pêcher, des rives du lac de Garde, qui
bordent les routes; tandis que, plus près de Vicence,
et de cette ville aux lagunes de Venise, on a charrié à
de si grandes distances et pour ce même but des
bornes taillées dans les trachytes blancs des monts
Euganéens.

Mais ce qui me paraît le plus remarquable et le
plus digne de fixer l'attention des géologues dans
l'influence modifiante que les travaux des routes
exercent sur la surface de la terre, c'est, sans contredit, la prodigieuse rapidité avec laquelle les roches les
plus dures se réduisent en une poussière presque
impalpable. Tantôt des graviers ou des cailloux roulés
sont apportés directement et étendus sur les routes,
sans avoir subi aucune préparation préalable; tantôt
des fragments volumineux de rochers, transportés des
carrières, sont d'abord réduits en plus petits morceaux à l'aide de marteaux, et placés dans cet état
sur le chemin : dans les deux cas également, et quelle
que soit d'ailleurs la dureté de la roche, que ce soit
un calcaire tendre ou bien le granit, le quartz ou le
basalte le plus tenace, les pieds ferrés des chevaux,
les roues des innombrables voitures ne tardent pas à
avoir brisé, pulvérisé et comme porphyrisé même

toutes ces pierres. Elles sont alors réduites en fine poussière, que les vents emportent au loin, sur les haies, sur les arbres, sur les champs, dans les rivières et les lacs. Les pluies qui lavent la surface du sol ont bientôt entraîné cette poussière, et la transportent en suspension dans les eaux des rivières et des lacs. Les mêmes rivières, les mêmes fleuves charrient aussi des matières minérales en particules extrêmement fines, et qui sont fournies immédiatement par la nature elle-même, et tirées des dépôts meubles les plus récents des terrains diluviens, des sols d'alluvion, du terreau végétal; mais quel temps n'a-t-il pas fallu à la nature pour détacher d'abord du roc solide les fragments qu'elle a plus tard réduits en galets, puis pour faire passer ceux-ci à l'état de sable, et le sable lui-même à l'état de fine poussière, telle que celle que contient le terreau et que charrient les fleuves! Dire que des siècles, que des milliers d'années, ont dû se passer entre chacune de ces opérations successives, ce n'est certainement pas exagérer. Eh bien, tandis qu'il faut à la nature un temps si prodigieux pour réduire en poussière un seul pied cube de rocher qu'elle a extrait elle-même d'un des pics d'une chaîne de montagnes, en un petit nombre de mois et sur une portion étendue de la surface de l'Europe, des milliards de mètres cubes de matières minérales du même genre, arrachés aux rochers par la main de l'homme, et transformés aussi par sa seule influence en une même poussière, sont journellement emportés par les vents ou entraînés par les eaux.

Deux faits, que j'ai eu de très fréquentes occasions

d'observer sans même sortir de la campagne que j'ai habitée, m'ont démontré jusqu'à l'évidence l'extrême rapidité avec laquelle s'opère cette pulvérisation artificielle des cailloux.

1° Il n'est pas rare de voir, à la suite de violents orages, la pluie tomber avec assez d'abondance pour laver complétement et dénuder en entier la surface des routes en pente. La poussière qui couvrait ces routes ayant été entraînée en totalité, on se hâte de les recouvrir denouveau avec des cailloux. Eh bien, à peine une petit nombre de mois se sont-ils écoulés, que tous ces cailloux sont pulvérisés, et la route elle-même aussi couverte de poussière qu'elle l'était avant d'avoir été lavée par l'orage.

2° La campagne dont je viens de parler est située à mi-côte sur le penchant d'un coteau : un grand chemin qui, un peu au-dessus, traverse un village, passe auprès de la campagne. Dans un jardin attenant au chemin, est un petit étang entouré de murs destinés à renfermer les eaux nécessaires à l'arrosement; sa superficie n'a guère plus de 13 à 14 mètres carrés, et sa profondeur n'excède pas un mètre. Il ne reçoit d'eau que celle des pluies qui ont lavé le chemin, et cette eau entraîne avec elle tant de vase provenant de la poussière de la route, qu'on est obligé à peu près chaque année d'enlever un dépôt épais d'environ 2 à 2½ décimètres de limon qui s'est amassé au fond de cette petite carpière, et qui n'est formé que par le produit de la pulvérisation des pierres mises chaque année sur la route. Et cependant cette route est loin d'être une des plus passantes de celles des environs de Genève.

Si notre siècle a été particulièrement remarquable par la rapide augmentation des voies de communication dont je viens d'esquisser les effets géologiques, effets de nature à s'augmenter indéfiniment, il ne l'a pas moins été par les monuments durables qu'il laissera sur ces grandes routes si fameuses qui maintenant traversent de part en part les plus hauts chaînons de la haute chaîne des Alpes. Les grandes galeries percées dans les rochers du Simplon, du mont Cenis, du Splugen; celles plus considérables et plus nombreuses encore du Stilvio, route entre le Tyrol et la Valteline, qui atteint la limite des neiges éternelles à l'énorme hauteur de près de 2,800 mètres au-dessus du niveau de la mer; et celles qui se prolongent au loin dans les rochers de marbre noir qui bordent la rive orientale du lac de Côme, près de Varena et de Bellano : ces galeries, espèces de cavernes artificielles, sont destinées, comme celles des grandes mines qui s'élèvent par étages les unes au-dessus des autres, à braver l'effort des siècles autant que les rochers mêmes qu'elles traversent, à survivre aux nouvelles révolutions, aux nouveaux déluges, aux nouveaux soulèvements qui peuvent encore bouleverser la surface de nos continents, et à porter ainsi jusque dans des époques géologiques futures les traces de la puissance et du génie de la race humaine, devenue peut-être alors une espèce perdue comme tant d'autres qui l'ont précédée sur la surface mobile et variable de la terre.

Le système nouveau des chemins de fer, qui déjà, dès sa naissance, prend de rapides et prodigieux développements, est peut-être destiné à amener à la longue, et lorsque de pareilles routes se seront fort multipliées, des modifications dans l'état hydrographique des pays où elles seront construites. Les profondes coupures que ces routes exigent dans les collines qu'elles doivent traverser, le nivellement des terrains qu'elles sont appelées à parcourir, offrent de grandes analogies avec les voies que se tracent à elles-mêmes les eaux qui sillonnent la surface du globe ; et celles-ci, trouvant un jour des vallons artificiels, des lits tout préparés pour elles, pourront s'en emparer en se détournant de leurs anciens cours.

Il est un autre genre de travaux bien moins considérables et bien moins répandus que ceux que nous venons de signaler, et qui pourtant doivent avoir leurs conséquences géologiques, quelque partielles et quelque limitées que soient celles-ci. Voici un exemple d'un de ces ouvrages d'art peu communs, qui a été exécuté il n'y a qu'un petit nombre d'années.

Dans une petite vallée des Pentland-Hills, chaîne de collines qui s'élève au sud-ouest d'Édimbourg, coule un ruisseau nommé Logan Water, qui va se jeter dans la rivière Esk. Dans le but de régulariser le cours de ce ruisseau et de lui faire fournir en tout temps une égale quantité d'eau pour le service des usines, on a imaginé d'arrêter son cours en établissant un barrage au débouché de la vallée. Dès lors le fond de ce vallon est devenu un petit lac dont la forme est à peu près celle du lac de Genève, mais qui n'a pas plus d'un tiers de lieue de long sur un douzième de lieue dans sa plus grande largeur. Cependant, malgré sa petitesse, voilà un lac artificiel,

qui, comme tous les lacs naturels, a ses habitants
aquatiques, des poissons, des mollusques d'eau douce;
qui a de petites grèves de cailloux provenant des rochers et des collines qui s'élèvent au-dessus de ses
rives, et au fond duquel, sans doute, se forment journellement des dépôts sédimentaires dus aux matières
minérales suspendues dans les eaux du Logan-Water
et charriées par elles. Sans doute aussi que les coquilles de ces mollusques et les squelettes de ces
poissons s'ensevelissent dans les dépôts de ce nouveau petit lac, connu sous le nom de *Compensation-
Pond*. Voilà donc un terrain d'eau douce qui se forme
journellement, et par le seul fait du travail de l'homme,
au milieu d'une petite chaîne de roches très anciennes,
de grauwacke, de grès rouge, de porphyres feldspathiques et de dolérites. Il en est de même d'un bassin ou réservoir bien plus petit, ouvert, il y a environ
un siècle, sur le versant septentrional de la même
chaîne, bassin nommé *Bonaly-Pond*, dont les eaux,
conduites par des tuyaux jusqu'à Édimbourg, sont
ensuite distribuées dans toutes les maisons de cette
ville.

De pareils ouvrages rappelleront sans doute le beau
bassin de Saint-Féréol, dans la montagne Noire, au-
dessus de Sorrèze, en Languedoc, que Riquet, le
célèbre constructeur du canal du Midi, forma en arrêtant le cours d'un ruisseau par un barrage en maçonnerie établi, comme pour le *Compensation-Pond*,
au débouché d'une vallée. Ce bassin est maintenant
un véritable lac d'une étendue assez considérable, et
qu'il serait impossible de distinguer d'un lac naturel, si l'énorme mur qui en retient les eaux et n'en

laisse échapper que la quantité requise pour alimenter le canal du Languedoc, n'était là pour rappeler que cette grande pièce d'eau est uniquement l'ouvrage de l'homme. Telle est, du moins, l'impression que m'a laissée une visite rapide que je fis à Saint-Féréol, au printemps de 1813. Ici donc aussi se forme, au milieu des roches primitives et granitiques du groupe de la montagne Noire, un terrain d'eau douce qui ne devra son existence qu'à la main de l'homme.

Une opération d'un genre inverse, récemment pratiquée au petit lac de Lungern, dans le Haut-Underwald, a produit des résultats inattendus, et d'une importance assez grande, relativement à ses conséquences géologiques, pour qu'il soit nécessaire d'en faire mention ici.

Dans le but d'abaisser le niveau du lac de Lungern, et par là de gagner une grande étendue de terrain plat et cultivable, jusqu'alors recouvert par les eaux, les habitants de la vallée ont percé une galerie dans un rocher fort au-dessous du débouché naturel du lac, et ont fait communiquer cette galerie avec celui-ci. Dès lors, en effet, la profondeur du lac a considérablement diminué, et l'espace désiré de terrain a été laissé à sec; mais un résultat imprévu a été la conséquence de cette opération. En effet, au commencement de 1838, et presque immédiatement après l'écoulement des eaux par le nouveau débouché, les habitants ont vu avec étonnement et frayeur tous leurs terrains meubles et cultivés sur les rives du lac, glisser dans ses eaux, avec les cultures, les arbres, les maisons qui les recouvraient. (Voyez sur cet événement les divers journaux suisses du commencement de 1838.) Il paraît que la masse des eaux du lac servait auparavant comme d'appui et de soutien aux talus de terrain formé de fragments incohérents, et que cet appui ayant été soustrait, les terrains ont suivi la pente du sol vers le fond du lac, et ont glissé dans ses profondeurs. Ainsi, voilà des failles et des glissements, genre d'accidents si communs dans bien des formations géologiques, et particulièrement dans le terrain houiller, arrivés en quelque sorte sous nos yeux et opérés par une cause évidente. Lorsque l'on considère la nature du terrain houiller, formé comme il est uniquement de débris et de fragments qui ont dû être, à l'époque de sa formation, dans l'état de terrains meubles, et lorsqu'on a étudié la structure des bassins houillers et qu'on y a reconnu avec évidence l'action de grands courants d'eau; lorsqu'enfin on a constaté, ainsi que je l'ai fait et que je l'exposerai ailleurs en détail, que, dans ces dépôts, les failles ou glissements de terrain ont eu très généralement lieu de telle sorte, que ce sont les parties les plus hautes du bassin qui, comme les rives du lac de Lungern, ont glissé vers le fond du bassin , on reste convaincu que la retraite des eaux qui avaient déposé les couches houillères, et qui, dans les premiers moments, les avaient, par leur pression, maintenues dans leur position originaire, que cette retraite, probablement brusque et rapide, est la cause la plus probable des nombreuses et remarquables dislocations dont les terrains houillers de tous les pays offrent tant d'exemples.

Après m'être autant étendu sur les changements de

toute nature qui ont eu lieu récemment dans la très petite portion de la partie la plus extérieure de l'écorce de notre terre, que j'ai pu voir par moi-même, et après avoir consacré un long chapitre à leur énumération, je crois devoir cependant rappeler en le terminant, que ces changements, qui prouvent la marche incessante de la nature, aidée en cela par l'homme, de détruire peu à peu les inégalités de cette surface, que ces changements semblent peu de chose si on les compare à la stabilité apparente d'immenses étendues de montagnes et de plaines. S'il suffisait, après des intervalles de trente, de quarante, de cinquante années, de voir les objets qui forment le paysage dans les pays qui nous sont connus, absolument tels dans leurs parties solides que nous les avons vus dans notre enfance, tels que nos pères les ont vus avant nous, tels même que nous les représentent les plus anciens tableaux, les plus anciennes descriptions; s'il suffisait de voir tant et de si grandes masses immobiles autour de tant de générations successives et pendant un si grand nombre d'années et de siècles, on serait souvent entraîné à adopter le préjugé ordinaire de ceux qui ne reconnaissent dans la constitution minérale de la terre que des signes d'un repos éternel, parce qu'ils se contentent de considérer certains détails seuls de cette structure. Je rappellerai à cette occasion un de ces détails, que j'ai signalé dans la *Bibliothèque universelle* de septembre 1826, p. 65, et qui me frappa, comme montrant avec quelle extrême lenteur l'action modifiante des agents qui travaillent la surface du globe procède dans la plupart des cas. Je cherchais, en 1826, dans la vallée de Valorsine, à retrouver les filons de granit découverts par de Saussure en 1776, c'est-à-dire cinquante ans auparavant. Il avait indiqué dans sa dernière description de cette vallée un petit fait, en apparence sans importance, savoir : qu'il avait été conduit à trouver la jonction du gneiss brun de la vallée et des masses granitiques blanches, en suivant la limite de deux sortes de fragments juxta-posés sur la pente de la montagne, ceux d'un côté, tous blancs, massifs et granitiques, ceux de l'autre, tous schisteux, gris-brun et micacés.

Ce fut cette même disposition, à laquelle un intervalle de cinquante années n'avait apporté aucun changement appréciable, et que je retrouvai précisément telle que mon aïeul l'avait décrite, qui me servit de guide, et à l'aide de laquelle je parvins directement à l'endroit que je cherchais. Et pourtant ce sol, tout formé de débris incohérents et mobiles, n'avait cessé, pendant un demi-siècle, d'être en butte à l'inclémence de l'atmosphère si variable d'une haute vallée des Alpes. C'est là un genre de contraste dont on trouverait au besoin des milliers d'exemples à opposer à ceux des changements sur lesquels nous venons d'appuyer ci-dessus.

Mais loin que cette observation, quelque nécessaire qu'elle fût à présenter pour qu'on ne s'exagère pas la portée des changements qui s'opèrent journellement, nous fasse regretter de nous être si longtemps arrêté à énumérer ces changements et d'être entré à leur égard dans de si minutieux détails, nous regrettons plutôt de n'avoir pas eu à présenter quelques faits relatifs à un autre genre de changements presque microscopiques, quand on ne les considère que pendant un espace de temps borné, mais qui, par leur étendue en surface sur le globe, par leur universalité et leur continuité non interrompue, produisent, au bout de longues périodes de temps, des effets d'une haute importance. Je veux parler des phénomènes d'altération et de décomposition spontanées qui se manifestent avec plus ou moins d'étendue sur toutes les roches exposées aux intempéries de l'atmosphère. On sait quel parti a tiré M. Becquerel de l'observation qu'il a faite sur la décomposition du granit dont la cathédrale de Limoges est construite, et comment, à l'aide de la connaissance qu'on a de l'époque où cet édifice a été bâti, il a essayé d'évaluer numériquement le nombre de siècles qui a dû être nécessaire pour amener les basses montagnes granitiques du Limousin à l'état dans lequel elles se présentent aujourd'hui. Aucun sujet n'est plus digne de toute l'attention des géologues, et nous ne saurions trop les inviter à s'en occuper, non par des relations et des indications vagues, par des remarques trop générales, mais en recueillant exactement les dates précises des époques où la décomposition de telle ou telle pierre en particulier, de telle roche, a dû nécessairement commencer, et les dimensions précises de l'effet opéré pendant le laps de temps écoulé.

J'aurais voulu pouvoir donner ici l'exemple en même temps que le précepte, et présenter à cet égard une suite de faits observés avec toute l'exactitude requise; mais je dois me borner aux deux seules observations de ce genre que j'ai été dans le cas de faire avec un degré de précision qui, sans être aussi parfait qu'il pourrait l'être, est pourtant suffisant pour que j'ose les citer ici.

La maison que j'habitais, quand j'étais à Genève, a été bâtie dans l'intervalle des années 1700 à 1710. Sur un des balcons sont des dalles d'un marbre commun gris, avec quelques petites veines blanches. On voit évidemment que ce marbre a été originairement poli, mais, exposé comme il l'a été depuis cent trente ans environ aux injures de l'air, sa surface est devenue terne; et en même temps ses petites veines spathiques, qui ont dû être jadis de niveau avec le reste de la surface de ces dalles, forment maintenant une saillie d'environ un demi-millimètre ou plus : ce qui prouve que, pendant cet espace de cent trente ans, une épaisseur de plus d'un demi-millimètre a été décomposée et enlevée sur la surface supérieure de ces dalles de marbre. Pendant le même temps, une portion de la maison, construite en grès tendre ou mollasse très gélive des environs de Genève, a éprouvé des effets de décomposition bien plus remarquables par leur étendue et leur promptitude. Une muraille, formée de moellons réguliers et rectangulaires de grès, de 24 centimètres environ d'épaisseur, a été en plusieurs endroits, et surtout vers les angles des parallélipipèdes de grès, tellement rongée que, vers 1820, elle était percée à jour, et qu'il a fallu en reconstruire une portion ; les balustrades en grès qui couronnent cette muraille ont été comme cariées, et plusieurs en partie détruites en moins de cent vingt ans après leur construction.

Un fait de même nature se voit, et d'une manière remarquable, dans les murs des fortifications de

Genève, du côté de l'est. Dans la construction de ces murailles, qui date aussi du commencement du dernier siècle (1), on a employé surtout des roches calcaires de diverses espèces; mais avec celles-ci se sont trouvés mêlés en quantité considérable des moellons, à peu près cubiques et de 16 à 24 centimètres de côté, d'une mollasse tendre ou grès commun des environs. Or, maintenant toutes les mollasses qui occupent le haut des murs sont en grande partie décomposées, et présentent des creux de 13 à 22 centimètres de profondeur, interrompant ainsi sur un grand nombre de points la continuité de la surface plane de la muraille. On pourrait croire que des boulets ont excavé ces murs, il n'en est cependant point ainsi, et ces érosions ne sont dues qu'à l'action destructive des éléments qui, pendant la durée de plus d'un siècle, a attaqué ces pierres.

C'est surtout aux alternatives fréquemment répétées chaque hiver de la gelée et du dégel que sont dus de pareils effets, et l'on sait que certaines roches, auxquelles on donne le nom de *pierres gélives* ou *gélisses*, sont beaucoup plus susceptibles que d'autres de les éprouver. M. Brard, auquel est due la découverte d'un procédé pour reconnaître en peu d'heures, à l'aide d'une solution de sulfate de soude, la qualité différente des diverses roches à cet égard, a reconnu, en effet, que les mollasses des environs de Genève sont particulièrement attaquables par la gelée.

Mais cette cause n'est pas la seule qui décompose

(1) Les ouvrages extérieurs ou contre-gardes portent les dates de 1719, 1723 et 1734, et c'est là que j'ai observé le fait en question.

rapidement certaines pierres. Plusieurs d'entre elles contiennent des sels solubles dans l'eau, que les pluies enlèvent à la longue, rompant par là l'agrégation des fragments minéraux ou des petits cristaux dont se composent ces pierres. C'est probablement à une semblable cause qu'est due la prompte décomposition qu'éprouvent les tufs volcaniques de Pausilippe, près de Naples. J'ai remarqué avec étonnement, dans tous les villages des environs de la grotte de Pausilippe, que des murs de clôture qui, par la couleur parfaitement blanche du mortier qui joint leurs pierres, paraissent de construction très récente, sont percés d'outre en outre par la soustraction souvent complète d'une grande partie des pierres qui les formaient. Le ciment seul alors est resté, entourant des espaces vides de forme rectangulaire, qui était celle des moellons détruits. Ici, sous le beau ciel de la campagne de Naples, où la gelée est comme inconnue, il faut avoir recours à une autre cause pour expliquer cette remarquable promptitude de décomposition. M. Berthier (*Ann. des mines,* 3ᵉ série, t. ɪɪ, p. 464) a trouvé, par l'analyse du tuf de Pausilippe, que cette roche contient 7 °/₀ de soude et de potasse, et 12 °/₀ d'alumine. Ce sont là, en grande partie, les éléments de l'alun; l'acide sulfurique, dans de semblables produits volcaniques, pourrait bien se trouver répandu çà et là tout formé : peut-être se forme-t-il par la décomposition des pyrites contenues dans le tuf; peut-être aussi l'alunite existe-t-elle dans les tufs de Pausilippe comme dans ceux de la Tolfa, près de Rome, et, par sa décomposition, donne-t-elle naissance à des efflorescences d'alun. C'est là ce qui doit être l'objet de nou-

velles recherches pour arriver à expliquer cette remarquable disposition à la décomposition dans des
pierres d'appareil qui ont d'ailleurs tant de qualités,
qui, telles que leur légèreté, la facilité avec laquelle
on les taille, semblent en recommander l'emploi dans
les constructions.

DEUXIÈME DIVISION.

VUE GÉNÉRALE DE LA STRUCTURE DU BASSIN DU LAC DE GENÈVE.

Les traits généraux qui caractérisent le bassin dont le lac de Genève remplit le fond, sont connus depuis longtemps. Exposés d'abord par de Saussure, ils ont été souvent observés depuis par une foule de géologues de tous les pays; et cependant, avant que d'entrer dans la description détaillée des couches qui composent les bords et le fond de ce bassin, je crois devoir rappeler en peu de mots l'aspect physique et géographique de ce district.

On sait qu'entre la chaîne des Alpes, à l'est, ou plutôt entre ses derniers chaînons, le mont Salève, les Voirons, les montagnes du Chablais qui en sont la suite, et à l'ouest la longue chaîne du Jura, dont le Vouache et le mont de Sion offrent le prolongement au sud, s'étend une plaine ou une basse région dont le sol ne présente que des ondulations plus ou moins prononcées, et dont la partie inférieure est remplie par les eaux du lac. La surface de celle-ci forme, jusqu'au débouché du lac à Genève, le niveau le plus bas du pays, niveau qui est pourtant encore élevé de 188 toises (366,4 mètres) au-dessus de la mer; au delà le cours du Rhône occupe un niveau inférieur encore; au fort de l'Écluse, là où il sort du bassin, la surface moyenne de ses eaux n'est plus élevée que de 150½ toises (292,3 mètres) au-dessus de la mer. Le sol de cette région basse, du moins jusqu'à Clarens, sur la rive septentrionale du lac, et jusque vers Évian, sur la rive méridionale, n'est formé que de couches de grès de diverses sortes, alternant avec des couches d'argile ou de marne, et recouvertes par d'épais dépôts de galets, d'argile et de blocs alpins, qui constituent un terrain diluvien remarquable par son étendue, sa puissance et ses caractères géologiques, et recouvertes aussi par les alluvions modernes du lac et des rivières actuelles. Au sud-est de Clarens, d'un côté, et d'Évian, de l'autre, le lac, pénétrant dans l'intérieur de la chaîne des Alpes, et cessant de remplir le fond d'un large bassin en plaine, baigne une profonde vallée transversale, prolongement de celle du Rhône, entre Martigny et Villeneuve. Là ont cessé les coteaux et collines de grès plus ou moins élevés, qui avaient jusqu'alors formé ses rives; de hautes montagnes calcaires les ont remplacés, et leurs rochers escarpés, s'élevant presque verticalement au-dessus des eaux, donnent au lac Léman, dans cette portion de son étendue, l'aspect et la nature d'un lac alpin.

Plus près de Genève, le bassin reste ouvert au nord. La haute muraille du Jura, qui le ferme à l'ouest, a une hauteur absolue moyenne d'environ 700 toises (1,364 mètres), et obtient, dans ses points culminants, celle de 850 à 883 toises (1,656 à 1,721 mètres). Cette chaîne est toute de calcaire jurassique ou oolitique. Le Vouache, qui n'en est séparé que par l'étroite coupure au fond de laquelle coule le Rhône, en est la continuation, et se compose aussi de calcaire du Jura. Le mont de Sion, qui réunit le Vouache à Salève, est tout différent : c'est un amas considérable de

cailloux roulés, sables, argiles et blocs alpins, recouvrant probablement un noyau de grès; c'est le point
le plus bas de l'enceinte méridionale, n'atteignant
guère que 328 toises (639 mètres) de hauteur absolue.

Salève, dont la cime atteint au delà de 700 toises
(1,364 mètres) de hauteur absolue, s'abaisse graduellement vers le nord, et vient au bord de l'Arve, à
Etrembière, s'enfoncer sous le niveau du sol de la
plaine. Après une interruption d'une lieue, au milieu
même de laquelle s'élève le petit coteau de grès de
Monthoux, de 292 toises (569 mètres) de hauteur absolue, le bord du bassin du lac se relève encore jusqu'à plus de 700 toises (1,364 mètres) dans la montagne des Voirons, presque en totalité formée de
grès. C'est par l'espace peu élevé qui règne entre la
fin de Salève et les Voirons, que le bassin de Genève
communique avec un autre bassin qu'arrose l'Arve,
et qui s'étend du pied des Alpes proprement dites,
du Mole et du Brezon, jusqu'à la base orientale de
Salève.

A la suite des Voirons, le chaînon extérieur des
Alpes, formé non plus de grès, mais de divers terrains calcaires, et conservant une hauteur à peu
près égale à celle des Voirons, continue, jusqu'au
delà d'Évian, à former la limite orientale du bassin.

Quant aux plateaux diluviens et aux collines de grès
qui, renfermés dans cette enceinte de montagnes,
forment comme le fond de ce bassin, leur hauteur
absolue varie entre 210 et 330 toises (409 à 643 mètres); en sorte que les arêtes qui sont la continuation
des bords du bassin dominent encore sur son fond

en général d'environ 300 à 500 toises (584 à 974 mètres), ce qui lui donne l'apparence d'un bassin profond, ouvert au nord et en deux endroits étroits, l'un au sud, l'autre à l'est. Mais cette apparence, qui, considérée sous le point de vue de la géographie physique, est en effet une réalité, n'est plus (géologiquement parlant, et en ne considérant que la position et l'inclinaison des couches de la plus grande partie des grès qui y sont comme renfermés), qu'une pure illusion, ainsi que nous le verrons plus tard. Il me suffira ici d'indiquer que si les terrains d'alluvion, les terrains diluviens et la plus récente des deux formations de grès, bien distinctes, qui constituent les districts peu élevés des environs de Genève, ont en effet suivi, dans la disposition particulière de leurs masses et de leurs assises, la forme du fond de ce bassin, il ne paraît pas en avoir été de même pour la plus ancienne de ces formations de grès qui, par l'inclinaison de ses couches, semble avoir fait partie d'un bassin bien plus étendu, et avoir participé aux mouvements ondulatoires produits par le soulèvement des Alpes, mouvements auxquels sont dus la forme et l'aspect actuel du sol de cette chaîne et de ses alentours. Peut-être l'illusion, occasionnée par la conformation extérieure du bassin, a-t-elle contribué à empêcher jusqu'à présent de distinguer nettement les deux formations arénacées dont je viens de parler, et d'assigner à la plus ancienne et la plus étendue des deux sa vraie place géologique.

Nous aurons donc à étudier d'abord les terrains d'alluvion, puis les terrains diluviens, ensuite les grès les plus récents, qui tous sont contenus et renfermés dans les limites du bassin ; nous devrons soigneusement établir les caractères de composition, de gisement, de stratification qui distinguent ces grès des grès plus anciens sur lesquels ils reposent. Quant à ces derniers, pour en bien comprendre la nature et la position géologique, il sera nécessaire d'anticiper sur l'ordre chronologique et de décrire les couches plus anciennes encore sur lesquelles ils s'appuient, telles que celles de Salève, du Vouache, de la partie extérieure ou de la face orientale du Jura, et les couches qui paraissent plus récentes et qui semblent les recouvrir, celles de la montagne des Voirons. Ainsi nous commencerons presque dès l'entrée, forcés comme nous le sommes par l'incertitude et la complication des gisements, incertitude caractéristique des régions alpines, à abandonner l'ordre géologique ou d'ancienneté relative, pour suivre les apparences géographiques, et décrire géologiquement des districts particuliers ou des masses de montagnes où nous trouverons des faits que, plus tard, nous chercherons à grouper dans cet ordre géologique, dont la connaissance est, au fait, le vrai but de nos recherches.

PREMIÈRE PARTIE.

DES TERRAINS DE TRANSPORT.

Si nous voulions décrire ici en détail, ou seulement rappeler tous les faits que présente cette classe de terrains, nous y trouverions la matière d'un ouvrage considérable; mais ce n'est pas notre but dans ce moment. Nous nous contenterons de signaler les principales divisions que l'examen de ceux de ces terrains qui constituent une grande partie du sol des environs de Genève nous ont conduit à adopter, et de faire connaître en peu de mots les caractères distinctifs de ces diverses divisions. Nous y ajouterons quelques observations sur les circonstances tenant au mode de formation de ces terrains, qui ne nous paraissent pas avoir été suffisamment étudiées. Plus tard, et lorsque nous entrerons dans la description géologique des différentes parties de la chaîne des Alpes que nous avons parcourues, nous signalerons, quand l'occasion s'en présentera, les particularités remarquables qu'auront pu nous offrir les terrains de transport des diverses localités.

On peut établir des divisions géologiques dans les terrains de transport, tant d'après l'époque de leur dépôt, que d'après leur nature même et le mode de leur formation.

Dans la division de ces terrains aujourd'hui généralement adoptée, il me paraît y avoir quelque confusion entre ces deux points de vue distincts. On a, en effet, réuni sous le nom de terrains d'alluvion et classé dans l'époque actuelle ou jovienne de M. Brongniart, les terrains de transport qui ne renferment pas de vestiges de plantes et d'animaux d'espèces actuellement perdues, et qui sont placés à des niveaux que les plus hautes eaux de nos mers, de nos lacs et de nos rivières actuelles peuvent atteindre; et on a nommé terrains diluviens, et classé dans une époque plus ancienne, ceux qui contiennent des restes organiques appartenant à des espèces perdues, et qui occupent une place plus élevée que ne pourraient l'atteindre, même dans leurs plus grandes crues, les eaux qui se trouvent maintenant à la surface du globe. On voit par là que si la place géologique des terrains de transport est déterminée par leur ancienneté relative, les caractères distinctifs au moyen desquels on reconnaît cette ancienneté sont tirés de la nature même de ces terrains.

Les observations que nous allons présenter nous ont fait sentir la nécessité de modifier cette classification, en adoptant d'abord comme caractères de la première division géologique que nous ferons de ces terrains, leur position relative constatée par leurs relations de superposition, et en les divisant en terrains modernes, soit de l'époque actuelle ou jovienne, dans lesquels est compris, sous le nom d'*alluvions modernes*, tout ce qui est connu aujourd'hui sous le nom de terrains d'alluvion, et en terrains anciens, soit de l'époque antédiluvienne ou saturnienne, qui comprend tous les terrains diluviens des auteurs précédents. Mais les apparences que présentent les environs immédiats de Genève nécessitent pour cette

seconde classe une nouvelle division, fondée sur des
caractères tirés à la fois, et du mode de formation
de ces divers terrains, et de leur nature, et aussi de
leur superposition.

Dans la première classe, celle des terrains de transport de l'époque actuelle, nous adopterons plusieurs
divisions fondées sur la nature et l'origine de ces
terrains.

CHAPITRE PREMIER.

DÉPÔTS DE L'ÉPOQUE ACTUELLE OU JOVIENNE.

Nous allons maintenant jeter un coup d'œil sur
les terrains ou dépôts, de quelque genre que ce soit,
qui, dans les environs de Genève et sur la lisière des
Alpes et du Jura, ou même dans l'intérieur de quelques-unes des vallées de ces chaînes, paraissent
avoir été formés ou du moins avoir reçu leur disposition actuelle et la place qu'ils occupent aujourd'hui,
pendant la durée de l'époque géologique la dernière
de toutes, époque dont le moment actuel fait encore
partie. Nous aurons, en conséquence, à passer successivement en revue : 1° les alluvions des rivières ;
2° celles du lac Léman ; 3° les alluvions des torrents
alpins ; 4° les terrains d'éboulement au pied des
montagnes et des collines; 5° les amas de blocs ou
fragments anguleux, la plupart très volumineux,
formés à la base de quelques montagnes par des
chutes de rochers ; 6° les amas de blocs amenés par
les glaciers, et qui forment leurs *moraines* ; 7° enfin
les dépôts de calcaire concrétionné, tels que tufs cal
caires, travertins et autres terrains analogues.

SECTION PREMIÈRE.

Alluvions des rivières.

Outre les deux grandes rivières, le Rhône et l'Arve, il y a encore aux environs de Genève quelques petites rivières, ou plutôt quelques grands ruisseaux qui prennent leur source à peu de distance de cette ville, les unes au pied du chaînon le plus extérieur des Alpes, d'autres à la base du Jura, un petit nombre dans les collines de la plaine : ce sont la Laire, l'Emme, l'Allondon et le Lyon, qui se jettent dans le Rhône ; l'Aire, la Seine et le Foron, qui se jettent dans l'Arve ; enfin l'Hermance et la Versoix, qui se jettent dans le lac.

Le Rhône, sortant du glacier de la Fourche au pied du groupe primitif du Saint-Gothard, formé surtout de protogine granitoïde, a suivi d'abord la grande vallée longitudinale du Valais, bordée de part et d'autre par les plus hautes sommités des Alpes après le Mont-Blanc. Ses nombreux affluents, qui descendent de chaque côté le long des profondes vallées transversales dont ces deux crêtes élevées sont sillonnées, courent dans le haut sur des roches également primordiales. Des gneiss, des micaschistes, des roches amphiboliques, çà et là associées, tantôt avec d'énormes amas de serpentine et d'euphotide sur la crête méridionale, et tantôt avec de vrais granits à grains fins sur la crête septentrionale, ainsi qu'avec ces calcaires grenus gris et blancs, ces schistes mica-cés, calcaires et quartzeux passant à des espèces d'ardoises qui caractérisent, comme nous le verrons plus tard, les terrains oolithiques inférieurs modifiés, le lias métamorphique des Alpes. Ces mêmes schistes micacés, calcaires et quartzeux, avec les gypses qu'ils renferment, ainsi que des quartz grenus, forment le fond de la vallée principale où coule le Rhône, depuis sa source jusqu'à Martigny.

Sur la rive droite de ce fleuve, entre Louech et Martigny, les sommités supérieures de la chaîne occidentale ou septentrionale, en particulier les cimes voisines du Sanetsch, des Diablerets, la chaîne de Morcles, sont formées en grande partie des assises les plus élevées du terrain secondaire, de la craie et du grès vert, et même, en plusieurs points, de couches remplies de fossiles analogues à ceux du calcaire grossier de Paris, et qui pour cette raison ont été considérées comme tertiaires.

Parvenu à l'extrémité sud-ouest de la longue vallée longitudinale qu'il a suivie, depuis sa source jusque vers Martigny, le Rhône change brusquement la direction de son cours, et coule dès lors précisément à angle droit de sa première direction, c'est-à-dire du sud-sud-est au nord-nord-ouest, dans la vallée transversale, ou dans la fente comparativement étroite qui traverse de part en part le chaînon le plus septentrional des Alpes, chaînon dont l'étendue en largeur est de 8 lieues, entre Martigny et l'embouchure du fleuve dans le lac de Genève.

Là, la chaîne, coupée transversalement à sa direction comme par un instrument tranchant, offre dans ses deux murailles, presque à pic, une section d'une énorme hauteur de toutes les couches dont elle se compose. D'abord, dans le fond de la vallée, se montrent, entre Martigny et Saint-Maurice, au cœur même du chaînon, les roches les plus basses de cette partie des Alpes, les différentes variétés de protogine, de leptinite ou weisstein, de gneiss talqueux, avec des filons granitiques, qui indiquent la présence, à une petite profondeur au-dessous, des masses de granit non stratifié, auxquelles est probablement dû le soulèvement de ces montagnes, et qui se montrent au jour non loin de là, à Valorsine; puis le pétrosilex ou eurite de la cascade de Pissevache. Ensuite paraissent en recouvrement, au-dessus de ces couches centrales, les poudingues, les grès quartzeux, les schistes noirs à empreintes végétales du terrain d'anthracite, avec des masses ou couches irrégulières de ce combustible. Plus haut, à 600 ou 700 mètres au-dessus du Rhône, des poudingues et des schistes lie de vin, de la même nature que les célèbres poudingues de Valorsine, et formant leur prolongement, recouvrent le terrain anthraxifère. Au-dessus encore, viennent des calcaires magnésifères celluleux, ou *rauhwakes*, des calcaires dolomitiques et autres calcaires appartenant à la formation, soit du lias, soit des autres couches inférieures des terrains oolithiques. Ces trois ou quatre différents étages de la croûte terrestre se présentent la avec les mêmes circonstances de composition et de gisement que les couches semblables de la vallée voisine, celle de Valorsine, que j'ai décrite ailleurs avec de grands détails (1).

Mais dans la vallée du Rhône les terrains du lias

____

(1) *Mémoires de la Société de Physique et d'Histoire naturelle de Genève.*

ou des oolithes sont loin d'occuper, comme au Buet, au col de Balme, etc., les sommités des crêtes qui bordent la vallée. Dans cette coupure, extrêmement profonde, de nouveaux étages, plus récents encore, couronnent, par d'immenses rochers à pic, contemporains du grès vert et de la craie, les assises oolithiques de l'étage moyen. Enfin, tout à fait en haut, les couches à *cérithes* et autres fossiles tertiaires analogues à ceux du terrain parisien, se voient vers les points culminants de la Dent de Morcles, des Diablerets, et peut-être aussi au sommet jusqu'ici inaccessible de la Dent du Midi, qui, s'élevant en face de la Dent de Morcles, à l'entrée septentrionale de la vallée de Saint-Maurice, semble avec celle-ci former les deux piliers latéraux de l'immense mais étroite porte par laquelle on pénètre de la plaine dans le sein même de la haute chaîne centrale, et par où le Rhône trouve à peine la place nécessaire pour s'échapper des montagnes. Telle est la succession des terrains superposés les uns aux autres sur les vastes escarpements presque à pic, et de près de 2,000 mètres de hauteur au-dessus du Rhône, qui en baigne la base. Les torrents qui de toutes parts se précipitent du haut de ces sommités escarpées, les éboulements fréquents dans ces contrées sauvages, amènent journellement dans le lit du fleuve des fragments plus ou moins volumineux, des débris abondants de toutes les couches des monts divers dont ils descendent.

Sorti du défilé extrêmement étroit de Saint-Maurice, le Rhône trouve dans la direction qu'il a suivie une vallée plus large et à fond presque plat, entre deux hautes berges de montagnes formées de roches calcaires, de grès et de schistes secondaires : ce sont les calcaires du lias, contenant les couches d'anhydrite salée et les sources salées de Bex, puis des calcaires oolithiques plus récents, et dans le haut les couches de calcaire du grès vert et de la craie, et celles à fossiles tertiaires des Diablerets. Dans le bas de la vallée, des deux côtés et du haut en bas, dans presque toute la berge occidentale ou valaisane de cette vallée, dominent des calcaires compactes, en apparence oolithiques et jurassiques. C'est à son extrémité septentrionale, vers Villeneuve, que le Rhône entre dans le lac Léman, après avoir formé un delta peu large mais assez long, et qui paraît s'être sensiblement augmenté depuis les temps historiques, à en juger par la position de Provalais, l'ancien *Portus Vallesiæ*, autrefois contigu au lac dont il est maintenant éloigné d'une demi-lieue. Les sables d'un gris plus ou moins foncé ou jaunâtres dont se compose le delta, forment les plages au bord du lac depuis Le Boveret jusqu'à Villeneuve, et comblent peu à peu la rade assez étendue de cette dernière petite ville, dont la profondeur, jusqu'à une distance assez considérable du bord, ne dépasse guère $0^m,65$ à $0^m,97$. On peut prévoir le moment où ce port sera comblé par les sables continuellement amenés par le Rhône; mais ce comblement ne saurait s'étendre bien loin, puisque déjà, à un tiers de lieue au nord de Villeneuve, sous les murs du château de Chillon, le lac a une profondeur de près de 300 pieds (100 mètres).

Jusqu'à son embouchure dans le lac, les eaux du Rhône sont toujours troubles, ce fleuve charriant une grande quantité de sable et de vase; et comme il ne

perd pas sa vitesse au moment où il entre dans le lit
du lac, on voit ses eaux grises et opaques s'avancer en
un rapide courant au milieu des eaux tranquilles et
limpides du Léman, et on peut les suivre ainsi jusqu'à une distance assez considérable du rivage; même
à plusieurs centaines de mètres en avant de l'embouchure, ce courant est assez fort pour que l'on voie
les bateaux qui le traversent descendre rapidement
en dérive, et cependant le cours en est assez tranquille pour que les personnes qui sont dans le bateau
entraîné ne s'aperçoivent nullement de ce mouvement
latéral imprimé à leur esquif. D'abord sur les bords
du courant, puis à son extrémité, lorsque le Rhône
a perdu toute sa vitesse, on voit les sables qu'il charriait se précipiter dans le fond du lac, sous la forme
d'épais nuages arrondis à leur contour. Le sable est
apporté dans le lac par le Rhône en quantité si considérable, qu'il va se déposer au loin sur les rives du
lac voisines de l'embouchure. A près d'une lieue de
là, il s'accumule encore assez pour que la diminution
de profondeur dans la petite baie de Villeneuve, qui
occupe environ une demi-lieue en longueur du nord
au sud, et un quart ou un tiers de lieue de l'est à
l'ouest, pour que cette diminution, dis-je, soit sensible d'une année à l'autre. A plusieurs centaines de
mètres du rivage, la profondeur du lac n'atteint pas
un mètre, et le temps n'est peut-être pas très éloigné où toute cette baie sera comblée par les dépôts
sablonneux, et où Villeneuve, comme Provalais l'a
été, sera séparé du lac par une plage étendue de sable.

On est revenu depuis longtemps de l'ancienne erreur, que le Rhône traversait le lac dans toute sa

longueur sans mêler ses flots avec ceux de ce grand bassin.

Réservant pour un autre moment à parler du lac, nous allons retrouver le Rhône à son débouché à Genève. C'est déjà à une lieue au-dessus de cette ville, et à la hauteur du village de Genthod, que, suivant les observations de M. Vaucher, le courant commence à devenir sensible. Mais ce courant ne charrie rien ; la pureté et la belle couleur bleue des eaux du Rhône à leur sortie du lac sont généralement renommées, et elles se conservent telles pendant un tiers de lieue environ au-dessous de cette sortie. Là, elles rencontrent les eaux de l'Arve, qui sont, principalement en été, aussi troubles que celles du Rhône sont limpides ; et ces deux courants, si différents dans leur aspect, cheminent quelque temps collatéralement sans se mêler. Mais à la fin le sable charrié par l'Arve se répand également dans toute l'étendue du fleuve, et le Rhône a perdu sa pureté primitive. En hiver, lorsque les eaux de l'Arve ne sont pas alimentées par la fonte des neiges des Alpes et de leurs glaciers, elles sont presque aussi pures et transparentes que celles du Rhône. J'ai même vu, un jour de l'hiver de 1838, les rôles habituels des deux rivières intervertis ; car tandis que le Rhône amenait du lac, fortement agité alors par un vent violent de nord-est, des eaux toutes grises et troubles, il rencontrait les eaux transparentes de l'Arve, avec lesquelles, après la jonction, il cheminait quelque temps de conserve, sans pourtant se mêler avec elles.

Dans tout son trajet, depuis sa sortie du lac jusqu'au moment où il arrive au défilé du fort de l'E-

cluse, et où il traverse l'étroite fente ou crevasse creusée là au milieu des couches calcaires de la chaîne
du Jura, le Rhône coule presque toujours encaissé
entre des berges rapides, souvent presqu'à pic, et
de 26 à 29 mètres de hauteur, toutes formées de
cailloux roulés et de sables appartenant aux terrains
diluviens, si abondants et si épais dans tous les environs de Genève. A peine dans tout ce cours de 8 lieues
de longueur, entre Genève et le fort de l'Ecluse,
voit-on deux ou trois fois, comme près de Vernier et
d'Epaisse, les couches solides de la mollasse paraître
sur les rives du Rhône, au-dessous des hautes falaises diluviennes qui forment ces rives, et entre lesquelles le fleuve se contourne et serpente en longs et
tortueux replis ; là des promontoires ou angles saillants, plus ou moins allongés ou émoussés, font alternativement face sur une rive à des échancrures
ou cirques plus ou moins réguliers, ou évasés sur
la rive opposée.

L'Arve prend sa source dans les ravins qui sillonnent la pente sud-ouest du col de Balme, cette montagne toute formée, dans le haut, des calcaires noirs
arénacés ou pleins de grains de quartz du terrain du
lias, dans le milieu, des schistes à empreintes végétales du terrain d'enthrachite, et dans le bas, des ardoises ou schistes talqueux, gris, luisants, primitifs. Elle
suit d'abord, comme le Rhône, une vallée longitudinale, celle de Chamouni, et reçoit d'un côté les
torrents qui sortent des glaciers de la chaîne centrale des Aiguilles et du Mont-Blanc. Les glaciers
charrient des blocs et des débris de toutes les grandeurs, des protogines granitoïdes et schistoïdes à

gros grains, des gneiss talqueux, et des schistes talqueux et chloritiques dont se composent les sommités
qui les entourent et leurs bases. Les glaciers qui descendent du Mont-Blanc amènent aussi des syénites
et des diorites, dont la sommité de ce colosse des
Alpes est formée. De l'autre côté de la vallée, les torrents et les éboulements partis de la chaîne des Aiguilles-Rouges et du Bréven, entraînent dans le fond de
la vallée les débris des roches de cette chaîne, des
gneiss, des micaschistes, des protogines granitoïdes
à grains moyens et à grains fins, blanches, vertes,
roses, semblables à celles du col de Salenton, au pied
du Buet, et qui souvent passent comme ces dernières
à des leptinites ou weissten; avec elles sont apportées
des diorites semblables à celles du Mont-Blanc et provenant des Aiguilles-Rouges. Quant aux roches qui
forment le fond le plus bas de la vallée de Chamouni
et que l'Arve peut elle-même ronger et miner, ce
sont des schistes talqueux, et çà et là des calcaires
gris et noirs du terrain de lias, ainsi que des gypses
et des *rauhwakes* ou calcaires magnésifères celluleux
de la même formation.

Arrivée, après un cours d'environ 5 lieues à l'extrémité méridionale de la vallée longitudinale de Chamouni, qu'elle a suivie constamment du nord-nord-
est au sud-sud-ouest, l'Arve, comme le Rhône après
Martigny, prend un cours à angle droit de sa première direction, et coule jusqu'à Servoz du sud-sud-
est au nord-nord-ouest, dans une profonde coupure
formée à l'extrémité méridionale de la chaîne des
Aiguilles-Rouges et du Bréven. Là elle traverse des
rochers de gneiss à grain fin et de schistes talqueux,

riches en filons de cuivre et de plomb, ainsi que des masses de grès quarzeux, de poudingues siliceux, de schistes noirs à empreintes de fougères, tous remplis d'abondants amas d'anthracite et faisant partie du terrain des Alpes auquel ce combustible a donné son nom; terrain qui a les plus grandes analogies, à l'égard du gisement, des corps organiques fossiles et de la composition, avec le terrain houiller proprement dit. Après avoir quitté ces étroits défilés et avoir contourné les bases du haut groupe de montagnes des Fizs, de Sales, de Platet et de Varens, dont les sommets surpassent 2,600 mètres de hauteur absolue, et qui se composent dans le bas des schistes du terrain d'anthracite et du lias, et dans le haut des couches de glauconnie du grès vert, avec leurs fossiles caractéristiques, et des calcaires à cérithes et à mélanies analogues au calcaire grossier parisien (1), l'Arve reprend, près de Saint-Martin, la direction du sud-sud-est au nord-nord-ouest, et s'engage dans l'étroite et profonde vallée transversale qui s'étend entre Sallenches et Cluse.

Le mur élevé et presque à pic qui forme la berge droite ou orientale de cette vallée, fait encore partie du haut groupe des montagnes des Fizs et de Varens; il est même le prolongement du faîte de ce grand massif, faîte qui s'abaisse graduellement vers le nord-ouest, et qui arrive à se perdre à Cluses même, sous les amas d'alluvion qui recouvrent le fond plat de la vallée de l'Arve.

(1) Voyez la Notice géologique sur ces montagnes, que j'ai donnée dans la *Bibliothèque universelle, Sciences et Arts*, tome XXXIII, p. 85. Septembre 1826.

Comme toutes les couches de ces montagnes plongent au nord-ouest, celles qui dans les vallons de Sales et de Platet occupent des hauteurs absolues de 2,400 et 2,600 mètres, se trouvent abaissées à Cluses jusque sous les eaux mêmes de l'Arve. Il suit de cette inclinaison que l'Arve, tout en descendant physiquement la pente de la vallée, remonte géologiquement, si on peut le dire, la série des terrains; et, quittant vers le Nant d'Arpenaz les schistes noirs du lias de Sallenches et de Saint-Martin, elle baigne successivement des rochers de terrains plus récents, d'abord des couches jurassiques inférieures, puis une épaisse série des couches tant inférieures que supérieures du grès vert; et c'est contre des rochers de glauconnie riches en fossiles du grès vert, que les maisons de la petite ville de Cluses sont adossées. A peu de distance au-dessus, se trouvent les calcaires à nummulites d'Arrache et les calcaires bruns bitumineux et remplis de *cérithes*, d'*ampullaires*, de *volutes*, de *mactres*, de *vénus*, qui forment le lit de la couche de houille sèche de Pernant (1), et qui offrent la plus grande ressemblance pour leurs fossiles, tant avec la couche à coquilles tertiaires des Diablerets, qu'avec les calcaires grossiers du bassin de Paris.

Les mêmes phénomènes se font observer dans le mur occidental de cette même vallée, celui qui borde la rive gauche de l'Arve; c'est le revers des montagnes de la vallée du Reposoir; ce sont les mêmes couches, les mêmes terrains, la même incli-

(1) Voyez la Notice citée dans la précédente note, et où j'ai exposé (p. 89 et suivantes) quelques observations sur ces intéressantes montagnes.

naison au nord-ouest. Il devient évident que toute
cette vallée transversale n'est, comme celle qui s'étend
entre Martigny et Saint-Maurice en Valais, qu'une
fente étroite, opérée dans un même massif de montagnes dont les couches, jadis contiguës, se correspondent encore aujourd'hui entièrement. L'Arve a
profité de cette fissure pour s'échapper des montagnes;
et en effet, depuis Cluses, la vallée va toujours en s'é-
largissant. Bientôt l'Arve reçoit son affluent le plus
considérable, qui prend sa source dans les vastes escarpements de calcaires noirs et de schistes du lias
dans lesquels s'ouvre la vallée de Sixt; cet affluent,
le Giffre, a passé de la vallée de Sixt dans celle de
Taninge, où, après avoir trouvé des rochers de calcaire
jurassique et crayeux, sous lesquels se montrent des
protubérances du terrain d'anthracite, le Giffre, s'é-
chappant par une étroite fente au milieu des calcaires du grès vert et de leurs masses gypseuses, va
se verser dans l'Arve, entre Cluses et la Bonneville;
les deux torrents réunis prennent le nom d'Arve :
ils cotoient les bases arénacées et calcaires du Môle,
et serrent de près les couches d'oolithe inférieure
surmontées des assises du grès vert et des calcaires à
nummulites dont le mont Brezon est formé. Passant
ensuite entre la montagne toute de grès des Voirons
et le Mont-Salève tout de calcaire oolithique supérieur ou d'une formation plus récente encore, après
avoir longé en partie la base de ce mont, l'Arve
entre dans le bassin de Genève, et dès lors elle ne
coule plus qu'entre des berges diluviennes plus ou
moins élevées et uniquement composées de galets
alpins. Là elle se contourne et serpente entre deux

ou trois vastes segments de cirques, dont les murs sont à pic et l'aspect très pittoresque : l'action continuelle de ses flots, toujours rapides et irrités, tend à agrandir ces excavations demi-circulaires dans ce terrain meuble et composé d'éléments peu cohérents qui n'offrent guère de résistance à la force envahissante de ce grand torrent; enfin, l'Arve va se jeter dans le Rhône, presque aux portes de Genève. Nous avons parlé plus haut avec assez de détails de cette dernière portion de son cours pour qu'il soit inutile de nous y arrêter encore ici.

Les petites rivières qui sillonnent aussi les plateaux des environs de Genève prennent leur source, les unes dans les montagnes du chaînon le plus extérieur ou le plus septentrional des Alpes. Telles sont le Foron, qui, venant de la partie la plus au nord de la base des Voirons, montagne presque entièrement formée de grès jurassique supérieur ou de grès vert, suit d'abord, dans toute sa longueur, la base de cette longue montagne. Là il est encaissé entre deux berges de mollasse rouge ou bigarrée, surmontées par des amas diluviens. Il entre ensuite dans les épaisses masses diluviennes ou d'alluvion ancienne dont les plaines des environs de Genève sont composées, puis se jette dans l'Arve, entre les villages de Chêne et de Verrier.

L'Aire prend sa source dans un massif de grès d'eau douce, qui, comme un puissant contre-fort, s'appuie sur les rochers calcaires de la partie la plus élevée de Salève, au-dessus du village d'Archamp. Elle se dirige d'abord à l'ouest, jusqu'à la petite ville de Saint-Julien, où elle coule entre de hautes berges, qui, dans le bas, sont d'argile renfermant d'épaisses couches de gypse, et appartenant toujours au même terrain d'eau douce que les grès. Là, elle change de direction, et coule au nord en longeant la base du coteau élevé de Bernex et de Confignon, encore formé de mollasse et de gypse; puis, plus près de Genève, uniquement composé des amas de galets diluviens. L'Aire se réunit à l'Arve, à quelques centaines de mètres au-dessus du confluent de cette dernière rivière et du Rhône.

D'autres petites rivières ont leur origine dans les collines de l'intérieur même du bassin, et coulent, ou en partie, sur la mollasse, et en partie sur les terrains diluviens, ou bien elles ne quittent pas ces derniers terrains.

La Laire, qui coule au midi et à l'ouest de Saint-Julien, a son lit près de Soral, encaissé dans des coteaux de mollasse bigarrée recouverte de galets diluviens; plus bas, elle ne coule plus qu'entre des collines diluviennes jusqu'à son embouchure dans le Rhône, près du village de Chancy.

La Seime, qui longe à l'est les bases du coteau de Cologny et de Vandeuvres, n'est qu'une rivière temporaire, à sec pendant les mois d'été. Son cours n'a guère plus d'une lieue et demie d'étendue, et elle ne coule que sur les cailloux roulés, les argiles et les sables du terrain diluvien. Sa source est dans les marais de Sionnex, près de Jussy; et comme ces marais sont complétement desséchés pendant les grandes chaleurs de l'été, ils ne fournissent plus d'eau : la rivière tarit dès lors. Elle se jette dans l'Arve, à un petit nombre de pas de distance de l'embouchure du Foron. C'est au concours de ces deux petites rivières qu'est probablement due la disposition particulière que présente le sol, au midi du village de Chêne, entre ce village et l'Arve. Chêne est situé au sommet d'un plateau parfaitement horizontal, et de niveau avec les autres plateaux qui s'élèvent au-dessus de l'Arve; mais, tandis que ces derniers sont, comme nous l'avons dit plus haut, creusés en vastes cirques formés de falaises à pic, immédiatement au pied desquelles coule l'Arve, le plateau de Chêne, qui a, jusqu'à un certain point, l'apparence d'un de ces cirques, est éloigné de près d'une demi-lieue de l'Arve; et cet intervalle, qui est comme une presqu'île entre le Foron et la Seime, se présente comme un second plateau beaucoup plus bas que le premier, et qui tourne aussi son escarpement contre l'Arve. Ce plateau est celui sur lequel sont le château Blanc et les villages de Thonex et de Villette. Il y a donc ici, et seulement ici, sur les bords de l'Arve, deux terrasses horizontales s'élevant en gradins, l'une au-dessus de l'autre; savoir : la plus basse, le plateau du château Blanc et de Thonex, et la plus haute, dont le niveau est celui de toute la contrée environnante, le plateau de Chêne. Il est probable que c'est à l'action réunie des deux petites rivières, le Foron et la Seime, qu'est due la conversion de ce qui jadis a dû faire partie d'un cirque de hautes falaises baignées par les eaux de l'Arve, en un plateau horizontal peu élevé, entouré en grande partie et surmonté par un plus haut plateau également horizontal.

La Seime, quoiqu'un ruisseau fort petit et fort insignifiant d'ailleurs, présente quelques particularités qui méritent d'être signalées. D'abord, dans la plus grande partie de son cours au pied du coteau de Vandeuvres et de Cologny, elle se fait remarquer par la quantité de méandres ou de petits circuits qu'elle trace continuellement, décrivant sur chaque rive alternativement une suite de courbes circulaires presque fermées, et d'un petit nombre de mètres de diamètre chacune, de telle sorte qu'après avoir ainsi contourné une de ces circonférences, la rivière se trouve revenue presque au même point où elle était auparavant, et n'est séparée de ce point que par une très étroite langue de terre. Dans ce lit si tortueux, qui n'a guère plus de 3 à 4 mètres de large sur 2 à $2\frac{1}{2}$ mètres de profondeur, la Seine coule de manière à ne jamais atteindre, excepté dans ses plus grandes crues, le haut de ses petites berges verticales, et par conséquent la plaine, qui est de niveau avec leur sommet. Mais le fond de son lit n'est pas une surface plane ; il est, au contraire, parsemé de cavités plus ou moins profondes qui restent pleines d'eau en été, lors même que tout le reste du lit est à sec.

On se demande, en voyant de pareils creux si nombreux et quelquefois de plusieurs décimètres de profondeur, comment ils ont pu être formés, comment les matériaux meubles et incohérents qui les remplissaient jadis, et qui ne sont que des cailloux roulés de la grosseur du poing tout au plus, ou des argiles et des glaises, ont pu être ainsi creusés à une profondeur considérable au-dessous du niveau général du fond de la rivière ; et comment les parties arrachées de ces cavités ont pu être soulevées à plusieurs décimètres de leur place originaire, de manière à être transportées d'abord à le surface des portions les plus hautes de ce fond, puis de là emmenées au loin par la rivière dans son cours. Et il est à remarquer que la Seime même, lorsqu'elle a le plus d'eau, n'a qu'une très faible pente, et, par conséquent, un cours très peu rapide.

On pourrait supposer que le fond de ces creux est l'ancien fond de la rivière, et que des accumulations de gravier ont pu successivement s'amonceler avec assez d'irrégularité pour ne recouvrir qu'une partie de ce fond, en circonscrivant ainsi certaines places laissées sans un pareil recouvrement. Ce serait là, en effet, l'explication la plus plausible à donner de la formation de ces creux, s'ils étaient limités, comme dans le cas présent de la Seime, à des terrains formés de parties incohérentes et mobiles. Mais ce n'est pas toujours le cas ; dans l'Allondon, par exemple, qui coule en partie sur un lit de grès mollasse, on remarque des creux parfaitement semblables ouverts dans les grès sous les eaux de la rivière. Ici donc, il est indubitable que la rivière a creusé la masse du rocher dans certaines portions seulement de son fond, et seulement aussi par le moyen des couches les plus basses de ses eaux. Le phénomène reste donc encore à être expliqué.

Que la Seime n'ait été jadis une rivière bien plus considérable qu'elle ne l'est aujourd'hui, c'est ce que prouvent deux circonstances remarquables : 1° en creusant dans l'automne de 1838 le lit actuel de la Seime, pour y établir les fondements d'un pont de pierre qui vient de remplacer le pont de bois connu sous le nom de pont Bochet, ainsi que pour rectifier son lit, on a cons-

tamment travaillé dans un massif de glaise bleuâtre,
profond de 4 à 5 mètres, et dans lequel, jusqu'à cette
profondeur, on a trouvé à plusieurs reprises des fragments de troncs de chênes et d'autres arbres analogues à ceux qui croissent dans les environs, enfouis
dans cette couche d'argile fluviatile;

2° Au-dessus des petites berges, de 2 à 3 mètres
de haut et de 3 à 4 d'éloignement l'une de l'autre, qui encaissent maintenant les eaux de la Seime,
on observe dans quelques endroits, à une certaine
distance des rives de la rivière, d'autres berges plus
hautes, plus éloignées et aussi bien plus anciennes,
dont la rivière, presque partout à présent, est loin
d'atteindre même la base.

Ces anciennes berges appartiennent-elles à l'époque
géologique actuelle ou datent-elles de l'époque diluvienne? c'est là un problème à résoudre. Si l'on s'en
tenait au critère proposé par quelques géologues pour
distinguer les produits de ces deux époques, on devrait
assigner la formation de ces berges à la période antédiluvienne ou saturnienne, puisqu'elles sont placées
aujourd'hui à une hauteur telle, que, même pendant
ses plus grandes eaux, la rivière ne saurait non-
seulement les recouvrir, mais arriver jusqu'à leur
pied.

Mais si l'on prend en considération les changements qu'a dû éprouver la surface du pays environnant, même depuis les temps historiques, et si l'on
applique à ces changements les données qu'on a maintenant sur les effets produits dans d'autres contrées
par des changements analogues, on en viendra, ce
me semble, à penser que le temps où la Seime a pu

remplir cet ancien lit, si fort, plus étendu que son lit actuel, n'est pas aussi éloigné de nous qu'on l'aurait supposé d'abord.

En effet, la nature physique de la contrée, et principalement son climat, sous le rapport non pas peut-être de la température, mais de la quantité annuelle de pluie et de sa distribution à la surface du sol, ont nécessairement dû éprouver de grandes variations depuis la conquête des Romains sous Jules César, et surtout depuis Pitheas, qui, dit-on, trouva les bords du lac de Genève partout recouverts d'épaisses forêts. A présent, au contraire, il y a peu de pays où il y ait moins de bois que sur les bords immédiats du lac Léman. Partout les terrains y sont défrichés et soigneusement cultivés. Cela est surtout vrai des environs de Genève, où à peine reste-t-il quelques bois d'une très petite étendue, auxquels on n'a jamais même songé à appliquer le nom trop pompeux de forêts. Il n'y existe pas même une grande abondance d'arbres, et la plupart de ceux qui s'y trouvent sont des arbres exotiques, d'ornement ou de rapport. Parmi le nombre en comparaison petit d'arbres indigènes, la plupart sont très clair-semés. Plusieurs d'entre eux, plantés autour des prés et des champs, sont en entier dépouillés de leurs branches, employées dans chaque ferme comme le combustible habituel. Sur tout le cours peu étendu de la Seime en particulier, il n'y a pas trace de bois.

Or, il est maintenant bien reconnu, et ce fait a été établi de la manière la plus convaincante par les observations de MM. de Humboldt et Boussingault sur le lac Valentia ou Tacarigua, en Colombie, sur les lacs

de Tezcuco et autres, près de Mexico (1), de M. de Buch,
sur la Laguna de Ténériffe (2), d'Andreossi, sur le bassin de Saint-Féréol, qui alimente le canal du Midi,
que l'extirpation des forêts et le défrichement des terres
diminue sensiblement la quantité d'eau fournie par les
sources, charriée par les rivières et contenue dans les
lacs.

Le lac de Valentia avait considérablement diminué
en 1799 et 1800, par le déboisement et la culture de
ses bords; mais ces travaux ayant dès lors été inter-
rompus à la suite des révolutions et des guerres de
l'Amérique méridionale, la nature y a repris ses droits,
et les eaux du lac ont remonté presque à leur ancien
niveau.

C'est également au déboisement que M. de Buch
attribue l'absence de pluie et d'humidité et la rareté
des ruisseaux, circonstances funestes à la prospérité
de l'île de Ténériffe, d'ailleurs si avantagée par la nature sous le rapport du climat. Là, comme ailleurs,
les arbres sont, pour me servir de l'heureuse expression de M. de Buch, « l'alambic du grand atelier de la
« nature, d'où se répand sur l'île la fertilité, la beauté
« et le bien-être. » (Pag. 119.) En 1582, ajoute le
même savant, il y avait à Laguna de Ténériffe un grand
et charmant lac qui, depuis qu'il ne descend plus
de sources et de ruisseaux des hauteurs environnantes, jadis couvertes de bois, a été converti en un petit
marais, où il ne s'amasse un peu d'eau qu'en hiver.

(1) Voyez *Relation historique et Essai politique sur le Mexique*,
t. 1, p. 175, et *Bibliothèque universelle de Genève*, *Bulletin scienti-
fique*, t. VIII, p. 420. Avril 1837.

(2) *Description des Canaries*, traduction française, p. 119 et 141.

D'après cela, il est très probable que, lorsque la contrée que traverse la Seime était en entier couverte de forêts, cette rivière devait être bien plus considérable qu'aujourd'hui, et occuper un lit bien autrement large que la petite fissure sinueuse dans laquelle elle se contourne actuellement. J'ai cru même remarquer que depuis vingt ans que l'agriculture a fait de très grands progrès aux environs de Genève, et que de grands espaces de terrain aux alentours de la Seime, tout à fait incultes il y a peu d'années, sont aujourd'hui partout cultivés et régulièrement ensemencés, les marais de Sionnex, dans lesquels cette petite rivière prend sa source, et qui formaient alors presque toute l'année, mais surtout en automne, comme un lac, sont à présent rarement pleins d'eau.

La Seime n'est sûrement pas le seul ruisseau qui présente le même phénomène près de Genève; mais je ne l'ai observé d'une manière bien positive que sur le bord de l'Aire, peu avant sa jonction avec l'Arve. Là, dans un lieu nommé la Queue d'Arve, on voit, à une distance de quelques mètres du bord du ruisseau, des traces d'anciennes berges formant comme un petit plateau horizontal élevé de 3 à 4 mètres ou-dessus des berges actuelles, et qui témoignent de l'ancienne étendue du lit de l'Aire.

Il est enfin quelques petites rivières, soit près de Genève, soit sur la rive septentionale du Léman, qui ont leur source à la base du Jura, et qui vont se jeter dans le Rhône ou dans le lac. Il est à remarquer que ces rivières, comme presque toutes celles qui prennent naissance dans le Jura ainsi que dans les montagnes calcaires de la même nature, s'élancent toutes formées de fentes ou de cavernes creusées dans les rochers calcaires de la montagne, et ont déjà assez d'eau à leur origine pour faire tourner les roues des moulins ou d'autres usines. Les belles sources de la Versoix, à Divonne, celles du ruisseau de Thoiry, à Allemogne, celles de l'Aubonne et de la Venoge, entre Role et Lausanne, sont dans le même cas. Toutes ces rivières, après être sorties en bouillonnant, pures, limpides et écumantes, du sein de leurs rochers calcaires, poursuivent leur cours au milieu des grès mollasses et des amas diluviens de la plaine.

La Versoix, qui sort à Divonne du pied du haut côteau calcaire de Mussy, et qui jaillit en sources abondantes et remarquables par leur beauté et leur grandeur, présente un phénomène qui, s'il n'était tout de suite rapporté à sa véritable cause, c'est-à-dire à des dérivations artificielles, offrirait l'exemple d'un fait peut-être unique en géographie physique, celui d'une rivière qui, preque à son origine, se divise en trois bras divergents, qui prennent des directions opposées. L'un de ces bras, le principal, se dirigeant d'abord au sud, puis à l'est, va se jeter dans le lac près du bourg de Versoix. Le bras du milieu, dirigé presque toujours au sud-est, a son embouchure dans le lac à Copet, une lieue au nord de Versoix. C'est une lieue plus au nord encore, au-dessous du village de Céligny, que le troisième bras, qui coule de l'ouest à l'est, va se verser dans le Léman. Mais comme cette anomalie est purement un effet de l'art, il nous suffit de l'avoir signalée, sans nous y arrêter davantage.

L'Aubonne peut être considérée comme ayant deux sources; la première, qui est la vraie source de la rivière, puisque c'est la plus éloignée de son embouchure, sort des couches calcaires du Jura, un peu au-dessus et au sud-ouest du village de Bierre. On la nomme *Source du Toleure*, car on regarde généralement l'eau qui en sort comme un affluent de l'Aubonne, affluent auquel on donne le nom de *Toleure*. En hiver, lorsque les neiges couvrent encore les vallées élevées et les sommités du Jura, ainsi que pendant les mois d'été et les longues sécheresses, la partie supérieure du cours du Toleure est totalement desséchée; on voit alors, au milieu des rochers, le lit à sec d'une rivière, des ravins couverts de cailloux et de blocs arrondis par les eaux; mais les eaux manquent. Il est alors aisé et curieux d'observer les rochers qui bordent ce lit desséché, percés, sillonnés de toutes parts de trous, de fentes, de petites cavernes, qui, à la fonte des neiges des montagnes ou après de longues pluies, deviennent autant de tuyaux par lesquels l'eau jaillit en écumant pour se précipiter ensuite dans les ravins et les couloirs rapides qui forment cette partie du lit de la rivière. Lorsque toute cette portion est à sec, c'est du pied de la montagne et de dessous des blocs recouverts d'épaisses couches de mousse verte et de plantes aquatiques qu'une masse assez considérable d'eau s'échappe de toutes parts du milieu de ces blocs et forme en peu d'instants un large ruisseau. Celui-ci, le Toleure, après un cours à peine d'une demi-lieue, va, à l'extrémité méridionale du haut plateau diluvien de Bierre, se réunir à la seconde branche de l'Aubonne, sortie toute formée de plusieurs belles et grandes sources, au pied d'une colline couverte de prairies et couronnée par le beau village de Bierre. Ces dernières sources, et la rivière qui en sort, ont dû à leur grandeur et à celle du ruisseau qu'elles forment le nom usurpé de *Source de l'Aubonne*, proprement dite, nom qui, comme nous venons de le dire, doit réellement appartenir plutôt au Toleure.

La vue des sources du Toleure, de ces couloirs à sec, mais prouvant par mille indices qu'ils sont occasionellement le lit d'une rivière, ces nombreux trous, ces fentes dans les rochers par où les eaux jaillissent, m'ont rappelé de la manière la plus frappante les curieux accidents de nature analogue que présentent à chaque pas, mais sur une bien plus grande échelle, les montagnes de la Carniole, et en particulier celles qui bordent le célèbre lac de Zircknitz. Il y a plus, et la ressemblance est rendue plus frappante encore par l'existence, à Bierre comme à Zirchnitz, de grands entonnoirs qui se remplissent d'eaux souterraines, lesquelles périodiquement s'augmentent, se soulèvent et s'extravasent par-dessus les bords des entonnoirs ou puits qui les renferment. Je me contente ici d'indiquer ce fait curieux, que je décrirai bientôt plus en détail. Il est hors de doute que si les eaux étaient plus abondantes qu'elles ne le sont aujourd'hui à Bierre, et que si, au lieu d'être ouverts sur le sommet d'un plateau, les entonnoirs étaient, comme ceux de Zicknitz, placés dans un bassin fermé de toute part par des montagnes, il se serait formé à Bierre un lac semblable à celui de Zircknitz.

En contemplant les curieux phénomènes que présente ce plateau et cette partie du Jura, si rapprochée de routes et de lieux parcourus et visités par tant de voyageurs, j'ai été surpris qu'ils fussent restés jusqu'à ce jour à peu près inconnus.

La Venoge, qui a sa source au village de Lisle, présente là, en grand, les mêmes accidents que le Toleure. Avant la fonte des neiges et pendant les sécheresses, elle sort en grandes ondes pures, limpides et fraîches, dans un petit bassin naturel ouvert au pied d'un roc calcaire; mais au-dessus de ce lieu et jusqu'à une grande distance en remontant la montagne, on voit un lit de torrent à sec creusé au milieu des rochers qui ont été évidemment usés, frottés, arrondis par le cours des eaux. C'est là, en effet, qu'à la fin du printemps et en automne coulent les eaux tombées en pluie et en neige sur toutes les sommités et dans les hautes vallées de cette partie du Jura.

L'Aubonne et la Venoge, également à peine sorties des flancs calcaires du Jura, traversent, au fond de profondes vallées et au pied de hautes berges toutes formées de sables, de gravier et de cailloux roulés, les vastes amas diluviens, qu'elles ne quittent plus jusqu'à leur embouchure dans le lac de Genève.

Après avoir ainsi esquissé la nature des terrains que traversent les diverses rivières, tant grandes que petites, des environs de Genève, et les particularités que présentent quelques-unes de ces rivières, on devrait attendre de nous, sinon une description détaillée, du moins une notice abrégée sur les terrains d'alluvion, sur les cailloux roulés, les sables, les argiles, sur lesquels coulent les eaux de chacune d'elles, et qui peuvent être supposés avoir été déposés par ces rivières.

Mais voici ce qui rend une pareille description super-
flue.

Ordinairement, les alluvions des fleuves et des rivières ne se composent que des roches dont sont formées les montagnes, les collines et les berges entre
lesquelles elles coulent, et c'est même une loi générale que, sur les bords d'une rivière quelconque et à
un point quelconque pris sur la rive de cette rivière,
on ne trouve, sous forme de galets ou de sable, que
des fragments des couches que traversent la rivière et
ses affluents au-dessus du point donné. Une pareille
loi est vraie également dans le cas qui nous occupe,
quoiqu'elle se trouve en quelque sorte masquée ici
par une circonstance particulière. Cette circonstance,
qui a déjà dû être remarquée dans ce qui précède,
c'est que dans quelques-unes des rivières près de Genève, la totalité, dans toutes, la dernière partie de leur
cours, a lieu dans des terrains déjà eux-mêmes formés de cailloux roulés, de sable, de gravier et de matériaux incohérents, comme sont ceux des alluvions
ordinaires; aussi, la très grande majorité, je dirais la
presque totalité des cailloux qui forment les grèves le
le long des diverses rivières ci-dessus énumérées, sont-
ils partout, et quelle que soit la nature des roches
solides en place dans le district traversé par chacune
d'elles, des cailloux alpins, originaires de quelque
partie de la grande chaîne, la plupart de nature sili-
ceuse, cristalline, provenant des terrains dits primitifs qui constituent la chaîne centrale.

Sans doute qu'avec ces galets diluviens, si abondants, se trouvent mêlés, dans le lit des rivières qui
descendent du Jura, quelques cailloux du calcaire

blanc, jaunâtre, compacte ou oolithique dont cette chaîne est formée. De semblables cailloux, ainsi que ceux arrachés aux couches solides de grès qui au pied de la chaîne recouvrent ces calcaires, sont bien vraiment des cailloux d'alluvion moderne, dans toute l'étendue de ce terme. Détachés du flanc des rochers au pied desquels la rivière prend sa source ou roule ses eaux, arrondis et transportés par l'action seule de cette même rivière, de pareils cailloux en sont véritablement les alluvions.

Sans doute aussi que l'Arve charrie continuellement des cailloux et des sables provenant des diverses parties des Alpes qu'elle ou ses affluents traversent; mais comme ces cailloux sont absolument de la même nature que ceux dont se composent les massifs diluviens où l'Arve serpente, et qu'elle ne cesse de miner depuis plusieurs lieues au-dessus de son embouchure dans le Rhône, il est impossible de distinguer ceux qui ont été amenés, roulés et arrondis par l'Arve même dans la période géologique actuelle, de ceux qui ont été apportés et arrondis dans la période antédiluvienne, et que dès lors l'Arve n'a fait que déplacer et promener d'un lieu à un autre, en les éloignant toujours plus de leur site originaire. Les sables assez fins, micacés et aurifères, si abondants sur toutes les rives de l'Arve, et qui paraissent y exister en une beaucoup plus grande proportion, relativement aux graviers et aux galets, que dans les terrains diluviens, peuvent peut-être appartenir aux alluvions modernes.

Quant au Rhône, au-dessous de Genève, il est sûr qu'il ne peut point avoir formé d'alluvions, et que les nombreux cailloux entassés dans son lit depuis sa sortie du lac à Genève jusqu'à son confluent avec l'Arve, ne sont que des galets diluviens arrachés aux hautes berges toutes formées de semblables cailloux dont le Rhône baigne le pied. En effet, le Rhône sort du lac parfaitement pur et limpide, et il n'entraîne avec lui aucun dépôt, même léger. D'ailleurs, d'où pourrait-il amener de semblables cailloux, de la grosseur d'un œuf, du poing ou de la tête, tels que ceux sur lesquels il coule après avoir traversé Genève? A son entrée dans le lac vers Villeneuve, et déjà fort audessus, près de la porte du Scex, il ne charrie plus de cailloux, et ses eaux n'entraînent avec elles que du sable fin; et lors même que dans ce lieu il charrierait des galets, l'énorme profondeur qu'atteint le lac dans ces parages rendrait impossible le transport de pareilles masses au delà de ces cavités, de près de 300 mètres de profondeur, jusqu'à ce que tout cet espace vide en eût été rempli.

Ainsi, le Rhône offre la démonstration la plus claire du fait énoncé plus haut, savoir, que les graviers et les cailloux des bords des rivières aux environs de Genève appartiennent en très grande majorité, non aux alluvions proprement dites, mais au terrain diluvien. C'est ce fait qui avait frappé un ancien géologue espagnol, Bowles (1), dont on n'a peut-être pas assez apprécié le mérite, et qui soutenait, en offrant pour exemple le Rhône et l'Arve près de Genève, que les rivières, en général, ne charriaient pas, comme on le

(1) Il y a dans l'*Introduccion a la Historia natural y a la Geografia fisica de España*, par Bowles, Madrid, 1789, une description remarquablement juste du cours du Rhône, près de Genève, et du défilé du Fort de l'Écluse.

prétend, les cailloux roulés qu'on trouve sur leurs rives ; conclusion trop générale, sans doute.

Il est cependant un fait que j'ai observé avec quelque suite dans les alluvions actuelles de l'Arve, fait qui doit être signalé ici avec détails, vu l'étendue et l'importance des conséquences qui peuvent en être déduites.

L'Arve, dans ses grandes crues, accumule à sa jonction avec le Rhône d'épais amas de sable qu'elle laisse ensuite à sec lorsque le volume de ses eaux diminue. On voit ainsi chaque année ces dépôts changer de place, de forme et de dimensions. A leur surface, il ne s'annonce rien de particulier dans leur structure ; mais si l'Arve, lorsqu'elle est basse, vient à ronger un de ces amas de sable de manière à en exposer au jour l'intérieur, on verra constamment que ce sable est disposé en minces strates superposés les uns aux autres ; quelquefois ces strates sont horizontaux ou à peu près, mais le plus souvent ils présentent une position inclinée avec un genre de contournement et des dislocations qui méritent d'être signalés. Ce ne sont pas des couches qui changent graduellement le sens de leur direction, en se courbant en arc, mais on remarque des systèmes de petites couches parallèles, qui, après avoir eu dans un certain espace une inclinaison vers un même point de l'horizon, prennent brusquement une inclinaison en sens contraire, de manière à former un angle plus ou moins aigu avec leur première position. Ces changements subits d'inclinaison se répètent, à plusieurs reprises et en différents sens, sur une étendue d'un petit nombre de décimètres. Une grande variété d'accidents complique

cette structure et lui ôte toute apparence de symétrie
et de régularité. Quelquefois on voit une portion
d'un système de strates s'infléchir seule, tandis que
le reste persévère dans la position originelle.

Dans des cas pareils, lorsque la portion non inflé-
chie est au-dessus de celle qui a été comme brisée,
il s'offre des exemples frappants de superposition
contrastante ou non parallèle à la jonction de ces deux
systèmes de lames ou minces feuillets de sable, et toujours ces petites falaises verticales de sable, avec leurs
zigzags nombreux et variés, rappellent des étoffes chi-
nées dans lesquelles toutes les lignes dont le dessin
est formé sont droites, brisées, anguleuses, et jamais
courbes.

Quoique par la nature même de la rivière qui dépose de pareils amas au fond de son lit, par la rapidité, la profondeur et l'opacité de ses eaux, il soit
impossible d'espérer d'être jamais témoin du mode de
formation de semblables dépôts, et d'assigner, à l'aide
de la simple observation, la cause de la disposition si
bizarre de leurs couches, cependant la position même
de ces amas au confluent de deux grandes et rapides
rivières et dans le lit de la plus trouble et de la plus
rapide des deux, de celle dont les eaux croissent et
décroissent subitement, et ont toujours le cours le
plus irrégulier et le plus tumultueux, cette position
porte à croire que des circonstances analogues à celles
que nous venons de mentionner doivent influer beaucoup sur la structure des masses de sable déposées
par la rivière.

De même aussi, la rapidité avec laquelle de pareils
dépôts se forment dans l'Arve, dont les grandes crues

ne durent souvent qu'un petit nombre d'heures, ne permet pas de supposer que les couches de sable aient été originairement horizontales, puis postérieurement soulevées et redressées. Il faut nécessairement admettre qu'elles ont été déposées du premier jet avec les inclinaisons, souvent fort considérables, qu'elles ont toujours conservées depuis. On se tromperait également si l'apparence de superposition non parallèle que présentent certaines parties de ces amas avec d'autres, faisait conclure, pour un même massif, à l'existence de deux époques de formation différentes et éloignées. Car, soit qu'on examine avec soin la disposition de ces petites couches, toutes formées de grains incohérents et partout semblables, quant à leur nature et quant à leur volume, soit qu'on réfléchisse au très court espace de temps employé à les accumuler à la place où l'Arve les laisse en se retirant, on demeurera convaincu qu'une seule et même action a présidé à leur formation dans l'état même où elles se présentent à l'observateur.

Pour offrir une représentation graphique des apparences que je viens de décrire, je ne crois pas pouvoir mieux faire que de reproduire la figure très exacte qu'en a donnée M. Lyell dans ses *Principles of Geology,* t. 1, p. 374, et que cet illustre géologue a esquissée sous mes yeux en janvier 1829, au confluent de l'Arve et du Rhône. J'avais auparavant négligé de dessiner les phénomènes du même genre que les bords de l'Arve en ce lieu m'avaient si fréquemment offerts, et dès lors je n'ai pu trouver une section des amas de sable aussi favorable à l'exposition de ces faits que celle qui a été dessinée par M. Lyell. (Voyez *pl. I, fig. 1.*)

Mais après la description de pareils faits, il serait à désirer qu'on pût se faire quelque idée de la cause qui les a produits, et il est physiquement impossible, comme je viens de le dire, d'arriver à cette notion par la voie directe de l'observation; il faut donc avoir recours au raisonnement et à l'hypothèse. Heureusement que la position toute particulière et en même temps très claire où se trouvent les amas dont il s'agit, nous fournit des données positives sur lesquelles il nous est permis d'appuyer nos raisonnements et de fonder une hypothèse. Heureusement aussi que la puissance qu'ont les courants d'eau de tenir en suspension des fragments de minéraux est aujourd'hui assez connue pour qu'on puisse assigner avec assez de précision à quel degré de vitesse dans un courant correspond le dépôt de cailloux, de gravier ou sables d'un volume donné (1); et, enfin, qu'il est bien aussi quelques circonstances dans le mode des dépositions des sables par les eaux de l'Arve sur la ligne qui divise les flots troubles, tumultueux et rapides de ce torrent d'avec les ondes pures et comparativement calmes du Rhône, qui n'échappent pas à l'attention de l'observateur. Ainsi obligés comme nous le sommes ici d'employer à regret le mode du raisonnement *à priori*, nous osons croire que l'hypothèse suivante n'est du moins pas dénuée de quelques fondements solides.

Deux larges courants, l'un très rapide et tout chargé de matières insolubles et incohérentes qu'il tient en suspension, l'autre d'un cours tranquille et presque calme, dont les eaux sont parfaitement pures, vien-

(1) Voyez le *Manuel géologique* de M. de La Bèche, traduction française.

nent à se rencontrer sous un angle aigu, mais, en général, assez rapproché de l'angle droit. Quels effets doivent être le résultat de cette rencontre à la limite des deux courants contigus? Telle est la question à résoudre.

Supposons d'abord, pour plus de simplicité, que la surface limite est un plan vertical, et que sa position est fixe, et faisant abstraction de la portion de vitesse commune aux deux courants, ne considérons que leur différence sous ce rapport, en nous représentant le plus faible comme nul et ses eaux comme parfaitement calmes, et en diminuant d'autant la vitesse du courant le plus fort, ce qui, dans des considérations d'une nature aussi générale, ne saurait avoir d'inconvénient. Nous aurons ainsi à examiner ce qui doit se passer à la rencontre latérale d'un courant animé d'une vitesse telle qu'il charrie du sable fin, avec une nappe d'eau pure et sans mouvement. Supposons enfin que le fond des deux rivières est plat ou horizontal, et que la vitesse du courant reste toujours la même. Cela posé, il me paraît que la perte de vitesse causée dans les parties du courant qui viennent en contact avec la masse d'eau calme doit occasionner un précipité du sable charrié par le courant, précipité d'autant plus abondant que la diminution de vitesse est plus grande. Or, au contact même, cette diminution va jusqu'à la perte totale; aussi là tout le sable contenu dans l'eau de cette partie doit être précipité dans le fond. Un peu à côté du plan de contact, la vitesse étant encore conservée en partie, la quantité de sable déposée doit être plus petite et aller ainsi en diminuant latéralement jusqu'au point où le courant conserve toute sa force et entraîne encore le sable sans le déposer. Il s'ensuit que la petite couche spéciale déposée dans un temps donné sur le fond de cette partie de la rivière doit être épaisse près de la masse d'eau tranquille, et très mince près du courant. Elle doit donc avoir la forme d'un coin dont l'arête est la plus rapprochée du courant, et la base la plus près de la masse d'eau tranquille : de nouvelles couches cunéiformes semblables continuant à se déposer uniformément sur les précédentes, le fond plat ne tarde pas à se changer en un talus de sable formé de couches inclinées et superposées en forme d'éventail. L'escarpement du talus étant tourné contre le lieu qu'occupe l'eau calme, et la pente douce contre le courant, on concevra facilement que cette pente, tout comme l'inclinaison des petites couches dont le talus est formé, doivent être d'autant plus rapides que la force du courant est plus grande, ou que la différence de vitesse des deux courants (si nous venons à supposer les deux masses d'eau en mouvement) est plus considérable. Voilà comment la structure en couches inclinées à l'horizon est la conséquence immédiate de la loi qui rend la quantité du dépôt inversement proportionnelle à la vitesse du courant.

Mais cessant maintenant de supposer au plan de contact des deux espèces d'eau une direction et une position fixes, rapprochons-nous de ce qui se passe réellement au confluent de deux rivières. Dans chacune de ces rivières, en effet, la force du courant varie d'un instant à l'autre, et cela non par nuances insensibles, mais par sauts brusques et soudains. Il s'ensuit que la surface de contact n'est jamais un plan, mais devient une surface très irrégulièrement bosselée, et dont la forme change à chaque moment ; l'eau d'une des rivières empiétant, dans certains moments et sur de certaines places, un espace qui semblerait devoir appartenir à l'autre courant, puis, un moment plus tard, abandonnant ces espaces envahis, elle est contrainte, par la force augmentée du courant opposé, de rentrer non-seulement dans ses anciennes limites, mais de se retirer fort au delà, pour ensuite revenir de nouveau, avec une impétuosité nouvelle, envahir encore le territoire occupé par le courant antagoniste.

C'est ce qui devient évident lorsqu'on examine la surface de contact des eaux de l'Arve et du Rhône au confluent. On voit les eaux blanches, chargées de sable de l'Arve, s'avancer sous la forme de gros flocons ou de nuages ronds, dans le sein des eaux limpides du Rhône, et ces nuages, dont se précipite rapidement comme une pluie de sable, paraissent alternativement s'avancer, se reculer, se rapprocher, s'éloigner, se diviser ou se réunir plusieurs fois dans un espace de temps de quelques minutes et même de quelques secondes.

Que devient alors le sable qui se précipite toujours, mais en des points toujours différents, et avec une rapidité qui varie sans cesse ?

Connaissant la tendance, que nous avons signalée plus haut, qu'a le sable à se disposer en talus, dirigé comme la surface de jonction et escarpé contre le courant le plus faible, nous pouvons présumer que, lorsque rien ne s'y oppose, le sable, en tombant, cède plus ou moins à cette tendance. Mais comme le plan, ou plutôt la surface de rencontre des deux courants varie constamment de forme et de direction d'un moment à l'autre, il s'ensuit que la direction du talus ou amas de sable n'est ni uniforme, ni régulière; et comme la force relative des deux courants varie à chaque instant et dans chaque place, il en résulte qu'après avoir déposé pendant un moment, sur un point du fond, de petites couches escarpées et inclinées dans certains sens, l'instant d'après d'autres couches, déposées avec des directions, des inclinaisons et des escarpements tout différents, recouvrent les premières. Enfin, lorsque dans quelques portions du confluent, portions souvent fort considérables, à en juger du dehors, par l'étendue des places complétement calmes qui paraissent momentanément à la surface au milieu des flots agités des deux rivières, lors, dis-je, que la force à peu près égale des deux courants, se neutralisant pendant quelques instants à leur rencontre, produit une certaine masse d'eau calme, le sable dans cette eau doit se déposer horizontalement, comme il le ferait dans tout bassin rempli d'une eau sans mouvement. C'est ainsi, ce me semble, qu'une série de couches de sable, rapidement inclinées, peut se trouver, quelques minutes seulement après leur formation, recouverte par une série de couches horizontales d'un sable parfaitement semblable, lesquelles couches horizontales peuvent elle-mêmes, quelques instants plus tard, être recouvertes par des sables disposés de nouveau en couches inclinées.

Enfin la forme du fond du bassin ou du lit de la

rivière sur lequel se déposent les sables, doit avoir une influence marquante sur la position et la structure de pareils dépôts.

Nous avons supposé ce fond horizontal dans l'origine, mais le fût-il réellement au premier moment, la forme de talus que doit prendre la masse de sable, en supposant existantes toutes les circonstances favorables à son développement que nous avons admises d'abord, il aurait cessé d'être horizontal dès la naissance du talus; et en fait, l'inégalité de l'épaisseur des dépôts dans les différentes parties du lit, suites des causes rapportées ci-dessus, doit tendre constamment à détruire, bien loin de favoriser cette horizontalité : dès lors voici ce qui me paraît devoir en résulter.

Si le fond a la forme normale d'un talus, formé de couches relevées et escarpées contre le courant le plus faible, les circonstances restant les mêmes, l'inclinaison des petites couches ou plutôt des petites masses cunéiformes doit constamment augmenter en remontant des plus anciennes couches aux plus nouvelles, et ainsi l'amas total doit présenter dans sa structure intérieure une disposition flabelliforme, ou un assemblage de petits lits cunéiformes disposés en portion d'éventail· et se redressant toujours plus contre le courant le plus faible.

Qu'un instant après la formation d'un amas semblable, on suppose une transposition subite dans la force relative de deux courants, en sorte que celui qui auparavant était le plus fort est devenu pour quelques moments le plus faible, un amas d'une structure analogue au premier sera formé, mais avec de petites

couches inclinées dans un sens diamétralement opposé, en sorte que le talus existant, modifié par la
superposition de couches cunéiformes inclinées en
sens inverse, sera devenu une surface plane, quoique
formée d'un assemblage de deux séries de lits plus
ou moins fortement inclinés, chacune dans un sens
différent.

Si la force relative des deux courants avait continué
longtemps la même, les dernières couches formées
auraient pu devenir presque entièrement verticales.

Dans les cas, au contraire, où les deux courants
se rencontrent avec des forces égales, de manière à
se neutraliser complétement l'un l'autre, un espace
d'eau calme est produit, ainsi que nous venons de
le voir, et dans ce lieu, et dans cet instant, il ne
saurait se former que des lits horizontaux.

Voilà ce qui me semble pouvoir rendre compte des
apparences si variées et si bizarres que présente la
structure des amas de sable déposés au confluent de
l'Arve et du Rhône. Mais si l'intérêt produit par de
semblables phénomènes était borné à cette localité
ou à un petit nombre d'autres localités analogues,
j'aurais à m'excuser de m'être si longtemps arrêté à
décrire ces apparences et à en rechercher les causes;
mais la structure *torrentielle*, car c'est ce nom que je
propose pour indiquer le genre de structure des dépôts incohérents qui vient de nous occuper, la structure torrentielle n'est pas bornée à quelques confluents des faibles rivières de notre époque actuelle,
et restreinte à des espaces étroits et à des couches de
quelques décimètres, ou à des feuillets de quelques
millimètres d'épaisseur; c'est une structure que l'on

retrouve dans presque tous les terrains, jusqu'aux plus anciens dépôts mécaniques, et dans ceux-ci surtout elle se présente sur une si grande échelle, avec des dimensions tellement étendues, que l'imagination a peine à se figurer des courants d'une force et d'une grandeur suffisante pour avoir pu produire des effets aussi immenses. Et cependant l'analogie de structure avec les dépôts de sable des rivières actuelles est si grande, et en même temps cette structure est tellement particulière, qu'on ne peut se refuser à admettre une même cause pour tous ces effets, quelque différence qu'ils présentent dans leur étendue.

Rendu, en effet, attentif par l'observation de ces singulières dispositions dans les dépôts arénacés qui se forment journellement sous nos yeux, je n'ai pas tardé à reconnaître une structure analogue dans bien des terrains de transport plus anciens. Et d'abord : 1° dans les sables diluviens qui occupent aujourd'hui une place très élevée au-dessus des plus hautes eaux de nos rivières actuelles, et qui sont mêlés de cailloux roulés ou alternent avec des lits de ces cailloux; j'en citerai des exemples en décrivant les terrains diluviens. Je serais fort porté à croire aussi que la fréquente inclinaison de 10°, de 20° et jusqu'à 30° qu'affectent les lits irréguliers et plus ou moins épais des terrains diluviens, est réellement la position originelle de ces lits, et qu'elle est due à quelque cause dépendante de la violence et de l'irrégularité de l'énorme courant qui en charriait les matériaux incohérents. Nous en verrons bientôt un exemple, lorsqu'il sera question de la haute colline diluvienne que l'on a coupée au sud de Nion pour y faire passer

la grande route. Les couches de sable, de gravier et
de cailloux dont se compose cette colline, plongent
d'environ 25° au sud.

J'ai également observé dans le terrain diluvien des
exemples de superposition non parallèle entre des
lits d'une apparence et d'une composition tellement
identiques, qu'il est impossible de ne pas les regarder
comme faisant partie du même dépôt. C'est dans les
couches de terrain de transport qui recouvrent les
grès mollasses exploités au bord du Rhône au sud du
village de Vernier, ainsi que dans une carrière de
gravier près de la ville de La Sarraz, que j'ai observé
ces faits. J'en ai trouvé de semblables sur le bord du
Tibre, au nord de Rome. Là, près du Ponte-Molle,
on remarque que la petite falaise que baigne le Tibre
a sa base formée de couches très inclinées, composées
entièrement d'un gravier calcaire blanc, tandis que
sa partie supérieure présente des couches horizontales d'un gravier parfaitement semblable, tant par
la nature que par la couleur et par le volume des
cailloux. Il est d'après cela impossible de supposer
que la base et le sommet de cet escarpement appartiennent à deux époques de formation différentes,
et que les couches inférieures, horizontales d'abord,
aient été plus tard redressées par un soulèvement,
puis, longtemps après, recouvertes par des couches horizontales d'un même gravier. Un phénomène analogue se voit, près d'Inverness, dans une
colline diluvienne coupée pour le passage du canal
calédonien.

2° Dans les terrains tertiaires, la mollasse, qui
remplit l'intervalle entre le Jura et les Alpes, m'a

présenté quelquefois, soit dans ses parties inférieures, où elle est rouge et bigarrée (1), soit dans les supérieures, où elle est grise et blanche, des indices de cette disposition en zigzags irréguliers et anguleux, qui se combinent toutefois avec la disposition en couches régulières et planes qu'on connaît dans ces grès. C'est alors dans l'épaisseur de couches puissantes que se manifeste la structure torrentielle. Les pierres à bâtir employées à Genève offrent de nombreux exemples de cette structure dans la mollasse rouge, et quant à la grise ou blanche supérieure, j'en ai vu de très caractérisées dans une carrière de mollasse située tout près de Moudon.

M. Lyell a donné plusieurs figures des formes bizarres qu'affectent les couches du *crag* anglais (*Principles of Geology*, t. IV, p. 92 à 97). On reconnaît aussi la même structure dans ses figures des accidents que présentent les couches du nouveau Pliocène sicilien, t. III.

3° Le grès bigarré (*new red sandstone*), l'une des plus anciennes formations secondaires, m'a offert aussi des exemples plus frappants que tous autres de ce genre de structure, et sur une échelle étonnamment grande, dans les divers lieux où j'ai pu l'observer. Je l'ai d'abord remarqué dans un lieu où cette formation est très bien caractérisée et très étendue, savoir, immédiatement auprès de Liverpool, là où une colline de grès rouge a été coupée à pic pour

(1) Je me conforme encore ici à l'opinion ancienne, qui place la mollasse rouge des environs de Genève dans les terrains tertiaires, quoique la discussion de son gisement, qui suivra plus tard, me paraisse devoir donner lieu à une opinion différente.

faire passer le chemin de fer, au débouché du *tunnel* ou longue galerie souterraine. Là on voit sur la face verticale de ces hauts rochers de grès, qui bordent la route, toutes les particularités, les lignes droites brisées, les zigzags que j'ai signalés dans les sables de l'Arve, mais se montrant sur un module proportionné à la grande épaisseur du dépôt. Ainsi, en jugeant par analogie, on devrait en conclure que certaines portions du grès bigarré ont été tumultuairement déposées par des eaux courantes, soit par de très grands fleuves, soit par d'énormes courants marins, et non, comme on pouvait le croire, tranquillement amoncelées dans le fond ou sur les bords de grands bassins remplis d'une eau calme.

Mais c'est surtout dans l'île d'Arran et sur ses rivages orientaux que les rochers du grès rouge (que sa nature minéralogique aussi bien que sa position placent indubitablement dans la formation du grès bigarré, ainsi que MM. Murchison et Sedgwick l'ont reconnu (1)), présentent partout la structure torrentielle en très grand, la plus marquée et la mieux caractérisée que j'aie jamais vue. Là, les couches, en général peu inclinées, sont formées d'assemblages ou systèmes distincts de grands feuillets verticaux ou à peu près, qui varient à chaque instant, et presque tous les vingt ou trente pas, de direction et de position. Et cependant il n'y a guère en tout que deux ou peut-être trois sens dans lesquels ces feuillets se dirigent, et ces divers sens se succèdent continuellement les uns aux autres. C'est ce

(1) *Geolog. transact.*, seconde série, t. III, p. 25 à 32.

que l'on peut étudier dans tous les environs de la baie de Brodick, depuis la pointe du Clachland au midi, jusqu'aux couches calcaires du terrain houiller ou carbonifère exploitées au petit village de Corrie. C'est particulièrement sur le long et haut escarpement de la grande colline ou montagne de Meal-Doun, élevée au-dessus de Corrie à près de 400 mètres de hauteur absolue, que l'on peut contempler, non sans étonnent, la face abrupte de ces rochers régulièrement divisés en couches épaisses, inclinées d'environ 45° à l'horizon, mais subdivisés par un nombre infini de zigzags anguleux vraiment gigantesques.

Enfin, une structure analogue, mais sur une plus petite échelle, s'est offerte à moi dans les grès bigarrés employés pour les constructions à Fribourg en Brisgau, et dans ceux dont est bâti le château d'Heidelberg.

4° Enfin le terrain houiller présente cette structure dans plusieurs de ses parties, soit en petit, soit en très grand. En petit, je l'ai observée dans les couches moyennes du terrain houiller des environs d'Édimbourg, près de Porto-Bello et de Joppa, dans les couches supérieures à Cockenzie et à Prestonpans; je l'ai de plus trouvée très marquée dans les grès houillers blancs employés comme pierre de construction dans les murs de la cathédrale et du donjon (*Keep*) de Durham. Les *fig.* 2 et 3, *pl.* 1, ont été prises, la première dans le mur d'un passage qui descend de la cour de la cathédrale à la rivière, la seconde dans une des pierres du donjon.

Mais la structure en grand de plusieurs bassins houillers, ainsi que le savent tous les géologues, et comme on peut s'en convaincre en voyant les coupes des terrains de ce genre donnés par M. Héron de Villefosse dans sa *Richesse minérale*, et par M. de La Bèche dans ses Vues et Coupes, etc., la structure, dis-je, de ce terrain arénacé présente, sur une échelle immense, toutes les dislocations angulaires, tous les zigzags que nous venons de signaler dans les terrains de grès et sables plus récents. Si donc ce genre de contournement dans les couches, si différent de celui qu'on observe dans les autres cas de dislocations et de flexions, où les couches et les feuillets, loin d'être rompus à angles vifs (si l'on peut s'exprimer ainsi), sont ployés en affectant la forme de diverses courbes, et par là donnent l'idée de soulèvements suivis de refoulements dans des dépôts auparavant horizontaux ; si ces inclinaisons variées et ces ruptures en zigzags étaient l'indice qu'un violent courant, ou que des tourbillons produits à la rencontre de deux courants différents, eussent accumulé et déposé de pareils amas de sables, de limon et de matières végétales dans leur position actuelle, il s'en suivrait qu'on ne devrait pas regarder les couches des terrains houillers comme ayant jamais été horizontales, mais plutôt comme disposées dès l'origine dans l'état où nous les voyons aujourd'hui.

Au reste, l'analogie avec les dépôts de sables ne doit pas s'étendre au delà des terrains évidemment produits par le sédiment de débris incohérents, fragmentaires ou arénacés, car elle ne s'applique plus aux feuillets en zigzags anguleux qui se voient quelquefois dans des couches formées par voie de cristallisation, comme celles des gneiss et des schistes évidemment primitifs, et dont les schistes micacés, talqueux et chloritiques, qui, dans l'île d'Arran, sont voisins de la limite de l'amas granitique, offrent de nombreux et remarquables exemples. C'est là un de ces cas assez fréquents en géologie, où une ressemblance extérieure dans la structure existe dans des dépôts dont la nature et l'origine sont d'ailleurs entièrement différentes. Au surplus, lorsque l'on examine avec attention la forme des zigzags offerts par le refoulement des couches ou feuillets des roches primitives et cristallines, et qu'on les compare avec les zigzags des grès et autres dépôts arénacés à structure torrentielle, on est frappé d'y trouver des dissemblances remarquables et caractéristiques, dont je parlerai avec quelques détails ailleurs.

Il me suffira pour le présent de remarquer que la principale de ces différences consiste en ce que, dans les schistes cristallins, chaque feuillet particulier est brisé en lignes anguleuses de même que tous les autres feuillets qui lui sont parallèles, et qui l'accompagnent, de manière à favoriser l'opinion que tous ces feuillets, auparavant disposés parallèlement dans une position horizontale, ont été dès lors soumis à un refoulement commun, qui les a tous ensemble, ou comme brisés en zigzags anguleux plus ou moins aigus (voy. *pl.* 1, *fig.* 4), ou contournés en courbes de divers genres, car des flexions en lignes courbes nombreuses accompagnent ordinairement, dans des cas pareils, les portions de couches qui présentent des zigzags anguleux.

Dans les zigzags qui accompagnent la structure torrentielle, dans les grès et autres dépôts arénacés,

chaque feuillet, au contraire, reste droit et rectiligne,
ainsi que les feuillets adjacents qui lui sont parallèles;
mais chaque couche ou chaque masse de grès est composée d'un certain nombre de systèmes ou de faisceaux
de feuillets plans, droits et parallèles, tandis que dans
chaque faisceau ou système la position, soit la direction, soit l'inclinaison des feuillets, est différente, et
c'est ce qui produit à la rencontre de deux ou de plusieurs de ces systèmes dirigés en sens différents l'apparence de lignes brisées disposées en zigzags (Voy.
Pl. I, *fig.* 5) (1). Cette figure est un plan, mais elle
servirait également à représenter la coupe verticale
d'un rocher ou d'une falaise des rives orientales de
l'île d'Arran.

SECTION II.

Alluvions du lac de Genève.

Ce que nous venons de dire du Rhône et des autres
rivières des environs de Genève s'applique à plus
forte raison au lac. Les cailloux roulés, de nature
diverse, dont sont formés les graviers qui le bordent
en plusieurs endroits, proviennent presque unique-

(1) **Dans** cette figure, j'ai cherché à retracer en plan ou à vol d'oiseau
l'aspect que présentent les couches ou feuillets du grès rouge sur la
côte de l'île d'Arran. A côté du petit port de Brodick, on y voit deux
directions différentes qui alternent à plusieurs reprises, l'une au nord-
est, l'autre à l'est-nord-est, dans un espace d'environ 78 mètres de
longueur. Il suffit d'une promenade de deux à trois heures aux environs du village de Brodick, dans l'île d'Arran, pour comparer les deux
différentes sortes de structure en zigzags sur des espaces très étendus
et très rapprochés. La première se voit dans les schistes talqueux et
chloriques qui forment la haute base de la cime granitique de Goat-
field; la seconde, dans les grès rouges de la côte, où les divers systèmes de feuillets ont plus de 20 mètres d'épaisseur.

8*

ment des terrains diluviens. Il n'y a qu'une seule exception notable, dont nous parlerons ailleurs plus en détail : ce sont les grèves comprises entre Vevay, ou plus exactement entre la rivière de Clarens et Villeneuve. Toutes ces grèves ne présentent que des cailloux calcaires ou arénacés apportés des montagnes qui bordent immédiatement le lac par les ruisseaux et les torrents qui en descendent.

Le lac lui-même, quoiqu'il ait des courants perceptibles qui changent souvent de place et de direction, n'en présente aucun qui ait la force de transporter des cailloux ; à peine les plus forts peuvent-ils entraîner autre chose que des corps très légers, tels que les filets des pêcheurs, et peut-être tout au plus de très petits bateaux. Ainsi ces faibles courants, connus par les bateliers du lac sous le nom de *ladières*, ne sauraient être regardés comme des agents de transport pour les cailloux ni les sables. Les espèces de petites marées accidentelles, connues sous le nom de *seiches*, et que M. Vaucher (*Mém. de la Soc. de phys. et d'hist. nat. de Genève*) a montré être dues à des différences de pression barométrique sur la surface du lac, ne sont sensibles que dans sa partie la plus étroite, depuis Genève jusqu'à une lieue au nord de cette ville, et elles sont beaucoup trop faibles pour pouvoir exercer aucune action sur les rochers et les cailloux des rivages et du fond du lac. Mais ce lac, dont la longueur est d'environ 18 lieues, et la plus grande largeur de 4, est comme une espèce de mer qui a ses tempêtes et ses vagues, quelquefois très grandes. Celles-ci, comme celles de la mer, remuent le sable et les cailloux dans les lieux où les eaux sont peu profondes, et les accumulent sur les rivages ; souvent aussi elles les transportent d'une partie d'un rivage à une autre place, et les enlèvent dans un lieu pour les accumuler dans d'autres. C'est une observation qu'il est aisé de vérifier en suivant avec attention les changements qui s'opèrent annuellement sur des plages de galets exposées aux vagues, ainsi que contre les digues en maçonnerie ou éperons placés en avant de certaines murailles qui bordent les rives du lac en plusieurs lieux. Lorsque ces digues, construites pour préserver ces murs du choc des vagues, ont été établies, le sol environnant était au même niveau des deux côtés de la digue. Mais après un certain nombre d'années il n'en a plus été de même, et le niveau du sol du côté de la digue exposé au nord, ou faisant face au grand lac, d'où arrivent les plus grandes vagues, a été considérablement rehaussé par une accumulation de cailloux roulés sans cesse croissante, tandis que le côté du midi n'a éprouvé aucun changement. Il suit de là que, tandis que l'eau est profonde sur la face méridionale de ces digues, leur face septentrionale est, ou complétement à sec et en grande partie cachée sous une grève de cailloux, ou du moins l'eau n'y a qu'une très petite profondeur. C'est ce qui se voit particulièrement tout le long des murs très prolongés qui bordent le lac sous la belle campagne de Ruth, à trois quarts de lieue au nord-est de Genève.

Se forme-t-il actuellement des dépôts sous les eaux dans les grandes profondeurs du lac? Quoique cela soit probable, c'est cependant impossible à vérifier. Mais tout près des rivages on observe que les cailloux qui sont constamment plongés sous l'eau ont leur surface recouverte d'une croûte ayant tout au plus un millimètre d'épaisseur. Cette croûte est formée d'une sorte de vase terreuse, et peut-être aussi d'une végétation aquatique microscopique qui empêche de reconnaître la nature de la roche dont se composent ces cailloux. Dans les portions des grèves du **rivage** laissées à sec en hiver par la retraite des eaux, **ce** mince enduit se dissipe, soit qu'il soit entraîné **par** les pluies, soit qu'après son desséchement il **soit** emporté par les vents, et là, la surface des cailloux est si fraîche, qu'on peut aisément, même à distance, reconnaître leur nature. Lorsque le lac vient de nouveau en été recouvrir cette zone, alternativement sèche et mouillée, on peut toujours aisément reconnaître son étendue en largeur à la propreté, si l'on peut le dire, des cailloux qui la recouvrent. Et ainsi, même dans les plus hautes crues, on peut toujours distinguer la ligne des plus basses eaux de l'année. Ce sédiment, si mince, serait-il l'indice de plus épais dépôts au milieu du lac? C'est ce que je n'oserais affirmer.

Il est bien remarquable que, tandis que l'Arve et le Rhône au-dessous de sa jonction avec cette rivière présentent partout sur leurs rives d'abondants dépôts de sable, il n'y en ait point sur les rivages du lac, si l'on excepte toutefois les grandes plages de sable fin qui s'étendent à l'extrémité orientale du Léman, de part et d'autre de l'embouchure du Rhône, depuis Villeneuve jusqu'au Boveret. Partout ailleurs les grèves, qui sont abondantes sur ces rivages, ne sont formées que de gravier et de gros galets. Aussi pour avoir du sable du lac il faut, ou tamiser les graviers, ou le pêcher, pour ainsi dire, sous les eaux, comme cela se pratique constamment tout près de Genève, entre les Paquis et les Eaux-Vives, dans un espace peu étendu, où le fond du lac paraît être formé par un lit de sable fin.

Le lac semble avoir jadis, près de Genève, occupé un espace plus considérable qu'à présent; d'après certains documents historiques et certaines inscriptions encore existantes, il est probable qu'à l'époque de l'occupation du pays par les Romains, le lac recouvrait les quartiers de la ville les plus rapprochés de ses eaux actuelles. Mais il est des monuments naturels qui démontrent non moins positivement qu'à une époque bien plus reculée encore, le lac a dû recouvrir les terrains plats et peu élevés qui forment le sol des Paquis, des Eaux-Vives, du Pré-l'Évêque, de Pleinpalais, et de la plaine qui s'étend autour de Carouge, terrains qui sont tous à peu près au même niveau, et tous aussi à un niveau de près de 25 mètres inférieur à celui du plateau ou massif diluvien dans lequel ils paraissent avoir été excavés.

Ces terrains horizontaux, les plus bas de toute la contrée, sont tous formés de galets semblables à ceux du lit de l'Arve, alternant avec des sables gris-noir, et reposant sur une glaise ou marne argilo-sablonneuse grise. Il est difficile de comprendre comment ces espaces, entourés de toutes parts, sauf du côté du lac, par de hautes collines du plateau diluvien, auraient été creusés dans ces collines ou dénudés autrement que par le lac ou par le courant du Rhône qui en sortait.

Si l'on admet que le lac a une fois recouvert le sol des Eaux-Vives et le Pré-l'Évêque, il faut nécessairement admettre aussi qu'alors il couvrait également non-seulement les parties basses de la ville de Genève et de Saint-Gervais, mais toute l'île qui est entre deux, et qu'éprouvant là un rétrécissement momentané, en partie rempli aujourd'hui par le Rhône à sa sortie du lac, il s'élargissait de nouveau peu après, et couvrait tout l'espace occupé aujourd'hui par les jardins, Pleinpalais, les Philosophes, les deux rives de l'Arve, dans ces parages, et toute la plaine de Carouge ; car, dans tous ces lieux, non-seulement la hauteur du sol, mais sa nature géologique, est partout la même. Si l'on se rappelle ce que nous avons dit plus haut à l'occasion de la petite rivière de Seime, et de l'effet du déboisement sur la quantité d'eau contenue dans les lacs et les rivières, on cessera d'être surpris d'une si grande diminution dans le volume des eaux du lac, en pensant qu'à l'époque où le lac devait occuper tous ces lieux, dont le niveau s'élève maintenant de quelques décimètres au-dessus du sien, tout le pays sur les deux rives du lac, tout le Jura et toutes les Alpes extérieures ne devaient former ensemble qu'une seule et immense forêt vierge, comparable aux grandes forêts qu'on traverse durant des journées entières de marche dans l'Amérique septentrionale.

Des inductions erronées ont pu pendant quelque temps donner lieu à l'opinion contraire, celle que le niveau du lac se serait, depuis un siècle, notablement élevé à la suite des constructions faites à Genève, au bord du lac et du Rhône, constructions qui auraient rétréci le débouché du fleuve. Mais cette opinion a été victorieusement combattue par une commission d'hommes de l'art, chargée spécialement d'étudier à fond les faits avancés et les arguments déduits de ces faits. Le rapport de cette commission a été imprimé dans les mémoires de la *Société de Physique et d'Histoire naturelle de Genève*.

Parmi les faits allégués en faveur de l'opinion du rehaussement du niveau du lac, aucun ne paraissait plus plausible que l'existence actuelle sous ses eaux de grandes et nombreuses carrières de mollasse, les unes au pied du coteau de Cologny, les autres vis-à-vis, au pied de celui de Pregny. Ces carrières, disait-on, n'ayant pu être exploitées sous les eaux, les couches de mollasse qui les renferment devaient être alors au-dessus du niveau du lac ; et se trouvant également, et dans une position tout à fait semblable, sur les deux rives opposées du lac, il n'est pas probable que leur position submergée actuelle provienne d'une dépression sumultanée et égale des deux rivages ; elle doit donc être due au rehaussement du niveau de l'eau. Mais des documents positifs, du commencement du xviii⁰ siècle, époque où ces carrières étaient en active d'exploitation, ont montré que les travaux avaient en effet lieu au-dessous du niveau du lac. Dans le voyage d'Addisson en Italie, on trouve la description des procédés employés pour ce genre de travaux, l'illustre littérateur anglais ayant été lui-même témoin de ce mode alors nouveau d'exploitation sous la surface des eaux.

Les autres faits cités tiennent à des changements qui, quoique peu considérables, paraissent bien constatés dans la forme des rivages sur la côte septentrionale du lac. Mais il est bien reconnu maintenant que des changements analogues ont lieu sur les bords de toutes les grandes masses d'eau. M. Lyell, dans ses *Principes de Géologie*, a donné une notice pleine d'intérêt et de faits curieux sur les dégradations continuelles que la mer a opérées depuis longtemps et opère encore sur tous les rivages de la Grande-Bretagne. En lisant les nombreux faits qu'il présente, on reste convaincu avec lui que ces dégradations sont dues à l'action d'une grande et universelle loi de la nature, par laquelle les eaux, dans leurs mouvements divers, sont sans cesse occupées à transporter les matériaux solides qui limitent leur domaine, détruisant les promontoires avancés, les rochers saillants, et en charriant les débris dans les anses et les golfes voisins, dont ils comblent les hauts fonds et agrandissent les rivages; tandis qu'en même temps les fleuves, qui apportent sans cesse de nouveaux fragments incohérents, des cailloux et des sables, à leur embouchure, coopèrent activement à remblayer certaines portions des côtes voisines, et simultanément aussi contribuent à la destruction de leurs rivages en rongeant et dégradant celles des portions qui s'avancent vers le courant de leurs eaux.

Le lac de Genève est à cet égard comme une petite mer; et si, au lieu d'aller chercher dans des circonstances tout à fait étrangères et disproportionnées à l'effet la cause des dégradations éprouvées par ses rives, on se fût occupé à étudier avec soin la nature et l'histoire de ces dégradations, on aurait aujourd'hui à cet égard des données qui, quoique sur une échelle infiniment inférieure, pourraient se comparer avec celles que M. Lyell a rassemblées sur les chan-

gements éprouvés par les côtes des Iles-Britanniques.
Ce que j'ai dit plus haut sur le comblement journalier que les sables charriés par le Rhône opèrent dans
la petite baie de Villeneuve, montre qu'il y a encore
relativement à cet objet bien des faits à étudier.

Avant de terminer ce qui est relatif au lac de Genève, je dois rappeler un fait déjà connu depuis longtemps, mais qui, jusqu'à présent, est resté consigné
comme un fait isolé, et dont les conséquences sous le
rapport de la géographie physique et de la géologie
ne paraissent pas avoir été entrevues : je veux parler
de l'étonnante profondeur de ce lac dans une grande
partie de son étendue. Aucun de ceux qui ont étudié
et fait connaître cette remarquable profondeur, n'ont
paru se douter qu'il y avait là un problème géologique important à résoudre : celui d'assigner les causes probables d'une semblable anomalie.

C'est, en effet, une grande anomalie que de trouver
tout à coup vers le sommet de la vaste protubérance
du continent européen, dont les Alpes et leurs bases
forment comme la crête et le dos, de trouver sur le
haut de cette protubérance, qui jusqu'alors n'a cessé
de s'élever très graduellement et insensiblement
depuis les rivages des mers qui entourent l'Europe,
un enfoncement aussi considérable et en même temps
aussi circonscrit, qui, partant d'une surface élevée
d'au moins 366 mètres (188 toises) de hauteur absolue, descend rapidement, et dans un espace d'à peine
5 à 6 lieues d'étendue s'abaisse jusqu'à la faible hauteur absolue de 66 mètres (34 toises).

Pour faire comprendre toute la portée et la singu-
larité de ce fait curieux, nous allons entrer ici dans

quelques détails qui, quoique le fait lui-même soit déjà anciennement et généralement connu, sont tout à fait nouveaux. C'est à M. de La Bèche qu'est due la connaissance la plus complète que nous ayons encore aujourd'hui des diverses profondeurs du lac Léman; ce grand travail de sondage, accompagné de l'état de la température aux différentes profondeurs déterminées par ce savant géologue, a été fait il y a vingt ans, en 1819, et publié dans la *Bibliothèque Universelle* de cette même année, avec une carte du lac. Il a été reproduit dans le numéro de janvier 1820 de l'*Edimburgh Philosophical journal*, vol. 2, p. 107. C'est dans ces sources que nous avons puisé les données qui suivent. Le point le plus profond du lac est situé à environ une lieue et demie au nord d'Evian, vers la côte méridionale; c'est là que la sonde accuse 164 brasses (*fathoms*) anglaises (300 mètres) au-dessous de la surface de l'eau; et de là, en allant vers l'est, la profondeur n'a diminué que d'une brasse (1,8 mètre) dans l'espace d'une lieue et demie; et, en allant vers l'ouest, de 4 brasses (7,2 mètres) en une lieue. Voilà donc un espace de deux lieues et demie de longueur au fond du lac, et à environ un tiers de la distance entre sa rive sud et sa rive nord, où sa profondeur se maintient constamment entre 160 et 164 brasses anglaises (288 et 295 mètres). A deux lieues et demie d'Evian, au nord des fameux rochers de Meillerie, la profondeur du lac se maintient encore entre 145 à 150 brasses (261 à 270 mètres) pendant un espace de plus d'une lieue du sud au nord. Tout près de la rive du sud, à Saint-Gingolph, elle est encore de 109 brasses anglaises

(196 mètres). Si maintenant nous voulons nous faire une idée des dimensions de l'entonnoir ou du puits elliptique évasé qui comprend toutes les profondeurs au-dessous de 100 brasses (183 mètres), nous devrons nous représenter sa forme comme très rapprochée de celle du lac lui-même à l'est de Rolle, qui là présente dans presque toute son étendue des profondeurs au-dessous de 100 brasses. Le pourtour de ce puits ou entonnoir sera donc une ellipse irrégulière, dont le grand axe de l'ouest à l'est, depuis la hauteur de Rolle à peu près jusqu'à celle de Vevay, a environ 8 lieues de longueur, et le petit axe du nord au sud, depuis une lieue au sud de Morges jusqu'à trois quarts de lieue au nord de l'embouchure de la Drance, a environ deux lieues. A partir de ce pourtour, la profondeur du lac va en diminuant plus ou moins rapidement de tous les côtés sans exception, jusqu'à ce qu'elle devienne nulle, et alors la surface des eaux ou du contour des rivages se trouve être élevée de 188 toises, (366,4 mètres), au-dessus du niveau de la mer. Ainsi, comme nous l'avons dit, tandis que la surface du lac atteint cette grande élévation au-dessus de la mer, et tandis que le sol de la grande vallée qui contient le lac s'élève en général encore de 20 à 50 toises (40 à 100 mètres) plus haut, le point le plus bas du fond du lac n'est plus qu'à 34 toises (66 mètres) au-dessus du niveau de la mer.

Maintenant si, en partant du niveau du lac et descendant de tous les côtés vers les rivages de la mer en suivant la surface du sol, nous cherchons sur cette surface quels seront les points qui correspondront à cette plus grande profondeur du lac ou à 66 mètres de hauteur absolue, nous ne verrons pas sans étonnement à quelles distances énormes il faudra nous éloigner du lac pour trouver ces points correspondant à la hauteur absolue de 66 mètres.

D'abord, dans la vallée du Rhône lui-même, ce ne serait guère que dans les environs de Montélimar que l'on pourrait trouver une hauteur correspondante, et soit à l'est, soit à l'ouest de cette vallée, il faudrait la chercher bien plus près encore de la Méditerranée et sur le versant même des chaînes qui la bordent immédiatement, au-dessus de Nîmes, de Montpellier, de Béziers, d'un côté, et au-dessus de Marseille, de Toulon, d'Antibes, de Nice et de Gênes, de l'autre; il faudrait descendre la Garonne jusque fort au-dessous de Toulouse, et le Pô fort au-dessous de Milan et de Pavie. Au nord-ouest, ce serait sur la Seine, un peu au-dessus de Paris, qu'il faudrait chercher le lieu correspondant en hauteur à l'observatoire de cette capitale, qui présente une hauteur absolue précisément égale à celle du point le plus profond du lac. Sur le Rhin, ce ne serait que fort au-dessous de Mayence et peut-être même de Coblentz, qu'on rencontrerait le point cherché; et sur le Danube, dans la portion méridionale des plaines de la Hongrie, si ce n'est plus au midi encore. En suivant ainsi les grands fleuves et les rivières principales qui, comme l'on sait, occupent toujours le niveau le plus bas de toutes les contrées qui les entourent, nous avons signalé les points les plus rapprochés où la correspondance avec le niveau du fond du lac Léman aurait lieu. Mais, pour peu qu'on soit familiarisé avec le relief de la surface du sol dans l'ancien continent, il sera évident qu'il est telles lignes où il faudrait aller chercher ce point à de bien autres distances. Sans doute, il est certaines directions où il serait nécessaire d'aller jusque sur les bords de la mer Noire pour trouver un sol aussi bas; et sur un très petit nombre d'autres lignes, peut-être ne réussirait-on pas à le trouver avant d'avoir traversé, dans sa plus grande longueur, tout nôtre continent, et avant d'avoir atteint la côte orientale de l'Asie boréale, sur le rivage de la mer d'Ochotsk, à l'ouest du Kampchatka.

Quelle est donc la cause qui a pu occasionner une dépression en même temps si profonde, si subite et si limitée?

N'ayant aucun moyen quelconque d'arriver à la connaissance de la constitution géologique des parois de ce vaste entonnoir, ne sachant rien ni sur la nature, ni sur la disposition des couches qui les forment, nous en sommes réduits à de simples conjectures, et ce n'est que sur une analogie supposée, à la vérité très probable, mais non démontrée, avec la constitution des rivages voisins de cet enfoncement, que nous pourrons nous appuyer en formant ces conjectures.

On ne saurait d'abord assimiler un pareil enfoncement aux grandes dépressions ou excavations qui se trouvent à la surface du sol, soit dans les chaînes de montagnes, soit entre deux de ces chaînes, puisque, dans ces derniers cas, il y a toujours une partie de l'excavation qui communique avec la mer, en débouchant dans des terrains plus abaissés encore que ne l'est le fond de l'excavation. C'est par ces débouchés que les matériaux qu'on suppose avoir rempli l'intérieur de l'excavation, ont dû être entraînés jusqu'à la mer. Et rien, dans de pareils cas, ne s'oppose à l'idée que ces excavations proviennent de l'action des éléments.

Mais le fond du lac de Genève ne saurait avoir de communication ni avec la mer, ni avec aucun terrain situé à la surface du sol au-dessous de son propre niveau, à moins de supposer l'existence de canaux souterrains, prolongés à de grandes profondeurs sous la masse des Alpes, du Jura, etc., et de rivières profondément enfoncées sous la surface du sol, qui auraient donné passage aux débris arrachés par l'action des agents, quels qu'ils fussent, qui auraient excavé les rochers dont cet enfoncement occupe la place. L'immense longueur de ces canaux ou rivières souterraines en rendrait l'existence bien peu probable, puisque la plus courte dimension qu'on pourrait leur supposer, celle qui porterait leur débouché vers la mer, près de Gênes ou de Nice, ou dans la vallée du Rhône, près de Montélimar, devrait déjà avoir entre 60 et 65 lieues.

Dans d'autres directions, il faudrait supposer à ces canaux de 90 à 100 lieues de longueur pour les amener à la surface du sol dans la vallée du Rhin ou dans celle de la Seine, près de Paris ; et pour leur faire atteindre le point correspondant à la hauteur du fond du lac dans la vallée du Danube, en Hongrie, il serait nécessaire de leur donner une longueur de près de 240 à 250 lieues. Et ces canaux ne sauraient être considérés comme de simples fentes, qu'on pourrait supposer aussi étroites qu'on voudrait, s'il ne s'agissait

que de donner passage à de simples cours d'eau.
Mais ici, c'est un débouché à des débris de rochers
plus ou moins volumineux qu'il s'agirait de supposer, et, dans ce cas, le lit d'une rivière considérable
deviendrait nécessaire, vu la grandeur de l'excavation.

Mais je me serais déjà trop arrêté à démontrer l'impossibilité d'une semblabe supposition, si ce n'était
pas celle qui, au premier coup d'œil, devrait sembler
la plus naturelle, et, en conséquence, celle qu'il importait de combattre d'abord; j'avais même été quelquefois tenté de croire à la possibilité d'une pareille
excavation, non, il est vrai, par le transport mécanique qu'auraient opéré les eaux de débris de rochers
entraînés sous la forme de cailloux ou de sable, mais
par la solution dans l'eau de matières susceptibles
d'être dissoutes; dans un pareil cas, des fentes même
fort étroites pourraient suffire à donner passage aux
eaux chargées de ces matières, mais l'extrême longueur des fentes devrait rester la même.

La grande abondance de couches gypseuses qui se
montrent au jour sur plusieurs points dans les montagnes du Chablais et du canton de Vaud, qui bordent
le lac précisément là où il est le plus profond, la
grande probabilité que ces couches, dont il y a au
moins deux considérables superposées, devaient s'enfoncer sous les eaux du lac, enfin la solubilité du gypse
dans l'eau, rendaient cette supposition jusqu'à un certain point admissible. Mais alors, les objections énoncées ci-dessus sur l'immense longueur à supposer aux
canaux souterrains destinés à l'évacuation de ces eaux
chargées de sulfate de chaux, ne s'étaient pas encore
présentées à mon esprit. D'ailleurs, l'épaisseur con-

nue des couches de gypse des environs du lac n'est pas la cinquantième, peut-être pas même la centième partie de celle qu'il faudrait nécessairement supposer à la masse de gypse qui, par sa destruction, aurait laissé une cavité de 300 mètres de profondeur, comme celle dont il s'agit ici.

Cette dernière objection s'appliquerait également à la supposition qu'on pourrait faire que la grande profondeur du lac Léman provient de l'éboulement du toit de vastes cavernes contenues jadis dans les couches calcaires dont son fond paraît devoir être formé. Pour atteindre cette profondeur de 300 mètres, il faudrait supposer l'existence d'une suite d'étages les uns au-dessus des autres, dans des cavernes très supérieures en nombre et en dimensions à celles dont la Carniole, en Europe, et le Kentucki, en Amérique, offrent des exemples si remarquables.

Dira-t-on maintenant que cette partie du fond du lac ne doit sa profondeur qu'à ce qu'elle a échappé au soulèvement qui a porté si haut au-dessus d'elle les cimes des montagnes voisines des Alpes et du Jura? mais ce n'est pas tant l'abaissement de ce fond au-dessous des hautes sommités qui l'environnent dont on a lieu de s'étonner, c'est bien plutôt de son abaissement au-dessous des plaines, des plateaux les plus bas non-seulement des contrées adjacentes, mais, comme nous l'avons vu, de lieux situés très au loin et eux-mêmes fort peu élevés au-dessous de la mer, de telle manière que cet espace si restreint, placé comme il l'est sur le dos et tout proche de la crête élevée de l'ancien continent, se trouve pourtant occuper un ni-

veau considérablement inférieur à celui de l'immense
majorité des terrains dont se compose la surface de
ce continent.

Ce ne serait donc plus seulement au soulèvement
des Alpes et du Jura que ce petit espace de terrain
serait resté étranger, mais c'est à celui auquel est
due la forme actuelle du grand continent réuni de l'Europe et de l'Asie, qu'il aurait dû se soustraire. Or,
supposer un moment qu'un petit coin de terre isolé
de 4 à 5 lieues carrées de surface, aurait échappé à
l'action de la force énorme qui élevait au-dessus des
mers, non pas seulement tous les pays environnants,
mais la masse entière d'une immense protubérance
de plus de 3,000 lieues de longueur, serait évidemment absurde.

D'ailleurs, l'anomalie que présente le lac de Genève n'est pas un fait unique; la plupart des lacs
de la Suisse et de la chaîne méridionale des Alpes,
présentent comme lui des profondeurs considérables
et également inexplicables par les causes que nous
venons de repousser. On dit même que le fond du lac
de Constance descend jusqu'à la profondeur de 639
mètres au-dessous de sa surface, c'est-à-dire à près
de 300 mètres au-dessous du niveau de la mer. Le
Loch Ness, en Écosse, atteint la profondeur de 800
pieds anglais (240 mètres), le Loch Tay et le Loch Lomond, dans le même pays, de 180 mètres (600 pieds
anglais) (1). Or, comme la surface de ces lacs n'est
élevée que d'un petit nombre de pieds au-dessus du
niveau de la mer, il s'ensuit que la presque totalité

(1) Dr Traill's, *Physical geography*, dans *Encyclop. Britannica*,
p. 124.

de leur profondeur est au-dessous de ce même niveau. Il est même à remarquer que le fond du Loch Ness descend à 30 ou 33 mètres au-dessous du fond de la partie la plus profonde de la mer d'Allemagne, sur les côtes orientales de la Grande-Bretagne, et qu'il faudrait s'éloigner aussi à une distance considérable de la côte occidentale de la même île pour trouver dans l'océan Atlantique un fond qui fût au même niveau que celui du Loch Ness (1).

Les montagnes qui environnent ces trois lacs écossais n'étant composées que de roches siliceuses primitives, granits, gneiss, schistes micacés et talqueux, de grès rouge ancien et de ses poudingues, et ne renfermant aucune couche considérable de pierre à chaux ni aucun atome de gypse, la dépression du fond de ces lacs ne saurait être attribuée à la dissolution de couches gypseuses, ni à l'effondrement de grandes cavernes, puisque celles-ci ne se rencontrent guère ailleurs que dans des masses calcaires.

L'abaissement du fond des lacs analogues à ceux que j'ai cités, n'étant donc pas un effet purement local, et les hypothèses discutées ci-dessus étant inadmissibles, il est donc nécessaire d'avoir recours à des causes plus générales et de trouver une explication qui convienne également à ces divers lacs placés comme ils le sont dans des terrains de nature fort différente; aussi, essaierai-je de soumettre à la discussion une hypothèse qui me semble mieux remplir les conditions voulues, et être en même temps

(1) Voyez la carte dans de La Bèche, *Recherches sur la partie théorique de la Géologie*, et Stevenson, *On the German Ocean*, dans les *Wernerian Memoirs*.

plus conforme aux données que nous fournit l'état actuel de nos connaissances en géologie et en géographie physique.

Il paraît être généralement reconnu aujourd'hui que le soulèvement des chaînes des montagnes, et celui des continents, est dû à l'effort que fait une masse de roches à l'état de fusion ignée, pour sortir de l'intérieur de la terre et se faire jour à l'extérieur en brisant ou soulevant l'écorce solide du globe. La plupart des géologues s'accordent à regarder le granit comme le principal agent de ces soulèvements. Plusieurs y joignent les trapps et les basaltes, et quelques-uns attribuent aux trachytes une grande part dans ces grands phénomènes. Quoi qu'il en soit, c'est toujours une matière fondue et liquide, qui, s'élevant au-dessus du lieu qu'elle occupait, détermine une rupture ou une flexion des couches, et par suite un redressement dans des directions déterminées. De là l'origine des chaînes de montagnes, dans le cœur desquelles, lorsque l'opération destructive du temps en a fait, si l'on peut ainsi s'exprimer, la dissection, on trouve la masse granitique soulevante, refroidie, solidifiée et cristallisée, s'élevant à une hauteur fort supérieure à son niveau originel, et pénétrant, en forme de veines ou filons, les couches soulevées et redressées, filons qui restent comme des monuments irrécusables de la liquidité primitive du granit.

Une conséquence nécessaire de ce transport du granit en fusion au-dessus de son niveau habituel et du soulèvement de la croûte qui en a été la suite, a dû être qu'après la cessation de la cause qui a déterminé ce transport et par là ce soulèvement, un retrait de la portion non refroidie et non consolidée de la masse granitique liquide et un retour de celle-ci à son ancien niveau ont dû avoir lieu. Dans ce cas, lorsque l'espace intérieur compris entre les couches soulevées n'a pas été entièrement rempli par la portion refroidie et solidifiée du granit, des espaces vides ont dû se former tant entre cette portion qu'entre la surface inférieure des couches soulevées qui en font la suite, et la surface supérieure de la grande masse de granit restée à l'état de liquidité ignée. Ces vides auront dû principalement se trouver vers la base des chaînes là où les couches auront commencé à être redressées, car au delà, vers les plaines, les couches, restées dans leur position horizontale, ont continué à reposer et à s'appuyer sur la masse granitique fondue; tandis que plus haut, vers les sommités des chaînes, les vides opérés entre les couches par le soulèvement seront restés remplis par le granit solide qui a cimenté à leur extrémité supérieure les parois de l'énorme fente dans laquelle il a été injecté. Les portions les plus minces ou les plus faibles de ces couches redressées, seront demeurées ainsi sans appui et privées en même temps et du soutien de la masse intérieure liquide, et de la soudure opérée par la masse de granit solidifiée, et de plus, supportant en même temps, comme elles doivent le faire, tout le poids de cette dernière. Aussi ne doit-on pas être surpris si cette croûte, demeurée comme suspendue au-dessus de l'abîme, ait été dans le cours des temps exposée à des dislocations, des fractures et des affaissements plus ou moins considérables; et de là l'origine de ces creux profonds, fermés de tous côtés et sans issue, qui, remplis par les eaux, auront formé des lacs.

Ce qui nous a conduit à cette hypothèse n'est pas seulement qu'elle est une conséquence naturelle et inévitable de la théorie du soulèvement des montagnes par l'action d'une masse intérieure en fusion, mais que la nature présente des faits remarquables dont il est difficile de rendre raison autrement. Et d'abord, pour ne pas nous écarter des Alpes, la structure remarquable de la stratification dans la chaîne centrale, que j'ai exposée en peu de mots dans mon mémoire sur la vallée de Valorsine (1), cette structure par laquelle les couches de toute cette haute chaîne présentent l'aspect d'un évantail, en plongeant de toute part contre le centre de la chaîne, ne saurait s'expliquer qu'en supposant un retrait éprouvé par la masse soulevante après le redressement des couches. Ces couches, soulevées d'abord dans une position verticale, se seraient déviées d'autant plus de cette position, pour suivre le mouvement de retrait de la masse granitique, qu'elles auraient été placées plus loin de la crête centrale de cette masse ; celles au contraire qui se seraient trouvées placées immédiatement sur cette crête, n'auraient fait qu'en suivre le mouvement descendant sans rien perdre de leur verticalité : telle est, à ce qu'il me semble, la seule explication possible de cette remarquable anomalie dans la stratification, qui, au reste, n'est pas bornée uniquement à la chaîne des Aiguilles de Chamouni, mais se retrouve dans celle des hautes Alpes Ber-

(1) *Mémoires de la Société de Physique et d'Histoire naturelle de Genève.*

noises et du Saint-Gothard, et, ce qui est bien remarquable, se voit aussi, et je l'ai constaté moi-
même récemment, autour de certaines masses granitiques du midi de l'Ecosse, en Galloway, bordées
de couches de grauwacke, souvent altérée et modi-
fiée vers le contact en une sorte de gneiss compacte
(*hornfels*). Ces couches plongent uniformément contre le granit, et se terminent dès quelles atteignent
sa surface.

Il n'y a que cette explication qui puisse faire concevoir comment des couches de schistes talqueux qui
passent dans le haut à des gneiss talqueux à gros
grains, très cristallins, et à de suberbes protogines
porphyriques à grands cristaux de feldspath, peuvent
être observés avec la plus grande évidence, recouvrant immédiatement, sur une longueur de plusieurs
lieues, des couches de gypse, du lias et du calcaire,
lui-même encore rempli de *bélemnites* et d'autres
fossiles caractéristiques du même terrain, comme
cela a lieu dans toute la vallée de Chamouni et tout
le long de la chaîne des glaciers de Grindelwald. Dans
cette dernière chaîne, la masse granitique soulevante
se voit occupant un espace considérable à son extrémité sud-ouest au-dessus de la cascade du Schma-
dribach, au fond de la vallée de Lanterbrunnen. Dans
les Aiguilles de Chamouni, ce granit soulevant, probablement renfermé dans le centre de la chaîne, ne
paraît nulle part au jour. Mais on trouve dans la
vallée voisine de Valorsine le granit qui a soulevé
la chaîne adjacente des Aiguilles-Rouges accompagné des mêmes phénomènes, des mêmes accidents
de stratification, ainsi que je l'ai montré dans le

mémoire cité plus haut, réduits seulement à une échelle beaucoup plus petite.

Je dois montrer maintenant qu'il est également des phénomènes géologiques qui ne sauraient être expliqués que par des affaissements considérables, et ces phénomènes se voient dans le bassin même du lac Léman, et ne sont probablement pas étrangers à l'événement quelconque auquel est due la remarquable profondeur de ce lac.

J'exposerai dans le courant de cet ouvrage, avec tous les détails nécessaires, la structure très particulière que présentent dans leur stratification toutes les chaînes extérieures tant des Alpes que du Jura, qui bordent immédiatement ce grand bassin. Je dois me borner ici aux généralités.

Toutes ces chaînes, après avoir longtemps conservé une hauteur à peu près uniforme, s'abaissent tout à coup à leur extrémité septentrionale, et successivement disparaissent sous le niveau des plaines ou plateaux qui forment comme le fond du bassin du lac. Ainsi, la première chaîne ou ligne du Jura, qui s'est maintenue depuis le fort de l'Écluse à une certaine élévation, et qui a formé jusqu'alors la limite ou paroi occidentale du bassin, cette première chaîne extérieure du Jura, arrivée à la Dent de Vaulion, au-dessus du lac de Joux et de Romain-Moutier, s'abaisse subitement, disparaît; et une seconde chaîne plus extérieure, qui jusqu'alors était restée cachée derrière la première, se montre à la lisière de la plaine, dont elle continue à former la limite, jusqu'à ce que, s'abaissant elle-même, c'est une troisième chaîne qui borne plus au nord la plaine.

Les Alpes présentent exactement le même phénomène. A partir du Mont-Salève, aux environs immédiats de Genève, on voit du moins, jusqu'à une ligne déterminée, les divers chaînons dont se compose cette grande chaîne s'abaisser de même vers le nord-nord-est, et se perdre sous le niveau du haut plateau qui borde le lac. Salève d'abord, à partir d'un point situé vers la grande gorge, entre la Croisette et les *Treize-Arbres*, descend très promptement jusqu'à l'Arve à Étrembières, où cette montagne se termine complétement.

Derrière Salève, et séparé de cette montagne par une plaine d'environ 5 lieues de large, on voit depuis Genève s'élever à la lisière des Alpes un groupe de montagnes, déjà très hautes, dont font partie le Brezon et les monts Vergis. Ce groupe, qui forme la berge occidentale très élevée de la vallée de l'Arve, entre la Bonneville et Cluse, présente trois chaînes distinctes et parallèles. La première, la plus au nord-ouest, est très démantelée, et comme réduite à la seule sommité du Brezon, qui atteint la hauteur absolue de 900 toises (1,800 mètres). Si cependant on examine la base de cette montagne, restée plus entière, on y reconnaîtra aisément une inclinaison manifeste au nord-nord-est. Mais cette inclinaison est très remarquable dans le second chaînon plus bas, connu sous le nom de Léchaud, et surtout dans la troisième chaîne très élevée, puisqu'elle dépasse 1,100 toises (2,200 mètres) de hauteur absolue, dont les monts Vergis font partie. Les lignes de faîte de ces deux derniers rangs sont parfaitement parallèles, et sont également toutes deux exactement parallèles à la ligne de faîte de Salève. C'est ce qui est bien aisé à vérifier, depuis plusieurs lieux à l'entour de Genève, d'où ces diverses montagnes se voient très rapprochées, et surtout depuis la base et la cime de certaines portions du Jura, d'où on voit la petite chaîne de Salève se projeter sur le groupe de Vergis. C'est de là que le remarquable parallélisme de leur faîte paraît le plus frappant.

On verra de même, en suivant depuis Salève la ligne la plus extérieure des Alpes, ses divers chaînons s'abaisser successivement, et les plus reculés succéder à ceux qui ont disparu et se montrer à découvert les uns après les autres. D'abord, la montagne de grès des Voirons, qui s'est perdue dans la plaine vers le village de Bans, est suivie par la longue ligne des montagnes calcaires les plus extérieures du Chablais, qui elles-mêmes disparaissent sous les hauts plateaux, je dirais presque sous les montagnes d'alluvion ou diluviennes, qui bordent la rive droite de la Drance jusqu'à son embouchure.

Là commencent, ce qui est important à noter, les grandes profondeurs du lac.

Considéré tel que je viens de le présenter et comme une apparence purement extérieure, ce fait de l'abaissement du faîte de toutes les montagnes qui composent les deux grandes chaînes par lesquelles le lac est bordé à son extrémité occidentale, ce simple fait mériterait déjà d'être étudié avec attention, quand bien même il ne serait qu'un résultat accidentel de la direction particulière qu'auraient prise dans cette contrée les agents qui, par leur action en quelque sorte corrosive sur de grands massifs de terrain, ont imprimé à la grande majorité des montagnes la forme qu'elles présentent aujourd'hui.

Mais le phénomène devient d'une bien autre importance quand on découvre que cet abaissement uniforme, ce parallélisme dans l'inclinaison des faîtes, cette succession des divers rangs des chaînes qui chacun à leur tour viennent occuper la ligne extérieure, ne saurait être le résultat d'une simple action d'érosion ou de dénudation par les agents physiques, les météores atmosphériques, mais que ce grand fait est en rapport avec la stratification et avec la structure intime de toutes ces montagnes, tellement qu'il y a dans cette structure une preuve évidente que cette inclinaison du faîte n'est pas bornée au faîte seul, que ce n'est pas la soustraction d'une portion de la montagne qui en a abaissé le sommet seul, mais que l'abaissement a été total pour chaque montagne, et que toutes les parties de chacune ont éprouvé le même affaissement dans la même direction.

En effet, dans chacune d'elles, chaque couche, prise à part, indépendamment de son inclinaison à l'est ou à l'ouest, descend au nord-nord-est comme le faîte, qui, dans toutes, est occupé dans toute son étendue par l'une des couches supérieures ou les plus récentes du terrain dont se compose la montagne.

Les couches inférieures restées parallèles aux supérieures ont, par conséquent, participé à leur affaissement; aussi les voit-on toutes s'abaisser, s'enfoncer et disparaître successivement, dans l'ordre de leur ancienneté, avant que celles qui forment le faîte disparaissent à leur tour.

Lorsque nous étudierons ci-après la structure de

chaque montagne ou de chaque chaînon en particulier, nous verrons en détail tout ce que cette structure présente de remarquable. Il nous suffira ici de
signaler, en général, le mode de stratification commun à tous ces chaînons extérieurs des Alpes et du
Jura.

Qu'on se représente un cylindre ou plutôt un solide
ayant la forme d'un cylindre, mais une base elliptique
et par conséquent un coutour de même forme; qu'on
imagine ensuite cette espèce de cylindre coupé en deux
moitié par un plan passant par son axe et par le petit
axe de la base, et une des moitiés placée de manière à
ce que son axe soit horizontal; qu'on se figure enfin
un pareil solide composé de couches concentriques
et parallèles entre elles et à la surface du solide, ou,
pour plus d'exactitude, disposées de telle manière que
les plus extérieures ont de faibles inclinaisons et forment des courbes évasées, tandis que les intérieures
deviennent d'autant plus rapprochées de la verticale
qu'elles sont plus près de l'axe du solide, et on aura
une idée assez complète, tant de la forme extérieure
qu'affecte chacun de ces chaînons, que de la disposition particulière de leurs couches, qui dans chacun
est la même, en tant du moins que le chaînon est encore dans sa position normale, et n'a éprouvé aucune
dépression ou affaissement. Lorsque l'affaissement a
lieu, c'est par l'inclinaison de l'axe et par une inclinaison correspondante dans chaque couche que cet
affaissement se manifeste.

La direction des couches dans de pareils solides
étant toujours parallèle à l'axe, dans le cas d'un affaissement, la nouvelle inclinaison qu'il produit est

parallèle à la direction des couches et indépendante de l'inclinaison proprement dite, dans le sens ordinaire de ce terme en géologie, inclinaison qui est perpendiculaire à la direction.

Ainsi, dans tous ces chaînons, et dans la montagne de Salève en particulier, la direction des couches est du sud-sud-ouest au nord-nord-est, et l'inclinaison, lorsque le solide est complet (ce qui n'est pas le cas pour Salève, dont l'une des deux moitiés a disparu presque entièrement, mais bien pour le Léchaud, les Vergis en partie et les chaînons du Jura), l'inclinaison est double, les couches du côté est-sud-est de la chaîne plongeant à l'est-sud-est et à l'ouest-nord-ouest du côté ouest-nord-ouest ; vers l'extrémité nord-nord-est de chacune des chaînes qui viennent de nous occuper, se manifeste de plus l'inclinaison accidentelle au nord-nord-est, que rien, à ce qu'il nous semble, ne saurait expliquer qu'un affaissement général des portions septentrionales de chacune de ces chaînes. Et ce qui prouve que l'inclinaison de ces couches n'est pas une simple apparence produite par quelque illusion, ou par des directions accidentelles et surnuméraires dans la montagne, c'est que dans chaque couche les fossiles sont absolument les mêmes dans la portion inclinée de la couche que dans celle qui est restée dans son état primitif et normal. Salève principalement fournit des exemples frappant de ce fait (1).

Voilà donc de grands phénomènes géologiques dont

---

(1) J'ai donné déjà des développements assez étendus sur de semblables anomalies dans la stratification, dans un mémoire sur les moyens de déterminer la position des couches, inséré dans les *Transactions de la Société royale d'Edimbourg*.

on ne peut rendre raison que par la supposition d'affaissements dans les couches postérieurs à leur soulèvement, et voilà par conséquent l'existence de pareils affaissements démontrée par des observations
directes.

Il s'agit maintenant de montrer que la plupart des
localités où les lacs sont nombreux, considérables et
profonds, sont placées vers les parties extérieures et
vers le pied des grandes chaînes. Nous verrons en
même temps que ce n'est que dans ou près des chaînes anciennement soulevées que ces grands lacs se
présentent, et que les chaînes les plus récentes en
sont privées, probablement parce que l'époque des
affaissements, qui n'a dû commencer que longtemps
après le soulèvement, n'est pas encore arrivée pour
elles. Les faits de géographie géologique montreront
également que les chaînes dont l'époque de soulèvement
correspond aux périodes les plus anciennes de toutes,
maintenant réduites à de simples plateaux de roches
primitives et surtout granitiques, sont également dépourvues de lacs, et cela parce que, selon nous, les
parties extérieures de ces chaînes, celles qui formaient
jadis leur base, ont été ou complétement anéanties
par l'action corrosive si longtemps continuée des
agents de destruction, ou parce que ces parties ont
été recouvertes par des dépôts postérieurs qui en ont
rempli les cavités et comblé les inégalités. Les seuls
vestiges qui restent de pareilles chaînes prouvent qu'ils
faisaient jadis partie des portions les plus éprofond-
ment enfoncées du centre de ces chaînes à l'époque
de leur intégrité. C'est ce que nous montrerons ailleurs.

Les Alpes, dont le soulèvement n'est pas assez ancien pour que l'action des éléments ait eu le temps de les défigurer matériellement, et qui pourtant existent depuis assez longtemps pour que de nombreux affaissements aient pu s'y manifester, les Alpes, comme on le sait, sont bordées de lacs sur leurs deux versants, et, comme nous l'avons observé plus haut, c'est à l'origine de la chaîne, ou sur la limite, entre les montagnes et les plaines, ou du moins bien près de cette limite, que se montrent, des deux côtés, les principaux et les plus grands lacs. Sur le versant nord, les lacs sont tous renfermés en entier dans les terrains secondaires et tertiaires. La plupart, comme ceux de Genève, de Thun, de Lucerne, de Constance, ont leur extrémité supérieure placée dans les montagnes secondaires, et l'inférieure dans les plaines tertiaires (1). Le lac de Zurich paraît être tout entier contenu dans le sol tertiaire, et celui de Wallenstadt presque tout dans les terrains secondaires. C'est dans ces derniers uniquement que se trouve aussi le lac de Brientz. Ceux de Neuchatel et de Bienne, dont l'une des rives, l'occidentale, est secondaire, tandis que l'orientale est tertiaire, placés comme ils sont au pied du Jura, paraissent appartenir plutôt au Jura, si tant est qu'il ne soit pas lui-même une dépendance immédiate des

---

(1) J'adopte encore ici, pour plus de brièveté, et sans la discuter, l'opinion actuellement dominante que certaines mollasses et tous les conglomérats de la Suisse, à l'exception de ceux du centre des Alpes (de Valorsine et du Trient, par exemple), sont tertiaires. Si, comme il me paraît possible, il n'en était pas ainsi, les lacs de Genève, de Thun, de Lucerne, seraient presque tous compris dans le sol secondaire, et celui de Zurich, en revanche, serait placé entre les deux terrains.

Alpes. Ainsi, sur le versant nord de cette dernière chaîne, aucun des lacs ne pénètre dans la région primitive, et cela vient de ce que ce versant, occupé presque en entier par les terrains secondaires, étant très allongé et peu incliné, la base de la chaîne se trouve fort éloignée de l'axe primitif. Il en est de même pour les lacs du Salzbourg et de la haute Autriche, qui sont renfermés dans la partie orientale du même versant secondaire.

Sur le versant méridional de la chaîne, les lacs sont aussi placés à la limite des montagnes et des plaines ; mais là, vu la rapidité et le peu d'étendue comparative de ce versant, due à la proximité où l'axe primitif se trouve de la plaine, une partie considérable de ces lacs, et surtout des plus occidentaux, pénètre dans la zone primitive. Le petit lac d'Orta, qui est le plus occidental, y est même renfermé en entier. Le lac Majeur a presque toute sa rive occidentale et environ la moitié de sa rive orientale dans ce même terrain primitif. Celui de Lugano, ainsi que le lac de Côme, ne pénètrent dans la région primitive que par leur extrémité septentrionale. Enfin, plus à l'orient, la bande secondaire et tertiaire a tellement augmenté en largeur, que non-seulement le petit lac d'Iseo, mais aussi le grand lac de Garde, sont entièrement compris dans cette bande.

On peut donc déduire de tous ces faits remarquables cette importante conclusion, c'est que l'existence des lacs alpins est en rapport constant avec le relief du sol et non avec sa nature géologique ; et comme le relief du sol a été déterminé par des phénomènes de soulèvement, il devient donc très probable que l'existence des lacs se rattache, sinon directement, du moins indirectement, à ces phénomènes, par sa dépendance des affaissements qui ont été plus tard la conséquence des soulèvements.

Le lac de Klagenfurth en Carinthie, situé dans un terrain primitif, mais au pied de grandes et hautes chaînes secondaires, et le lac de Neusiedel en Hongrie, placé au pied d'une petite chaîne en partie primitive, en partie secondaire et tertiaire, paraissent devoir se rattacher aux lacs alpins.

La grande chaîne scandinave est, après les Alpes, celle de l'ancien continent qui présente le plus de lacs; et ces lacs, tels que ceux de la Suède, les lacs Wener et Wetter, les nombreux lacs de la Finlande et ceux de l'Ingrie, les très grands lacs Ladoga et Onega, sont situés aussi dans des plaines ou sur des plateaux peu élevés en dehors des hautes chaînes. Ils sont également en partie sur la limite entre les terrains secondaires ou plutôt intermédiaires, et les primitifs; mais la plupart sont entièrement renfermés dans le sol primitif dont presque toute l'immense péninsule scandinave est formée. Cette chaîne, dont le soulèvement paraît être d'une très grande ancienneté, est bien plus oblitérée et plus morcelée que celle des Alpes; aussi peut-on supposer sans trop de présomption, qu'avant d'avoir été si longtemps en butte aux agents destructeurs, la place occupée par ces lacs devait offrir une analogie plus marquée avec celle qu'occupent les lacs alpins. Les terrains de transition, dont la dénudation presque totale a mis à découvert tout le sol primitif de la Suède, devaient alors avoir une grande épaisseur et une étendue considérable ; ils devaient probablement recouvrir en tout ou en partie les chaînons primitifs actuels ; et surtout autour de l'espace occupé maintenant par les lacs, devaient s'élever de hautes montagnes de calcaire et de grès, de transition, de même que les hautes montagnes secondaires des Alpes s'élèvent aujourd'hui sur un sol primitif profondément enfoui au-dessous d'elles.

L'Écosse et le nord de l'Angleterre, maintenant séparées de la chaîne scandinave par toute la largeur de la mer d'Allemagne, devaient, d'après les rapports de position, de stratification et de nature géologique des terrains, former alors une seule et même chaîne, continue avec celles de la Norwège et de la Suède, chaîne dont le soulèvement date aussi d'une époque très ancienne et probablement antérieure au grès rouge ancien, ou tout au moins au terrain houiller. Là aussi se trouvent des lacs nombreux et profonds.

Alors ces lacs, dont pour la plupart le fond descend encore de nos jours de 100 à 200 mètres au-dessous du niveau de la mer, et dont plusieurs, comme le Loch Lomond, le Loch Awe, le Loch Ness, etc., sont encore situés sur la lisière des Grampians et pénètrent plus ou moins depuis le grand massif primitif qui les renferme presque en entier jusque dans les zones intermédiaires et secondaires ; ces lacs devaient alors avoir une profondeur d'autant supérieure à leur profondeur actuelle, que la surface de leurs eaux était maintenue plus haute par les épaisses couches de transition ou secondaires qui s'élevaient en hautes montagnes sur leurs rives, et qui sont maintenant détruites.

Que tout le sol primitif et intermédiaire de l'É-
cosse, du Cumberland et du Westmoreland, du nord
de l'Irlande, de l'archipel même des Hébrides, des
Orcades et des Schetland, n'ait constitué, avant la
formation du terrain houiller, ou tout au moins du
grès bigarré (*new red sandstone*), un seul et même
massif, une seule et même chaîne dirigée du nord-
est au sud-ouest, avec les montagnes actuelles et les
terrains primitifs et intermédiaires de la Norwége et
de la Suède, c'est ce qu'il est difficile de ne pas
admettre lorsqu'on a étudié comparativement avec
quelque attention la nature des roches, la disposition des masses et la direction dominante de la stratification dans toute cette région septentrionale de
l'Europe.

On doit reconnaître alors que les gneiss très cristallins, très feldspathiques des Hébrides les plus oc-
cidentales, du Long Island, et des îles de Coll et de
Tyrie, se lient avec les gneiss semblables qui se montrent au jour, en un petit nombre de points, dans les
Orcades, comme à Fair-Ile, à Stromness, et qui
constituent la bande la plus occidentale des rochers
primitifs des Schetland, dans les îles Foula, Yell,
Unst et Fetlar. Dès lors, en poursuivant la direction
du sud-ouest au nord-est, suivant laquelle sont rangées ces diverses îles et qui est en même temps celle
de leurs couches, on arrive de là à environ 60 lieues
plus loin sur les côtes également primitives, également formées de gneiss, qui s'étendent en Norwége
entre Bergen et Dromtheim.

Le développement remarquable de la cristallisation dans les gneiss de Coll, Tyrie, des cinq Ebudes

(*Long Island*), de Stromness, de Foula, de Yell, Unst et Fettlar; la grosseur de leur grain, les nombreux filons de granit rouge qui les traversent et qui sont aussi abondants dans les Scheland et les Orcades que dans la chaîne occidentale de Hébrides; enfin, l'abondance des grandes masses de granit rouge qui se montrent au jour non loin de ces gneiss, comme dans les comtés de Sutherland et de Caithness dans le nord de l'Écosse, à Rona's Hill en Schetland, tout tend à faire présumer que cette large zone de granit et de gneiss formait la partie centrale, l'axe géologique de cette vaste chaîne. Toutes les parties de la chaîne situées au midi de cette ligne devaient, ainsi que le prouve l'inclinaison au sud-est, tant des terrains que de leurs couches, faire partie de son versant méridional; et c'est sur ce versant, et particulièrement à sa lisière ou à son extrémité méridionale, qui est encore aujourd'hui celle de la chaîne actuelle des monts Grampians, que se trouvent placés les lacs écossais; de même que dans la Scandinavie, c'est aussi sur le versant sud de la même grande chaîne que sont les lacs de la Suède, de la Finlande et de l'Ingrie.

Le plus grand rassemblement de lacs considérables et profonds qui existe après ceux que nous venons de signaler, et qui même les surpasse beaucoup sous ces deux rapports, se trouve dans l'Amérique boréale. On peut reconnaître là deux groupes de lacs fort distincts, et qui pourtant ont ceci de commun, c'est que dans chacun d'eux, les lacs sont en grande partie placés dans des terrains de gneiss et de granit très anciens, et en partie bordés de couches de transition ou secondaires ; deux circonstances qui donnent à ces lacs un grand rapport de position géologique avec ceux de la Scandinavie.

Le premier de ces groupes, le plus méridional, comprend les lacs que traverse le fleuve Saint-Laurent, les lacs Ontario, Érié, Huron, Michigan, Supérieur, jusqu'au lac Winnipeg, le plus septentrional du groupe. Ceux-ci paraissent se rattacher par les lacs George et Champlain à la très ancienne chaîne des Alleghanis et aux montagnes primitives des états du nord qui en font la suite. Le district qu'ils occupent paraît avoir été jadis la base du versant nord-ouest de cette chaîne, lorsqu'elle était dans son intégrité.

La profondeur moyenne des trois lacs Supérieur, Michigan et Huron, a été évaluée à 900 pieds anglais, soit environ 270 mètres, et leur surface étant à près de 600 pieds, soit 180 mètres, de hauteur absolue, leur fond atteindrait ainsi à une profondeur de 300 pieds, ou 90 mètres, au-dessous du niveau de l'Océan. Celui du lac Supérieur, dont la partie la plus profonde est à 1,200 pieds (360 mètres) au-dessous de sa surface, descendrait donc à 559 pieds (167 mètres) au-dessous de celle de la mer, le niveau des eaux de ce lac étant à 641 pieds anglais (192 mètres) de hauteur absolue (1).

Le second groupe de lacs qui caractérise cette région, s'étend à la base du versant sud-est des montagnes Rocheuses, et comprend les lacs Athabasca, de l'Esclave et du Grand-Ours (*Slave Lake* et *Great Bear*

____

(1) Dr Traill's, *Physical Geography*, p. 118.

Lake). On peut voir dans l'intéressante relation de l'aventureux et périlleux voyage du capitaine Back, la description de quelques-uns de ces lacs, et dans l'appendice à ce voyage des détails sur la constitution géologique de leurs rivages.

Quant aux chaînes plus anciennes encore et complétement dégradées et démantelées dont les restes se montrent sous la forme de plaines, de plateaux ou de collines peu élevées, formés de granit ou de couches primitives, soit verticales, soit inclinées, les causes auxquelles est due l'absence auprès d'elles de lacs considérables et profonds ont été indiquées plus haut, et il n'est pas nécessaire d'y revenir.

Les deux grandes et hautes chaînes des Himalaya et des Andes, dont le soulèvement paraît indiquer les deux derniers paroxysmes de ce genre éprouvés par notre planète, semblent être trop récentes pour que les affaissements auxquels nous attribuons la cause des profondeurs ou excavations qui, remplies par les eaux, deviennent des lacs, aient pu encore avoir lieu. Aussi, sont-elles privées de ce qui fait l'ornement d'autres chaînes bien moins élevées et moins étendues qu'elles. Il est même remarquable que, tandis que les lacs sont en si grand nombre dans l'Amérique septentrionale, l'Amérique méridionale, en soit si dénuée. Car, si l'on excepte le lac Titicaca, placé sur le point culminant du dos des Cordillières, à 4,200 mètres de hauteur absolue, cette longue chaîne des Andes, qui suit constamment la côte occidentale de ce continent, depuis son origine à l'isthme de Panama jusqu'à la Terre de Feu, ne possède ni sur sa crête, ni sur ses versants, ni à ses bases, que ce seul lac qui puisse être cité. Et encore, loin de devoir regarder le lac Titicaca comme une dépendance de la chaîne actuelle des Cordillières et une conséquence de leur soulèvement, la hauteur à laquelle il est placé, la nature géologique des montagnes qui l'environnent, du Soratta et de l'Illimani (ces points culminants non-seulement de cette chaîne mais de la surface entière du globe), qui présentent de grandes masses de micaschiste, de syénite, de grès rouge, tandis que d'autres cimes, ainsi que les rives du lac, sont formées de roches de transition à *trilo-bites*, à *productus*, etc., doivent nous porter à considérer cette portion des Andes, si différente par sa nature géologique du reste de la chaîne, comme préexistante à ce grand soulèvement et comme portée par lui à la hauteur qu'elle occupe maintenant. Avant cette époque, les montagnes qui entourent le lac Titicaca ne devaient avoir qu'une médiocre élévation comparable à celle des chaînes du Brésil, du Paraguay et de la chaîne côtière de Venezuela. Le lac de Titicaca devait alors occuper une position basse analogue à celle du lac de Valencia ou Tacarigua dans cette dernière chaîne. Que l'axe de soulèvement des Cordillières eût pris une direction plus au nord-est qu'il ne l'a fait, et les cimes de la Silla de Caraccas, de l'Imposible, etc., occuperaient aujourd'hui la position culminante qu'ont maintenant le Soratta et l'Illimani, et le lac de Valencia jouirait du privilége que posséde celui de Titicaca d'être le plus élevé de tous les grands lacs du globe. C'est donc dans un soulèvement antérieur à celui des Andes, dans celui qui a formé le groupe du Soratta, qu'il faut chercher l'origine indirecte de l'existence du lac de Titicaca. S'il en est ainsi, le soulèvement des Andes le plus récent de tous n'aurait été encore suivi de la formation d'aucun lac.

Mais il est des chaînes élevées qui rentrent dans la limite d'ancienneté requise pour être accompagnées de lacs, et qui ne le sont cependant pas. Telles sont celles des Pyrénées et du Caucase, qui doivent avoir été soulevées avant les Alpes, mais longtemps après les chaînes du nord de l'Europe et de l'Amérique citées ci-dessus pour l'abondance et la profondeur de leurs lacs.

Si les Pyrénées et le Caucase n'en possèdent point, cela ne pourrait-il pas provenir d'abord de leur peu d'étendue en longueur? car les affaissements ne se manifestent pas au pied de toutes les parties d'une chaîne, et dans celles qui nous en ont montré les indices il y a à plusieurs reprises des espaces plus grands encore que le Caucase et que les Pyrénées qui ne présentent aucune trace d'affaissement; puis de la circonstance que ces deux chaînes également, aboutissant par leurs deux extrémités à des mers profondes, c'est là qu'ont pu avoir lieu les affaissements. D'ailleurs, en essayant de montrer par une conformité de situation dans les divers grands lacs que leur existence a pu être une conséquence du soulèvement des chaînes qui les renferment, et en cherchant à prouver la possibilité de grands affaissements dans la croûte du globe, nous n'avons pas prétendu qu'ils aient été partout égaux en intensité, ni que certaines circonstances n'aient pu les empêcher d'avoir lieu. En cherchant à établir que toutes les réunions de lacs grands et profonds que nous connaissons sont placées relativement aux chaînes respectives auxquelles elles appartiennent, de manière à favoriser l'idée que des dépressions, suites du soulèvement de ces chaînes, ont pu leur donner naissance, nous n'avons pas songé à affirmer que toutes les chaînes d'une certaine ancienneté ont dû nécessairement être accompagnées de lacs.

Avant de quitter le sujet de l'origine des lacs, il n'est pas hors de propos de dire un mot de ceux qu'on observe dans les contrées volcaniques anciennes, ou dans les régions basaltiques et trappéennes. On peut y distinguer deux espèces de lacs différentes. Les premiers remplissent l'intérieur de cratères bien caractérisés et encore entiers : tels sont les lacs d'Albano, de Nemi près de Rome, et peut-être celui d'Agnano près de Naples. Les autres paraissent remplir, comme les grands lacs, des dépressions accidentelles dans les masses basaltiques, causées probablement aussi par affaissement ; le lac Pavin en Auvergne, et le lac de Laach dans l'Eiffel, appartiennent à cette catégorie. Ces deux espèces de lacs ont presque toujours une forme circulaire, surtout les premiers, et une grande profondeur. Si les lacs du Mexique et de l'Islande appartiennent, comme il est probable, aux lacs volcaniques, c'est à la seconde espèce qu'on devra vraisemblablement les rapporter, vu leur position dans des terrains volcanisés, mais non dans des cratères, et leur forme qui n'est pas aussi arrondie qu'elle l'eût été dans le dernier cas.

Nous avons dû éliminer, en recherchant l'origine de l'abaissement si considérable du fond du lac Léman, les explications qui supposent la chute du toit de cavernes creusées, soit dans les gypses, soit dans les calcaires ; mais nous sommes loin de nier que de pareils événements n'aient pu avoir lieu dans des limites beaucoup plus restreintes, et ainsi donner naissance à des petits lacs de peu de profondeur. D'autres lacs également peu profonds ont dû être produits par des barrages accidentels qui ont, en certains lieux, arrêté le cours des rivières par des accumulations de sable, de gravier et des bancs de cailloux, au débouché d'un vallon. Des creux formés dans les montagnes, par inégale aptitude à la décomposition des rochers qui les composent, des ruisseaux arrêtés par des digues de rocher qu'ils n'ont pu creuser, sont encore des causes pour la multitude de petits amas d'eau que présentent sur tous les étages de leur hauteur la plupart des montagnes. On en voit ainsi jusque sur les hautes crêtes et très près même de leurs points culminants, mais jamais cependant sur ceux-ci ou sur la cime des montagnes, comme on l'a quelquefois prétendu. J'ai souvent vu de petits lacs qui m'avaient été désignés comme occupant la sommité même, en être en effet fort rapprochés ; mais ils étaient cependant toujours dominés par le rocher le plus élevé, quoiqu'il n'eût souvent que quelques mètres au-dessus du lac.

SECTION III.

Alluvions des torrents alpins.

Il nous suffira d'indiquer ici cette espèce particulière de terrains d'alluvion, et de rappeler qu'elle ne se compose que des roches qui forment la vallée traversée par un torrent. Comme nous aurons plus loin occasion de décrire chaque vallée, nous réservons à ce moment-là de signaler les particularités que pourraient présenter les alluvions de leur rivière ou ruisseau. Lorsque le torrent, vers son débouché, traverse quelque massif de terrain diluvien, là, et seulement là, il roule et dépose, comme les rivières dont il a été fait mention plus haut, des roches appartenant à toutes les espèces qui entrent dans la composition de la grande chaîne.

On sait qu'à la sortie des gorges étroites où ces torrents ont été renfermés dans les montagnes, et à leur arrivée dans les larges vallées ou dans les plaines, ces torrents prennent un cours irrégulier, se jetant tantôt d'un côté, tantôt d'un autre, en déposant sur leur passage de grands amas de cailloux roulés. Au bout d'un certain temps, ces déviations dans leur cours plusieurs fois répétées, et les dépôts qui les ont accompagnées, ont occasionné, comme l'a fort bien fait remarquer M. J. Yates (1), la formation de cônes de débris très surbaissés et plus ou moins évasés, qui plus tard sont, en tout ou en partie, dégradés et démantelés par le torrent même qui les a formés. Le même observateur a donné des descriptions et des représentations très exactes de ces cônes, de leurs diverses variétés et des altérations que plusieurs d'entre eux ont subies. Il est donc inutile de s'arrêter à décrire de nouveau de pareils faits, dont chaque vallée des Alpes offre un grand nombre d'exemples. Nous mentionnerons seulement ici ceux des plus frappants

____

(1) *Edimbury Philos. Journ.*

que nous a présentés le bassin du lac de Genève.

D'abord, le plus étendu et le plus remarquable est celui qui est produit par la Drance, entre sa sortie des montagnes du Chablais et son embouchure dans le lac, près de Thonon. Là viennent déboucher, par une étroite fissure et réunies en un seul rapide torrent, les trois rivières du même nom qui arrosent les trois grandes vallées dont se compose le Chablais. Au sortir de cette gorge, creusée en grande partie dans un massif énorme de terrain diluvien, de cailloux, de gravier et de sable, la Drance, arrivée tout à coup dans la plaine, se jette à droite et à gauche, et couvre au loin le pays d'un stérile amas de galets, dont l'assemblage forme un segment de cône extrèmement surbaissé, qui, là où la grande route le traverse, a déjà plus d'une demi-lieue de développement, et qui, plus près du lac, dans lequel il s'est avancé en forme de promontoire, occupe un espace d'environ une lieue en largeur.

Dans la vallée de Chamouni, le village du Prieuré et les champs qui en dépendent occupent la surface d'un semblable cône, très étendu et surbaissé, qui est formé des débris de la chaîne du Bréven apportés par un torrent qui descend de cette montagne. C'est surtout de sa sommité qu'on juge bien de la forme et de la grandeur de ce cône; et c'est là que la chute récente de cette sommité a produit les plus grands ravages.

Il est un autre cône également remarquable que longe dans le haut Valais la route du Simplon, vis-à-vis la ville de Louesch. Ce cône, en partie occupé par la forêt de pins connue sous le nom de bois de Pfyn ou de Finge, et en partie formé par des accumulations de cailloux d'un grès dur ou roche de quartz blanche, qui ne sont recouverts ni par du terreau, ni par de la verdure, présente dans cette portion l'aspect de la plus grande dévastation. Le torrent appelé Eil Graben, qui augmente toujours ces amas de débris incohérents, les entraîne sans cesse, et surtout après les grandes pluies, du fond d'un vaste et profond entonnoir de rochers nus, où il prend sa source, et qui présente l'aspect d'une espèce de cratère. Cet amas, parti de la berge droite, a envahi toute la largeur de la vallée, et repoussé complétement le Rhône contre les rochers qui forment sa berge gauche.

Enfin, la commune de Montreux, sur les bords du lac de Genève, vers son extrémité orientale, présente deux de ces cônes, très réguliers, et tous deux couverts de riches vignobles. Les villages des Planches et de Vaiteaux en occupent les sommités, et leur surface est inclinée à l'horizon de 9° environ; tous deux ne sont formés que des débris des montagnes calcaires au pied desquelles ces hameaux sont bâtis, apportés par les ruisseaux qui en descendent.

Plus loin, la petite ville de Villeneuve borde le pied d'un cône semblable, incliné seulement de 6°, mais aussi bien plus étendu que les deux précédents. J'aurai bientôt l'occasion de revenir sur ces trois cônes, lorsque je parlerai des terrains diluviens de cette portion des rives du lac et des caractères par lesquels on les distingue des terrains d'alluvion plus récents qui s'y mêlent, et pourraient aisément être confondus avec eux.

SECTION IV.

Terrains d'éboulement.

Les débris détachés des rochers, tant sur les montagnes que sur les plus basses collines, et tombés au pied de ces rochers, s'y accumulent en talus plus ou moins considérables, qui forment les pentes douces et souvent couvertes de gazon ou de bois qu'on remarque à la base ou sur les flancs de ces montagnes et de ces collines. C'est là ce que nous désignons sous le nom de terrains d'éboulement. Produits par la simple chute des matériaux qui composent les sommités les plus voisines, n'ayant jamais été entraînés par aucun cours d'eau, ils diffèrent par là essentiellement des terrains d'alluvion. Ils en diffèrent aussi par leur structure, car ils en ont une qui leur est propre et qui mérite d'être étudiée. Cette structure est souvent, en effet, beaucoup plus régulière que celle des terrains d'alluvion ou diluviens, et se rapproche par là de celle de la plupart des terrains de sédiment.

A voir la manière dont les talus d'éboulement se forment par l'addition sans cesse répétée de fragments incohérents et isolés, et s'accroissent par leur juxtaposition, en apparence très irrégulière, on ne s'imaginerait pas que de pareils amas pussent offrir aucune apparence de divisions ou de structure régulières. Cependant, si l'on considère que la surface de ces talus présente presque toujours à l'extérieur un plan très uni et très uniformément incliné, on sera moins surpris de trouver en général dans leur intérieur une disposition en couches parallèles à cette surface, en un mot, une véritable stratification, toujours inclinée et souvent avec une pente assez rapide.

Les talus naturels formés de débris ne sont pas les seuls à offrir des indices d'une pareille structure. J'ai été souvent frappé en voyant des amas de cailloux, de sable ou de gravier, artificiellement versés par des chariots, de manière à être disposés en masses coniques, à surface inclinée de toute part sous un angle d'environ 30°, offrir de même dans leur intérieur des divisions régulières, en lits parallèles à la surface du cône.

Les talus d'éboulement au pied des rochers et à le base des montagnes sont toujours formés de fragments anguleux, en général peu volumineux, du rocher et de la montagne. Ceux des collines diluviennes sont formés, comme les collines mêmes, de cailloux arrondis de roches de toute espèce. De là vient qu'il faut assez d'attention pour ne pas confondre les amas de cailloux proprement diluviens et appartenant à l'époque antédiluvienne, et ceux tout voisins, composés de cailloux parfaitement semblables aux premiers, mais qui appartiennent aux terrains de transport de l'époque actuelle.

Les dégradations opérées récemment par l'Arve à la colline qui supporte le bois de La Batie ont produit des sections naturelles très instructives pour apprendre à distinguer ces deux sortes de terrains.

On peut y voir les deux terrains en contact et distingués l'un de l'autre par la position de leurs couches, ou plutôt de leurs pseudo-strates ou lits irréguliers et lenticulaires. Ceux du terrain diluvien sont horizontaux, et ceux du terrain d'éboulement inclinés d'environ 30° à l'horizon, se relevant de part et d'autre contre l'arête du contre-fort dont ils faisaient partie. Ils se distinguent aussi par leur couleur : celle du diluvium est d'un gris blanc, et celle des éboulements d'un gris brunâtre clair ; cette différence provient d'un mélange toujours assez considérable de terreau végétal et même de débris organiques de l'époque actuelle qui entre dans la composition des éboulements. Tous ces débris appartiennent à des végétaux ou à des animaux de l'époque actuelle, et c'est là un critère irrécusable pour reconnaître auquel des deux terrains appartient une masse donnée, puisque le terrain diluvien au pied des Alpes n'a jusqu'ici présenté aucun fragment organisé quelconque.

Les débris qui accompagnent les éboulements sont surtout des troncs et des branches de divers arbres, souvent aplatis, et en partie changés en lignite ressemblant à de la houille ; quelquefois des amas de feuilles, et quelquefois aussi quelques coquillages terrestres et fluviatiles, tout à fait semblables à ceux qui vivent sur les collines voisines, mais comme calcinés et devenus très friables.

La *fig.* 6, *pl.* 1, représente l'angle nord-est de la colline du bois de La Batie, près de Genève, dans l'état où il a été mis par les érosions de l'Arve depuis 1820, époque à laquelle le rocher à pic de béton ou poudingue diluvien A était en entier recouvert et caché par un massif en talus d'éboulement, qui dès lors a été entièrement emporté par la rivière. Les couches inclinées E E des deux côtés de la falaise sont tout ce qui reste aujourd'hui (1835) de ces talus dans ce lieu-là ;

mais on en voit encore tout auprès le prolongement couvert de bois qui forme le côté droit de la figure, tandis que du côté gauche, et sur un plan un peu plus reculé, on voit en A' le prolongement de la falaise diluvienne, qui est toujours restée à pic dans sa partie supérieure. *a* représente un lit lenticulaire de sable au milieu du grand massif de cailloux roulés de toutes grosseurs, jusqu'à celle du poing et même de la tête. Au pied de la falaise, on remarque en D D le nouveau talus d'éboulement qui a commencé à se reformer de 1834 à 1835 ; auparavant, comme nous l'avons dit plus haut, la falaise, du haut en bas, était absolument à pic, et l'Arve en baignait le pied. Dès lors, ces nouveaux éboulements ont repoussé la rivière, et peu à peu ces talus de débris augmentant chaque jour, s'éloigneront toujours plus du pied de la falaise, et remplaceront l'ancien talus d'éboulement dont quelques restes se montrent encore en E E. Ce talus, qui a commencé à être attaqué il y a près de vingt ans, avait existé jusqu'alors de temps immémorial.

Si partant du point que la figure représente on suit en descendant la rive droite de l'Arve jusqu'au confluent, on pourra très bien observer sur la rive opposée la structure intérieure de l'ancien talus, recouvert de bois, dont l'Arve a rongé la base.

Là, on voit se succéder et souvent alterner ensemble des lits irréguliers et allongés, ou longues bandes de cailloux roulés, de sable jaunâtre, tantôt fin, tantôt rempli de gravier et de cailloux, tantôt gris blanchâtre, tantôt, enfin, ayant ses grains et les cailloux mélangés avec eux, agglutinés par un ciment ferrugineux, enfin d'argiles ou marnes arénacées bleues et jaunes. La figure 7 donnera une idée plus complète de la disposition singulière qu'affectent ces divers lits, vus sur une tranche parallèle à leur direction, que ne pourrait le faire une longue description. J'ai dessiné cette figure dans l'hiver de 1825, et elle comprend toute la partie inférieure de la berge gauche de l'Arve, à peu près depuis l'embouchure de l'Aire jusqu'à celle de l'Arve dans le Rhône, telle qu'elle existait alors.

Au bas du ravin, dont le sommet va aboutir à l'emplacement du vieux château de La Batie, et à une hauteur de 2 à $2\frac{1}{4}$ mètres au-dessus du niveau de l'Arve dans ses plus grandes crues, j'ai trouvé au milieu d'un lit mince de marne bleuâtre un amas de petits rameaux aplatis et de faînes de hêtre très bien conservés, avec beaucoup de feuilles entassées paraissant de la même espèce d'arbre; j'y ai recueilli également quelques petites *lymnées* et de petits *planorbes* des mêmes espèces qui abondent dans les étangs des environs. Leur coquille avait cette apparence de calcination que prennent celles qui ont été longtemps exposées à l'action des éléments. La marne qui renferme ces débris organiques est très sablonneuse, et paraît reposer sur une marne jaune ou sur un sable graveleux qui ne renferme aucun corps organisé, et elle est recouverte par des amas de cailloux roulés. Ces cailloux, comme plusieurs de ceux qui sont contenus dans les lits figurés dans le dessin, sont réunis et agglutinés par un ciment de nature stalactitique, ce qui donne à cet amas une grande ressemblance avec le béton ou poudingue diluvien voisin. Aussi, avais-je d'abord regardé tous ces lits, tant de marnes jaunes ou bleues que de sables et cailloux roulés, comme placés au-dessous du terrain diluvien, ou tout au moins comme alternant avec ses couches les plus basses. Ce qui m'avait conduit à cette opinion, c'est que j'avais observé auparavant sur la rive droite du Rhône, un peu au-dessus de son confluent, la superposition indubitable d'une masse taillée à pic de poudingue diluvien à un lit de marne jaune parfaitement semblable, en apparence, à celle dont il est ici question.

Mais depuis que les érosions de l'Arve ont montré avec évidence que les falaises diluviennes du bois de La Batie sont, comme celles des bords du Rhône, taillées à pic, et que le talus qui s'appuie sur elles et les avait jusqu'alors complétement masquées, appartient en entier au terrain d'éboulement, il est resté démontré à mes yeux que tous les lits dont se composent ces talus et qui projettent fort en avant du plan vertical passant par l'arête du plateau, plan qui limite le massif diluvien, que tous ces lits, parmi lesquels se trouve l'argile à *planorbes*, à *lymnées* et à débris de hêtre, font également partie d'un terrain d'éboulement.

Il s'ensuit que ces restes de végétaux et de coquilles que j'avais supposé d'abord, quoique non sans quelque surprise, avoir appartenu à la période antédiluvienne ou saturnienne, sont des produits de l'époque actuelle ou jovienne.

A quelque distance à l'ouest de ce dépôt, on voit encore sur le bord de l'Arve quelques couches de marnes jaunes et bleues qui faisaient jadis partie d'un petit coteau, au travers duquel fut coupé le canal de dérivation dont j'ai parlé plus haut, et dont l'Arve a balayé tout le reste. A l'époque de ces travaux, un grand nombre de grosses branches d'arbres et même de troncs plus ou moins aplatis et en partie bituminisés, furent découverts dans ces épais lits de marne. Ces branches, ainsi que la position de ces dépôts, les assimilent complétement avec ceux dont je viens de faire mention. Ces marnes paraissent entièrement formées d'un sable très fin, et ressemblant complétement au sable gris foncé des bords actuels de l'Arve. M. Théodore de Saussure, qui à cette époque en fit l'essai, m'a dit y avoir trouvé précisément la même proportion de carbonate de chaux que dans le sable de l'Arve.

Il y avait aussi là des lits d'une marne à grain extrêmement fin, d'un gris très clair ou bleuâtre, un peu onctueuse au toucher, comme la terre à foulon, et qu'on employa alors avec succès pour enlever les taches des draps et des étoffes.

SECTION V.

Chutes de rochers.

Je crois devoir distinguer des terrains graduellement formés par éboulements successifs dans des espaces de temps souvent fort prolongés, ces amas de débris bien moins communs, dus à la chute subite et instantanée d'une masse de rochers ou d'une portion de montagne, à la suite de laquelle les pentes et les bases de cette montagne se trouvent tout à coup recouvertes par des fragments souvent énormes, rompus à angles vifs, et confusément entassés les uns sur les autres sans distinction de volume ni de pesanteur spécifique; fragments destinés à rester pendant des siècles comme les témoins irrécusables de la catastrophe qui les a si violemment déplacés.

Ce qui distingue donc ces deux sortes de terrains de transport, c'est surtout la rapidité avec laquelle ils ont été formés; c'est aussi le volume des fragments, qui est toujours infiniment plus considérable dans les chutes de rochers que dans les éboulements ordinaires. Il ne saurait exister d'après cela, comme il est aisé de le comprendre, une limite parfaitement tranchée entre eux, car il y a des cas intermédiaires dans lesquels des rochers s'éboulent, non pas, il est vrai, simultanément, mais dans un espace de temps beaucoup plus court que les éboulements n'en prennent ordinairement; aussi de pareilles chutes présentent-elles, en général, de gros blocs. C'est ce qu'on a vu, par exemple, dans une chute successive et prolongée qui a eu lieu il y a quelques années, comme nous l'avons dit plus haut, dans le bas Valais, sur la route entre le Boveret et Saint-Maurice.

Nous avons cité au même endroit les principales chutes de rochers qui ont eu lieu depuis le commencement de ce siècle dans la partie des Alpes qui nous occupe maintenant, et nous n'y reviendrons pas ici.

Les chutes de rochers qui se rapportent à des époques plus anciennes, mais pourtant constatées, et qui ont laissé des traces dignes de remarque, sont, entre autres :

1° La chute d'une des montagnes de Sales, sur le versant occidental de ce groupe, au-dessus de Servoz et à l'origine du Nant Noir. De Saussure a donné en détail l'histoire de cette chute et la description minéralogique des roches dont se composent les blocs tombés. Il nous suffira de remarquer ici que la plus grande partie d'entre eux appartiennent au terrain du grès vert, et sont formés de glauconie ou calcaire à grains verts, qui dans les Alpes contient tous les fossiles caractéristiques du grès vert. Ils sont accompagnés d'un conglomérat, d'un grès argileux, d'un schiste calcaréo-bitumineux, souvent à nummulites, de la roche remarquable à structure à moitié arénacée, à moitié cristalline, contenant des cristaux de feldspath et d'amphibole, roche ressemblant à un trapp, et qui a reçu les noms de grès étoilé et de grès de Taviglianaz, enfin de toutes les roches qui lient le rocher des Fiz avec celui qui est appelé l'Épaule de Platet, au moyen d'une arête aiguë dont la cime élevée, qui s'écroula tout à la fois en 1751, formait le point culminant. Ayant donné dans la *Bibliothèque universelle*, de septembre 1826, une notice assez étendue sur ce groupe de montagnes, et devant y revenir avec plus de détails dans le courant de cet ouvrage, il me suffira pour le présent de remarquer que l'amas de blocs dont les pentes de la montagne sont couvertes du haut en bas sur un espace en hauteur qui exige cinq heures de montée pour être franchi, présente des échantillons de toutes les roches décrites dans le Mémoire cité, presque toujours en masses énormes, tumultuairement déposées les unes sur les autres, et qui semblent prêtes à chaque instant à rouler de nouveau sur la pente rapide au-dessus de laquelle ces blocs énormes sont restés comme suspendus. Dans le haut de la montagne, ces immenses blocs, mêlés à de plus petits, forment une sorte de lit incliné suivant la pente de la montagne. Dans le bas, les blocs sont empâtés dans une argile noire produite par la décomposition des couches schisteuses, et entraînée par les eaux ; épais dépôt qui forme comme de hautes collines traversées par le torrent du Nant Noir.

2° La chute d'une des sommités des Diablerets, qui a eu lieu au commencement du siècle passé. Les couches de l'aiguille qui s'écroula sont en partie du même âge que celles des montagnes mentionnées dans l'article précédent, et en partie plus récentes, **car** on trouve dans cette même crête des couches pleines de coquilles tertiaires ; les blocs aussi très considérables résultant de la rupture de cette cime, ont couvert en entier le fond d'un large vallon où on les voit encore entassés de nos jours, quand on se rend de Sion à Bex par la montagne d'Enzeindaz. Cette route, ou plutôt ce sentier, traverse presque en entier la masse des débris produits par cette catastrophe.

Quant à des chutes de rochers plus anciennes et dont l'époque est restée et sera toujours inconnue, il n'est personne qui ait parcouru les Alpes sans en voir des vestiges incontestables dans presque toutes les vallées et sur les pentes de presque toutes les montagnes. Ils offrent, il est vrai, rarement une étendue aussi considérable que les deux dont nous venons de parler ; mais aussi leur fréquente répétition, quoique sur une bien plus petite échelle, montre la généralité du phénomène et invite le géologue à ne pas le perdre de vue dans les comparaisons qu'il est constamment appelé à faire entre les faits et les produits de l'époque actuelle et ceux des époques plus anciennes.

Il n'est pas nécessaire de pénétrer fort avant dans la chaîne des Alpes pour pouvoir observer de pareils vestiges d'anciennes chutes de rochers. A une lieue de Genève, au pied de Salève, on reconnaît des marques incontestables de chutes énormes de grands rochers, et cela sur une étendue considérable. Mais ces événements, qui sans doute, à en juger par la masse et l'immense quantité des débris, ont dû produire d'effroyables secousses, sont tellement anciens, que tout souvenir et toute tradition de l'époque où ils ont eu lieu se sont perdus.

Au-dessus du village de Veirier, on atteint en peu de minutes, en montant vers Salève, une rangée de monticules assez élevés et très irréguliers, qui vers l'ouest aboutissent à la plaine, vers l'est au pied des talus d'éboulements du flanc de Salève, et qui se prolongent très loin au sud, mais cessent presque tout de suite au nord. Ces monticules, qui ont plus de 33 mètres de hauteur, ne présentent à l'extétieur que des amas informes de rochers calcaires en partie recouverts de terrain végétal, d'herbes et de broussailles. Depuis quelques années, les habitants de Veirier ont commencé à exploiter ces blocs, dont la plupart ont plusieurs mètres de diamètre, et en augmentant leurs carrières, ils ont coupé par le milieu plusieurs de ces monticules et exposé ainsi au jour leur structure intérieure. Cette structure n'offre autre chose que l'irrégularité caractéristique des chutes considérables de rochers; on y voit entassés pêle-mêle et placés les uns sur les autres des blocs anguleux d'un calcaire compacte de toutes les dimensions, les grands mêlés avec les petits, et tantôt dessus tantôt dessous. Ce qu'il y a de remarquable, c'est que les intervalles d'un grand nombre de ces blocs ont été rem-

plis par un calcaire concrétionné stalactite, de manière à former de ces amas une masse de poudingue
ou de brèche à cailloux gigantesques ; qu'on a trouvé
dans certaines places, enfermés dans cette incrustation calcaire pêle-mêle avec les petits blocs et les
cailloux, des ossements assez nombreux de mammifères et d'oiseaux appartenant tous à des espèces actuellement vivantes, et plusieurs à des espèces d'animaux domestiques. Le gisement de ces os m'a frappé
par sa ressemblance complète avec celui des ossements que j'ai eu occasion de voir dans les brèches
osseuses de Cette et de Nice. Mais c'est ici une brèche
osseuse récente ou jovienne, tandis que les autres
sont antédiluviennes ou saturniennes. A cela près,
les brèches du pied de Salève peuvent donner une
idée parfaitement exacte du gisement des brèches
osseuses à ceux qui n'en ont jamais vu en place.

J'y ai vu des os et des dents de vaches, et une
tête de renard très bien conservée, ainsi que quelques
os d'un oiseau de proie de la taille d'une buse ou
au-dessus. On dit y avoir trouvé des ossements de
daims ou de cerfs, et un bâton terminé à une de ses
extrémités par une pointe de fer.

La nature de ces monuments témoigne du peu
d'ancienneté géologique de ces brèches ; mais la présence de restes d'animaux du genre cerf leur assignerait une grande antiquité historique ; car il n'a jamais
été fait mention que de mémoire d'homme des cerfs
d'aucune espèce, à l'exception des chevreuils, aient
habité Salève, et les chevreuils même ne s'y trouvent
plus depuis bien longtemps.

Le calcaire compacte gris de fumée ou gris jaunâtre,

sans fossiles, dont sont formés les blocs de ces monticules, appartient aux couches les plus basses et les plus anciennes de Salève; il diffère beaucoup de celui des couches qui forment le sommet de la montagne, et qui sont, ou jaunes ou bleuâtres, ou violâtres, suboolitiques, remplies de lamelles cristallines provenant de quelques échinodermes fossiles et de coquilles brisées; leur tissu, d'ailleurs, aussi lâche et terreux que celui du calcaire des couches inférieures et des blocs, est compacte et lithoïde. Ces couches inférieures, ainsi que nous le verrons plus tard, sont très inclinées, et semblent s'appuyer comme de rapides arcs-boutants contre le pied des rochers à pic de la montagne. Dans plusieurs endroits ces arcs-boutants manquent, on voit que çà et là des portions considérables en ont été enlevées, et leur place est restée vide. C'est ce dont on juge très bien en regardant la base de Salève du côté du sud, depuis le pied de la montée du Pas de l'Échelle, ou depuis Veirier même. Ces monticules de débris seraient-ils les fragments des couches enlevées? C'est ce qu'on serait d'abord tenté de croire en les voyant se prolonger de Veirier à Creven et au delà, précisément dans une direction parallèle à la base des rochers, et par conséquent à ces arcs-boutants ou contre-forts; et c'est ce qui serait indubitable, si en effet les débris n'étaient entassés que précisément là où existent des solutions de continuité dans les couches inclinées du bas de la montagne, et si les monticules cessaient là où les arcs-boutants restaient encore en saillie. Mais c'est ce qui ne m'a pas paru être le cas, et il m'a semblé que ces monticules régnaient sans interruption tout le long de cette partie de la base du Grand-Salève.

Que penser donc des chutes de rochers qui ont produit une si grande quantité de débris énormes; car il y a tel de ces blocs qui surpasse la grandeur d'une cabane : ont-elles été simultanées ou successives? Et pourquoi ces amas de blocs, au lieu de se trouver encore au pied des rochers, ou du moins sur la pente des éboulements, en sont-ils séparés par toute la largeur de ces talus, ne commençant que lorsque ceux-ci finissent? Il nous est impossible de donner sur ces questions, non plus que sur celles qu'on pourrait adresser relativement à l'époque où de pareilles chutes de rochers ont eu lieu, aucune réponse satisfaisante, et nous devons renvoyer la solution de ce curieux problème à un nouvel informé.

Je me suis arrêté à signaler les traits caractéristiques des éboulements et des chutes de rocher, parce qu'il m'a semblé qu'une étude des formes et de la disposition de ces amas de débris auprès des masses dont ils proviennent pouvait servir à rendre raison de la nature particulière de certains conglomérats des terrains anciens. Les conglomérats du grès rouge ancien, dans les parties les plus septentrionales de l'Écosse, offrent en effet dans leurs couches les plus basses, celles qui sont immédiatement superposées aux terrains primitifs, une structure très particulière et qui a été fort exactement décrite par MM. Sedgwick et Murchison dans leur remarquable Mémoire sur les terrains secondaires anciens du nord de l'Écosse (*Géol. Trans.*, n. sér., t. III). Dans tous les cas où ils ont pu voir les couches du grès rouge ancien ou des schistes calcaires bitumineux, qui sont subordonnées à cette formation, en contact immédiat avec les roches primitives, ils ont toujours trouvé que là le conglomérat n'était presque entièrement formé que des débris plus ou moins volumineux et imparfaitement arrondis de la roche qu'il recouvrait, débris tellement abondants, qu'ils excluaient presque le ciment arénacé du poudingue, et tellement volumineux, qu'il était souvent difficile de les distinguer de la masse primitive en place et de reconnaître exactement les points où celle-ci finissait et où commançait le poudingue. Ainsi, à Sandside, dans le comté de Caithness, une petite masse de granit recouverte en partie par des schistes calcareo-bitumineux offre, à la jonction des deux terrains, quelques couches d'un conglomérat dans lequel un ciment schisteux peu abondant réunit des cailloux et des blocs plus ou moins gros, et souvent même des masses tellement énormes de granit, qu'elles se confondent avec la montagne granique sur laquelle repose le conglomérat (1).

J'ai vu moi-même tout récemment, et étudié avec grand soin, un phénomène fort analogue, et dans un lieu peu éloigné, puisque c'est à Stromness dans les Orcades. Mais là, au lieu d'être un granit, c'est un gneiss qui forme la base sur laquelle s'appuient les couches de schiste calcareo-bitumineux, et les cailloux et les blocs du conglomérat qui sépare les deux ordres de couches sont aussi de gneiss. MM. Murchison et Sedgwick ont vu aussi ailleurs les gneiss recouverts par les grès rouges anciens présenter le même phénomène, comme, par exemple, à Meal Turach,

---

(1) Mémoire cité, p. 132. Ils ont vu aussi le même fait à la jonction du grès rouge et du granit de l'Ord de Caithness. *Ibid.*, p. 140.

sur les bords de l'Alt Grant (*Mém.* cité, p. 146).
M. Mac-Culloch mentionne des faits parfaitement semblables à la jonction du grès rouge et du gneiss dans
l'île de Rasay (*Western Islands*, t. ı, p. 246), dans celle
de Lewis (*ibid.*, t. ı, p. 195), et enfin sur le mont
Suilbhein dans le comté de Ross (*ibid.*, t. ıı, pag. 95).

Ainsi, d'après la réunion de tant d'observations
faites dans des localités si différentes, on peutconclure
que ce genre particulier de formes conglomérées est
le résultat d'une loi générale pour cette portion étendue de l'Écosse, dans laquelle d'ailleurs l'ensemble des
faits observés montre que la formation et le soulèvement des granits et des gneiss ont dû être fort anté-
rieurs à la formation du grès rouge qui, dans tous ces
lieux, recouvre les roches primitives en superposition
non parallèle, et duquel les couches n'ont très généralement qu'une très faible inclinaison.

Cela étant ainsi, rien ne nous paraît donner mieux
l'idée de ce qui a dû avoir lieu lors du dépôt arénacé
du grès rouge, que de se représenter les terrains de
granit et de gneiss préexistants comme formant à
cette époque des montagnes dont la mer d'alors baignait les bases. De nombreux et considérables amas
de gros blocs entremêlés de cailloux, tous produits par
des éboulements et des chutes de rochers partis de
ces montagnes, couvraient ces bases. Lorsque le grès
rouge commença à se déposer, il ne put d'abord que
recouvrir la surface de ces blocs amoncelés, et tout
au plus pénétrer en très petite quantité dans leurs
interstices; en sorte qu'une portion des blocs put
rester immédiatement liée à la roche qu'ils recouvraient, tandis qu'une autre partie se trouva par-

tiellement entourée d'un ciment arénacé. Mais pendant que continuait à s'opérer le dépôt du grès rouge, les dégradations et les éboulements des montagnes primitives n'étaient pas interrompues, et leurs débris tombés sur la surface des couches de grès rouge nouvellement déposées, et mêlés avec les cailloux de même nature, mais plus arrondis, charriés par les torrents et les rivières de cette époque, devaient, en étant empâtés dans les dépôts arénacés qui continuaient toujours à se former, contribuer à la formation des lits de poudingue, plus abondants en ciment de grès que les lits inférieurs du conglomérat, et plus analogues par leur structure que ceux-ci à la généralité des conglomérats.

Telles sont les idées que m'a suggérées sur le lieu même l'étude attentive du conglomérat de Stromness, idées qui se sont confirmées par la lecture des descriptions d'endroits analogues par MM. Mac Culloch, Sedgwick et Murchison, citées plus haut, qui, dans tous leurs détails, se rapportent précisément à ce que j'ai vu d'abord dans les Orcades, puis, dans des proportions bien plus considérables, à Clachna Harry et à Craig Phadrich, près d'Inverness. Là viennent finir les masses granitiques de la partie septentrionale du Loch Ness, et là commencent des rochers étendus, tous formés d'un conglomérat très remarquable, entièrement composé de granit rouge, tantôt réduit en sable et formant le ciment du poudingue, tantôt en cailloux de toutes grosseurs, tantôt enfin en blocs et en masses si énormes, qu'on croit à chaque instant avoir quitté la brèche granitique et avoir atteint le granit en place.

Ainsi, partout dans le nord de l'Écosse, le singulier conglomérat dont il est question forme la couche la plus basse du grès rouge ancien, et repose immédiatement sur la roche primitive dont les fragments, quelle que soit d'ailleurs sa nature, composent presque en totalité la masse du poudingue. Il doit donc être considéré comme les restes de vastes éboulements et de rochers tombés des hautes montagnes primitives qui à cette époque reculée hérissaient la surface de la contrée. Pénétrés d'abord en partie et recouverts ensuite par le dépôt de l'ancien grès rouge, ces éboulements et ces amas de rochers ont été par là préservés jusqu'à nos jours de la destruction qui a anéanti une grande portion des montagnes au pied desquelles ils gisaient, et dont ils provenaient originairement, destruction qui a réduit le reste à ne plus offrir que de basses collines, lesquelles, ainsi que la petite chaîne de gneiss au-dessus de Stromness, n'ont aujourd'hui que 150 ou tout au plus 200 mètres de hauteur absolue.

SECTION VI.

GLACIERS ET MORAINES.

Glaciers.

Sans avoir fait une étude spéciale des glaciers, j'en ai pourtant vu un assez grand nombre pour me permettre d'énoncer une opinion sur le mode de leur formation et sur la cause de leur mouvement progressif. Cependant, comme il n'y avait rien dans mes observations qui ne tendît à confirmer les conséquences

que de Saussure avait déduites de ses propres recherches, poursuivies pendant trente ans sur toute l'étendue d'une multitude des plus grands glaciers du
monde, recherches qui s'accordaient en tout avec
celles de Gruner, et dont toutes les observations subséquentes avaient montré l'exactitude, je me serais
abstenu de traiter de nouveau ce sujet, en me contentant de rappeler ce qui, dans l'histoire des glaciers,
pouvait servir à indiquer l'origine de leurs moraines,
objet plus particulier de mes remarques.

Mais récemment de nouvelles vues sur l'origine
et le mouvement des glaciers ont été opposées aux
théories généralement admises, vues que j'ai dû étudier et discuter.

Dans cet examen, ce qui m'a d'abord frappé, c'est
que les partisans de la théorie qui attribue la cause
du mouvement des glaciers à la dilatation produite
par la congélation de l'eau infiltrée dans les interstices
de la neige et de la glace, ne nient pas l'existence
des faits sur lesquels est fondée la théorie jusqu'ici
généralement admise, et réellement ils ne sauraient
les nier, tant ces faits sont, si je puis le dire, de notoriété publique, tant ils ont été confirmés par des
observations subséquentes. Ainsi, ils ne peuvent se
refuser à admettre que l'origine première des masses
de glaces qui descendent dans les vallées ne soit due
aux neiges tombées sur les hautes sommités, puisque
l'expérience a montré que c'est après des années pluvieuses et froides, comme celles de 1812 à 1816,
alors que la neige est tombée plus abondamment dans
les Hautes-Alpes, et est demeurée le plus longtemps
dans les vallées, que le volume des glaciers s'est le

plus augmenté, et que ceux-ci se sont le plus avancés dans les vallées inférieures. Ils ne nient pas que les fonds des vallées sur lesquelles reposent les glaciers ne soient des plans inclinées, et où, par conséquent, ceux-ci sont soumis à l'action de la pesanteur qui tend à les entraîner en bas. Ils doivent également reconnaître l'existence d'une chaleur propre à la terre, démontrée jusqu'à l'évidence par l'accroissement de température qu'on remarque à mesure qu'on pénètre plus profondément dans son sein (1), et démontrée encore plus particulièrement près des glaciers, par les cours d'eau considérables qui s'échappent de la surface inférieure de ceux-ci, et qui ne sauraient entièrement provenir de la fusion des surfaces extérieures de la glace, puisque ces cours d'eau, sources des plus grandes rivières, ne cessent de couler, même en hiver, alors que tout à la superficie du sol est fortement et solidement gelé. Mais la théorie ancienne n'est que la conséquence immédiate des divers faits que nous venons de rappeler, et si l'on doit admettre ceux-ci, l'on doit admettre aussi que la formation et le mouvement progressif des glaciers en sont la suite nécessaire (2).

Si, d'un côté, aucun de ces faits fondamentaux n'a été contesté, d'un autre on n'allègue en faveur de la

(1) Voyez la note suivante.

(2) On objecte, il est vrai, d'après les recherches de M. Bischoff, qu'au-dessus des lieux où la température moyenne de la surface du sol est à zéro, la chaleur intérieure de la terre ne suffit plus à fondre la surface inférieure d'un glacier. M. Martins, dans son intéressante Notice sur les glaciers du Spitzberg (*Bibliothèque univ. de Genève*, t. XXVIII, p. 139), établit pour les Alpes à 2,002 mètres de hauteur absolue la limite au-dessus de laquelle la glace ou la neige ne sau-

nouvelle théorie aucun fait nouveau d'une égale importance et qui soit irréconciliable avec la théorie ancienne, car les faits les plus saillants qui aient récemment occupé les observateurs sont relatifs aux traces qui témoignent en divers lieux que les glaciers ont été jadis bien plus étendus qu'aujourd'hui. Mais, quelle que soit l'importance de pareilles observations sous un point de vue topographique, ce ne sont pas, sous celui de l'histoire naturelle des glaciers, des

raient fondre par l'effet de la chaleur de la terre. Sans traiter ici la théorie des sources dont, dans cette hypothèse, l'existence et la persistance, même en hiver, dans une longue étendue de terre gelée, et dans un espace presque aussi considérable de glace, offre de grandes difficultés; sans nous enquérir pourquoi la neige, qui n'a plus, pour s'opposer à son accroissement indéfini, que les courtes fontes de l'été et l'évaporation, ne s'accumule pas dans une progression rapide; sans, enfin, objecter à l'hypothèse en elle-même, il nous semble qu'en tranchant nettement, et par une ligne mathématique, l'espace sur lequel s'étend un glacier en deux portions, l'une au-dessous de cette ligne, et où l'action de la pesanteur des glaces est favorisée par la fusion de leur surface inférieure, et l'autre où la pesanteur agit seule, il devrait s'ensuivre entre les deux portions une solution de continuité bien marquée, solution qui pourtant n'existe pas. Je ne verrais donc que la cohésion de la glace qui pût expliquer l'absence d'une pareille solution sur la ligne où la température moyenne de la surface terrestre est zéro. Alors la partie inférieure du glacier entraînerait dans sa marche la partie supérieure. Et, grâce à la fusion constante de cette partie inférieure, le glacier entier s'avancerait tout d'une pièce et d'un mouvement uniforme sur toute son étendue, ainsi qu'on l'observe.

On voit donc par là que, même en bornant à une moitié seulement du glacier l'effet produit par la chaleur de la terre, cela suffit pour rendre compte de la marche progressive du glacier entier; et aussi la théorie qui attribue une pareille marche à cette chaleur, jointe au poids des neiges supérieures, reste toujours vraie. — Dans les glaciers très élevés, tout comme dans ceux du Spitzberg, le poids des neiges agissant seul, ne produit qu'un mouvement comparativement beaucoup plus lent.

faits nouveaux, car Gruner et de Saussure en ont mentionné d'analogues, et le dernier les avait pris en considération dans l'exposé de ses opinions à cet égard.

Quels sont donc, et c'est ce que nous cherchons en vain dans ce qui a été écrit jusqu'ici à ce sujet, quels sont les motifs impérieux qui ont nécessité la substitution d'une théorie nouvelle à une autre dont on n'attaque pas les principes fondamentaux, et contre laquelle on n'a à opposer aucun fait important? La science s'assujettirait-elle ainsi aux purs caprices de la mode?

Examinons cependant si l'action de l'agent, la dilatation, auquel l'une des nouvelles théories veut maintenant subordonner presqu'en entier le phénomène, a toute la portée qu'on lui suppose.

Le volume de l'eau, par son passage de l'état liquide à l'état de glace, augmente d'un septième. Ainsi, si nous pouvions connaître quelle est dans un glacier la somme totale de l'eau qui dans un temps donné a passé à l'état de glace, nous en déduirions quelle est dans le même temps l'augmentation de volume qu'a éprouvé le glacier par le fait seul de cette dilatation. Et l'on comprendra aisément que la quantité d'eau étant donnée, l'effet restera le même, soit que la congélation ait lieu en une seule fois et sur toute la masse, soit qu'elle s'opère à plusieurs reprises sur des portions successives de cette masse, et qu'il y ait des alternatives répétées de gelée et de dégel. Dans tous les cas également, la dilatation ne sera ni plus ni moins que le septième du volume d'eau congelé dans le temps donné.

Dans l'état actuel de nos connaissances, il est impossible d'évaluer avec la moindre exactitude quel est le volume d'eau qui se gèle annuellement dans l'espace occupé par un glacier quelconque, et d'en conclure quelle est la dilatation ou l'augmentation de volume éprouvée en conséquence par le glacier, et quelle est la quantité de mouvement progressif qui lui est imprimé par cette congélation. Mais nous pouvons du moins, en partant de cas extrêmes, déterminer *à priori* certaines limites en dedans desquelles devra nécessairement se trouver l'expression de la dilatation cherchée, et par là arriver à une notion approximative de sa grandeur.

Que l'on conçoive un glacier comme un prisme rectangulaire de glace de 4,000 toises de longueur, de 400 toises de largeur (1) et de 100 pieds d'épaisseur, par exemple, ce qui représente à peu près les dimensions du glacier des Bois à Chamouni, en y comprenant le glacier de Léchaud qui en forme le prolongement dans sa partie supérieure. Que l'on suppose maintenant que ce prisme, au lieu d'être un prisme de glace, est un prisme d'eau : cette eau venant à passer tout entière à l'état de glace, son volume, qui était de 5,760,000,000 pieds cubes, sera,

(1) Ces mesures ont été prises sur la carte du Mont-Blanc de Raymond, et adoptées comme devant être les plus exactes, malgré l'extrême différence qui existe dans la largeur du glacier entre cette carte et les évaluations précédemment faites. Au reste, d'après la grande latitude que je me suis donnée dans les raisonnements suivants, on s'apercevra bientôt qu'on pourrait beaucoup changer ces proportions sans altérer matériellement le résultat final. Ceux auxquels je réponds ici, faisant toujours usage des anciennes mesures, j'ai cru devoir les employer aussi dans mes calculs.

par l'effet de la dilatation, augmenté d'un septième, soit de 822,857,142 pieds cubes.

En accordant pour un moment (ce qu'au reste nous n'admettons en aucune manière) que cette augmentation de volume soit toute portée à l'une des deux bases du prisme, soit à l'une de ses extrémités, de manière à n'affecter seulement que sa longueur, on aura un prisme de glace de même largeur et de même épaisseur que le prisme d'eau originaire, mais de 571,4 toises plus long. Nous pouvons comparer cette addition de 571 $\frac{2}{5}$ toises en longueur faite au glacier supposé à l'état d'eau liquide, avec la différence de longueur du glacier des Bois actuel et du même glacier à une époque reculée, telle qu'elle a été signalée par de Saussure (1) en examinant les restes d'une ancienne moraine, différence qu'il a trouvée être de 500 pas, soit environ de **233 toises**. Et nous voyons que la première de ces quantités est égale à peu près à deux fois et demi la seconde.

Ainsi, dans le cas le plus extrême, le plus favorable de tous, celui où le volume de l'eau qui se gèle serait égal au volume du glacier même, et en admettant de plus, comme le veut l'auteur de la théorie, que l'effet de la dilatation se porte en entier à la seule extrémité inférieure du glacier, nous ne pouvons, en dernier résultat, obtenir qu'un accroissement seulement deux fois et demi plus grand que le maximum de celui qu'a atteint effectivement et selon nous, par le seul concours des causes naturelles, un glacier dont la glace solide forme la masse pres-

(1) *Voyage dans les Alpes*, § 625.

que entière, et où, comparativement à cette masse , le volume d'eau à la congellation de laquelle on attribuerait cet accroissement n'est qu'une quantité infiniment petite, car bien loin d'être le tiers, elle est tout au plus la millième partie du total.

Et encore nous nions que l'augmentation de volume dû à la dilatation ne se manifeste qu'à l'une des extrémités du glacier, comme cela aurait lieu pour de l'eau renfermée dans un tube ouvert à un seul de ses deux bouts. Les vallées que parcourent les glaciers n'offrent pas la moindre ressemblance avec de pareils tubes, leur fond est évasé ; les étranglements ou détroits dans lesquels les glaciers sont serrés entre deux murs de rochers verticaux sont des cas rares et exceptionnels, et même là où ils peuvent exister, ce n'est que sur des espaces très courts. D'ailleurs les glaces ne viennent pas immédiatement en contact avec les berges de la vallée, elles en sont séparées par les *moraines*, monticules tout formés de blocs incohérents et mobiles ; un espace vide plus ou moins large règne toujours entre la moraine et la pente de la montagne, et pendant près de six mois de l'année, un espace vide semblable sépare en général le glacier de la moraine. Ainsi, nulle part la dilatation du glacier ne saurait être gênée. Ce serait mal connaître la nature et la puissance des forces moléculaires, que de supposer que l'action de la pesanteur puisse leur faire obstacle. Limitée dans son action à des espaces très bornés, la dilatation, tout comme la cristallisation , agit sans égard à la pesanteur, et l'on sait que la dilatation surtout déploie dans ses étroites limites un pouvoir en quelque manière irrésistible. Aussi, ne voyons-nous aucune raison pour que l'effet de la dilatation ne se fasse pas sentir uniformément sur toutes les parties du glacier pénétrées de l'eau qui se gèle, et cela également bien dans toutes les directions.

Cela posé, et dans le cas de la congélation d'un prisme d'eau égal en dimensions à celui que nous avons signalé ci-dessus, l'augmentation de volume d'un septième, soit de 822,857,142 pieds cubes, au lieu de se surajouter à l'extrémité du prisme en accroissant sa longueur de 571,4 toises, se répartissant également sur toute sa masse, ne ferait plus que l'accroître de moins de 6,83 pieds dans tous les sens.

Essayons une autre supposition, qui, quoique plus rapprochée de la réalité que celle que nous venons d'examiner, en est pourtant encore bien éloignée.

Il ne paraît pas déraisonnable de penser que la quantité véritable d'eau qui, après avoir pénétré dans le glacier ou dans la neige de laquelle il provient, y a, par sa congélation, occasionné une dilatation, est une aliquote quelconque de l'eau tombée pendant l'année, sous forme tant de pluie que de neige, à la surface du glacier; et, pour admettre encore un cas extrême, concevons que c'est cette quantité d'eau tout entière tombée pendant l'année qui a fourni, tant par elle-même que par la dilatation qu'elle a éprouvée en passant à l'état de glace, à l'accroissement annuel du glacier.

On peut, suivant M. Gautier (1), porter la moyenne annuelle de l'eau qui tombe au Grand-Saint-Bernard (à 1,200 toises de hauteur absolue), d'après

____

(1) *Bibliothèque universelle de Genève*, t. XXI, p. 557.

dix-huit années d'observations, à un mètre et demi.

Les grands glaciers se prolongent en général de 500 à 1,800 ou 2,000 toises de hauteur absolue, de sorte que la quantité d'eau qui tombe à 1,200 toises , plus grande que celle qui tombe à 500, et plus petite que celle qui tombe à 1,800 ou 2,000 toises, peut bien être regardée comme approchant de la moyenne sur toute l'étendue du glacier. Portons cependant cette moyenne à 2 mètres, soit 1 toise, pour ne rien négliger de ce qui peut être favorable à l'hypothèse que nous combattons.

Concevons maintenant que le prisme, long de 4,000 toises, large de 400 toises et épais de 100 pieds, qui représente notre glacier, soit un prisme de solide glace et non d'eau comme précédemment. Figurons-nous de plus la surface supérieure de ce prisme (égale à 57,600,000 pieds carrés) recouverte d'une couche d'eau de 6 pieds d'épaisseur, soit de 345,600,000 pieds cubes d'eau. Cette eau se gèle, et par là son volume augmente d'un septième, et se trouve porté à 394,971,428 pieds cubes, non d'eau, mais de glace. Toute transportée à l'extrémité inférieure du prisme de glace, cette quantité en accroîtrait la longueur de 278 toises environ. Mais nous avons relevé plus haut l'erreur qu'il y aurait à n'admettre d'accroissement qu'à une seule des extrémités d'un glacier. Si, au contraire, nous répartissons comme cela convient l'augmentation de volume également sur toute la masse, le prisme ou le glacier se trouvera par cette addition s'être accru de moins de 3,3 pieds dans tous les sens ; quantité bien petite, on en conviendra, pour une masse d'une pareille étendue. Mais tout minime que soit ce nombre, il doit être encore considérablement diminué pour se rapprocher de la vérité.

En effet, nous avons considéré jusqu'ici le prisme d'eau ou de glace qui subit un accroissement comme un prisme solide et plein, dont la masse est homogène, et sans aucune solution de continuité. Mais il n'en est pas ainsi d'un glacier qui, formé d'une glace très poreuse, souvent même comme spongieuse, est traversé par de nombreuses, larges et profondes crevasses, et même, d'après l'opinion de l'auteur de l'hypothèse, tout pénétré d'innombrables fissures par lesquelles les eaux de la surface se répandent dans son intérieur. Il est donc certain, d'après cette constitution, qu'une portion considérable de l'augmentation de volume, due à l'eau qui tombe annuellement et à la dilatation qu'elle éprouve en passant à l'état de glace, s'emploiera à combler ces vides intérieurs, à resserrer les pores, à fermer les fissures, à rétrécir les crevasses, avant de se manifester par un accroissement extérieur.

Il y a bien plus, rappelons-nous que, malgré notre opinion que la quantité d'eau qui par sa congélation vient augmenter le glacier, n'est qu'une fraction de celle qui tombe annuellement, notre calcul a été établi sur la supposition que la quantité annuelle totale était employée à accroître le volume du glacier, et que nous avons ainsi à dessein négligé de tenir compte de la portion considérable de cette quantité qui reste à l'extérieur dans les régions élevées, toujours à l'état de neige, sans éprouver ni fusion ni dilatation subséquente, de cette neige imbibée d'eau qui, s'ajoutant au glacier, forme une portion de sa glace, et dans laquelle ce qui est à l'état d'eau éprouve seul de la dilatation par la gelée, tandis que ce qui est resté neige n'augmente pas de volume.

Rappelons-nous que nous n'avons pas eu égard à une bien plus grande portion de l'eau encore, celle qui, de la surface supérieure s'infiltrant à travers les fissures ou coulant en ruisseaux par les crevasses, va continuellement durant tout l'été, à travers le glacier, grossir le torrent ou la rivière qui en sort.

Pensons enfin que nous n'avons pas soustrait toute la quantité énorme qui se dissipe par l'évaporation constamment agissante tant sur l'eau que sur la neige et sur la glace même, et jugeons à quel point l'accroissement extérieur du glacier, qui dans le cas le plus favorable excédait à peine 3 pieds, deviendra minime lorsque d'aussi considérables et importantes défalcations auront été faites.

Après un pareil examen, il me semble démontré que la dilatation ne saurait en aucun cas suffire pour expliquer les grands phénomènes qu'on a prétendu lui attribuer.

Examinons maintenant d'autres assertions énoncées dans l'exposé de la même hypothèse.

On a dit, et je ne sais sur quoi on s'appuie, si ce n'est *à priori* sur les prétendus effets de la dilatation, on a dit que la marche d'un glacier n'est pas uniforme dans toute sa masse; mais que la vitesse des couches dont il se compose sera d'autant plus grande que celles-ci seront plus rapprochées de la surface et plus exposées à l'action des variations de température; qu'à la vitesse propre à chacune des couches doit être ajoutée la vitesse de toutes les couches qui lui sont inférieures. Un glacier paraît, en effet, formé de couches superposées; mais ces couches sont fermement adhérentes, nullement séparables; comment donc pourraient-elles avoir un mouvement indépendant de celui de la masse entière? S'il en était ainsi, ce que d'ailleurs aucuun observateur n'a jamais aperçu, la tendance des glaciers serait d'offrir à leur terminaison l'apparence d'une projection de leur partie supérieure en forme de toit saillant, laquelle tendance, plus ou moins contre-balancée par la chaleur du fond des vallées, aboutirait à changer plus ou moins cette forme en celle d'un mur vertical. Mais ce qui arrive est tout différent: l'uniformité de mouvement tend à faire terminer le glacier par une face verticale, et cette tendance, combattue par l'air chaud des vallées qui fond une plus grande portion des couches supérieures que des autres, produit la forme de portion de dôme ou de coupole qu'affectent la plupart des glaciers, et entre autres celui du Rhône, à leur extrémité inférieure.

On suppose ensuite que le fond de rocher sur lequel se meut le glacier est couvert de fragments de roches qui, pressés sur le fond par la glace, et broyés comme sous la meule d'un moulin, se pulvérisent, ou arrivent, sous la forme de galets arrondis, à la partie inférieure et terminale du glacier. On ajoute que les particules les plus dures du sable de trituration qui se trouve constamment entre la glace et la roche, comme les petits cristaux de quartz, etc., produisent l'effet d'autant de petits diamants et raient les surfaces du rocher (déjà préalablement polies par la glace), lesquelles se trouvent ainsi couvertes d'une multitude

de stries rectilignes plus ou moins fines, sensiblement parallèles entre elles. La roche polie du Saint-
Bernard est citée comme présentant de pareilles stries.
Nous ne parlons pas ici d'autres sillons onduleux qu'on
remarque sur les surfaces des mêmes rochers, et dont
on attribue l'origine à l'érosion des eaux qui circulent
sous le glacier.

Et d'abord, nous demanderons s'il y a effectivement des fragments de rocher épars entre le glacier
et le fond sur lequel il repose? Dans ce cas, d'où peuvent provenir de pareils fragments? car, pour parvenir sous le glacier, ils ont dû y arriver, soit par les
crevasses, soit enveloppés par la glace, qui les aban-
donnerait lors de sa fusion. Mais, sauf les crevasses
en petit nombre et peu considérables par lesquelles
les eaux qui coulent à la surface du glacier vont se
verser dans le torrent inférieur, je n'ai jamais vu ni
ouï parler de crevasses qui traversassent de part en
part le glacier, et s'il y en avait de telles, elles seraient si étroites à leur extrémité inférieure, qu'elles
ne pourraient tout au plus donner passage qu'à du sable.

Quant à des cailloux et des blocs enveloppés dans
l'intérieur même de la glace, je n'en ai jamais vu non
plus; les seuls débris de rochers que j'aie observés
près des glaciers sont ceux qui sont parsemés sur leur
surface et ceux des moraines. Je ne trouve nulle
part aucune observation qui atteste un pareil fait. S'il
en existe, il eût été bon de les faire connaître.

C'est encore une question de savoir si, dans le cas
où des cailloux et des sables seraient pressés sur la
surface d'un rocher par une masse de glace en mouvement, cette surface serait rayée par eux. S'il est

une vérité reconnue en minéralogie, c'est que chaque minéral a un degré de dureté qui est dépendant de sa nature, qu'il ne peut être rayé indifféremment par tout autre minéral, et qu'enfin aucun minéral, sauf dans des circonstances tout à fait extraordinaires, telles que le concours d'un mouvement très rapide avec une forte pression, ne peut rayer des minéraux de même nature que lui, et encore moins ceux qui sont plus durs (1). C'est ce que tout minéralogiste connaît par une expérience journalière. Il sait aussi que, quelque pression qu'il emploie, il brisera en pièces le minéral le plus tendre plutôt que de lui faire entamer le plus dur.

La glace est plus tendre que toutes les roches connues ; comment donc polirait-elle le rocher ? Si une masse de glace pressait des cailloux ou des grains de sable sur la surface d'un roc, ceux-ci ne raieraient-ils pas la glace même assez profondément pour s'enfoncer eux-mêmes dans son sein plutôt que de rayer le rocher ? En tout cas, ce rocher ne serait rayé que par des cailloux plus durs que lui, mais non par d'autres. Ainsi, de ce que les calcaires qui occupent l'espace où les glaciers du Grindelwald viennent finir seraient rayés par les sables et les cailloux feldspathiques et quartzeux que ces glaciers apportent de

______

(1) On a réussi à rayer une pièce d'acier fortement pressée contre un disque de fer doux, animé d'une rotation très rapide. Ce n'est également qu'à l'aide d'une forte pression et d'une très grande vitesse qu'on polit des diamants avec de la poussière d'autres diamants. Mais ces faits, tout à fait artificiels et exceptionnels, ne sauraient s'appliquer ni aux circonstances dans lesquelles le minéralogiste fait l'épreuve de la dureté des pierres, ni au cas qui nous occupe actuellement.

leurs portions supérieures, il ne s'ensuivrait nullement que les cailloux feldspathiques que transportent les glaciers de Chamouni pusssent rayer les roches quartzeuses sur lesquelles ceux-ci viennent se terminer. Aussi, une appréciation détaillée des circonstances dans lesquelles se manifestent de pareilles stries aurait mieux valu que les assertions trop générales dont ces stries sont l'occasion.

Enfin, l'exemple du roc poli du Saint-Bernard est malheureusement choisi, car il est évident que les stries du roc dont il s'agit sont dues à la cristallisation ; leur exact parallélisme, leur ressemblance frappante avec les stries dont les faces du prisme des cristaux de quartz sont couvertes, le montrent avec évidence. On voit là, comme dans d'autres localités analogues que je ferai connaître dans cet ouvrage, que ce roc poli est le reste de la paroi d'une fente ou de l'éponte d'un filon, et que les stries saillantes, qui sont des lignes droites dans l'acception mathématique de ce mot, sont des arêtes de cristaux moléculaires régulièrement et symétriquement disposés sur ces surfaces planes, comme ils l'auraient été sur les faces d'un immense cristal de roche. Ainsi, rien là ne saurait être l'ouvrage d'un glacier ou des cailloux qu'il entraîne.

Je sais bien que quelques-unes des objections que je viens d'opposer à l'idée que la glace puisse polir les surfaces des rochers sur lesquels elle glisse, et que les doutes que j'ai élevés sur l'idée que les cailloux et les sables ont pu creuser des stries sur ces surfaces, je sais que les mêmes objections et les mêmes doutes pourraient être également appliqués a l'opinion généralement admise que l'eau, par une pure action mécanique, creuse et polit les rochers sur lesquels elle coule, et à l'opinion soutenue par sir James Hall que des fragments de rochers charriés par les eaux marquent de stries plus ou moins profondes les rochers sur lesquels ils passent. Mais c'est que je crois en effet, et par les raisons alléguées ci-dessus, que ces diverses opinions méritent d'être de nouveau soigneusement examinées et discutées; c'est qu'il me paraît, comme je chercherai ailleurs à le montrer, que ce n'est pas à l'eau pure, et par conséquent à la simple action mécanique de l'eau, qu'est due, du moins dans la plupart des cas, l'excavation des rochers qui forment le lit des torrents. Pour le présent, je me contenterai d'observer que la généralité des roches perdant par leur immersion dans l'eau près de la moitié de leur poids, la pression que les cailloux exercent sur le rocher au fond de l'eau est de moitié moindre que celle que les mêmes cailloux exerceraient à l'air libre, et qu'ainsi, à égalité de volume, la faculté qu'ils ont de rayer une roche donnée est comparativement fort inférieure.

Venons à la seconde de ces théories nouvelles, la plus récemment publiée.

On avait jusqu'ici attribué la conversion de la neige en glace de la nature poreuse de celle dont se composent les glaciers, à la congélation de l'eau imbibée dans de la neige, congélation produite par le retour du froid après que le soleil a fondu momentanément quelque portion de la surface du glacier. L'auteur objecte à cette explication que cette transformation, s'effectuant dans des régions très élevées et où la température est toujours au-dessous de zéro, on ne saurait concevoir qu'à une température aussi basse il pût s'opérer un changement de forme dont la chaleur paraît une condition indispensable, et il pense que c'est à la pression que les neiges supérieures font éprouver aux neiges qui descendent dans les ravins ou couloirs, que doit être attribué le changement en glace de ces dernières, et cela en vertu d'une fusion opérée dans leur masse par le calorique qu'y dégage la pression à l'instant qu'elle écrase les petits cristaux dont cette neige est formée, et qu'elle comprime les innombrables bulles d'air qui remplissent les interstices de ces cristaux.

L'idée qui a donné naissance à cette singulière hypothèse n'est pas exacte. Il n'existe aucune portion des Alpes où la température soit constamment au-dessous du point de la congélation. A la cime même du Mont-Blanc, de Saussure a trouvé la surface de la neige recouverte d'un enduit glacé, et c'est là une preuve manifeste que, même à ce point culminant de la chaîne, la neige superficielle avait éprouvé les effets de la fusion. Mais c'est à une bien moindre élévation que les glaciers se forment, et là, dit positivement de Saussure, sur ces régions élevées, « ce qui « se fond en été, même au plus haut point des gla- « ciers, pendant que le soleil est sur l'horizon, sur- « passe de beaucoup ce qui se gèle en son absence... « D'ailleurs, les vents chauds qui règnent en été fon- « dent les glaces et les neiges pendant la nuit comme « pendant le jour, même sur les cimes les plus éle- « vées. » (*Voyage des Alpes*, § 528.)

Et cette assertion que la quantité de calorique dé-

gagée de la neige par la pression est assez considérable pour fondre cette neige, sur quelle preuve directe, sur quelle analogie repose-t-elle? quelle expérience allègue-t-on en sa faveur? aucune. De Saussure s'assura, par une épreuve positive, que de la
glace factice provenant d'une neige imbibée d'eau,
ressemblait à celle des glaciers (§ 526). La contre-
épreuve de cette expérience a-t-elle été tentée? a-t-on
essayé de soumettre une masse de neige à ces énormes
pressions que l'art actuel peut produire? Nullement;
et cette opinion plus que paradoxale prétend, sans
aucune apparence de démonstration, à se substituer
à une vérité expérimentale.

Vient ensuite une nouvelle hypothèse sur la formation des moraines, sans faire d'autre objection à la
théorie reçue, qui attribue aux glaciers le transport des
blocs dont se composent les moraines, si ce n'est que
ces blocs ressemblent à ceux des éboulements et des
terrains de transport des hautes vallées, dont ils ne
diffèrent que par un certain degré de poli, caractère
bien indécis et presque insaisissable.

On conclut de cette ressemblance que les glaciers
ayant trouvé de pareils dépôts, nommés par l'auteur
clysmiens ou tertiaires, primitivement existants, les
ont labouré, suivant son expression, « et les ont re-
« levé sur leurs bords comme le soc d'une charrue
« relève la terre du champ qu'elle laboure. Dès lors,
« dit-on, les moraines ne seraient que les bords des
« sillons que creuserait le glacier dans sa marche. »
S'il en était ainsi, on devrait trouver attenantes aux
moraines et au-dessous d'elles des portions de ce terrain de débris anciens existant encore dans leur po-

sition originaire, sans avoir été troublés par les glaciers, tout comme on voit la terre du champ au-dessous et à côté des mottes soulevées par la charrue, et pourtant on n'en aperçoit pas. Cela aurait été la preuve la plus positive de la vérité de l'assertion, preuve, au reste, qu'on n'a point cherché à donner ; car l'analogie qu'on prétend établir entre les hautes vallées de la chaîne centrale des Alpes et les hautes vallées des chaînons collatéraux moins élevés, ne saurait se soutenir lorsqu'on l'examine avec une connaissance approfondie de la structure, et par-là de l'histoire de cette chaîne.

Avant le soulèvement général de la chaîne qui l'a portée à la hauteur qu'elle atteint aujourd'hui, les couches qui forment maintenant ses plus hautes cimes formaient le fond de la mer, comme le prouvent les bancs de coquillages de grès vert, et même des terrains regardés comme tertiaires, qui maintenant se voient à des élévations de 13 à 1,400 toises dans les montagnes des Fizs, de Platet, des Diablerets, etc. C'était le fond d'une mer profonde, comme j'essaierai de le démontrer ailleurs. Le soulèvement opéré, les portions centrales de la chaîne pénétrèrent dans la zone élevée où devaient se déposer plus tard des neiges éternelles. Les portions latérales n'atteignirent pas cette hauteur, et dès lors il s'établit entre ces deux catégories de montagnes de notables différences dans les effets qu'elles éprouvèrent des agents atmosphériques auxquels sont dus et la dégradation des sommités et les débris qui en proviennent.

Dans les montagnes les moins élevées se formèrent des talus d'éboulements, des chutes de blocs et de rochers, qui, tombés sur des roches solides et fixes, restèrent en place, à moins que les ruisseaux et les torrents, en s'emparant de leurs masses les plus légères et les moins volumineuses, ne les eussent étendues en dépôts plus ou moins horizontaux sur le fond des hautes vallées. C'est là ce que l'auteur de l'hypothèse nomme terrain détritique ancien ou clysmien, et qu'il suppose s'être formé de la même manière et dans les mêmes circonstances au haut des vallées occupées par les neiges éternelles et les glaciers. Mais c'est là que gît l'erreur. Dans ces dernières, il n'a pu en être ainsi.

En effet, dès l'instant où les sommités des hautes chaînes eurent atteint la station élevée qu'elles occupent aujourd'hui, les neiges ont dû les revêtir d'un manteau qui, dès lors, a pris une épaisseur toujours croissante jusqu'au moment où ces accumulations de neige ont donné naissance à des glaciers. Dès lors aussi, au lieu d'une roche solide et d'un fond fixe, les vallées élevées ont été couvertes par un sol de neiges et de glaces mobiles, et c'est sur ce sol que sont venus tomber les débris postérieurement formés.

C'est ainsi que dès l'origine la substitution d'un sol mobile à un sol fixe a dû mettre obstacle à toute accumulation de débris dans ces hautes vallées. Les débris tombés à la surface des glaciers auront suivi leur cours, jusqu'à ce qu'abandonnés par eux sur leurs flancs et à leur extrémité inférieure, ces débris se seront entassés là, en forme de moraines.

Je crois apercevoir la raison de l'abandon des vues anciennes sur les glaciers dans les apparences supposées contradictoires qui se sont offertes aux deux extrémités des glaciers. En constatant que dans la partie supérieure des glaciers les glaces s'étaient accrues et les glaciers avançaient, tandis que dans le bas ceux-ci s'étaient manifestement reculés, et en partant de l'idée de l'invariabilité des climats depuis les époques historiques les plus anciennes, on dut d'abord regarder de pareils contrastes comme inexplicables par de simples changements de température, et par conséquent comme nécessitant des changements importants dans la théorie admise pour la formation des glaciers.

A ceci nous objecterons qu'il ne faut pas resserrer l'idée de l'invariabilité du climat dans de trop étroites limites, vu qu'une pareille invariabilité n'a pu être reconnue vraie qu'en embrassant le champ le plus large dans l'espace et dans le temps. L'avocat le plus ardent de cette idée ne prétend pas prouver autre chose, sinon qu'en somme totale, dans l'ensemble des régions à nous connues, la température moyenne propre à chaque région n'a pas, depuis les temps les plus reculés, éprouvé de modifications notables. Ce qui ne l'empêche pas, cependant, d'admettre que, dans certaines portions restreintes de la terre, il y ait eu réellement des changements de température, et que dans de plus vastes espaces encore il ne puisse exister de longues périodes alternatives de refroidissement et de réchauffement, qui, en se compensant mutuellement dans de grands espaces de temps, laissent en définitive la température moyenne du climat de chaque région sans altération. Car, puisqu'on voit des années chaudes et froides alterner, qu'on voit de même, par intervalles, des suites d'années au-dessous de la température moyenne alterner irrégulièrement aussi avec d'autres séries d'années qui sont au-dessus, pourquoi donc ne verrait-on pas des séries de siècles d'une température plus froide alterner avec d'autres d'une température plus chaude? Nos observations météorologiques, il est vrai, datent d'une époque encore trop récente pour avoir pu établir de semblables alternances comme des faits avérés.

Mais la température n'est pas le seul élément à considérer dans la question des glaciers. La quantité de neige tombée annuellement en est un élément pour le moins aussi essentiel. Dans le fait, on peut dire que l'accroissement des glaciers est en raison directe de la quantité de neige tombée, et inverse de la température, particulièrement de celle des mois d'été. La neige, en formant la masse même du glacier, est ce qui contribue à son accroissement : une haute température, en fondant la neige dans les régions élevées, et la glace dans les régions basses, contribue à son décroissement ; et c'est d'une combinaison de ces deux éléments que résulte à chaque moment donné l'étendue réelle du glacier. Or, l'on sait que si la température varie beaucoup d'année en année, la quantité de neige est bien plus variable encore. D'où procède une variété infinie de combinaisons diverses dont les unes sont favorables, les autres contraires à l'accroissement des glaciers. Lorsqu'à une année favorable à cet accroissement succédera une suite d'années également favorables, non pas toujours par leur température froide, mais souvent par leur disposition pluvieuse (quoique la température demeure modérée), on verra les glaciers s'augmenter considérablement.

alors même que les températures moyennes de chaque année prises ensemble auraient été conformes à la moyenne générale, et même lorsqu'elles l'auraient dépassée.

Cependant le contraste entre l'avancement des glaciers supérieurs et la rétrogradation des inférieurs, prouve qu'il y a eu dans les zones élevées et dans les zones basses des modifications réelles et permanentes, soit de température, soit d'état hygrométrique, indépendantes les unes des autres; et là gît la difficulté apparente que je vais essayer de lever.

Observons d'abord que, dans les quatre ou cinq derniers siècles, le déboisement et le défrichement des hautes vallées des Alpes ont dû nécessairement y produire un changement dans la température, particulièrement des mois d'été, changement précisément dans le sens qu'indiquent les anciennes moraines que les glaciers ont délaissées en se retirant; le dépouillement des pentes des montagnes et des rochers auparavant chargés d'épaisses forêts, maintenant réfléchissant et réverbérant de toute part les rayons du soleil; le desséchement des eaux stagnantes du fond des vallées et la conversion des bois séculaires qui masquaient et ombrageaient ce fond en pâturages et en prairies unies, ont dû réchauffer assez sensiblement l'air inférieur de ces vallées pour faire reculer les glaciers et pour contre-balancer, et même au delà, l'effet d'une accumulation toujours croissante des neiges supérieures dans les entonnoirs et sur les pentes les plus élevées des Alpes.

Là, en effet, on n'en saurait douter; tandis qu'à la base des montagnes, les progrès toujours croissants de la culture adoucissaient le climat, là, sur ces hauteurs presque inaccessibles à l'homme, et tout à fait hors de son pouvoir, les trois ou quatre derniers siècles ont vu s'augmenter très sensiblement et franchir leurs anciennes limites, les vastes champs de neige et de glace dont toutes les hautes cimes et les hautes arêtes sont couvertes. Des documents certains l'attestent, la plupart ont été recueillis par M. Venetz ingénieur du Valais. Il en résulte que dans les hautes Alpes, de part et d'autre de la grande vallée du Valais et ailleurs, des cols encore praticables dans les quatorzième et quinzième siècles ont été dès lors rendus inaccessibles par des glaciers; que, depuis la même époque, des bois et des pâturages très élevés ont été détruits et recouverts par les neiges et les glaces, qui ont aussi pris la place qu'occupaient d'anciens chemins pavés et d'anciens sentiers; qu'un glacier enfin occupe aujourd'hui celle où s'élevait la chapelle de Sainte-Pétronille entre le Valais et le Grindelwald, chapelle dont la cloche, portant le millésime de 1044, est conservée dans cette dernière vallée.

Or le déboisement que nous avons signalé plus haut, et qui a dû être assez récent, à en juger par bien des noms de lieux (Grindelwald, Glacier et village des Bois, etc.), et par d'autres circonstances, ce déboisement n'a pas dû avoir pour seul effet d'élever la température du fond des vallées; il a dû, ainsi que nous l'avons vu ailleurs, diminuer sensiblement dans les mêmes lieux la quantité annuelle de pluie. Mais les vapeurs aqueuses d'où provenaient ces pluies supprimées n'ont pas pu être anéanties, et elles ont dû se porter ailleurs. Dans ce cas, l'idée la plus naturelle est de supposer que ces vapeurs auront été, dans des couches plus hautes de l'atmosphère, augmenter la quantité de celles qui existaient préalablement dans ces couches, et qu'en se condensant sur les cimes élevées et froides, elles auront contribué à augmenter la neige qui y tombe. Ainsi, dans cette hypothèse, la diminution de la pluie dans les vallées, occasionnée par les progrès de leur défrichement, aurait produit une augmentation dans les neiges tombées sur les hauteurs environnantes; et ainsi se résoudrait la contradiction apparente qu'offre dans l'économie de leurs glaciers les cimes et les bases des hautes chaînes.

Cependant, si cette explication se trouvait insuffisante, si on pouvait prouver par le calcul que la surabondance de neiges et de glaces qui a obstrué les anciens passages des Alpes, dépasse encore celle qui serait due au défrichement des vallées, il faudrait bien alors aborder l'idée que la température de ces hautes régions a éprouvé depuis quelques siècles un abaissement qui a aussi un peu abaissé la limite des neiges éternelles. Si une pareille assertion n'avait d'autres preuves que le fait même dont il s'agit de rendre compte, je me serais abstenu d'en faire mention. Mais, quelque légères que soient les présomptions en faveur de cette idée, il en existe néanmoins quelques-unes que je dois signaler ici.

Depuis le xe siècle jusque vers la fin du xive, des émigrations d'Islandais et de Norwégiens se rendaient fréquemment sur la côte orientale du Groënland. Des colonies y furent fondées, des villages y furent bâtis et des ports creusés; il y avait donc à cette époque une communication établie entre cette côte et les autres pays du Nord. Cependant, il paraît qu'à dater du xv° siècle, les glaces, envahissant la même côte, l'ont rendue inabordable jusque vers l'année 1817, où la barrière de glace s'étant rompue, les glaçons furent charriés et flottèrent dans toute l'Atlantique. N'est-ce pas là, en quelque sorte, la répétition de l'histoire des glaciers dans les Alpes à la même époque? Avant le xv° siècle, les passages des Alpes sont praticables, des chapelles y sont élevées; l'une d'elles, d'après la date de sa cloche, paraît y avoir existé dès le xi° siècle. Mais depuis la fin du xv° ou le commencement du xvi° siècle, les glaces envahissent ces passages, et s'accumulent assez sur ces cols, très élevés, pour en rendre à la fin la plupart impraticables. Enfin, après quatre années successives froides et pluvieuses (1812 à 1816), pendant lesquelles les glaciers inférieurs avaient atteint une étendue inaccoutumée, nonobstant l'accroissement de chaleur dans le fond des vallées, dû à leur déboisement et à leur culture; enfin vers 1818, les glaciers inférieurs commencent à rétrograder, et ont dès lors, c'est-à-dire depuis vingt-trois ans, continué à diminuer. Voilà, ce me semble, un rapport assez remarquable entre ce qui a eu lieu au Groënland et aux Alpes depuis plusieurs siècles.

Lors de la débâcle des glaces de la côte orientale du Groënland, en 1817, il fut observé par le docteur Stewart Traill (1) que l'époque de cette débâcle coïncidait avec celle où l'aiguille de la boussole, qui depuis près de cinq cents ans marchait vers l'ouest,

(1) *Mémoires de la Société de Physique et d'Histoire naturelle de Genève*, t. III.

a commencé à rétrograder vers l'est. Ce fait, lorsqu'on le joint au rapport frappant de position qui existe entre les pôles magnétiques et les pôles de froid, à ceux non moins frappants qui se font remarquer dans la forme et la situation des lignes isothermes et des courbes d'égale intensité magnétique; lorsqu'on y ajoute, d'après les observations de MM. Quetelet et Gautier (1), les rapports trouvés entre les variations diurnes de la déclinaison et de l'inclinaison magnétiques et celles de la température, il est difficile de se refuser à la pensée que les longues périodes qu'on observe dans la marche de l'aiguille aimantée pourraient bien correspondre à des périodes successives d'échauffement et de refroidissement à la surface de la terre. Mais ces variations de température, trop faibles pour influer notablement sur la grande masse du globe, ne se manifesteraient que par quelques effets sur la limite des neiges et des glaces polaires et de celles des hautes chaînes, effets bien peu considérables en réalité, comparés à l'étendue de la surface terrestre, quoique si marqués dans les localités restreintes qui les éprouvent. Sans donc attacher une égale valeur aux diverses données que je viens d'exposer, dont quelques-unes, en effet, sont vagues et incertaines, on ne peut nier que leur combinaison ne tende à rendre moins problématique l'existence de périodes alternatives d'abaissement et d'élévation dans la température.

Ainsi, l'existence de semblables périodes, si elle pouvait être prouvée sans réplique, jointe aux effets

(1) *Bibliothèque universelle de Genève.*

du défrichement des vallées, expliquerait les phénomènes en apparence contradictoires qu'offrent aujour-
d'hui les glaciers, sans qu'il fût besoin d'abandonner
une théorie contre laquelle, au fait, on ne saurait
élever d'objection fondée.

D'après toutes les considérations qui précèdent, je
me crois donc suffisamment autorisé à continuer do-
rénavant de me conformer à la théorie des glaciers
depuis longtemps généralement admise, bien que
celle-ci présente encore, je le reconnais, quelques
difficultés, mais qui ne sont pas, comme dans les autres systèmes, de véritables impossibilités.

Moraines des glaciers.

C'est encore là une espèce de terrains de transport
appartenant à l'époque actuelle, qui doit être signalée, quoiqu'elle ne soit que très partielle et nécessairement très limitée, puisqu'elle est restreinte aux
environs immédiats des glaciers.

Tout le monde sait que les glaciers sont continuellement en mouvement, et qu'ils descendent des gorges élevées où ils se forment jusque dans le fond des
plus basses vallées, au pied des hautes chaînes, entraînant avec eux dans leur marche progressive des
fragments tombés du haut des cimes, des aiguilles et
des rochers au pied desquels ils passent. Ces fragments, qui varient pour la grosseur, depuis celle
de simples grains de sable jusqu'à celle de blocs de
plusieurs mètres de diamètre, déposés sur les bords
ou à l'extrémité inférieure des glaciers, s'accumulent
en hautes et épaisses digues formées comme les ébou-

lements d'un amas confus et irrégulier de tous ces débris, mêlés sans aucun ordre ni distinction de volume; ce sont les digues de ce genre qui sont connues dans les Alpes sous le nom de *moraines*.

La dégradation des rochers et des montagnes s'opère avec une bien plus grande rapidité dans les cimes situées dans la région des neiges éternelles que dans celles qui sont au-dessous de leur limite inférieure. C'est ce que peuvent attester tous ceux qui ont parcouru les Hautes-Alpes. On ne peut en particulier parcourir les glaciers au pied des aiguilles de la chaîne centrale, sans voir ou entendre à chaque instant se détacher des fragments de rochers de ces hautes cimes.

Vu la rapidité des pentes, il est rare que les débris s'accumulent sur les flancs de ces sommités, ou bien ils tombent immédiatement sur les glaciers qui les bordent, ou ils y parviennent en glissant et en roulant sur les rapides talus de neige durcie qui, là, remplissent chaque couloir, chaque ravin entre les rochers. De cette manière, il ne se forme pas là de terrains en talus d'éboulements comme sur les montagnes ordinaires, mais tous les débris viennent couvrir la surface des glaciers; et ceux-ci les charriant et les déposant sur leurs flancs et à leur extrémité inférieure, on peut dire que les moraines sont une forme particulière des éboulements des hautes sommités, et qu'elles sont composées des mêmes éléments que les éboulements proprement dits. Seulement, comme pendant leur transport sur la glace les fragments ont souvent roulé d'une place à une autre, qu'ils ont été exposés au frottement des autres débris, surtout lorsque, après avoir été précipités dans de profondes crevasses, ils sont de nouveau ramenés à la surface du glacier par l'effort que font les parois de la fente pour se rapprocher, il en résulte que les blocs et les cailloux arrivent aux moraines avec leurs angles et leurs arêtes déjà fort émoussés, et tandis qu'ils conservent encore toute l'irrégularité de leur forme générale, ils manifestent cependant dans leurs parties les plus saillantes un commencement de tendance à l'arrondissement.

Les moraines offrent la forme de dos d'âne allongés dans le sens de la longueur du glacier, au moins celles qui en bordent les flancs partout où aucun obstacle, comme un rocher à pic immédiatement au-dessus ou un précipice immédiatement au-dessous de la lisière du glacier, n'en ont pas empêché la formation. Celles qui se forment à l'extrémité inférieure du glacier sont allongées dans un sens parallèle à la largeur du glacier, ou plus ordinairement elles sont courbes, et ont la forme d'un arc de cercle plus ou moins irrégulier. Dans les deux cas également, la moraine présente deux talus, l'un incliné contre le glacier et l'autre en sens inverse; ce dernier est toujours le plus considérable. Comme le glacier présente aussi une espèce de talus ou plutôt une surface bombée contre la moraine (et c'est ce qui fait que tous les débris placés sur ses surfaces latérales viennent toujours tomber dans les moraines), il s'ensuit qu'il règne entre le glacier et la moraine un sillon ou vallon plus ou moins profond et plus ou moins large.

Les moraines latérales des glaciers, sauf immédiatement vers leur extrémité inférieure, ne changent pas, en général, notablement de place; mais les moraines terminales sont, au contraire, sujettes à varier leur emplacement d'années en années.

Il est connu que la quantité de neige tombée sur les sommités élevées détermine dans chaque glacier la quantité de glace qu'il charrie, et par là son étendue en longueur. Aussi, après une année pluvieuse et par conséquent où il est tombé beaucoup de neige dans les hauteurs, les glaciers s'avancent davantage dans les vallées, et qu'au contraire, dans les années sèches et chaudes, ils se retirent.

Lorsqu'ils s'avancent, ils poussent devant eux leur ancienne moraine terminale, et celle-ci continue toujours à suivre ce mouvement progressif; mais lorsqu'ils reculent, les moraines ne reculent pas avec eux, celle qui était le plus avancée reste à la place qu'elle occupait, et demeure ainsi pendant longtemps le témoin du point extrême qu'a atteint le glacier lorsque son étendue était la plus grande. Il se forme alors une nouvelle moraine intérieure correspondante à l'extrémité du glacier raccourci. C'est ce qu'on peut voir très clairement à l'extrémité inférieure du glacier des Bois, dans la vallée de Chamouni. La moraine qu'il poussa en 1847 jusque tout auprès des cabanes du village des Bois, est encore là à la place où il l'a laissée en se retirant dès lors, et les énormes blocs de protogine dont elle est en grande partie formée semblent encore aujourd'hui menacer d'écraser les fragiles chaumières au-dessus desquelles ils sont comme suspendus. Le glacier s'étant depuis ce moment-là fort éloigné de cette extrème limite, il s'est reformé une moraine terminale intérieure, qui ne laisse rien à redouter, vu son éloignement, ni aux habitations, ni aux terrains cultivés.

C'est par l'existence de pareilles moraines anciennes, placées à de grandes distances de la limite inférieure de certains glaciers, qu'on a acquis la preuve que l'étendue de ces glaciers avait été une fois bien plus considérable qu'elle ne l'est de nos jours. M. Venetz, ingénieur du Valais, est le premier qui ait généralisé cette curieuse observation, et il a démontré que dans cette région des Alpes il existe plusieurs glaciers dans ce cas-là. Il a même découvert auprès du village du Simplon d'anciennes moraines qui montrent que le glacier du même nom qui aujourd'hui domine de beaucoup le village et la route, avait dû jadis s'avancer au travers de la vallée par où passe la route, et ainsi la barrer entièrement; le plan qu'il a donné du relief actuel du sol dans cette localité vient complétement à l'appui de ses conclusions (1).

Nous verrons plus loin qu'il est très probable que de très hautes collines qui en deux endroits différents, savoir, près des glaciers d'Argentière et des Bois, traversent presque en entier la vallée de Chamouni, sont d'anciennes moraines appartenant à ces deux glaciers lorsqu'ils avaient une étendue et un volume infiniment plus considérables qu'ils n'ont aujourd'hui.

Cependant, après avoir signalé ces faits remarquables, je dois me hâter d'ajouter que rien, dans les observations nombreuses et étendues que j'ai eu occasion de faire sur les terrains de transport du pied de

____

(1) Voyez les *Mémoires de la Société helvétique des Sciences naturelles*, t. 1, 2ᵉ partie.

la chaîne des Alpes, ne m'autorise à croire que jamais, même dans leurs plus grands accroissements, les glaciers aient dépassé les limites des vallées dans lesquelles ils descendent actuellement.

SECTION VII.

Calcaires concrétionnés.

Jusqu'ici nous n'avons considéré que les terrains produits dans l'époque actuelle par des agents mécaniques, il nous reste à parler du très petit nombre de ceux qui présentent le caractère de dépôts chimiques. Les terrains de cette nature, dans les environs des Alpes, se réduisent uniquement à des dépôts de chaux carbonatée. Mais comme, quoique formés d'ailleurs précisément de la même substance, ces terrains présentent des aspects et des gisements assez différents, nous diviserons ici ces dépôts en deux genres. D'abord, les dépôts de la nature des tufs, qui sont formés d'un calcaire en général terreux, opaque, celluleux, léger, et qui se présente en masses souvent assez considérables, et forme quelquefois de grands rochers; puis les calcaires cristallins, purs, durs, translucides, qui ne se présentent jamais en grandes masses ni sous la forme de rochers, mais qui, comme stalactites ou stalagmites, tapissent l'intérieur des cavernes, et qui sous un plus petit volume, en s'insinuant dans les intervalles des cailloux roulés dont les terrains diluviens sont composés, ont, postérieurement à leur dépôt sur la place qu'ils occupent aujourd'hui, fortement lié ensemble une portion considérable de ces cailloux par un ciment cristallin, et ont formé ainsi un poudingue parfois très solide et très tenace, qui, dans les environs de Genève, où il abonde, est connu sous le nom de *béton*.

Il est pourtant des cas où il existe un mélange des deux natures de dépôts, ainsi qu'on le verra plus loin ; mais alors ce sont des terrains de tuf qui renferment des portions analogues aux dépôts stalactitiques, car je n'ai jamais vu ces derniers dépôts lorsqu'ils dominent, soit renfermer des portions analogues aux tufs, soit offrir un passage ou transition à ceux-ci.

Dépôts de tuf. Comme nous aurons occasion plus loin de discuter l'origine de ce genre de dépôts, nous ne nous y arrêterons pas ici, et nous mentionnerons seulement les circonstances générales qui nous ont paru être communes à tous les terrains de tuf que nous avons observés. En premier lieu, nous ne les avons jamais vus que dans des montagnes et des sols ou entièrement calcaires, ou composés en grande partie d'éléments de cette nature, ou tout au moins dans des lieux très voisins de quelque lit de calcaire. Deuxièmement, c'est moins près des roches calcaires très compactes, très homogènes et très denses, que les tufs paraissent s'être formés de préférence, mais plutôt dans le voisinage des calcaires à structure lâche, argileux, schistoïdes, aisément décomposables en une sorte de marne ou d'argile marneuse, ou dans des terrains de transport dans lesquels les sables, les terres et même les graviers fins contiennent une proportion considérable de carbonate de chaux. C'est là que j'ai observé les plus fréquents et les plus grands amas de tuf, et c'est dans des circonstances analogues que j'ai toujours vu surgir les sources incrustantes. Troisièmement, enfin, et cette remarque pourra au premier abord paraître assez bizarre, mais je me réserve d'en montrer ailleurs l'importance, ce n'est guère que dans les lieux où la végétation est très abondante, où de grandes masses d'arbres, d'arbustes, de broussailles ou même de plantes herbacées tapissent les pentes des montagnes et des collines, ou du moins qu'on peut supposer avec quelque raison avoir été jadis recouverts par une semblable végétation, qu'abonde les masses de tuf, les sources incrustantes et même les dépôts stalactitiques, qui ont une origine commune avec les tufs.

Ainsi, c'est presque toujours dans des prairies abondantes en végétaux herbacés de diverses espèces que sortent les sources ou que coulent les petits ruisseaux qui entourent leur bassin ou leur lit d'incrustations calcaires, et qui, en recouvrant les feuilles des arbres ou les tiges des herbes qui sont tombées dans leurs eaux d'une croûte pierreuse, les ont comme pétrifiées ou en ont conservé l'empreinte sur les dépôts calcaires qu'ils ont formés sur leurs bords. Lorsque de pareils cours d'eau viennent à couler, ou que l'écume produite par leurs petites chutes vient à tomber sur des mousses, il se forme un enchevêtrement de petits rameaux de la nature de la pierre, qui se croisent et se pénètrent réciproquement de manière à conserver encore l'apparence extérieure de touffes de mousse, tout en formant des masses solides de rochers hérissées de mille petites inégalités et percées d'une multitude de trous irréguliers.

J'ai pu voir des exemples de toutes ces formes et en suivre pendant plusieurs années en quelque sorte de jour à jour le développement, dans une foule de très petits ruisseaux qui se rendent dans le lac de Genève au travers des prairies dont toute la base du coteau de Cologny est recouverte. Quelques-uns se sont formés de petites murailles de tuf entre lesquelles ils coulent, et qui présentent souvent des empreintes ou des incrustations des feuilles de la prairie ou des arbres voisins. Là où pour descendre dans le lac ils ont eu à glisser sur la surface de quelque mur, ils ont ajouté sur leur passage, à cette surface, une épaisseur plus ou moins grande de pierre calcaire terreuse, mais très solide. Si leur chute a été plus rapide et s'ils sont tombés en petite cascade sur les blocs de roches dont parfois la côte et les murs qui la bordent sont revêtus, ils ont construit sur ces blocs des espèces de cônes qui se sont rapidement accrus par l'addition annuelle de nouvelles couches de matière calcaire, par laquelle aussi ont été incrustées les mousses dont ces blocs étaient tapissés au-dessous de chacune de ces petites cascades.

C'est ainsi que sur une échelle en quelque sorte microscopique, j'ai pu voir se former peu à peu des dépôts semblables à ceux qui excitent par leur abondance l'admiration des voyageurs, à la source de Saint-Alyre, près de Clermont en Auvergne, au lac des Tartari, et à Tivoli, près de Rome, lieux où non-seulement j'ai vu des herbes, mais de grands roseaux, des branches d'arbres et autres objets d'un grand volume, recouverts par incrustation d'une croûte calcaire de plusieurs millimètres d'épaisseur. Dans ces endroits, tout comme dans les petits et temporaires ruisseaux des environs de Genève, les circonstances de position et de formation sont analogues, et la différence la plus notable est dans l'abondance relative des produits.

Ailleurs, dans les vallées ou près des montagnes calcaires des Alpes, on voit souvent des dépôts de tuf fort considérables. Ainsi, à une demi-lieue de Saint-Jeoires, sur le chemin de Taninge, il y a beaucoup de tuf dans la vallée. On y voit en particulier deux rochers de tuf fort considérables : le supérieur, qui est le moins étendu, a environ 13 à 16 mètres de haut, et il renferme des empreintes de feuilles de hêtre, de charme, etc., ainsi que des *hélices livrées* et autres hélices terrestres actuellement vivantes sur le lieu même, et dont les coquilles sont bien conservées. Outre les amas de tuf proprement dit, on trouve au même endroit des masses de béton ou poudingues d'alluvion ancienne ou diluviens, ne renfermant que des cailloux calcaires arrondis, et unis par un ciment stalactitique, ainsi que des brèches à ciment peu abondant de la nature du tuf, empâtant des fragments anguleux de calcaire blanc ou gris, et de marne rouge ou de calcaire marneux rouge des rochers environnants.

Sur la route du Simplon, entre les hameaux de la Tour-Ronde et de Meillerie, sont d'épais dépôts de tuf qu'on a creusés pour y faire passer la route. Les eaux ont dès lors déposé sur les murs et les autres ouvrages d'art du chemin dans ce lieu, beaucoup d'incrustations tufeuses. On y trouve aussi des poudingues à base de tuf. Ces anciens tufs avaient entouré un gros arbre, qui fut trouvé dans le milieu du dépôt lorsqu'on ouvrit la route au commencement de ce siècle. Les ingénieurs, frappés de cette remarquable incrustation, laissèrent subsister une portion du rocher qui la contenait, et cette pyramide de tuf est encore à l'heure qu'il est le seul rocher saillant qui reste là entre le lac et la route. J'y ai encore reconnu, en 1810, distinctement le creux qu'avait laissé l'arbre en se réduisant en poussière, et l'empreinte des aspérités de sa surface.

Au-delà, sur la même route, les fentes des rochers de grès mollasses compactes, au midi de Saint-Gingolph et du Boveret, sont remplies par de grandes et larges veines d'un bel albâtre calcaire jaune, et ces grès sont couverts de grandes masses de tuf, qui continuent journellement à s'accroître.

Dans les masses de tuf des environs de Brançon et de Fouilly, sur la rive droite du Rhône, vis-à-vis de Martigny en Valais, j'ai trouvé des empreintes profondes de cônes de mélèze.

Mais nulle part les tufs ne sont plus abondants et ne présentent de plus beaux rochers que dans la paroisse de Montreux, entre Vevay et Chillon. Partout dans ce district très étendu, qui comprend pendant près d'une lieue le littoral du lac, et s'étend sur une largeur de deux ou trois lieues jusqu'aux sommets de la première chaîne calcaire des Alpes, partout les ruisseaux incrustent leurs bords d'un dépôt de calcaire terreux.

La belle et pittoresque église de cette grande paroisse occupe le sommet d'un rocher de tuf de 13 à 16 mètres de haut, au milieu duquel est une grotte où l'on parvient à l'aide d'une échelle. Ce rocher, qui domine une pente rapide tapissée de la plus brillante verdure et couverte de magnifiques noyers, s'élève lui-même à la base d'un rocher bien plus haut encore d'un calcaire gris marneux d'où sourdent en abondance, et de toute part, des sources incrustantes par lesquelles le chemin qui longe ce roc a été bordé d'un mur de tuf. La face verticale de ce mur est couverte de mousses que les eaux qui suintent de partout ne cessent d'incruster journellement, et ainsi l'épaisseur du mur tend continuellement à s'accroître.

A un tiers de lieue environ plus à l'est, au-dessus du hameau de Collonges, s'élève sur la pente fort rapide de la montagne un rocher très remarquable, connu dans le patois du pays sous le nom de *Tovet*, nom qui signifie *tuf*. Ce grand rocher, qui fait l'admiration, soit par sa forme même, soit par sa magnifique position, de tous ceux qui visitent Montreux, ce grand rocher est en effet entièrement de tuf; sa hauteur surpasse 19 mètres; il est vertical et plutôt un peu surplombant, et son sommet offre un petit plateau horizontal bordé d'arbres et d'arbrisseaux de la plus belle venue, et couvert de prairies et de beaux vergers au milieu desquels s'élève une petite et rustique chaumière. La face verticale de ce roc présente tous les traits caractéristiques des grands dépôts de tufs. C'est un assemblage de masses convexes et comme autant de portions d'immenses cylindres verticaux, ayant quelquefois l'apparence des plis d'une vaste et épaisse draperie; ordinairement, la surface de ces masses est lisse et unie, mais elle est aussi quelquefois couverte de petites aspérités cristallines et de petites masses globulaires hérissées de pointes saillantes. Ces petites boules se trouvent parfois libres et isolées, comme les dragées de Tivoli, auxquelles elles resemblent. Souvent, les masses du roc se replient de manière à former dans le bas des espaces voûtés assez considérables; ailleurs, elles laissent dans leurs interstices de petites et peu profondes cavernes.

La plus grande et la plus remarquable de ces grottes se voit à l'extrémité occidentale du rocher et vers le milieu de sa hauteur. On y parvient avec quelque peine en frayant son chemin dans le lit d'un petit ruisseau qui en sort, et au milieu des ronces et des broussailles qui en ferment en partie l'entrée. Lorsqu'on est parvenu dans l'intérieur, on est surpris des formes âpres et compliquées du rocher de tuf qui en forme les parois. Un petit bassin de l'eau la plus claire, la plus limpide et la plus calme, bordé de longues feuilles de la fougère appelée langue de cerf, occupe le centre de la grotte, et quelques légères fleurs d'ancholie penchent leur tête sur cette coupe et semblent se mirer dans cette glace obscure et tranquille. Un jour mystérieux parvient d'en haut par un trou en forme de cheminée, percé dans le plafond de la grotte. Rien ne peut mieux donner l'idée de la retraite qu'une nymphe de ces bois, qu'une Oréade de ces montagnes se serait choisie.

Si de l'intérieur de la petite caverne on reporte ses regards vers son entrée, il est impossible de dépeindre la beauté du spectacle dont on est frappé. Encadré par les bizarres inégalités du rocher de tuf, enveloppé d'une profonde obscurité, le brillant coup d'œil d'une immense étendue d'eau entourée de montagnes de formes, de hauteurs, de distances diverses, éblouit d'abord, car c'est le lac Léman dans sa plus grande longueur, et semblable à une mer, au-dessus duquel le regard plonge du haut de ce belvéder élevé ; puis ce sont les pentes, couvertes de superbes forêts, de beaux pâturages, de riches vignobles, de la montagne sur laquelle on est placé ; ce sont les hautes et pittoresques chaînes de la Savoie, qui forment l'enceinte de cette vaste nappe d'eau : ce coup d'œil n'a peut-être pas son égal dans le monde.

On rencontre souvent à Montreux, comme dans les autres localités citées plus haut, des masses de tuf tellement remplies de cailloux arrondis et anguleux des calcaires provenant des montagnes voisines, qu'elles forment de véritables brèches ; le sentier qui descend du rocher de Tovet sur les hameaux de Colonges et de Vayteaux traverse de pareilles brèches, et on en voit en plusieurs lieux sur le bord du lac et particulièrement entre Colonges et Vernet-sous-Montreux, qui reposent sur des couches de calcaire. Il faut avoir observé la constance de cette superposition, ainsi que la nature concrétionnée du ciment, pour ne pas se laisser induire en erreur sur l'âge de ces brèches et ne pas les regarder comme alternant avec ces calcaires beaucoup plus anciens et comme leurs contemporaines.

La magnificence de la végétation des environs de Montreux, Meillerie et de Saint-Gingolph, est bien connue. Celle de la vallée de Saint-Jeoire est loin de l'égaler ; mais il reste encore au milieu des rochers de cette vallée assez d'épais buissons disséminés çà et là, assez de vertes prairies répandues de côté et d'autre sur les pentes des montagnes, pour qu'on puisse conjecturer avec quelque fondement, qu'à des époques antérieures, la végétation a dû y être bien plus abondante qu'aujourd'hui ; d'ailleurs cette vallée est dominée par de hautes montagnes couvertes des plus riches pâturages, et c'est de là que descendent les sources qui sourdent dans la vallée.

A Montreux également on voit dans les beaux pâturages entre Cau et Libozon, à 600 mètres au-dessus du niveau du lac, beaucoup de ruisseaux qui incrustent leurs bords d'un dépôt de tuf.

Le calcaire des montagnes de Saint-Jeoire, de Meillerie et de celles qui dominent les grès de Saint-Gingolph et du Boveret, est, de même que celui de Montreux et des cimes voisines, plus ou moins argileux ou marneux, souvent silicifère, très fréquemment schisteux, et devenant ordinairement terreux par l'action des éléments.

Il est un dépôt très restreint qui, par les analogies qu'il présente avec les tufs calcaires dans ses caractères minéralogiques, doit trouver sa place ici, bien que certaines circonstances de position semblent devoir lui assigner un âge antérieur à l'époque actuelle ; mais la nature des coquilles qu'il renferme, et qui se rapportent à des espèces actuellement vivantes dans la contrée, concourt avec les données minéralogiques pour placer ce terrain dans la classe des formations les plus récentes.

Je veux parler ici de ces dépôts restreints connus à Genève sous le nom de *greube*, et qui se montrent en deux ou trois endroits à la base occidentale du Petit-Salève. La roche qui les compose, la greube, a été caractérisée par M. Brongniart, avec sa précision habituelle (*Environs de Paris*, p. 310), comme « un « calcaire jaune, friable, léger, poreux, quelquefois « en tubes semblables à des stalactites réunis par « une pâte, ou en zones concrétionnées. » Cette roche forme, comme il le dit, des collines de 30 mètres environ de hauteur, adossées contre le petit Salève, et on l'emploie aux environs de Genève pour nettoyer et colorer en blanc jaunâtre les ustensiles et les boiseries de sapin. M. Macaire, qui a le premier fait connaître le dépôt dont il est question à M. Brongniart, a fort bien observé qu'il occupe une espèce d'enfoncement que forme la montagne, et qu'il paraît avoir été jadis plus étendu qu'il ne l'est aujourd'hui. Il l'a retrouvé près de l'étang de Veyrier.

Les progrès de l'exploitation de la petite carrière ouverte entre Veyrier et le château de Chatillon ont mis au jour un fait important, c'est que là les couches de greube alternent à trois reprises avec des amas lenticulaires de cailloux roulés d'une grosseur variant entre celle d'un œuf de poule et celle du poing. La dernière fois que je l'ai visitée, à la fin d'octobre 1838, cette carrière présentait les couches suivantes au-dessus d'un sol élevé d'environ 13 mètres sur le niveau actuel de l'Arve. La section est prise en allant du haut en bas.

1. Terreau végétal et débris calcaires de Salève,
   . . . . épaisseur variable.
2. Greube jaune, environ. . . . . $0^m,46$
3. Lit lenticulaire de gravier et cailloux
   roulés. . . . . $0^m,33$
4. Greube jaune ou sable calcaire jaune
   tuffacé. . . . . $0^m,66$
5. Lit lenticulaire de cailloux roulés ovalaires et pugillaires. . . . . $0^m,33?$
6. Greube jaune. . . . . $0^m,66$
7. 3me lit lenticulaire de cailloux ovalaires
   et pugillaires. . . . . $0^m,33$
8. Greube jaune exploitée contenant beaucoup d'*helix nemoralis* et *fruticum* simplement comme calcinées. . . . . $2^m,33$
   à . . . . $2,^m66$

Ici la section atteint le niveau du sol ou du chemin, qui doit être élevé d'environ 13 mètres au-dessus
du niveau actuel de l'Arve. Toutes ces couches sont
horizontales.

Les cailloux sont absolument de la même nature
que ceux du lit de l'Arve, c'est-à-dire que ce sont
des cailloux de roches des Alpes, tant primitives que
secondaires. La grande ressemblance que les lits
qu'ils forment présente avec ceux des alluvions
anciennes, qui, comme nous le verrons plus loin,
forment la portion la plus basse du terrain diluvien,
de même que leur position élevée au-dessus de l'Arve,
semblerait devoir placer les greubes qui alternent
avec eux ; dans ce terrain cependant les coquilles
que renferme la couche de greube la plus basse, et

qui sont toutes entièrement semblables aux coquilles qui habitent aujourd'hui le pied de Salève, ne permettent pas de douter que ces couches de greube appartiennent à l'époque actuelle, et rien dans leur nature minéralogique, qui est tout à fait analogue à celle des tufs, ne s'opposerait à cette conclusion. Mais alors d'où proviennent les dépôts de transport, les cailloux alpins qui alternent avec elles, et qui sont placés à un niveau très supérieur à celui qu'atteignent les eaux de l'Arve, même dans leurs plus grandes crues ?

Ce que ce gisement présente actuellement de problématique disparaîtrait, ce me semble, entièrement si l'on réussissait à prouver l'une ou l'autre des deux hypothèses suivantes :

1° D'après ce que nous avons avancé ci-dessus relativement à l'effet du déboisement des montagnes sur la quantité d'eau des rivières qui en descendent, on pourrait supposer qu'à des époques très reculées, mais appartenant encore à l'époque actuelle, lorsque la contrée était couverte partout d'épaisses forêts, le niveau de l'Arve a dû être considérablement plus élevé qu'il ne l'est aujourd'hui. Mais je ne sais trop si, même dans cette supposition, le niveau de plus de 17 mètres qu'atteint, au-dessus de l'Arve, le lit le plus élevé de cailloux dans la section, ne serait pas fort au-dessus de tout ce qu'on pourrait attendre de la cause proposée, même en la supposant à son maximum d'intensité.

2° Ces lits de gravier et de cailloux pourraient provenir, non d'alluvions immédiates, mais d'éboulements partis des dépôts du terrain diluvien, et opérés pendant l'époque actuelle. En effet, les berges de terrain diluvien qui bordent aujourd'hui la rive droite de l'Arve, où ils s'élèvent à plus de 25 mètres au-dessus de son niveau, ont dû autrefois occuper aussi sa rive gauche au pied de Salève. On y retrouve effectivement en quelques points, entre Étrembières et Veyrier, des masses plus ou moins considérables de poudingue ou béton diluvien. Alors, comme partout ailleurs, l'Arve a dû les tailler en falaises à pic, et de ces falaises seront partis, comme ailleurs aussi, des talus d'éboulements qui en auront flanqué les bases ; seulement il paraîtrait que des dépôts de greube ou de tuf terreux ont, à trois ou quatre reprises, interrompu la succession régulière des lits formés par les éboulements successifs.

Telle me paraît être l'explication la plus propre à concilier l'idée en apparence contradictoire de la simultanéité de coquillages appartenant évidemment à l'époque actuelle, et de lits de gravier et de galets ressemblant à ceux du terrain diluvien. La greube appartiendrait ainsi aux temps les plus anciens de l'époque géologiquement la plus récente de toutes.

Dépôts stalactitiques. Je comprends sous ce nom, tant les dépôts de calcaire spathique qui, sous forme de stalactites, pendent du toit des cavernes ou s'élèvent en stalagmites de leur sol, et, comme des incrustations irrégulières, en tapissent les parois, que d'autres dépôts bien moins considérables, mais plus généralement répandus ; ceux-ci sont produits par le spath calcaire qui, s'étant insinué dans les interstices d'une grande portion de cailloux roulés du terrain diluvien, a formé le ciment qui les a consolidés en un poudingue souvent très compacte, connu dans le pays sous le nom de béton, et qui a, dans bien des cas, tapissé les intervalles entre les galets d'une multitude de petites pointes de cristaux souvent presque déterminables.

Il n'y a pas de doute que, sinon la totalité, du moins la plus grande partie de ces dépôts n'appartiennent à l'époque actuelle.

Et d'abord, quant aux stalactites et aux stalagmites des cavernes, je n'en parlerai pas ici; aucune des grottes connues aux environs de Genève n'en renfermant d'assez remarquables pour attirer l'attention. La grotte de Balme, entre Cluses et Sallenches, les petites grottes de Salève, celles du Jura, et, entre autres, la grotte des Fées, au-dessus de Valorbe, sont les principales; mais les dépôts stalactitiques qu'elles renferment sont sans intérêt comparés à bien d'autres de différents pays, et surtout à ceux de la Carniole, que j'aurai occasion de décrire ailleurs. D'ailleurs, aucun ossement fossile n'a encore été découvert dans aucune de ces grottes, ce qui en eût rendu la notice digne d'intérêt, et eût fourni quelques données positives pour établir l'âge de leurs incrustations spathiques. Au surplus, j'aurai soin, en décrivant les montagnes qui les renferment, de signaler celles qui pourraient offrir quelque particularité remarquable.

J'ai déjà parlé plus haut des filons ou veines de spath concrétionné qui remplissent les fentes et les intervalles des énormes blocs de rochers entassés au pied de Salève, et qui, renfermant çà et là des débris de mammifères d'espèces actuellement vivantes, ont formé des brèches osseuses qui sont remarquables comme étant les seules qui aient, jusqu'ici, été rapportées à des terrains aussi récents que ceux de l'époque actuelle.

Quant aux infiltrations spathiques qui ont consolidé en forme de poudingue certaines portions des amas de galets diluviens, nous allons avoir immédiatement occasion de faire connaître leur disposition au milieu de ces cailloux, et l'effet qu'elles ont produit sur ces amas. Mais, tout en reconnaissant que l'origine des cailloux et des terrains qu'ils forment à présent est antérieure à l'époque actuelle, nous devons reconnaître aussi que c'est à cette dernière époque que les cailloux, auparavant désunis et incohérents, ont été pénétrés par un ciment de spath qui les a soudés fortement ensemble, de manière à former, dans certains cas, une roche plus solide et plus tenace encore que bien des poudingues appartenant à des terrains beaucoup plus anciens.

L'origine des formations ou dépôts stalactitiques de divers genres sera discutée ailleurs avec celle des tufs, et nous nous bornerons à faire remarquer ici, en terminant ce qui est relatif aux terrains de l'époque actuelle, que, comme pour les tufs, on peut reconnaître dans les environs plus ou moins immédiats de ces dépôts : 1° des couches ou terrains soit entièrement calcaires, soit dans lesquels la chaux carbonatée forme un élément dominant; 2° une végétation abondante. Celle-ci se montre partout, tant au-dessous des rochers où sont les cavernes, que sur les plateaux formés par les amas de cailloux cimentés en béton.

CHAPITRE II.

DES ÉPOQUES ANCIENNES ANTÉDILUVIENNES OU SATURNIENNES

Le volume considérable et souvent énorme des blocs de roches alpines qui abondent dans ces terrains, ainsi que la hauteur de 26 mètres au moins à laquelle il s'élèvent au-dessus du niveau des rivières actuelles, suffit, au défaut de débris organiques qui ici manquent entièrement, pour assigner à ces dépôts, quelle que soit d'ailleurs leur nature, une place dans les produits de l'époque diluvienne. En effet, même en supposant l'existence de toutes les circonstances favorables pour donner à nos rivières la plus grande élévation, la masse d'eau la plus considérable et le cours le plus rapide qu'on peut leur assigner dans la limite des probabilités, on ne saurait parvenir à leur faire atteindre cette hauteur de 26 mètres, ni à leur faire remuer des blocs de granit ou de protogine et d'autres roches primitives de la taille de ceux qui sont épars partout dans le bassin du lac de Genève.

Les terrains diluviens présentent deux divisions qui sont parfaitement distinctes et caractéristiques dans les environs immédiats de Genève, mais ces traits caractéristiques et les superpositions bien nettes et bien marquées qui nous ont servi à les distinguer s'effaçant ailleurs, nous serons obligé, après avoir établi cette classification et avoir cité les caractères distinctifs des deux divisions et les lieux les plus propres à l'étude de chacune, et celle de leurs rapports mutuels ou de leur superposition, nous serons obligé, dis-je, de les réunir de nouveau et de les comprendre toutes deux simultanément dans la revue que nous entreprendrons ensuite des nombreux amas diluviens répandus dans toute l'étendue de la région considérable qui fait l'objet notre examen actuel.

Et d'abord, pour finir d'esquisser les traits qui leur sont communs, avant que de signaler leurs différences, nous devons dire quelques mots de la nature des débris qui, sous la forme de sable, de gravier, de cailloux roulés ou de blocs plus ou moins arrondis, constituent la masse des dépôts diluviens en général.

Ces débris, comme ceux des terrains d'alluvion, qui, comme nous l'avons dit, sont présisément les mêmes, proviennent de toutes les couches dont se compose la chaîne des Alpes; aussi présentent-ils une collection complète de toutes les roches qui entrent dans la composition de cette chaîne.

Je me suis souvent servi de ce fait comme d'un critère pour juger moi-même des progrès que je faisais dans la connaissance de la nature géologique des Alpes. Et ce n'est que lorsque, après de très nombreuses courses dans ces montagnes et une étude fréquemment répétée des cailloux roulés des bords du lac, de l'Arve et du Rhône, je me suis trouvé en état d'assigner pour chaque cailloux en particulier sa place dans la série des couches alpines et les localités où se trouvent des rochers formés du même genre de roche, que j'ai cru pouvoir asseoir mes idées sur la nature et la succession des terrains dans les Alpes, et en déduire des conséquences générales.

Ce n'est qu'alors aussi que j'ai osé songer à en entreprendre la description.

La liste suivante contient le nom, soit des principales roches, soit de celles qui sont le plus remarquables dans les cailloux du terrain diluvien. Elles y sont rangées à peu près dans l'ordre de leur abondance relative, autant du moins qu'il est possible de l'assigner, car la proportion des diverses roches dans ces terrains varie assez notablement suivant les localités. Je ne décris point ici ces roches, devant le faire pour chacune lorsque je traiterai des montagnes où elles se trouvent en place; je me contenterai de les nommer, en ajoutant parfois à leur nom une brève désignation de leurs caractères les plus saillants. D'ailleurs, la description détaillée de tous les genres de cailloux roulés des environs de Genève se trouve dans le premier volume des *Voyages dans les Alpes* de M. de Saussure, et quoique la nomenclature soit souvent fort différente de celle qui est reçue aujourd'hui, les désignations sont si exactes et si parfaites, qu'il est impossible de ne pas immédiatement reconnaître toutes les roches dont il a parlé.

SECTION PREMIÈRE.

Roches dont se composent les galets du terrain diluvien des environs de Genève.

Calcaires noirâtres, bleuâtres ou gris foncé, argileux ou quartzifères, avec ou sans filons spathiques, quelques-uns avec indices de bivalves pétrifiés en spath calcaire. Ce sont les calcaires du lias et de l'oolithe inférieure, peut-être quelques-uns appartiennent-ils au terrain du grès vert des Alpes. Ils forment en général le tiers et souvent la moitié du volume total des galets ou des graviers tant diluviens que des alluvions modernes. C'est d'eux que le sable de l'Arve tient sa couleur d'un gris foncé presque noir.

Divers grès argileux et calcaires à grains plus ou moins fins, ressemblant en général à ceux de la montagne des Voirons.

D'autres grès calcaires, jaunes, analogues à ceux qui, sur le versant oriental de Salève, sont adossés immédiatement aux calcaires de cette montagne.

Protogines des Alpes centrales; la protogine granitoïde est la plus abondante, puis la schistoïde, et enfin la chlorite schistoïde proprement dite, à laquelle elle passe. On trouve aussi, mais pas communément, la protogine ou eurite (weisstein) rose du col de Salenton, du Bréven, etc., que j'ai décrite dans mon mémoire sur la vallée de Valorsine.

Quartz blanc des filons.

Calcaire gris à silex brun ou noir du Môle.

Glauconie ou calcaire gris à grains verts, avec les fossiles caractéristiques du grès vert.

Calcaires noirs et schistes du lias avec des ammonites de la division *falciferi* de M. de Buch.

Grès verdâtre contenant de l'amphibole et du feldspath cristallisé, ressemblant souvent à un trapp ou dolérite, et appelé par quelques géologues grès de Taviglianaz. Il occupe une position supérieure aux grès verts des Alpes, ou paraît quelquefois intercalé dans leurs couches.

Syénite ou diorite du Mont-Blanc et des Aiguilles-Rouges.

Jades et euphotides des vallées de Bagne et de Saas en Valais.

Serpentines, avec ou sans grenats, de la vallée de Chamouni et de celle de Saint-Nicolas en Valais. On a quelquefois, mais rarement, trouvé des lames d'hyperstène dans les cailloux roulés de serpentine, aux environs de Genève. Je n'en ai rencontré moi-même qu'une seule fois dans un caillou de serpentine, à la jonction de l'Arve et du Rhône. Ce caillou renfermait des fragments de petits cristaux d'une hyperstène bronzée très bien caractérisée.

On trouve très rarement des calcaires rouges marno-schistoïdes du Môle, de Mieussi, etc.; encore plus rarement des calcaires compactes blanc jaunâtre, comme seux de Salève et du Jura. J'ai vu cependant quelquefois, dans les graviers et cailloux étendus sur les routes près de Cologny, dominer des calcaires jaunâtres, blanchâtres ou d'autres couleurs claires.

Divers grès, poudingues et brèches.

Je n'ai trouvé qu'une seule fois un fragment d'un très beau granit ou porphyre d'un rouge vif, très dur, enclavé dans le béton du bois de La Batie, et y adhérant fortement. Aucun granit analogue ne se trouve dans les Alpes; mais il est probable que ce fragment faisait partie de quelque poudingue ancien, car il y en a qui renferment des granits semblables avec d'autres roches étrangères aux Alpes, mais paraissant provenir, soit des Vosges, soit des montagnes de la Forêt-Noire.

Peut-être doit-on aussi assigner une origine étrangère à un granit blanc véritable fort différent de la protogine ordinaire des Alpes, et que j'ai trouvé dans le même béton que le précédent. Son feldspath se décomposait en kaolin, ce qui m'empêche de le regarder comme provenant des vrais granits de Valorsine, dans lesquels je n'ai jamais observé une particularité semblable.

D'ailleurs, les divers gneiss, micaschistes, schistes talqueux, amphibolites, pétrosilex, eurites porphyroïdes, de la chaîne alpine, s'y montrent plus ou moins abondamment, suivant les localités.

SECTION II.

Division en deux terrains.

Si l'on étudie avec attention les dépôts diluviens autour de Genève, on reconnaît qu'il y a là deux terrains parfaitement distincts et bien caractérisés.

Le plus bas, que je désignerai sous le nom d'*alluvion ancienne*, à cause des rapports frappants de structure qu'il a avec les dépôts d'alluvion moderne, paraît avoir été formé par des courants d'eau dont la durée s'est fort prolongée, et analogues, quôique fort supérieurs en volume, aux rivières actuelles. Le dépôt supérieur offre, au contraire, des masses sans aucun ordre apparent, et dans lesquelles les matières de différentes grosseurs, depuis les plus énormes blocs jusqu'au limon le plus fin, sont mêlées et confondues ensemble, de manière à faire présumer qu'il n'y a qu'un terrible cataclysme qui ait pu occasionner des dépôts si puissants formés d'un pareil mélange :

aussi je propose de nommer ce terrain : *terrain diluvien cataclystique*.

Le terrain d'alluvion ancienne n'est formé que de galets, de gravier et de sable plus ou moins grossier. Les cailloux roulés ont, en général, une grosseur qui varie entre celle d'un œuf et celle du poing, et qui n'atteint jamais celle de la tête; ils sont tout à fait arrondis et plusieurs un peu aplatis, comme sont, en général, ceux des bords du lac. Ils forment des lits horizontaux quelquefois d'une épaisseur de plusieurs toises, alternant parfois irrégulièrement avec des lits de gravier et de sable beaucoup plus courts et moins épais, et de forme lenticulaire, c'est-à-dire s'amincissant à leurs extrémités jusqu'à se terminer en pointe. La disposition de ces lits est entièrement semblable, quoique sur une plus grande échelle, à celle des alluvions actuelles de l'Arve et du Rhône.

Dans les lits de cailloux, lorsque ceux-ci sont elliptiques ou aplatis, leur grand axe est ordinairement horizontal ou à peu près. Ce n'est pourtant pas toujours le cas; car on voit quelquefois, par exemple, au-dessous de Saint-Jean, dans le sentier dit de Sous-Terre, et en quittant la maison de ce nom pour monter ce sentier rapide, des bancs de cailloux à axes très inclinés, renfermés entre des lits de cailloux à axes horizontaux, sans qu'il y ait entre eux d'autre séparation ou délimitation distincte que celle qui provient de la position différente de chaque caillou en particulier. Leur réunion intime ne permet nullement d'attribuer ce redressement des axes dans certaines portions d'une même masse à un soulèvement postérieur à leur dépôt dans une position horizontale.

Je crois plutôt qu'il vient de quelque différence de vitesse dans les diverses parties du même courant qui charriait à la fois tous ces cailloux, circonstance que nous avons signalée plus haut en parlant des alluvions de l'Arve. J'ai même observé un fait analogue dans certains espaces remplis de cailloux très récemment déposés par cette rivière, et qui tous dans un même lieu avaient leurs axes notablement inclinés et parallèles entre eux (1).

Le terrain d'alluvion ancienne offre une épaisseur qui atteint en général 23 à 25 mètres, ce qui est à peu près la hauteur à laquelle les plateaux horizontaux qu'il forme s'élèvent au-dessus du niveau du lac et des rivières. Ce terrain est presque toujours recouvert par le terrain diluvien cataclystique, et il recouvre lui-même les diverses couches de grès dont le fond du bassin est formé. Je ne sais si c'est à une de ces formations de grès ou à l'alluvion ancienne qu'appartient une couche de marne jaune qui a été mise quelque temps à découvert par les eaux du

(1) J'ai vu quelque part prêter à de Saussure une opinion dont il m'a été impossible de trouver la moindre trace dans ses ouvrages. On a prétendu qu'il avait cherché à démontrer l'impossibilité que les poudingues de Valorsine eussent été formés dans la position verticale qu'ils offrent aujourd'hui, en alléguant que les cailloux roulés de ces poudingues avaient leurs axes verticaux, tandis qu'ils auraient dû être horizontaux si aucun changement n'avait eu lieu dans leur position originaire. Mais ce n'est point là l'argument si lumineux et si logique par lequel mon illustre aïeul a péremptoirement établi le fait bien important du redressement de ces couches. J'ai cru devoir signaler cette erreur, pour qu'on ne m'accusât pas d'avoir ainsi, par inadvertance ou légèreté, paru chercher à ébranler sans discussion le raisonnement si remarquable qui sert de base à la théorie des soulèvements.

Rhône, à son confluent avec l'Arve, sous les escarpements formés par les amas de cailloux de l'alluvion ancienne. La superposition de ces amas à la marne jaune était indubitable, la coupe naturelle du rocher étant absolument verticale; mais, comme le fort du courant du Rhône passait alors contre cette couche de marne, elle était inaccessible, et je n'ai pu la voir que depuis la rive opposée. Dès lors, les éboulements du rocher qui ont formé un talus à sa base l'ont ensevelie et cachée. Autant que j'ai pu en juger à distance, elle paraissait tout à fait semblable à la marne jaune qui se montre près de là, au bord de l'Arve, associée à une marne bleue, contenant des bois en partie bituminisés et aplatis, ainsi que de coquilles fluviatiles d'espèces actuellement vivantes. La position de ces dernières marnes et leur mélange avec des dépôts provenant évidemment d'éboulements, nous les ont fait regarder plus haut comme faisant partie des talus d'éboulement du bois de La Batie; mais peut-être appartiennent-elles (tout au moins la marne jaune) à la couche évidemment placée sous les massifs à pic de l'alluvion ancienne, et lorsque ceux qui supportent le bois de La Batie auront été en partie enlevés par le courant de l'Arve, en partie amoncelés en talus d'éboulements, la marne préexistante, qui aura résisté davantage aux agents destructeurs, serait alors demeurée en place et aurait été recouverte par le talus.

Il y a donc quelques doutes sur l'âge de la marne jaune de la rive gauche de l'Arve vers le confluent, et ces doutes ne pourront être résolus que lorsque l'une ou l'autre des rivières aura de nouveau excavé jusqu'à la base la masse de cailloux de l'alluvion ancienne, qui borde d'abord une des deux rives de chacune, et qui, après le confluent, forme les deux rives du Rhône, et aura mis ainsi au jour et rendu accessible à l'observation du géologue la couche de marne qui fait la suite de celle de la rive droite du Rhône, maintenant cachée.

Le terrain diluvien cataclystique recouvre l'alluvion ancienne partout où celle-ci existe; il remplit les inégalités de sa surface et termine les plateaux que forme celle-ci par des plans en apparence parfaitement horizontaux. En outre, il recouvre la superficie de toutes les collines qui s'élèvent au-dessus de ces plateaux, et ses traces se retrouvent bien plus haut encore dans les blocs primitifs qui se montrent jusque sur le sommet des plus basses montagnes et à des hauteurs considérables sur les pentes de celles qui sont plus élevées.

Près de Genève, la masse la plus considérable de ce terrain est formée par une glaise grossière, tenace, faisant pâte avec l'eau, et ayant quelquefois les qualités de l'argile plastique qui la rendent propre à être employée à la fabrication des tuiles et des divers ustensiles de ménage en terre cuite. Je nomme cette argile limon d'attérissement, à cause de la propriété qu'il a de remplir les inégalités des terrains d'alluvion ancienne et d'en niveler la surface. Elle ressemble d'ailleurs, par tous ses caractères extérieurs ainsi que par sa position géologique, au *loess* des bords du Rhin, et au *lehm* des environs de Vienne, qui, ainsi qu'elles, forment la couche la plus élevée et la plus superficielle de toutes dans ces localités. Cette argile ou glaise est souvent, et surtout dans le

haut du dépôt, parfaitement homogène et sans mélange
de cailloux ; dans d'autres places, elle en renferme
de plus ou moins volumineux, qui atteignent parfois
la taille des plus gros blocs. Elle ne présente aucune
trace de stratification, mais forme comme un seul lit,
épais parfois de 15 à 20 mètres.

Dans certains lieux, ainsi que nous le verrons plus
loin, elle est remplacée complétement ou bien entièrement couverte par un dépôt de sable fin, gris ou
jaunâtre, en partie siliceux, en partie calcaire.

Le terrain cataclystique se compose aussi de masses
toutes formées de cailloux roulés et ressemblant par
là à l'alluvion ancienne ; mais ces masses s'en distinguent par le volume de la plupart des cailloux,
qui surpasse souvent la grosseur de la tête, par la
présence presque constante de blocs péponaires, métriques et même gigantesques ; enfin par l'absence
presque générale de cette structure en lits ou amas
lenticulaires, qui assimile l'alluvion ancienne aux
alluvions récentes. Si une pareille structure se rencontre quelquefois dans les dépôts cataclystiques,
elle y offre moins de régularité, et les lits y ont une
épaisseur bien plus considérable encore. Le plus souvent le mélange des cailloux de diverses grosseurs,
depuis celle des grains de sable jusqu'à celle des
plus gros blocs, est complet, et n'offre aucun ordre,
aucune régularité quelconque.

Quant à la nature des roches dont se composent les
sables, graviers, cailloux et blocs propres à ce terrain, elle est précisément la même que celle des alluvions anciennes et modernes, et on y trouve aussi
des échantillons de toutes les roches de la chaîne.

Dans les sables, les graviers et les cailloux peu volumineux, la proportion des diverses roches est à peu près celle que nous avons indiquée dans le catalogue ci-dessus, et par conséquent semblable à celle de l'alluvion ancienne ; mais il n'en est plus de même pour les blocs et surtout pour ceux dont le diamètre surpasse un mètre. Dans ceux-ci, la prépondérance des rochers appartenant aux parties centrales de la chaîne, et par conséquent des roches primitives et surtout des protogines granitoïdes, celles qui forment les Aiguilles de Chamouni, est extrêmement remarquable. Après elles, mais dans un nombre infinement restreint proportionnellement, viennent les euphotides, les serpentines, les poudingues semblables à ceux de Valorsine, et enfin les calcaires et les grès de diverses natures. Autant ceux-ci et spécialement les calcaires noirs ou gris foncé, sont abondants dans les amas formés de petits fragments, autant il est rare d'en trouver en gros blocs. Cependant il est quelques localités où les blocs de grès surpassent en nombre ceux de toutes les autres roches réunies. M. J. A. Deluc neveu cite, entre autres, les bords de l'Arve à l'est de Vessi et aussi près de Siérne (*Mémoires de la Société de Physique et d'Histoire naturelle de Genève*, f. 5, p. 98).

Les deux mémoires de ce laborieux géologue font connaître une foule de circonstances curieuses relatives à la disposition des blocs épars dans le bassin de Genève. Mais on ne perdra pas de vue que la position actuelle de ces masses erratiques doit être, ainsi que nous le verrons plus loin, fort différente de celle qu'elles avaient lorsqu'elles furent déposées par le courant ou par la cause quelconque qui les avait amenées des hautes Alpes. Il n'y a pas à douter, selon moi, en jugeant par analogie, d'après les blocs encore enfermés en grande quantité dans le limon d'attérissement et dans les amas de cailloux diluviens cataclystiques, que ceux des blocs qui se trouvent maintenant isolés sur le flanc des montagnes, sur la crête ou la pente des coteaux, et dans le fond des vallées, n'aient été également jadis enfermés au milieu de masses d'argiles ou de petits galets. Plus tard ces matériaux, plus légers et plus aisément transportables, ont dû être entraînés par l'action longtemps prolongée des agents atmosphériques. Les blocs trop volumineux pour céder à cette action, laissés sans appui, auront glissé ou roulé, jusqu'à ce que quelque circonstance les ait arrêtés, sur la pente des montagnes, ou jusqu'à ce qu'ils aient atteint le sol des lieux les plus bas, où ils seront restés dans l'état d'isolement où ils se montrent aujourd'hui, complétement séparés des glaises et des cailloux qui les renfermaient, et souvent même recouverts depuis par les dépôts postérieurs des cailloux des alluvions récentes.

Les deux endroits où la superposition du terrain cataclystique sur l'alluvion ancienne se fait le plus distinctement reconnaître près de Genève, sont d'abord la rive droite du Rhône, un peu au-dessus de son confluent avec l'Arve; deuxièmement, les falaises ou *crases* de l'Arve, au-dessous de la campagne de La Paumière. Les deux vues que je joins ici de ces deux localités suffiront pour donner une idée de la position géologique et de la distinction des deux terrains. J'entrerai bientôt dans des détails ultérieurs à cet égard.

SECTION III.

**Disposition générale des terrains diluviens cataclystiques, et de ceux
d'alluvion ancienne dans les environs de Genève.**

Les terrains diluviens, autour de Genève surtout,
lorsqu'ils sont en grandes masses, et que l'alluvion
ancienne s'y présente dans le bas, se reconnaissent
aisément à la surface du sol, par la forme aplatie et
le niveau horizontal des plateaux qui en sont composés. Toutes les petites plaines élevées appartiennent
à cette formation, et c'est au-dessus d'elles que s'é-
lèvent les collines arrondies de grès de Cologny, Pregny, Bernex, Satigny, Chouilly, etc. Ces collines
sont allongées dans la direction du nord-nord-est au
sud-sud-ouest, et elles paraissent comme des îles
entourées dans le bas de l'alluvion ancienne, de son
béton et du limon d'attérissement.

Cependant l'élévation du terrain cataclystique n'est
pas bornée à la hauteur uniforme des plateaux ci-
dessus mentionnés, mais il revêt la surface des collines jusqu'à leur crête, sous la forme d'un lit généralement peu épais et qui se conforme à la disposition
de leurs pentes.

Les deux terrains diluviens réunis forment les
deux rives du Rhône jusqu'à Vernier, et (à l'exception des rochers de grès de Vernier, de Loex et
d'Épesse, qui se montrent au-dessous du béton) ils
se prolongent jusqu'au delà de Chaney. Ils forment
aussi les rives de l'Arve, depuis Étrembières, et même
fort au-dessus de ce point, jusqu'à son embouchure,
celles du Foron, de l'Aire, de la Laire, de l'Allondon,

du Vaugeron, de La Versoix et du Nant d'Avanchet, sauf certains points de leur cours, où ces petites rivières entament les couches de mollasse sur lesquelles reposent les terrains diluviens. C'est dans ces terrains que le Foron s'est creusé un lit profond qui suit le pied des Voirons, dans un vallon tortueux au milieu des masses diluviennes, à Marsaz, Juvigny, Neydens, etc. Ces hautes berges, ainsi que celles qu'on voit à Langin, Saint-Didier et Ban, et qui en font la suite ou le prolongement, semblent avoir été jadis creusées par une rivière plus considérable que celle qui les baigne actuellement. Quoi qu'il en soit, les mêmes couches alternantes de sable fluviatile, de gravier et de blocs disposés par masses irrégulières et lenticulaires, horizontales ou diversement inclinées, qui paraissent à Machilly, Langin et Ban, occupent aussi l'espace intermédiaire entre les Voirons et le côteau de Boisy, dont elles recouvrent l'extrémité méridionale, jusqu'à Balaison et au-dessus. Elles recouvrent aussi, en partie, les grès marno-schistoïdes micacés qui forment le gradin inférieur des Voirons ; là abondent, particulièrement sur le coteau de la Tour-de-Langin et vers Saint-Cergues, les blocs volumineux de protogine granitoïde et de divers schistes primitifs.

Des sections considérables de ces masses diluviennes se voient dans les profonds ravins dont la face occidentale des Voirons est sillonnée. Ces masses recouvrent tout son pied méridional jusqu'au-dessus de Lucinge, puis elles bordent la Menoge depuis sa sortie de la vallée de Boëge jusqu'à son confluent avec l'Arve. Tous le plateaux de Chênes, Gaillard,

Thonex, Bossex, Collonges-Archamp, Plan-les-Ouattes, Compézières, Arrare, Landecy, sont sur ce même terrain diluvien. Il enveloppe, sur une ligne passant par Lancy, les plaines de Saint-Georges, Onex, Cartigny, Confignon, Avully, Soral, Laconnex, la colline de mollasse et de gypse de Bernex et de la Petite-Grave. A Soral, il recouvre les couches de grès ou mollasse rouge et verte, et forme une crête de béton qui sépare le plateau cultivé de Soral du plateau inculte que traverse le nouveau chemin entre Soral et Lully.

Les petites rivières qui ont leur cours entier dans les terrains diluviens, sans jamais atteindre la mollasse, sont l'Emme, près Pougny, le Nant de Colligny, près de Chancy, l'Avril, le Lion, la Drise, la Seime et l'Hermance. Cette dernière coule entre des berges assez élevées, formées de béton et d'alluvion ancienne. Au-dessous de la tour d'Hermance, on voit des alternations de sable et de gravier. Au bord de la Drise, au delà de Carouge, le sol est formé d'un terreau léger et de sable blanc, avec un gravier où dominent les calcaires blancs et jaunes de Salève.

CHAPITRE III.

DÉTAILS RELATIFS AUX DIVERSES LOCALITÉS OU SE VOIENT, PRÈS DE GENÈVE, LES DEUX TERRAINS DILUVIENS ET LEUR PROLONGEMENT SUR LES DEUX RIVES DU LAC, AU PIED DES ALPES ET DU JURA, ET DANS LES VALLÉES INTÉRIEURES DE CES DEUX CHAÎNES DE MONTAGNES.

SECTION PREMIÈRE.

Environs de la ville.

La colline du bois de La Batie forme l'extrémité septentrionale du grand coteau d'Onex et Bernex. La partie inférieure est composée d'alluvion ancienne ou d'un amas de cailloux roulés, rarement aplatis et pas toujours posés horizontalement, surtout de calcaires gris alpins et aussi de roches primitives, protogines, quartz, roches amphiboliques, talqueuses et chloritiques, etc. Un grès gris blanchâtre, très tendre et friable, à grains moyens, à peine unis par un ciment calcaire, forme des lits ou amas lenticulaires allongés au milieu de ces cailloux, et leur sert parfois de ciment, qui est fort tenace lorsque le suc calcaire qui les unit a été abondant. Ailleurs, les cailloux sont unis par un ciment calcaire stalactitique, et toujours ces cailloux font saillie et se séparent ou se détachent plus facilement qu'ils ne se brisent. Les portions de l'amas de cailloux fortement imprégnées de ciment calcaire cèdent plus lentement à la décomposition ou à la désagrégation; elles forment des espèces de couches qui restent en

saillie comme des corniches ou des têtes de champi-
pignon, tandis que le reste est miné et arrondi par
les eaux et se présente en forme de tours, dont l'Arve
ronge et détruit les bases.

Les cailloux, surtout au printemps, pendant le dégel, tombent et forment des talus au pied du rocher.
Ces talus sont ou couverts de prairies ou de broussailles (vers le confluent), ou d'arbres (dans le bois),
ou de cultures et de vignes (entre le bois et Lancy); et
çà et là, surtout dans la partie supérieure, des couches de poudingue ou béton, plus dures, font saillie.
Les eaux pluviales, en dissolvant la terre ou en entraînant le sable qui réunit ceux de ces cailloux qui
ne sont pas liés par un ciment stalactitique, ont creusé
dans la colline des ravins plus ou moins étendus et
profonds.

Cet amas est recouvert par le terrain diluvien cataclystique, où le limon d'attérissement, composé
d'une glaise ou argile grossière jaunâtre et bleuâtre,
qui, faisant pâte avec l'eau, se creuse en grands entonnoirs ou ravins, s'enfonce, et va en courants de
boue se vider dans le Rhône. C'est ce qu'on voit surtout à l'ouest des ruines du vieux fort de **La Batie**.
Là, le long du Rhône, l'épaisseur du béton d'alluvion
ancienne ayant diminué assez rapidement, l'espèce de
bassin qui s'est formé dans cet amas a été rempli de
cette glaise diluvienne ou limon d'attérissement. Le
point culminant de cette portion de la colline, qui
forme les plaines de Saint-Georges, se trouve vis-à-
vis Chatelaine, et de là le sol va en s'abaissant rapidement, et quelques centaines de pas plus loin, le
coteau vient se terminer vers le bord du Rhône.

Les mêmes apparences se montrent sur la rive droite du Rhône; les grands amas d'alluvion ancienne avec la même structure forment les falaises de Saint-Jean à Chatelaine, et de là à Aïres. Entre ces deux derniers points, la pente est en général plus douce vers le Rhône, à cause des éboulements; mais dans le haut, on voit des couches horizontales de béton dont les plus dures font saillie. Le rocher, çà et là orné de beaux arbres et surtout de chênes, prend un aspect plus pittoresque que ceux de Saint-Jean, qui sont à pic et nus. Çà et là aussi il y a des talus à leur base où sont des vignobles; ailleurs, le Rhône baigne le pied même du roc. Plus loin, à Aïres, le talus, cultivé en vergers, prairies et vignes, va du haut en bas, et on ne voit plus de rocher. Le haut de tous ces épais amas d'alluvion ancienne (de 26 à 32 mètres d'épaisseur) est aussi occupé par les glaises du terrain diluvien avec des blocs alpins. C'est ce qui forme les plateaux parfaitement horizontaux de Chatelaine, Vernier, Meyrin, Peney, etc., terrains tous cultivés, mais argileux et peu fertiles.

Ce limon, comme nous le disons, augmente d'épaisseur à mesure qu'on s'éloigne du bois de La Batie, en descendant le Rhône, remplissant un bassin formé dans les couches de l'alluvion ancienne, où l'on voit les masses de béton en saillie former comme des gradins en retraite. Des plaines de Saint-Georges, le niveau de la colline s'abaisse vers Aire, et le limon d'attérissement augmentant d'épaisseur, il atteint là le niveau du Rhône (au ravin de Saint-Georges), et continue à en former la berge gauche jusque loin au delà d'Onex. Il est mêlé de galets épars dans la partie supérieure.

Sur la rive droite du Rhône, entre Saint-Jean et Chatelaine, depuis sa jonction avec l'Arve, le limon d'attérissement manque dans beaucoup d'endroits, et presque partout l'alluvion ancienne occupe les falaises du haut en bas ; mais, vers Chatelaine, on voit, au sommet des falaises de cailloux, deux ou trois enfoncements remplis de limon d'attérissement mêlé de blocs alpins et de cailloux primitifs beaucoup plus gros que ceux de l'alluvion ancienne ; ces blocs et cailloux sont irrégulièrement disséminés et à distance les uns des autres, au milieu du limon. (*Voyez* le dessin.)

Au coteau de Champel, l'Arve a découvert et rongé de grandes crases qui présentent un amas de gros blocs, de galets et de gravier en couches horizontales, çà et là unis en poudingue béton, mais n'offrant point de couches en saillie. Les cailloux paraissent être beaucoup moins solidement unis que ceux du bois de La Batie. Au dégel ils tombent comme la grêle ; d'ailleurs, c'est également un assemblage de toutes les espèces de roches des Alpes. La partie supérieure de ces crases est aussi occupée par un lit de glaise sans cailloux. Dans le haut de cette crase, sous l'ancienne maison Pictet, on voit plusieurs blocs de 0,3 mètre, et un bloc de 1 mètre de diamètre, liés par le limon d'attérissement. Le sol de l'abord de la même campagne, du côté de la ville, et au-dessus de la campagne Duval, est de sable pur très épais, sans cailloux, et appartenant au terrain diluvien ou d'attérissement. Ce sable fin, au champ nommé du

Bourceau, forme un lit qui recouvre une masse de gravier et de galets (1).

Les crases de l'Arve, en montant de Carouge à Pinchat, sont aussi de terrain diluvien cataclystique, et les blocs y sont nombreux, gros et enfermés dans le limon d'attérissement (2).

Entre Champel et Conches, sous La Paumière, elles sont, dans les deux tiers supérieurs (20 à 30 mètres), de limon d'attérissement formant une grande masse indivise (*voyez* le dessin) où sont dispersés çà et là, dans le bas, des cailloux roulés sans ordre ni régularité; dans le haut, très éloignés les uns des autres, et en très petit nombre, se trouvent des cailloux céphalaires et péponaires de quartz et autres roches primitives, et même quelques blocs métriques. Il y a de grands espaces de ce limon qui ne renferme ni

(1) Entre l'Arve et l'Aire, au delà du moulin de la Queue-d'Arve, il y a, sur le bord de l'Arve, un très gros bloc de granit à découvert, accompagné d'un autre qui est presque aussi gros, et qui est en entier sous les eaux de l'Arve. Ces deux blocs étaient, en 1828, recouverts par des alluvions plus récentes de l'Arve, consistant en marnes grises sableuses, recouvertes elles-mêmes par des amas de cailloux plus ou moins gros, dont les inférieurs sont déjà consolidés en béton très dur et solide. Mais dès lors ces superstructures ont été détruites par l'Arve. Ces blocs, de même que d'autres plus volumineux qui gisent de l'autre côté de l'Arve, au bord de cette rivière, autour des jardins, paraissent provenir originairement du limon d'attérissement, détruit, ainsi que l'alluvion ancienne qui était au-dessous, par des érosions très anciennes de l'Arve ou de quelque autre torrent. Les blocs, anciennement fort élevés, trop gros pour être entraînés après la destruction des glaises ou des petits cailloux qui les soutenaient, sont tombés dans les lieux bas et dans les lits des rivières, Arve, Rhône, Allondon, etc.; d'autres sont tombés ailleurs, ainsi que dans le lit du lac.

(2) Pinchat, à la tuilière de Vessy, est à 17 mètres au-dessus du niveau du lac de Luc. *Modif. de l'athm.*

cailloux ni blocs. La sécheresse réduit le limon en petits grumeaux qui ressemblent à un gravier très fin ou à un sable grossier ; les eaux le délaient et en forment une boue épaisse ; les parties supérieures s'affaissent, le sol superficiel se fend, d'énormes portions glissent dans le lit de l'Arve ; d'autres plus dures résistent, demeurent comme des arêtes tranchantes, découpées en aiguilles élancées, d'affreux ravins se forment entre ces aiguilles. Tout cet épais limon repose sur un lit de 10 à 13 mètres de cailloux roulés ou de béton qui présente des indices de couches ou de pseudo-strates, et que l'Arve a taillées à pic. La ligne de démarcation entre ces deux terrains est parfaitement distincte : elle est ondulée, plus basse vers Champel et plus haute vers Conches et sous La Paumière. Il est par là clair que les blocs sont contemporains du limon d'attérissement, et postérieurs aux amas à pseudo-strates de cailloux et sable des bords de l'Arve et du Rhône.

Le Nant de Frontenex est formé dans le haut du même limon d'attérissement, reposant sur le béton, et les blocs qui en ont été détachés, et dont plusieurs sont fort gros, se voient dans le bas du vallon et dans le lit du ruisseau. Un sable gris jaunâtre se rencontre aussi dans les plateaux de Frontenex, Grange-Canal, La Boissière, Malagnon, Bel-Air, etc. Ce sable paraît supérieur au limon d'attérissement ; il est quelquefois pur et offre la structure bizarre des dépôts torrentiels, et une grande épaisseur (Voyez *Pl. I*), 3 à 5 mètres ; d'autres fois il est mêlé de gravier et alterne avec des lits de gravier et de cailloux roulés. Il paraît, dis-je, être supérieur au limon d'attérissement, sans quoi on pourrait le croire son équivalent. Ce qui prouve sa postériorité comme formation, ce sont : 1° les localités ci-dessus citées et celle de Cartigny, dont M. de Saussure a donné la section (*Voyage dans les Alpes*, § 55); 2° la circonstance que dans le plateau qui s'étend de Frontenex par Grange-Canal à La Boissière il se trouve toujours une grande quantité d'eau dans les parties inférieures de ce sable, eau retenue sans doute par la couche argileuse et imperméable du limon qui l'empêche de pénétrer dans les lits, au contraire éminemment perméables, de l'alluvion ancienne.

Mais les argiles grossières ou terres glaises que les tuiliers et les potiers emploient presque partout dans les environs de la ville, paraissent appartenir aux portions supérieures du limon d'attérissement ; par exemple, à La Terrassière, au dépôt très étendu qui forme le fond du vallon entre le Grand-Sacconex et Fernex, ainsi qu'aux tuileries du bois des Frères, au haut du Nant d'Avanchet. Dans ce dernier endroit, on voit la glaise pure occuper la surface, puis plus bas, en descendant vers le pont, sur le Nant d'Avanchet, se mêler de cailloux ; plus bas encore, les cailloux de l'alluvion ancienne règnent sans mélange d'argile.

Au-dessous de la capite de Vésenaz, on exploite une carrière de gravier très étendue, qui présente aussi de petits galets et une grande quantité de blocs péponaires, dans le grand nombre desquels je n'en ai vu qu'un seul qui fût métrique. Ces blocs sont surtout formés de grès et de calcaire, il y en a cependant aussi de primitifs. Au-dessus se trouve un béton diluvien formé de petits cailloux

Au hameau de Vésenaz, dessous, vers la croix, une carrière de gros sable et de gros et petit gravier présente des couches de gravier assez marquées, plongeant de 20° à 25° au nord-ouest, lesquelles sont recouvertes par des strates horizontaux de galets ovalaires souvent incohérents, et laissant entre eux des vides. En 1840, on avait dégagé du milieu de ces cailloux un bloc gigantesque (de 4 mètres de longueur sur 1 mètre de largeur et d'épaisseur), en forme de parallélipipède obliquangle, à angles et à arêtes presque vives. Une protogine schistoïde ou un gneiss talqueux forme cet énorme bloc erratique, trouvé isolé à la surface du sol, au milieu des petits galets supérieurs.

Les amas d'alluvion ancienne qui se voient dans la partie inférieure des crases de La Paumière forment aussi les anciennes berges ou crases de l'Arve, vers Gaillard, maintenant cultivées en vignobles, et éloignées du lit actuel de l'Arve.

Les bases du coteau de Monthoux, à Collonges-sous-Monthoux, etc., sont encore des amas des plateaux de galets et gravier d'alluvion ancienne recouverts, près de l'embouchure de la Menoge dans l'Arve, et plus haut, en remontant la première rivière, d'une argile grise, correspondant au limon d'attérissement diluvien.

Vers Langin, au pied des Voirons, et vers Ban, on voit des falaises assez élevées, et en forme d'arcs de cercle, comme celles qui sont sur les bords de l'Arve, près de Gaillard; ce sont les berges d'une rivière qui n'existe plus, peut-être un ancien lit de la Drance ou de l'Arve, car ils sont trop élevés et trop éloignés pour être ceux du Foron actuel, qui y coule. La nouvelle route, près de Ban, passe tout au travers d'une de ces falaises d'alluvion ancienne formées d'épais pseudostrates ou amas lenticulaires allongés de sable et de gros cailloux roulés alternants. Le village de Saint-Didier est sur une de ces hautes berges.

Toutes les berges de la Menoge, depuis Mournex jusqu'au pont Morand, appartiennent au limon d'attérissement qui recouvre quelquefois l'alluvion ancienne divisée en pseudo-strates. A l'embouchure même de la Menoge, dans l'Arve, c'est le limon d'attérissement ou argile grise qui domine, ainsi que vers le pont du Viézon.

Au-dessous de Vetra, le lit de la Menoge est de mollasse rouge, avec des marnes œillées, recouvertes de grands massifs de sable, d'argile et de galets terminés par des poudingues bétons. Au-delà, en remontant, aussi loin que l'on peut voir, la Menoge, des deux côtés, est toujours encaissée entre des berges de débris, sable, argile et galets Les mêmes débris continuent jusqu'à Reignier et aux environs de ce village, où les berges élevées autour de l'Arve ressemblent aux *crases* de Champel. Un sable fin argiloquartzeux et micacé occupe les hauteurs, et forme les petites berges du ruisseau dit le Foron, qui passe près Reignier. Ces terrains d'alluvion ancienne se font remarquer par les plateaux très horizontaux qu'ils forment et qui sont sillonnés profondément par les rivières. Les plateaux d'alluvion ancienne ou diluvienne, à l'est de Salève, sont de près de 50 mètres plus élevés que ceux qui sont à l'ouest; ce qu'on peut aisément voir, depuis les environs d'Annemasse, Etrembière, etc., et même depuis Cologny.

La commune de Reignier, sur un de ces plateaux, est remarquable par sa fertilité; le sommet du plateau est recouvert d'immenses champs de blé et de prairies, avec de grands noyers et de superbes chênes. Les berges des ruisseaux sont tapissées de broussailles, et celles de l'Arve, près du pont neuf, couvertes de vignobles. Cette fertilité provient probablement de ce que la glaise ou limon d'attérissement, ordinairement peu productif, est remplacé ici par des sables. Il en est de même entre Chênes et Genève, vers La Boissière et Frontenex.

Quelquefois, à la surface des plaines hautes ou plateaux horizontaux, l'alluvion ancienne n'est point recouverte par du terrain diluvien. Par exemple, aux plaines d'Ambilly, près la pierre à Bochet, une carrière de sable m'a offert la succession suivante du haut en bas : 1° terreau végétal, $0^m,16$; 2° débris et gros galets, 2^m; 3° sable de diverses grosseurs, granitique et varié, 2^m; 4° glaise et eau, profondeur inconnue. Toutes ces couches sont horizontales; le sable contient des veines bitumineuses brunes. Le bloc gigantesque primitif, dit pierre à Bochet, qui est auprès, montre que les blocs diluviens alpins sont superposés à ce terrain d'alluvion (1).

Les plaines entre Meirin et Bourdigny offrent encore un exemple de gravier, galets et sables, à la sur-

____

(1) La pierre à Bochet, crue d'origine druidique, est une protogine granitoïde subschistoïde; elle a environ 2^m de long, 0,49 à $0^m,34$ de large, et $2^m,3$ d'épaisseur; elle est presque ronde, comme un disque.

face des plateaux. C'est là où, en creusant une carrière de gravier, on a trouvé au milieu du gravier une quantité considérable de tombeaux formés de pierres plates du calcaire jaune oolithique du Jura, encaissés dans des amas de galets, et contenant encore des squelettes humains.

Fig. 1.

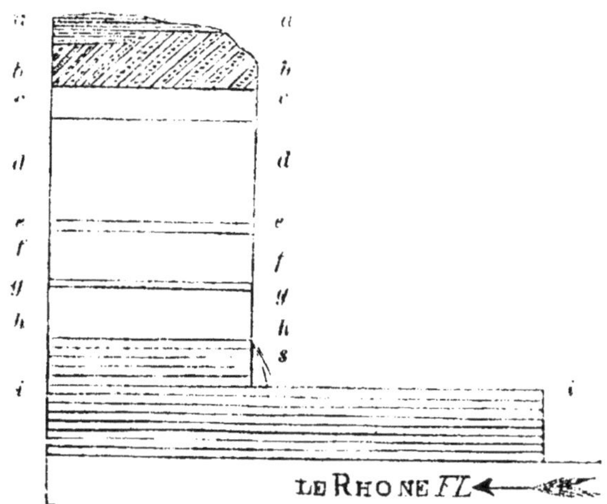

a. Couches horizontales de sable durci.
b. Couches inclinées alternativement de sable et de cailloux.
c. Sable avec petites couches de petits cailloux.
d. Gros cailloux mêlés de petits.
e. Sable.
f. Cailloux fins.
g. Sable.
h. Gros cailloux.
i. Mollasse à couches horizontales.
s. Source d'eau.

On voit par l'exemple ci-dessus la structure et la superposition de l'alluvion ancienne à la mollasse, à la carrière de mollasse de Vernier, exploitée en 1824. Là, entre le massif d'alluvion et les bancs de mollasse exploitée sur lesquels il repose, courent des sources d'eau qui paraissent s'être creusé des sillons de trois à cinq centimètres de profondeur à la surface de la mollasse.

En général, vu la grande perméabilité de ces amas de sables et de galets, on ne rencontre pas ordinairement de l'eau dans les terrains d'alluvion ancienne. Ce n'est que quand on est parvenu à la roche sur laquelle ce terrain repose, après l'avoir traversé, qu'on peut attendre des sources.

Aussi, c'est en vain qu'on persévéra plusieurs mois à forer, à Montbrilland, avec la sonde, un trou de plus de 26 mètres dans ce terrain, on ne trouva un peu d'eau que vers la surface, et alors on travaillait dans les glaises mêlées de cailloux du terrain diluvien ; dès qu'on eut atteint l'épais amas d'alluvion ancienne, il n'y eut plus aucun indice d'eau, et ces cailloux roulants, peu volumineux, dérangèrent continuellement et retardèrent considérablement les travaux de sondage.

Dans tous les terrains d'alluvion ancienne et diluvien d'attérissement, les niveaux supérieurs des plateaux sur les deux bords d'une même rivière, d'un même ravin, d'un même naut, sont si exactement égaux, qu'on ne peut douter qu'ils ne fissent partie d'un même plateau avant que la rivière, le torrent, le ruisseau qui coule au fond de la fente plus ou moins large qui les sépare maintenant n'eût creusé cette fente. Exemple : Saint-Jean et le bois de La Batie, Champel et Pincha, Nants de Frontenex, d'Avanchet, etc.

Au-dessus des plateaux horizontaux, dont les parties supérieures sont de limon d'attérissement ou de sables et graviers diluviens, s'élèvent, comme nous l'avons dit, de hautes collines arrondies et allongées formées de mollasse; mais même sur ces coteaux, et bien plus haut encore, ainsi que nous le verrons plus loin, et presque sur le sommet des montagnes, se trouvent dispersés des cailloux et blocs alpins plus ou moins volumineux. Sur les coteaux près de Genève, ils sont ou libres à la surface du sol, ou disséminés dans une autre sorte de limon, ou mêlés avec le terreau végétal, sur la pente et le sommet de ces coteaux; on en découvre dans tous les champs et les vignes, et tous les minages les plus profonds en amènent toujours de très nombreux et de très gros que les agriculteurs soigneux ont soin de sortir de leurs terrains. Mais, quelles que soient leur peine et leur attention à cet égard, chaque nouveau minage en met à découvert à peu près la même quantité, ce qui fait croire aux paysans que ces blocs recroissent ou repoussent de dessous terre, tandis que c'est le terreau végétal meuble que les pluies entraînent continuellement dans les lieux bas qui laisse à découvert des couches plus profondes encore remplies de cailloux et de blocs.

Il paraît donc que ce mélange d'argile grossière, de cailloux et de blocs de diverses grosseurs et de terreau végétal, qui recouvre partout la pente et le sommet des coteaux de grès mollasse au-dessus des plateaux diluviens, est la partie la plus récente du sol de transport ancien, produit aux époques si diverses du *diluvium* et de l'alluvion ancienne.

En creusant des galeries et des puits, dans les an-

nées 1825 à 1828, au-dessus de Cologny et de Vandœuvres, des portions assez instructives de ce terrain
diluvien superficiel ont été traversées. Une galerie
ouverte, en 1828, dans le chemin de Cologny à Bessinge, à environ 117 mètres au-dessus du lac et 39 à
peu près au-dessus du niveau du grand plateau de
Chênes, Frontenex, etc., pour trouver de l'eau, a d'a-
bord été creusée à travers le limon d'attérissement
rempli de cailloux de un à deux pieds de diamètre,
les uns primitifs, d'autres de calcaire alpin, de grès
et de poudingue à grain fin ; puis il a fallu traverser un
bloc de granit ou protogine porphyrique long de 4
mètres, qu'on a dû faire sauter en partie avec la poudre pour y percer la galerie. Plus bas que ce gros
bloc de granit, et séparé par le limon argileux et glai-
seux, était un bloc, épais d'un pied et long de plusieurs pieds, d'un grès gris compacte à grains très fins
et très durs, semblable à ces blocs de grès dur épars
aux environs des Ayères et de Servoz. Immédiatement
sous le bloc de granit, on peut remarquer la superposition du limon d'attérissement à la marne d'eau
douce. Dans les puits creusés à différents endroits sur
la même route, en 1825, au-dessus du premier, l'é-
paisseur du limon diluvien à cailloux et blocs s'est
trouvée fort différente suivant les divers puits. Dans
l'un elle était de 0,6 à 1^m,3, dans un autre de 4^m,
dont les 2^m inférieurs reposant sur les marnes du
gypse étaient mêlés de rognons de gypse. Ailleurs,
l'épaisseur s'est trouvée de 6^m ; c'était une argile
dure, d'un gris foncé, avec des cailloux disséminés
primitifs et secondaires, de la grossenr d'un grain de
haricot à celle d'un œuf de cigne, fort espacés. Vers

le milieu, cette argile était traversée par des veines d'une même argile mêlée de sablon jaune, et elle reposait sur la lignite d'eau douce.

Dans un puits ouvert à Vandœuvres, en 1827, le diluvium de la surface renfermait un bloc de granit d'environ $1,3^m$ de diamètre, lequel, dans sa partie inférieure, offrait une zone de 3 décimètres d'épaisseur de granit décomposé.

Le limon d'attérissement du bois de La Bâtie se prolonge jusqu'à Lancy, au sommet du coteau, sur les couches en saillie du béton d'alluvion ancienne. Au delà du pont, sur l'Aire, entre Lancy et Onex, ce même limon repose en masses très épaisses sur une marne argileuse bleuâtre, contenant de petits rognons irréguliers d'une marne terreuse d'un blanc jaunâtre tachante; ces rognons varient pour la grosseur depuis le diamètre d'une lentille jusqu'à celui d'une pièce d'un franc et plus. Dans la partie inférieure, ces marnes bleuâtres prennent l'apparence des marnes du gypse, et peut-être appartiennent-elles à cette formation. Cette même marne se montre en deux ou trois endroits, entre Onex et Confignon, sur le bord de l'Aire, où elle forme de petits escarpements. Toutes les berges de ce ruisseau sont d'ailleurs entièrement cachées par la végétation qui couvre une grosse terre fort argileuse, mais blanchâtre, appartenant au limon d'attérissement.

On a souvent trouvé en labourant quelques vignes, à Onex, des corps cylindriques ou subglobuliformes d'un calcaire marneux jaune tachant, dont les uns ont une grossière ressemblance avec des tiges ou de gros anneaux d'encrines percés à leur centre, et les autres à des bassins des mêmes zoophytes. Je n'ai pu réussir à trouver en place ces singuliers corps, qui se rapprochent de la nature des ostéocolles des anciens minéralogistes. Le sol des vignes où on les trouve ne m'a présenté qu'un gros terrain grossier et argileux, sans aucune roche en place. Il est vrai que dans les champs du même terrain, sous Confignon, et dans les petits escarpements d'argile ou de glaise le long de l'Aire, je trouvai beaucoup de rognons irréguliers, mamelonnés ou aplatis, de marne jaune, les uns petits, les autres assez gros, disséminés dans la glaise, le limon d'attérissement ou la marne du gypse, ce qui me fait supposer que les ostéocolles susdites étaient des masses semblables provenant du limon d'attérissement diluvien ou plus probablement des marnes du gypse.

Le fertile territoire d'Onex et de Bernex paraît reposer sur le limon d'attérissement.

D'Onex à Loex, et de là jusqu'au Rhône, continue le plateau diluvien, plat, aride, mais cultivé. Le haut est de limon d'attérissement, mêlé de cailloux roulés; le bas, d'alluvion ancienne avec des couches de béton. Dans ce massif sont des ravins étroits, courts, profonds et tortueux, creusés par les eaux. Vers Chèvre, hameau de Loex, l'alluvion ancienne et le limon qui la surmontent reposent sur la mollasse rouge et remplissent les creux et petits bassins de sa surface irrégulière.

De Laconnex à Soral, le plateau est encore d'alluvion ancienne, couronné par des amas de béton. Les bords de la Laire aux carrières de Soral montrent la mollasse rouge et verte recouverte par d'épais amas diluviens qui forment les berges profondes de la Laire, et les plateaux qui s'élèvent au-dessus de l'autre ruisseau, nommé l'Aire, vers Feiry et autour de Saint-Julien.

Le plateau de Saint-Julien et Soral se réunit à celui de Loex, et offre un grand nombre de coupes sur les bords du Rhône, qui y fait de nombreux et grands circuits.

L'une de ces coupes est celle de Cartigny, déjà décrite par M. de Saussure, *Voyage dans les Alpes*, § 55. On y voit une falaise de 83 mètres de hauteur au-dessus du niveau du Rhône, correspondant à l'épaisseur du plateau ; le Rhône est là à 25 mètres au-dessous de son niveau à la sortie du lac ; ce qui fait que la plaine de Cartigny a 56 mètres au-dessus du lac.

Cette épaisseur de 83 mètres se compose du haut en bas : 1° de terreau végétal ; 2° de lits horizontaux de sables et de gravier ; 3° de lits plus épais de sable très fin, formant ensemble les premiers 19 mètres ; 4° 23 mètres de limon d'attérissement ou d'une seule couche d'argile presque indivise, mélangée çà et là de cailloux épais ; 5° 40 mètres d'alluvion ancienne : dans la moitié supérieure, les cailloux sont libres et roulants ; dans la moitié inférieure, ils sont liés en béton par un ciment stalactitique.

Au delà d'Avully, le limon d'attérissement augmente en épaisseur, et forme entre Avully et Chancy des collines assez élevées, au lieu de plateaux, comme il en forme près de Genève. Ces collines sont en général assez nues et incultes. A leur pied sont des marais ou prés marécageux.

Les collines sur lesquelles Avusy est bâti, vues de Chancy, frappent par leur couleur blanche; elles sont toutes de sable blanc, et se prolongent assez vers Soral; elles sont en partie cultivées, et il y a même des plantations sur leurs pentes sablonneuses. De leur pied sortent de nombreuses sources. On me dit qu'en 1816 il en sortit un torrent furieux qui inonda les environs, les couvrit de beaucoup de sable et y occasionna de grands dommages.

Ce sable est blanc, quartzeux, micacé, dans certains endroits assez tenace pour rester debout comme des murs verticaux lorsqu'on l'a exploité; dans d'autres, il forme des talus rapides, il est divisé en petites couches assez régulières qui paraissent horizontales, mais qui réellement plongent de quelques degrés contre le Jura, c'est-à-dire au nord-ouest. Çà et là ces couches sont mêlées de rognons irréguliers de 3 à 5 centimètres d'épaisseur d'une marne très tendre d'un blanc jaunâtre. Ces rognons, espacés entre eux, sont rangés sur une même ligne parallèle aux couches. Au-dessus de la couche qui les renferme est une mince couche marneuse, qui paraît formée par des rognons semblables, mais plus gros et rapprochés sans intermédiaire de sable.

Au pied de la colline d'Avusy est une masse de mollasse ou grès très dur; la surface de cette masse est comme mamelonnée et travaillée par les éléments; sa couleur est d'un gris foncé. Je crus d'abord que c'était une roche en place, recouverte par les amas de sable, et que ces sables provenaient de la décomposition d'une mollasse semblable. Mais je remarquai qu'il n'y avait point de parallélisme entre cette mollasse et les couches de sable. Je dus donc considérer ce bloc comme hors de place. Cependant, tout près de là est une autre masse de mollasse qui ressemble fort à celle-ci, mais qui est beaucoup moins compacte et beaucoup plus tendre et friable; elle a des couches parallèles à celles du sable, elle se résout en sable et passe insensiblement aux couches sableuses sur lesquelles elle repose; ce qui fait que, dans l'incertitude, j'ai exprimé sur la section ci-jointe, section naturelle, et qui est en même temps un dessin de la localité, le premier de ces blocs de mollasse à la place qu'il occupe, laissant ainsi pour le moment dans le doute si ces amas de sable avec leurs rognons et couches de marne sont réellement diluviens ou s'ils sont alluviens, et si les eaux les ont arrachés des mollasses tertiaires qui se trouvent en place le long de la Laire, au-dessus de Saint-Julien, ou des couches de grès de Verrières sous Salève, exploitées au-dessus d'Archamp, à la source du même ruisseau.

Au-dessus des lits que nous venons de décrire, séparée d'eux par la route qui mène de Chaney à Avusy, et placée immédiatement au-dessous des maisons d'Avusy, paraît une autre couche de sable qui semble d'une nature différente des précédentes, quoiqu'elle se confonde vers le bas avec le sable blanc dont j'ai parlé. Ce sable supérieur doit être décidément diluvien; il est grisâtre, assez fin, disposé en petites couches irrégulières et mêlé de petits lits de gros sable et de gravier dont les galets sont de diverse nature, et ressemblent à ceux des graviers du béton de l'alluvion ancienne. Dans ce monticule, on a ouvert plusieurs creux pour exploiter le sable, et je trouvai répandus à sa surface divers ossements légers, très poreux, fragiles, colorés en brun rougeâtre, et quelques-uns fort décomposés. Ces os, qui ont une grande ressemblance extérieure avec les os fossiles des sables diluviens, sont très abondants dans ce monticule de sable ; mais ayant rapporté de là des vertèbres, des mâchoires, un omoplate, un crâne et divers petits os, et ces ossements ayant été comparés avec soin avec ceux du bœuf domestique, il n'a pas été possible d'y reconnaître la moindre différence un peu importante. Il est donc à croire que dans des temps sans doute historiques, mais très reculés, à en juger par l'état de

Fig. 2.

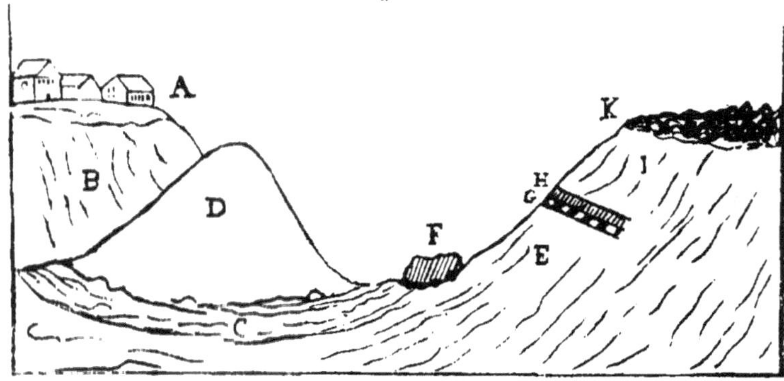

A. Village d'Avusy.
B. Côte de sable et de gravier.
C. Route d'Avusy à Chancy.
D. Monticule de sable et de gravier pleins d'ossements de bœufs.
E. Côte de sable fin.
F. Bloc ou rocher en place de mollasse ou de grès dur.
G. Couche de sable contenant des rognons marneux.
H. Couche de marne.
I. Sable fin.
K. Terrain cultivé.

ces os et à une époque d'une grande épizootie, des troupeaux entiers de gros bétail auront été enfouis dans ces sables.

Il en est de même d'une multitude d'ossements de moutons trouvés dans le sable de la campagne dite la Cuisine à Frontenex; mais ici on a pu se rappeler qu'il n'y a pas beaucoup d'années qu'un troupeau entier de moutons, détruit par une maladie contagieuse, fut enseveli dans ce lieu. Comme ces deux cas étaient les seuls où j'eusse trouvé des ossements dans nos terrains diluviens, j'ai dû mettre quelque soin à constater que les os n'appartenaient réellement pas à ces terrains, mais que leur existence était beaucoup plus moderne.

La circonstance mentionnée plus haut, que de nombreuses sources sortent au pied des collines qui environnent Avusy, paraît prouver que les sables dont elles sont formées reposent ou sur le limon d'attérissement, ou au moins sur les marnes du terrain d'eau douce; car ces deux sortes de couches sont également imperméables.

Après avoir décrit les terrains diluviens sur la rive gauche du Rhône, suivons-les sur la rive droite à partir de la ville.

Le plateau de Saint-Jean et de Chatelaine dont nous avons parlé se prolonge, d'un côté, vers le petit Saconnex, de l'autre sur le Montbrillant, et il va se terminer à Varembé et Morillon, là où commence la mollasse du coteau de Pregny. On a pu s'assurer, au moyen d'un puits foré à Mont-Brillant, que la succession des lits étaient là, comme à Saint-Jean, dans le haut, le limon d'attérissement, tantôt pur, tantôt mêlé de galets épars; dans le bas, les galets de l'alluvion ancienne. On a constaté que là ces masses de galets descendaient à plus de 26 mètres au-dessous de la surface du sol, et même jusqu'au-dessous du niveau du lac.

Les mollasses du Nant du Vaugeron sont recouvertes, à Chambeisy et dans les prés et les champs attenants, d'un terrain diluvien à blocs nombreux péponaires et métriques, de gneiss glanduleux à gros grains, de grès du terrain d'anthracite, etc.

A l'ouest et au nord-ouest de Saint-Jean et de Chatelaine, les mêmes terrains s'étendent, d'un côté, jusqu'à Aïres et au-delà, et jusqu'au Nant d'Avanchet, près Vernier. Avant d'arriver là, on trouve à la tuilière du bois des Frères deux couches d'une argile grossière ou marne mêlée de petits rognons d'une marne terreuse, blanchâtre, tachante, comme on en voit près de Lancy, d'Onex et dans le Nant de la Léche sur Archamp. Ce qui prouve que cette argile, exploitée pour la fabrication des tuiles, n'appartient pas à la formation des marnes de gypse qui se trouvent à peu de distance au-dessous, dans le Nant d'Avanchet, c'est qu'en montant le ravin du bois des Frères, on s'assure qu'elle recouvre les cailloux du terrain diluvien. Des deux couches de cette argile, l'inférieure est bleue, et la supérieure d'un gris brun.

Mais au haut du Nant d'Avanchet et sur ses deux rives également, on voit l'alluvion ancienne fort épaisse (reposant sur la mollasse rouge et sur les marnes du gypse, et recouverte par le limon d'attérissement, sur lequel sont, d'un côté, le bois des Frères, de l'autre les vignes et le village de Vernier) descendre jusqu'au niveau du Rhône, séparée seulement par ce fleuve des terrains diluviens de Loex et de Chèvre qui sont sur la rive gauche.

L'alluvion ancienne, à l'est du moulin de Vernier, au pied de la colline diluvienne de la berge gauche du Nant d'Avanchet, présente, sur une épaisseur de plusieurs mètres, une succession de lits alternatifs, horizontaux et très réguliers, de cailloux libres pugillaire et céphalaires, de graviers et de sables. C'est sur ces amas que reposent les glaise de la tuilière. Dans le vallon même du Nant d'Avanchet, mais non dans celui des Frères, ces couches sont le plus souvent consolidées en béton. Plus bas, en descendant le Rhône et après avoir passé les rochers de mollasse sur lesquels s'élève la campagne de Virvaux, on retrouve presque au niveau du Rhône, et séparée seulement, par une petite épaisseur de mollasse exploitée en 1824, la masse d'alluvion ancienne dont j'ai donné la section (*fig.* 1).

Le plateau diluvien de Vernier continue à Meirin et à Saint-Genis; là, les rives du Lion et de l'Allondon en sont entièrement formées. Le limon d'attérissement, semblable à celui qui recouvre le béton au bois de La Bâtie, recouvre aussi tout le pays, depuis Vernier à Satigny; on le voit de même formant de petites collines incultes entre Satigny et Penay. Le *nant* profond qu'on traverse entre Satigny et Russin présente dans le haut une masse épaisse de limon d'attérissement des deux côtés; ce limon repose là sur des marnes du gypse ou de la mollasse rouge. Au-dessus du limon, on trouve, du côté de Satigny, une couche de glaise ou argile plastique bleue. Jusqu'à Russin, le sol du plateau cultivé appartient au limon d'attérissement, lequel constitue aussi la pente rapide qui descend à l'Allondon ; il forme les deux berges élevées et rapides qui bordent ce torrent vers son embouchure dans le Rhône : ces berges sont cultivées en vignes près de Russin, et en vignes et en prairies près de Dardagny. Partout la surface du terrain est glaiseuse et boueuse. On n'aperçoit le béton d'alluvion ancienne sur lequel repose ce limon que dans le fond de la rivière, et sur ses bords à la surface de l'eau. Ainsi, ici le limon doit avoir une épaisseur de 50 à 70 mètres.

C'est dans l'Allondon, entre Russin et Dardagny, qu'a été trouvée la défense d'éléphant fossile qui est dans le cabinet de M. de Saussure; elle provenait probablement du limon d'attérissement. D'après les informations que j'ai prises sur les lieux, car je n'ai pu trouver à cet égard d'indication dans aucun ouvrage ni aucun journal, il paraît qu'elle fut trouvée (on ne dit pas l'époque, qui doit être il y a environ 40 ou 50 ans) par le meunier, en cherchant du bois non loin du moulin, après une crue de la rivière. Cette découverte fit grand bruit dans le village. Je tiens ce fait du sieur Saint-Jean, aubergiste à Dardagny, et alors maître d'école, qui, en 1824, se souvenait fort bien de l'avoir vue. C'est là, avec un fragment d'une autre défense d'éléphant trouvée sur la rive gauche du Rhône, près de la petite Grave, et conservée par M. M. A. Pictet dans sa collection, maintenant au Musée de Genève, les seuls ossements peut-être vraiment fossiles ou appartenant à des animaux antédiluviens qui, à ma connaissance, aient été trouvés dans les terrains de transport diluviens, entre le Jura et les Alpes.

Les cailloux roulés de l'Allondon offrent les mêmes variétés de calcaire, de grès et de roches primitives que le béton, dont ils paraissent dériver, et que les bords du lac du Rhône et de l'Arve. Au-dessous de Chalex, de basses falaises d'alluvion ancienne forment un promontoire autour duquel le Rhône tourne ; et plus à l'ouest, on voit d'abord sur la rive gauche, puis sur les deux rives, de hautes berges à pic de béton, surmonté de la glaise d'attérissement, fort nues et arides.

En remontant la London, on trouve ses berges constituées, comme nous l'avons dit ci-dessus, jusqu'au point où le ruisseau qui descend du village d'Allemogne se jette dans cette rivière ; seulement le béton s'y élève davantage, et forme des rochers près de l'église de Malval, et vis-à-vis, *aux Baillets*. Au-dessus de ce confluent, le lit de la rivière est jonché de très gros et beaux blocs de roches primitives, telles que euphotides, serpentines, protogines schistoïdes glanduleuses, semblables à celles qui bordent le lac du Bréven, etc. Plus haut, et pendant un assez long espace, la rivière coule entre des berges et sur un lit de mollasse, au-dessus de laquelle s'élèvent, sous Choully, des amas de 16 mètres d'épaisseur d'alluvion ancienne et de limon d'attérissement. La mollasse continue plus haut à border l'Allondon, toujours surmontée par les terrains diluviens jusqu'aux moulins Turrettini ; de là, et depuis son confluent avec le Lion, vers Saint-Genis, la rivière ne traverse plus que des plateaux d'alluvion ancienne.

Ce même terrain, surmonté ordinairement par le limon d'attérissement, continue, des deux côtés de la grande route de Genève à Lyon, à séparer les grès des coteaux de Satigny et de Dardagny du calcaire de la chaîne du Jura; il s'étend partout, et jusqu'à Collonges, près du Fort de l'Écluse, le long des bases de cette chaîne. Collonges est à 121 mètres sur le lac, ou 487 sur la mer (De Luc). Il remonte aussi assez haut sur les flancs du Jura, où l'on voit, surtout dans les environs de Farges, de gros blocs de protogine et autres roches des Hautes-Alpes joncher la pente orientale du Jura, et se mêler avec les éboulements calcaires provenant de cette montagne.

C'est cette large et épaisse lisière de blocs, de cailloux roulés et de limon, qui s'étend entre les coteaux de la plaine et les rochers en place au pied de la montagne, qui a jusqu'à présent empêché de trouver le contact des grès et mollasses de la plaine et des calcaires du Jura.

En observant l'ensemble des terrains diluviens placés entre Salève et les Voirons à l'est, le mont de Sion et le Vouache au sud-ouest, et le Jura à l'ouest, on remarque que la hauteur des plateaux horizontaux qui en sont formés va toujours en augmentant, et que ces plateaux s'élèvent par gradins successifs à mesure qu'en partant de Genève on s'approche de ces diverses montagnes. C'est ce qu'il est facile de saisir en se plaçant sur la sommité de quelqu'une des collines de mollasse qui avoisinent cette ville, comme près de Tournay, sur le coteau de Pregny, ou de Bessinge, sur celui de Cologny.

Excepté les argiles plastiques, qui se trouvent par-

fois au haut des glaises diluviennes, le limon d'attérissement ne fournit rien qui puisse être employé
dans les arts, et la nature argileuse et tenace de cette
glaise paraît nuire à la végétation et à l'agriculture
plutôt que de les favoriser. Les cailloux roulés de l'alluvion ancienne sont employés pour la maçonnerie,
et fournissent d'excellents et abondants matériaux
pour ferrer les routes.

SECTION II.

Prolongement de ces terrains à l'ouest et au sud-ouest.

Comme nous avons déjà indiqué les blocs déposés
sur les pentes du Jura, nous renvoyons pour plus de
détails au Mémoire de M. De Luc neveu.

Après avoir passé le Fort de l'Écluse, la route
commence à Longeret, en descendant sur Bellegarde,
à tourner le Petit Credo, immense amas de blocs alpins et de galets diluviens parfois réunis en béton,
surtout dans la partie supérieure, où de grandes
berges de cailloux libres et roulants sont recouvertes
ou pénétrées par des couches ou masses lenticulaires
horizontales, morcelées et bizarrement suspendues,
de ce béton. Ces terrains diluviens reposent dans le
haut de la route sur la mollasse coquillière contemporaine des terrains subapennins, et plus bas on les
voit recouvrir le grès vert. Mais, près de Bellegarde
et vers le bas de la descente, on trouve un béton qui
paraît plus récent, car il n'est formé que de cailloux
roulés de calcaire du Jura.

Les terrains diluviens du sommet du Petit Credo
sembleraient, par leur structure en pseudo-strates et

par leur composition toute de sable et de cailloux roulés, sans limon d'attérissement, appartenir à l'alluvion ancienne; mais, tant en haut qu'en bas, on voit que des blocs paponaires ou métriques, et même plus gros encore, se mêlant à la grande masse de cailloux ovulaires, pugillaires et céphalaires qui composent ce grand amas, ce qui, comme nous l'avons vu, n'arrive jamais dans les alluvions anciennes des environs de Genève.

Dans le milieu et le bas de la descente, le terrain diluvien forme comme une couverture morcelée qui descend très bas sur le penchant de la colline, du côté du Rhône et à la hauteur d'Avanchy. Là, dans sa partie inférieure, il est mêlé d'un sable blanc qui provient de la décomposition de la mollasse tertiaire sur laquelle il repose.

Si du pont de Lucey, sur la perte du Rhône, on

Fig. 3.

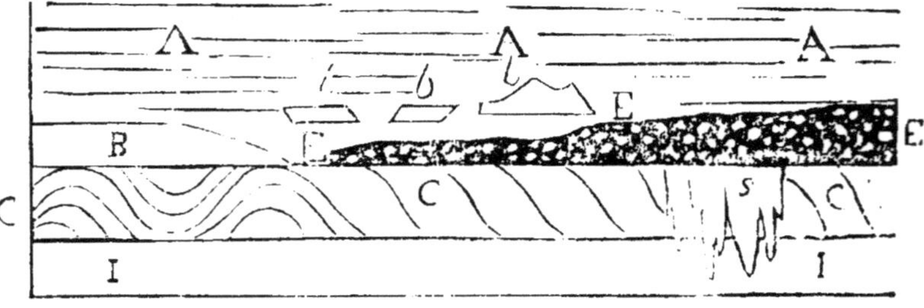

A. Petits cailloux en couches horizontales.
B. Grès vert uniforme.
b. Blocs anguleux du même grès enfermé dans A.
C. Sable vert et grès vert contournés.
1. Sable vert et grès vert alternant.
5. Masse de stalactites calcaires.

suit, en remontant ce fleuve, sa rive droite jusqu'au delà des rochers qui contiennent l'asphalte, on se trouve au bas d'un très profond ravin dont la partie inférieure pénètre dans les masses stratifiées de grès vert, et le haut est formé de diluvium en énormes masses de béton et de cailloux libres. La superposition de ce dernier terrain à celui du grès vert se voit distinctement sur la face escarpée d'une falaise à pic. On remarque qu'une portion considérable du strate supérieur du grès vert avait été enlevée peu avant l'époque du dépôt diluvien ; car on voit encore au milieu des blocs et cailloux roulés des fragments et blocs anguleux de grès vert qui se suivent dans le sens de la couche dont ils ont été détachés, et dont ils forment comme le prolongement. C'est immédiatement au-dessus de la couche inférieure du diluvium, composée de blocs primitifs de 3 à 6 décimètres de diamètre , que se trouvent ces fragments anguleux de grès vert ; entre ces fragments, et dans les lits qui les surmontent, on ne voit plus que de petits cailloux disposés par couches horizontales. Les eaux qui coulent entre le béton ou terrain diluvien et le grès vert ont déposé, sur la surface à pic de ce dernier, une masse stalactitique d'un spath calcaire très cristallin et très tenace.

Sur les pentes rapides qui de ces rochers descendent au Rhône, s'offre un terrain bouleversé par les eaux ; des pics et aiguilles isolées de grès vert recouvertes de chapeaux de béton y sont dispersés, et la terre est sillonnée de ravins.

De Bellegarde à Pont-d'Ain, on ne voit plus de blocs alpins sur le bord de la route, du moins n'en ai-je pas aperçu ; tous les cailloux m'ont paru être des débris des montagnes voisines et appartenant tous au calcaire du Jura ; mais au delà de Pont-d'Ain, sur la route de Bourg, dès qu'on a passé les derniers chaînons de la chaîne du Jura, on retrouve des amas plus ou moins épais de cailloux et de blocs alpins primitifs, qui forment même, en approchant de Bourg, des monticules assez élevés. Je n'en ai plus revu au delà de l'église de Brou, ou, pour mieux dire, en venant de Mâcon par Bourg ; c'est un peu après avoir passé cette église que j'ai vu les premiers blocs et cailloux alpins. Tout le bas pays situé entre Bourg et Mâcon est tellement dénué de toute espèce de cailloux, qu'on est obligé d'amener de gros quartiers de calcaire à gryphites des collines à l'ouest de Mâcon pour ferrer les routes.

Brou, ou peut-être Bourg, serait donc un des points formant de ce côté-ci la limite occidentale des cailloux et des blocs transportés des Alpes.

Au sud-ouest et sud-sud-ouest de Genève, sur la rive gauche du Rhône, immédiatement au delà de Chancy, on voit que les falaises élevées et verticales du Rhône sont formées de couches horizontales du terrain diluvien ; on ne sait si c'est de l'alluvion ancienne ou un équivalent du limon et des sables d'attérissement. Le bas de ces falaises est tout de galets peu volumineux (columbaires et pugillaires) ; plus haut, leur volume augmente, et ils deviennent céphalaires. Tout à fait en haut, ils sont mêlés de blocs péponaires et quelquefois métriques. Ce qui est remarquable, c'est que çà et là, parmi les petits cailloux du bas des falaises, on voit quelques blocs céphalaires et même péponaires, ce qui porterait à croire que ces dépôts appartiennent aux portions supérieures du terrain diluvien et non à l'alluvion ancienne. Quelquefois ces amas sont consolidés en béton ou en poudingues très durs et compactes mêlés de grés, et les cailloux et les blocs sont en général liés entre eux par un ciment stalactitique. Plus loin, le profond Nant de Cologny s'est ouvert dans un amas de cailloux et de blocs, amas dont l'épaisseur du bas du Nant en haut est d'environ 100 mètres. En suivant la surface de ce plateau diluvien, on arrive au pied du Vouache, dont tout le versant oriental est, à une hauteur considérable, flanqué d'un dépôt d'une énorme épaisseur tout formé de cailloux roulés et de gros blocs des Alpes, parmi lesquels dominent des protogines, des syénites et des poudingues du Trient. Ces blocs sont de ceux que M. Brongniart nomme gigantesques. Ce dépôt forme une zone dont la hauteur verticale est d'environ 195 à 292 mètres : ce n'est que lorsqu'on l'a franchie que l'on atteint les rochers calcaires qui forment le corps et le sommet du Vouache. Le terrain calcaire commence là où cesse le dépôt diluvien, et les couches calcaires sont ou nues et arides, ou seulement recouvertes de broussailles, ce qui fait que la limite entre les deux terrains se distingue facilement de loin.

Au hameau de Dingy de la commune de Vulbin, le dépôt diluvien quitte la montagne du Vouache et forme le mont de Sion, qui ferme au sud-sud-ouest la vallée du lac Leman. Le plus haut point de la route, entre Leluiset et Frangy, est élevé de 271 mètres au-dessus du lac (Saussure); le dépôt est là aussi épais et de même nature ; et à une hauteur semblable à celui du pied oriental du Vouache, il repose sur des grès mollasses. M. de Luc a donné une notice détaillée sur les blocs de cette montagne dans son Mémoire faisant partie de ceux de la *Soc. d'Hist. nat. de Genève*. Au haut du passage, entre Le Chable et Cruseilles, sur le bord de la route, les cailloux sont réunis en lits de béton grossier. De ce point culminant, on voit le terrain diluvien descendre en coteaux à pentes douces, fertiles et entièrement couverts de végétation et de cultures, et s'étendre ainsi jusqu'aux Ousses et bien au delà. Nous verrons plus loin que ce terrain est limité, vers Brogny et Annecy, par des dépôts d'alluvions toutes calcaires, qui constituent en particulier tous les galets du petit lac d'Annecy.

SECTION III.

Prolongement au nord et nord-est, rive droite ou septentrionale du lac du Rhône et Jorat.

Un bloc énorme de pétrosilex isolé dans les bois de Cran a souvent attiré l'attention. Vers Nion, de grandes masses d'alluvion ancienne forment au bord du lac des falaises de 20 à 26 mètres de haut, et se prolongent à l'ouest en forme de coteaux. La section qu'on a faite de l'un de ces coteaux, en 1833, pour y faire un petit chemin de fer destiné à faciliter les travaux du nivellement de la route, a montré que ce terrain de gravier et de sable alternant entre eux est là régulièrement stratifié, et que les couches plongent d'environ 30° au sud-est. Ce gravier est tout composé de cailloux alpins, calcaires gris, roches primitives, etc. Entre Cran et Nion, il y a des couches assez épaisses d'argile ou glaise bleue employée aux tuileries : c'est probablement du limon d'attérissement, supérieur à ces amas d'alluvion ancienne. La surface très plane de ce plateau diluvien s'étend, à l'ouest et au nord-ouest, jusqu'au pied du Jura, et ce dépôt remonte très haut sur les flancs de la montagne, comme on le voit en suivant la route de Saint-Cergues; au nord, il s'élève encore; et vers Bassin et Begnin, il se réunit à l'énorme masse diluvienne qui, s'étendant de là jusque vers Aubonne, constitue la haute colline dite de la Côte, dont le point culminant s'élève à 880 mètres de hauteur absolue ou à 514 mètres au-dessus du lac.

Ces amas diluviens ne constituent pas cependant toute la hauteur de cette colline, car on les voit reposer sur des couches de mollasse ou des marnes de cette formation qui s'élèvent presque à la moitié de sa hauteur, d'abord vers le pont de la Promentouse, entre Nion et Rolle; puis plus haut, à Saint-Vincent, entre Bursins et Gilly; puis, en allant de là vers le nord-est, à Vincy et à Bugnot, où se trouve une grande exploitation de mollasse rouge. Mais en descendant de ces mollasses vers le lac, on trouve de nouveau le sol des vignobles de la Côte formé de diluvium. A Saint-Vincent, le pied de la colline est formé par une mollasse à grains fins, tendre, et qui se décompose en sable ; au-dessus on voit s'élever le terrain diluvien, composé principalement d'amas de galets incohérents, ovulaires et pugillaires, mêlés de sable, et en lits épais, avec quelques amas lenticulaires de sable parsemé de petits cailloux amygdalaires disséminés. Dans la partie inférieure de ce terrain, paraissent quelques masses de béton, et ce sont-elles qui sont en contact avec la mollasse. Ce contact présente des apparences trompeuses d'intercalation entre les couches de la mollasse et celles du béton, ainsi que des alternances non moins illusoires de la mollasse avec les sables durcis mêlés de cailloux et appartenant au béton diluvien. Tout le haut du plateau, entre Vincy et La Gillière, est composé de glaise, avec quelques grosses pierres.

Dans les ravins au-dessus de Saint-Vincent, Vincy, etc., il y a de gros blocs de roches primitives, et avec celles-ci des poudingues du Trient, et beaucoup de gros blocs d'un grès à gros grains ou d'une brèche à grain fin, tels qu'on en voit en place dans les parties mitoyennes et supérieures des Voirons.

Lorsque de Rolle on se rend par le village de Mont et par Gimel au haut plateau de Bierre, plateau qui s'élève de 533 à 568 mètres au-dessus du lac (*Bibliothèque universelle*, juin 1821, p. 710), également diluvien, et qui se rattache immédiatement à la colline de la Côte, on voit au sommet de cette colline, et vers les faibles restes du château de Mont, les sables et les glaises dominer avec un mélange de quelques cailloux ovulaires et pugillaires alpins, et de quelques blocs métriques primitifs. Au-dessous paraissent d'épais amas de galets roulants sans aucun bloc et presque sans sable. La structure à pseudo-strates est très indistincte dans ces amas.

De ce point, le sol s'étend horizontalement en plateau élevé vers les villages de Gimel et de Bierre, et de là à la base du Jura offre en proportion dominante des cailloux de calcaire blanc du Jura. mélangés de galets alpins. Il y a aussi des dépôts de glaise autour de Bierre, exploités pour la fabrication des tuiles et des briques.

Là se trouvent les puits de boue connus sous le nom de *bonds*, qui ont été décrits par M. Gilleron dans le *Dictionnaire géographique* du canton de Vaud, par Levade, article *Aubonne*, rivière, et plus récemment par M. Nicati fils, dans le *Journal de la Société Vaudoise d'utilité publique*, juillet 1834, p. 302 et suivantes. D'après ces descriptions, les phénomènes présentés par ces puits ou *bonds* paraîtraient avoir de l'analogie avec ceux des salses. Cependant après avoir, en avril 1838, examiné avec attention les *bonds* de Bierre et tout le district environnant, les idées que je me suis formées sur les causes de ces singuliers puits de boue sont un peu différentes. Voici d'abord ce que j'observai. La source de l'Aubonne sort au fond d'un entonnoir de 30 mètres environ de profondeur, creusé au milieu de ce plateau diluvien composé de cailloux jurassiques et alpins. Près de là paraît le premier *bond* ou creux plein d'eau proche de la scie. Le deuxième se voit sous la tuilière. Là est un lit épais au moins de 10 mètres, d'une terre glaise fine, recouvert de $1^m,6$ à $3^m,3$ de *diluvium* à cailloux avellanaires et pugillaires, en grande partie jurassiques; quelques blocs métriques et plus grands encore se voient disséminés çà et là dans la plaine : ce sont des protogines, de poudingues gris du Trient, etc. Dans la carrière de glaise bleu-jaunâtre qui est immédiatement au nord-ouest de la tuilière, on trouve souvent des troncs et des branches de divers arbres, tels que sapins, chênes, etc., souvent placés la tête en bas à une profondeur de 6 ½ mètres dans la glaise. J'ai vu là un gros fragment du tronc d'un chêne parfaitement conservé. Dans le bas de la couche, la glaise est d'une qualité inférieure, étant mélée de sable, de gravier et de cailloux calcaires qui se calcinent au feu.

C'est dans ce lit d'argile qu'est ouvert le deuxième bond ou puits rond plein d'eau, lequel a 10 mètres de diamètre; à côté est un troisième petit puits dont le diamètre n'est que de 1^m,3. A une certaine distance à l'ouest, au sud-ouest et au sud de la tuilière, se trouvent placés dans un vaste enfoncement circulaire du sol, les trois puits principaux, rangés sur une ligne dirigée du nord-ouest au sud-est; le plus occidental est elliptique; il a environ 21 mètres de long et 17 de large. A environ 16 mètres au sud-est de celui-ci, s'ouvre le plus considérable de tous les *bonds* de Bierre, lequel est aussi elliptique, son grand axe ayant environ 27 mètres et son petit axe à peu près 24 mètres. A une distance de 52 mètres plus au sud-est encore, paraît le troisième de ces puits principaux; il est rond, et son diamètre est de dix mètres. Trois autres petits *bonds* ou puits, d'un diamètre qui varie entre 3^m,3 et 4^m, se trouvent placés auprès de ce dernier. L'enfoncement du sol occupé par tous ces puits est couvert d'herbe, et les grands puits sont entourés chacun d'une ceinture d'arbustes et de broussailles, destinés à empêcher les bestiaux de tomber dans ces abimes, dont la profondeur est inconnue. A l'époque où je les vis, les quatre plus grands puits étaient remplis d'une eau blanchâtre jusqu'à leur bord. Les petits étaient pleins d'une vase desséchée ; c'étaient de vrais cratères ou entonnoirs remplis de boue sèche de couleur grise ; et de petits courants d'une boue semblable, formant des coulées à l'extérieur de ces entonnoirs, attestaient que précédemment la boue liquide s'était extravasée. On me dit, en effet, qu'au commencement de l'été, lorsque les neiges des hautes cimes du Jura sont fondues, et aussi après de grandes pluies dans les hautes vallées de cette chaîne, on voit la vase de ces petits bonds se liquéfier, se gonfler et sortir en coulées des entonnoirs, pour se déverser à l'extérieur. En avril 1838, il y avait encore beaucoup de neiges sur le haut du Jura, en sorte que les *bonds* étaient tous dans un repos complet.

On conçoit maintenant, en se rappelant ce que nous avons dit plus haut, sur les sources voisines du Toleure, que dans une montagne comme le Jura, percée de cavités, de fentes, de tubulures souterraines, les eaux des hauteurs viennent sourdre à la base de la montagne. Si ces bases sont recouvertes par une épaisse couche d'argile imperméable, toute issue leur sera fermée ; mais si, comme à Bierre, la glaise est percée de cavités en entonnoir, là les eaux se feront jour, et en détrempant la glaise elles formeront la vase dont ces entonnoirs sont pleins. Les eaux viennent-elles à augmenter, elles occasionneront les éruptions ou extravasement de boue dont nous avons vu les traces. La glaise ou argile bleuâtre dont les puits de Bierre sont remplis, et qui tient aux couches de glaises exploitées, doit, tant par sa nature que par sa position au-dessus d'épaisses masses de galets, représenter ici le limon d'attérissement diluvien.

Au-dessus de Bierre sont de hautes collines diluviennes contenant des blocs alpins, des galets et des graviers semblables à ceux de la plaine de Bierre. Tous ces débris sont disposés en couches plongeant de 15° à 20° au sud-est.

En se dirigeant de Bierre vers le sud-ouest et en suivant les bases du Jura, on trouve ces bases et les vallons qui débouchent de la chaîne couverts de débris jurassiques mêlés de beaucoup de blocs de protogine granitoïde et d'autres roches alpines; ces blocs sont parfois gigantesques. Près de Bassin, le terrain est formé en général de cailloux jurassiques céphalaires et au-dessous, plusieurs cependant sont péponaires. Un bloc gigantesque de protogine, avec d'autres blocs plus petits, se font remarquer sous le hameau de Vaux, commune de Bassin.

Le ruisseau de la Sésille, entre Bassin et Arsier, coule dans un lit profond de diluvium à blocs alpins, graviers et glaise, qui forme sur la rive gauche le haut plateau de Bassin et de Burtigny, lequel est sillonné de ravins, et couvert de cultures variées et de beaucoup de bois, particulièrement sur le revers qui fait face au lac et sur les côteaux qui dominent le plateau.

Aux Scies-sous-Arsier, au pied d'une colline toute couverte de vignobles, on remarque un bloc de protogine gigantesque de 4 mètres de diamètre, qui renferme des masses ou cailloux céphalaires, les uns arrondis, les autres anguleux, parfaitement limités et saillants à la surface du bloc. Ces cailloux sont des schistes talqueux ou chloritiques, empâtés dans la protogine granitoïde à gros grains.

Le diluvium continue à former la surface du sol à Genolier et Givrins. Sur le bord de la route entre ces deux villages, on voit un bloc primitif bimétrique; tout autour de Givrins sont disséminés de nombreux blocs péponaires et métriques de protogine, de granite ou protogine porphyrique à grands cristaux de feldspath, de chlorite schisteuse, de poudingues rouges et gris de Valorsine et du Trient, etc.

En suivant toujours la base du Jura de Givrins à Divonne, par le château de Bonmont et la Ripe, on ne trouve plus que des terrains d'éboulements du calcaire blanc jurassique; on m'a cependant assuré que près de Divonne se trouvaient de petits blocs alpins.

Si de la plaine élevée de Gimel et de Bierre on redescend vers le lac en suivant la rivière d'Aubonne, qui prend sa source dans cette plaine, on verra que toutes ses hautes berges sur les deux rives sont diluviennes jusqu'à son embouchure dans le lac. On n'y remarque que d'épais amas de galets alpins, mêlés çà et là d'amas lenticulaires de sable. Dans le haut des berges du ravin de Sobre, à l'extrémité méridionale de la plaine de Bierre, on voit quelques vraies couches de sable alterner avec les épais lits de galets.

Sur la rive du lac près de Saint-Prex, et à l'ouest de ce village, on remarque un groupe de sept à huit blocs de protogine dont un seul est très volumineux; c'est là le plus remarquable ou plutôt le seul de ces groupes que l'on voie sur toute la côte du canton de Vaud, lorsqu'on la suit de très près en bateau. — La Venoge a aussi toute la partie inférieure de son cours dans le terrain diluvien. — Toute la base de la colline sur laquelle est située Lausanne en est aussi; on voit pendant toute la montée, entre le pont de la Maladière et Lausanne, et en descendant de cette ville sur Ouchi, de grands amas de lits alternatifs de sables et de gravier, surmontés de limon d'attérissement sablonneux mêlé de blocs. — Au-dessus de Lausanne et dans la ville même, se montrent des rochers de mollasse qui se décompose en sable; la surface en est recouverte de blocs et cailloux diluviens, où dominent les grauwackes grises, les grauwackes schisteuses lie de vin, les poudingues gris et lie de vin de Trient et d'Outre-Rhône. C'est ce qu'on voit tout autour de Lausanne, et particulièrement en allant aux mines de houille de Belmont.

Ce terrain diluvien à gros blocs augmente longtemps en épaisseur, comme on peut le voir en suivant la grande route de Lausanne à Moudon, et il atteint le point culminant de cette partie du Jorat au Chalet Gobet sur Montprévère, élevé de 526 mètres au-dessus du lac, soit de 892 mètres au-dessus de la mer (De Luc, *Modific. de l'Atmosp.*). Il recouvre d'une couche plus ou moins épaisse tout ce haut plateau du Jorat, tant du côté de Cossonay à l'ouest que d'Oron à l'est. Cette épaisseur varie suivant que, d'un côté, les calcaires du Jura, de l'autre, les mollasses et les calcaires d'eau douce qui les accompagnent, s'élèvent plus haut ou s'abaissent plus profondément. Si, en suivant d'autres routes, on monte au haut de ce plateau, soit de Morges, soit de Lausanne, vers Echallens, on se trouve toujours au milieu d'épais dépôts diluviens de sables et de gros cailloux, qui, en allant de Morges à Echallens, cessent momentanément auprès de Crissier, pour faire place à la mollasse sur laquelle ils reposent.

A l'ouest d'Echallens, les mêmes dépôts recommencent, et présentent une épaisseur considérable ; ils forment, entre Oulens et Brétigny, les deux hautes berges du Talens. Le pittoresque château de Saint-Barthélemy occupe, sur la berge droite de cette rivière, le sommet d'une colline conique élevée, toute formée de ces débris; et la berge opposée, également élevée et escarpée, sous Oulens, en est également formée. Des blocs alpins métriques, bimétriques et gigantesques, détachés anciennement de ces amas, remplissent maintenant le lit de la rivière. Là, dans tout cet espace, les blocs les plus abondants sont les gneiss talqueux, les protogines et les poudingues gris du Trient et leur grauwacke; on y voit, en petit nombre, des blocs du poudingue calcaire de Saint-Saphorin ; j'ai vu un bloc péponaire de ce poudingue au pied la colline de Saint-Barthélemy, et un autre près de Cossonay. Enfin ils sont assez nombreux dans les districts élevés que traverse la route directe d'Echallens à Lausanne par Chessaux. Près de ce village, les blocs primitifs et autres sont très abondants et très volumineux. Ce sont principalement les mêmes roches que celles qui se trouvent entre Martigny et Saint-Maurice, comme gneiss d'Evionnaz, poudingues et grauwacke du Trient, etc.; on y voit peu ou point de protogine, et là la couche diluvienne est très peu épaisse.

A l'ouest d'Oulens, vers Lassarrez, sur la route qui conduit de ce bourg à Orbe, et sur la hauteur au nord de Pompaple, on traverse un petit lambeau diluvien déposé précisément au point où se réunit le calcaire jurassique de Lassaraz au grès et marnes de la mollasse, lambeau qui cache la jonction de ces deux formations. Une carrière ouverte dans ces masses diluviennes pour l'exploitation du gravier, m'a présenté de la manière la plus claire la superposition contrastante du terrain diluvien à blocs alpins sur l'alluvion ancienne.

Fig. 4.

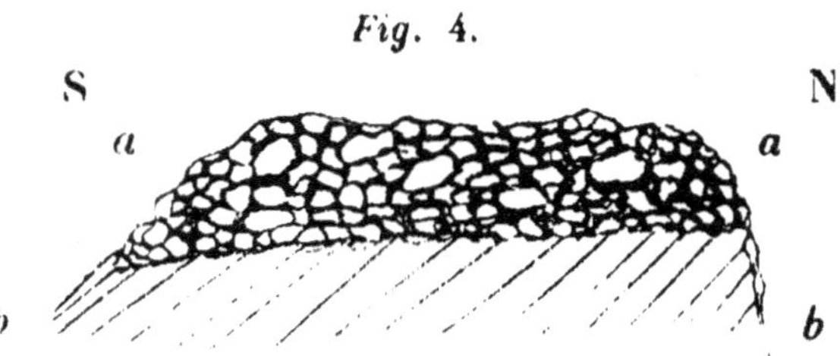

a. Gros galets et blocs.
b. Sables et galets en pseudo-strates plongeant au sud.

A l'ouest de Lassarraz commencent les pentes de la chaîne du Jura, qui bordent au sud-est la vallée de Joux. On sait depuis longtemps que ces pentes, jusqu'à une grande hauteur, sont couvertes de blocs des montagnes alpines de la vallée du Rhône. La vallée même du lac de Joux et celle de Valorbe n'en offrent aucun, et ce n'est que lorsque l'on sort de ces vallées, abritées au sud-est par le premier chaînon du Jura, qu'à Ballaigue, ou plutôt un peu au nord de ce village, on voit commencer et abonder les blocs alpins protogines, chlorites schistoïdes, etc. Là, en effet, le premier chaînon jurassique s'est terminé en descendant rapidement de la Dent de Vaulion, et à laissé par l'effet de sa chute une large ouverture limitée à l'ouest par le second chaînon, qui, vu d'ici, devient le plus extérieur; et là aussi, comme l'avait observé de Saussure, la chaîne des Alpes est devenue visible. *Voy. dans les Alpes*, § 389.

Partout, sur le revers septentrional du Jorat, entre Échallens et Iverdun, on trouve le même diluvium que sur son sommet; il se prolonge au delà d'Iverdun, sur la rive orientale du lac, jusqu'à Chère, et même sur le mont de La Molière, où j'ai vu beaucoup de blocs alpins épars.

Si maintenant de Lausanne on se dirige au sudest, en suivant la rive du lac jusqu'à Vevay, on ne verra pas de blocs alpins dans le bas, ni d'épais dépôts d'alluvion ou diluviens; les pentes des collines qui s'élèvent au-dessus de Lutry et Cully, et qui sont couvertes des riches vignobles de Lavaux disposés en terrasses, n'offrent que les fragments et les débris des terrains de mollasse qui forment ces collines. Et si de Cully à Saint-Saphorin et à Vevay, on voit, soit sur la route, soit sur les hauteurs, soit sortant des eaux du lac sur la côte, une multitude de blocs, la plupart très volumineux, ces blocs ne sont que des fragments du poudingue calcaire qui forme toutes les hautes collines entre Cully et Saint-Saphorin, et de cette ville jusque près de Vevay. Mais si au lieu de suivre la grande route d'en bas, on suit depuis Lausanne les sommités des collines et les hauteurs au-dessus des petites villes que nous venons de nommer; si l'on se dirige par Belmont aux monts de Lutry, et de là à la Tour-de-Gourze, au lac de Bré, à Chexbre, etc., les blocs erratiques se montreront de nouveau en abondance. Ainsi, en suivant au-dessous de Belmont le lit de la Paudaise et celui d'un petit torrent qui vient s'y jeter, on les trouvera remplis d'énormes blocs arrondis provenant, à en juger par leur nature, des montagnes qui bordent la vallée du Rhône entre Saint-Maurice et Martigny. Les plus abondants et les plus volumineux sont des grauwackes grises et lie de vin, et des poudingues du Trient et de Valorsine des mêmes couleurs, ainsi que de très beaux marbres-brèches dans lesquels des rognons plus ou moins gros et plus ou moins arrondis d'un calcaire gris-blanc compacte sont liés entre eux par un ciment calcareo-argileux d'un rouge foncé. Cette roche se trouve en place à la haute sommité nommée la Dent Rouge, au-dessus de Bex, entre le Grand-Moverau et la Dent de Morcles.

De Belmont au mont de Lutry, tout est caché par la végétation; mais après avoir passé le ravin de Bory, on trouve, vers le haut de la colline qui sépare ce ravin des tourbières placées au pied de la colline que surmonte la Tour-de-Gourze, un dépot de blocs diluviens très remarquable, en ce que ces blocs diffèrent de ceux que nous avons mentionnés jusqu'ici tant par leur nature que par le volume énorme de quelques-uns d'entre eux. Là, en effet, je remarquai pour la première fois, en juin 1827, des amas considérables de petits blocs de calcaire alpin gris foncé schistoïde et bréchiforme, de brèche verte et rouge, de poudingue lie de vin foncé de Valorsine, et du marbre-brèche rouge et gris de la Dent Rouge, de grès vert des Alpes avec ammonites et autres fossiles de cette formation, du même grès vert sans fossiles, mais avec filons de quartz cristallisé.

Avec ces petits blocs répandus en nombre immense, se trouvent d'énormes masses à angles obtus et arêtes émoussées, comme, par exemple : 1° à Jour de Yon, un bloc calcaire d'environ 32 ½ mètres de tour, soit 11 mètres de diamètre, et de 4 ½ à 6 ½ mètres de haut, séparé en deux par une large fissure : c'est un calcaire gris noir foncé, bréchiforme; tout autour sont épars des blocs métriques ou bimétriques de calcaire gris foncé, veiné, et de calcaire gris-noir, bréchiforme, schistoïde. 2° Un peu plus loin, à l'est, et visible depuis ce premier bloc, est un autre rocher presque cubique, quoique à arêtes et angles arrondis et émoussés, également de calcaire gris foncé, bréchiforme, extérieurement blanchâtre : il est à peu près des mêmes dimensions que le premier et aussi fendu en deux. 3° En se rapprochant encore des tourbières de Gourze, paraissent deux autres blocs à peu près des mêmes dimensions, mais en partie enterrés dans le sol végétal : ce sont aussi des calcaires gris foncé, bréchiformes. 4° Plus près encore de ces tourbières, on voit un autre bloc calcaire gris foncé, bréchiforme, veiné de spath, long d'environ 13 mètres, et à demi enfoncé dans la terre.

Ces trois derniers blocs sont exploités avec la poudre pour en faire de la chaux.

Enfin, le petit vallon lui-même, qui renferme la tourbière et qui s'étend au pied occidental de la colline de Gourze, vallon que traverse dans sa longueur la grande route de Culley à Mézière et Mondon, est partout, sur ses deux berges, couvert de petits blocs calcaires, parmi lesquels j'ai reconnu des calcaires blancs primitifs, des gris et blanchâtres de toutes les nuances.

M. Wedell, propriétaire de l'auberge de Gourze et de la tourbière, a trouvé ces calcaires assez abondants pour qu'il valût la peine de construire des chaufours en maçonnerie, dont l'un, se chargeant comme un haut-fourneau, peut être constamment en activité; il utilise ainsi la tourbe qu'il exploite avec intelligence et avec fruit. La grande variété dans la nature de ces blocs calcaires lui permet d'obtenir à volonté diverses qualités de chaux, depuis la plus blanche et la plus grasse jusqu'à la plus grise et la plus maigre.

D'ailleurs, tous les murs en pierres sèches, très nombreux et très étendus sur ce plateau, ne sont formés que de ces calcaires des Alpes, mêlés avec quelques grauwackes rouges, lie de vin foncé et grises. Les blocs primitifs, en revanche, sont si rares ici, que pour cent blocs calcaires à peine en voit-on un petit de protogine, gneiss ou schiste talqueux. Il est à observer qu'aucune couche calcaire ne se trouve en place dans le sol de cette partie élevée du Jorat, entre les hauteurs au-dessus de Lutry et celles de Chardonne, au-dessus de Vevay, toutes formées de mollasse ou du poudingue de Saint-Saphorin, et que la hauteur de ce plateau, remarquable par l'abondance de ses blocs diluviens calcaires, n'est pas moindre de 390 à 487 mètres au-dessus du lac, soit 756 à à 857 mètres au-dessus de la mer; et enfin, que les montagnes des Alpes les plus rapprochées, où les calcaires gris bréchiformes si abondants ici se trouvent en place, sont entre 4 et 5 lieues de distance au sud-est, dans la chaîne des Dents de Jaman et de Naye; tandis que celles où les grès verts des Alpes, les brèches calcaires rouges et blanches et les autres calcaires sont en place, sont dans la chaîne des Dia. blerets, du Moveran, de la Dent Rouge, à 9 ou 10 lieues de distance en ligne droite.

Après avoir traversé la colline de la Tour de Gourze, sur laquelle je n'ai point aperçu de blocs, ni grands, ni petits, on en retrouve entre le Crottet et les Corniaux de Cully, vers le haut de la colline, sur le versant qui fait face au lac. Là, près d'un petit hameau situé au-dessus d'Épaisse et de Reex, ou plutôt au-dessus des premières maisons de campagne à l'est de Cully, se voit un bloc énorme de calcaire gris, bréchiforme, de même dimension que les précédents. Les murs y sont aussi construits de calcaires noirs des Alpes, de même que ceux du dernier hameau qu'on traverse avant que d'atteindre le sommet de la colline qui domine Chexbre à l'ouest. Dans cette partie du Jorat également, je n'ai vu aucun bloc primitif.

Entre Chexbre et le joli petit lac de Brez, on voit, répandus çà et là dans le vallon, des blocs de calcaire gris foncé, schistoïde et bréchiforme, tellement gigantesques et tellement irréguliers dans leurs formes, qu'on les prendrait aisément pour des rochers en place ; ils sont accompagnés de blocs plus petits, péponaires et métriques, et arrondis, d'un schiste rouge sub-luisant, de grauwacke grise et de poudingue gris du Trient, qui forment de grandes collines diluviennes.

En suivant du lac de Brez la route de Mondon, jusque près de cette ville, le haut du plateau est si bien cultivé et tellement recouvert de bois et de prairies, qu'on ne peut connaître la nature de son sol. Si l'on pouvait la juger d'après celle des cailloux roulés qu'on emploie pour ferrer la route, le terrain diluvien y serait de même espèce que les terrains que nous venons de signaler, car ces cailloux sont en grande partie des calcaires noirs ou gris des Alpes. Il en est de même sur la route d'Oron; mais auprès de ce village, et entre lui et le village fribourgeois de Saint-Martin de Vaud, il y a assez de blocs de calcaire noir, de grauwacke compacte grise et schistoïde lie de vin, et de poudingues du Trient gris et lie de vin; on n'y voit que très peu ou même point de roches primitives, de granit ou de protogine.

Entre Saint-Martin de Vaud et la verrerie de Semsales, le sol est jonché de blocs du poudingue calcaire de Saint-Saphorin; ce qui, joint à la nature des terrains environnants, fait présumer que cette roche doit être en place à peu de distance, et que ses nombreux débris n'appartiennent pas au terrain diluvien.

Le diluvium calcaire que nous avons vu dominer depuis au-dessus de Lutry, sur la surface élevée de la partie orientale du Jorat, cesse à la Vevayse, et sur la rive gauche de cette rivière recommence le diluvium à blocs primitifs. Mais avant de passer à la description de ce district, arrêtons-nous encore un moment à considérer le phénomène nouveau et remarquable que vient de nous présenter depuis Lausanne l'augmentation progressive des blocs et cailloux secondaires, des calcaires, des schistes et brèches rouges, des grauwackes et des poudingues du Trient, qui commencent d'abord par dominer sur les blocs et cailloux primitifs, et finissent, en s'avançant vers l'est, par les exclure tout à fait. Comparons le sol de transport de ce district avec les terrains diluviens à l'ouest et sud-ouest de Lausanne, où jusqu'à la perte du Rhône et au Mont de Sion, les roches primitives, les protogines surtout, relativement aux blocs adventifs, dominent de beaucoup tous les autres, où les poudingues du Trient et leurs grauwackes sont peu abondants et les calcaires très rares. Alors, en considérant cet ensemble, en pensant combien, sur l'extrémité orientale du Jorat, on était rapproché du débouché de la grande vallée du Rhône, principale source des amas diluviens répandus dans tout le bassin du lac Léman, et en voyant que les blocs partis de plus loin ont été portés aux plus grandes distances, que la nature de ces blocs, à commencer du débouché de la vallée jusqu'au Fort de l'Écluse, paraît semblable à celle des montagnes de cette vallée, mais en sens inverse, en remontant de Villeneuve et du Boveret jusqu'à la vallée de Bagnes et d'Entremont, j'avais d'abord été tenté d'en conclure qu'à partir du débouché du grand courant diluvien, la vitesse des blocs transportés avait été en raison directe de la distance d'où ils venaient. Mais diverses circonstances m'ont fait plus tard abandonner cette idée, et m'ont porté à supposer que la différence de nature du diluvium, suivant les localités, pouvait tenir à la cause même de la production de ce diluvium ; cause sur laquelle j'essaierai, à la fin de cet article, de présenter quelques considérations et quelques conjectures dérivées tant des observations présentes que de nos connaissances générales sur l'ensemble des phénomènes offerts par les terrains diluviens dans certaines contrées, et leur absence totale dans d'autres.

Au-dessus de Vevay, le seul gros bloc erratique que j'aie vu se trouve à Hauteville, au pied occidental du mamelon appelé le Panorama ; il est de schiste talqueux vert, contenant des cailloux roulés ou plutôt des nœuds contemporains de protogine ; il paraît appartenir à ces couches qui accompagnent les poudingues de Valorsine dans leur partie inférieure, et semblent former un passage entre les poudingues et les schistes talqueux sur lesquels ils reposent.

Au delà de Vevay, au sud-est, le grand et dangereux torrent nommé la Baie de Clarens, a jonché son large lit d'une grande variété de cailloux céphalaires et péponaires ou plus petits ; les calcaires gris et noirs y dominent encore, et plusieurs de ceux-ci, m'a-t-on dit, renferment des ammonites (du lias ?). On y trouve aussi des poudingues du Trient, des protogines, gneiss, schistes talqueux, etc. Ces cailloux proviennent d'une masse diluvienne épaisse de plus de 195 mètres, qui, commençant près du village de Bren, à environ 195 mètres au-dessus du lac, s'étend et remplit le fond du vallon où sont les bains de Lallias, à environ 390 à 487 mètres au-dessus du lac. Ce dépôt diluvien, composé de glaise, de sables, de gravier, de galets et de blocs, a sa surface supérieure parfaitement plane, ce qui donne à ce comblement diluvien entre des cimes élevées l'apparence d'un fond plat ; mais les eaux qui le minent en plusieurs endroits y ont fait de profondes déchirures et englouti dans le torrent nommé *Baie* par les gens du pays, qui coule à 97 ou 156 mètres plus bas, des masses considérables de ces glaises diluviennes avec leurs cailloux et leurs blocs : ceux-ci, dans les grandes crues des eaux, sont emportés jusqu'au delà du défilé entre les hauteurs, dans lequel court le torrent jusqu'au delà de Tavel ; là, les eaux de *la Baie* n'étant plus resserrées, et s'étendant de côté et d'autre, ont jonché un grand espace de terrain, jadis fertile, d'une masse énorme de cailloux que traverse la route de Vevay à Villeneuve, entre les Bassets et Clarens.

A Clarens, et dans toute cette riante côte du lac qui fait partie de la belle paroisse de Montreux, à Chillon et jusqu'à Villeneuve, de nouvelles apparences se présentent, résultats de la différence dans la constitution du sol entre tout le pays que nous venons de parcourir depuis le Fort de l'Écluse et le Mont de Sion jusqu'ici, et celui dans lequel nous entrons à Clarens.

En effet, le district qui s'étend du Fort de l'Écluse à Genève et de Genève à Clarens, est en entier compris dans cette grande et large vallée renfermée entre les deux grandes chaînes du Jura et des Alpes, vallée dont le fond est formé par des terrains de grès en tout ou du moins en très grande partie tertiaires. Le lac est donc dans toute sa partie occidentale (comprise entre Genève et Clarens sur la rive septentrionale, et entre Genève et Évian sur sa rive méridionale) renfermé dans la grande vallée entre le Jura et

les Alpes ; et cette portion présente tous les caractères d'un lac de plaines, tels que les lacs de Morat, de
Sursée, de Zurich et de Constance, qui ont une position semblable. Mais depuis Clarens d'un côté, et
depuis Evian de l'autre, jusqu'à son commencement
à l'embouchure du Rhône, entre Villeneuve et le
Boveret, il pénètre entièrement dans la chaîne des
Alpes, et devient complétement un lac alpin comparable aux lacs de Thun, de Brientz, de Lucerne,
qui sont tout entiers compris dans la chaîne des
Alpes.

Le lac, depuis Clarens à Evian et Villeneuve, occupe
donc le fond d'une grande vallée obliquement transversale alpine, prolongement de la vallée strictement
transversale qui s'étend de Martigny à Villeneuve.
En avançant donc de Clarens à Villeneuve par eau,
quoique sans avoir changé ni d'élément ni de niveau, on n'en a pas moins pénétré dans l'intérieur
de la chaîne; et Chillon, Villeneuve, le Boveret,
Saint-Gingolph, il faut bien ne pas le perdre de vue,
sont déjà au cœur des Alpes : c'est ce que nous dé-
montrerons plus loin d'une manière évidente, en
comparant la structure géologique des diverses montagnes de ce district, et c'est ce dont nous allons
montrer les conséquences relativement à la distribu-
tions des terrains alluviens et diluviens qui s'y rencontrent.

Si nous examinons d'abord la nature des cailloux
qui forment le long du lac les longues grèves qui
s'étendent presque sans interruption depuis Clarens
jusqu'à Villeneuve, nous verrons que ces grèves diffèrent de toutes celles des autres parties du lac par

l'absence complète de cailloux primitifs. Elles ne contiennent que des cailloux de calcaire arénacé ou marneux et schistoïde gris ou rouge; ils sont aplatis comme le sont en général les cailloux provenant de roches schisteuses. On ne reconnaît dans tous ces cailloux que des débris des montagnes voisines amenés par les trois torrents qui en descendent, savoir : en allant du nord-ouest au sud-est, la *baie* de Montreux, la Verraye ou *baie* de Veytaux, et la Tinière.

Quelques cailloux de poudingues gris et lie de vin du Trient, qui se trouvent mélangés avec les autres, ont été probablement amenés aussi par ces torrents et arrachés non des roches en place, car ces poudingues ne s'y trouvent pas dans ces. montagnes, mais des amas diluviens alpins qui, comme nous allons le voir, se présentent assez haut sur leurs pentes et à la surface des plateaux élevés qui en font partie. En examinant plus attentivement les grèves dont il est ici question, on ne tardera pas à s'apercevoir qu'elles ne sont que les bases des trois grands cônes d'alluvion très surbaissés, formés par les trois torrents désignés plus haut, à leur sortie des petites, étroites et profondes vallées qu'ils traversent. Ce sont ces cônes qui permettent aux villages de Montreux (soit de Sales et des Planches réunis), de Veytaux, et aux hameaux des environs de Villeneuve, d'avoir de beaux et grands vignobles ; car sans eux les pentes des montagnes sont trop rapides (de 30° au moins d'inclinaison) et tombent trop d'aplomb sur le lac pour qu'on eût pu les cultiver. Les torrents qui sortent des montagnes ont donc, par les amas coniques de débris qu'ils ont charriés, considérablement empiété sur le lac et gagné ainsi à l'agriculture de grands espaces de terrain n'ayant qu'une faible inclinaison : celle des cônes de Montreux et de Veytaux est d'environ 9°; celle du cône de Villeneuve, d'environ 6". Les deux premiers de ces villages sont bâtis au sommet ou extrémité supérieure de leur cône respectif, d'où ils dominent sur la plus grande partie de leurs vignobles.

Quelques blocs assez volumineux qui se trouvent çà et là sur la grève, et surtout sous Veytaux, sont tous des calcaires gris des bases et du haut de **Naye**, et proviennent probablement d'éboulements, ou ont été transportés par le courant dans ses crues. On remarque en plusieurs endroits sur la grève, et en particulier sous Colonges et sous l'église de **Montreux**, que les cailloux de la plage ont été cimentés sous forme de poudingue ou d'une sorte de béton très dur et très solide, par un ciment de calcaire concrétionné de la nature du tuf. Le tuf étant très abondant, constituant même de grands rochers et se formant tous les jours sur la pente de ces montagnes, on voit en différents endroits de pareils dépôts de poudingues tufeux. La baie de Veytaux ou Verraye, en descendant devers Naye, sous le chalet de Libozon, a ses bords jonchés d'énormes blocs irréguliers du calcaire de Naye détachés de cette montagne. Plus bas, dans les environs, au-dessus et vis-à-vis des Rapes, le fond de la vallée est rempli jusqu'à plus de 32 ou 48 mètres de hauteur d'un terrain d'éboulement de glaise, sable, graviers et blocs calcaires, dont il y en a qui ont jusqu'à 6 mètres de long sur 3 de large, prêts à se détacher des sables et graviers qui les entourent, et d'autant plus menaçants pour le village de Veytaux,

qu'à son entrée au nord, au-dessus du pont et de la
Scie, le lit du torrent et ses berges sont remplis de
très gros blocs, les uns arrondis, les autres anguleux, transportés là du haut de Naye, dont ils sont des
débris, pendant quelques-unes de ces inondations
causées par des orages qui doivent incontestablement
se renouveler dans la suite.

A environ 78 mètres au-dessus du niveau du lac,
on commence à trouver des blocs diluviens alpins,
principalement de poudingue gris ou lie de vin du
Trient. Ces blocs sont métriques, bimétriques et
même trimétriques. On en voit un de cette grandeur faisant partie d'un mur de vigne au-dessus de
Collonges. Ces dépôts diluviens alpins règnent au-
dessus de Veytaux et de Collonges; ils forment un
plateau de 234 à 292 mètres de hauteur, partagé en
deux par la vallée de La Verraye. La portion au sud
se nomme Champ-Babaud; ses pentes rapides et sa
surface sont couvertes de beaux bois de châtaigniers
où croissent à une si faible hauteur au-dessus du lac
des plantes vraiment alpines : *Trollius europæus, Po-
lygala chamæbuxus, Lilium martagon, Astrantia major,*
la grande gentiane et la belle jacée bleue, etc. La
portion au nord se nomme Meilleriaz, elle continue
jusqu'au hameau de Glion, situé au-dessus de l'église
de Montreux.

Le même dépôt se retrouve, quoiqu'en moins
grande quantité, au nord-ouest de la baie de Montreux; j'y ai vu des blocs et de gros cailloux des mêmes poudingues du Trient, de schistes rouges, de
divers grès à petits et à gros grains, analogues à ceux
des Voirons, des grès semblables à ceux qui, au-dessus

de Bex, accompagnent les grès étoilés feldspathiques et amphiboliques, connus sous le nom de grès de Taviglianaz, quelques porphyres gris et eurites porphyroïdes parfaitement semblables à ceux qui accompagnent les filons granitiques de Valorsine, et que j'ai décrits dans la *Bibl. univ. Sc. et Arts*, septembre 1826; dans les *Mém. de la Soc. de phys. et d'Hist. nat. de Genève*, t. IV, 3ᵉ part. Des fragments assez gros et très bien caractérisés de ces porphyres et de ces eurites se voient dans une muraille du chemin qui conduit du hameau de Vernex-Dessus au cimetière de Clarens et à Tavel, un peu avant d'arriver au-dessus de Clarens.

D'ailleurs, on ne trouve ici dans ces dépôts diluviens que peu de protogines et d'autres roches primitives. Celles-ci ne deviennent un peu abondantes que vers Brens et dans les berges et le lit de la baie de Clarens. Avec ces blocs et galets diluviens se trouvent mêlés, comme on doit s'y attendre, d'abondants fragments plus ou moins volumineux des divers calcaires dérivés des montagnes voisines. C'est à ces derniers qu'il faut rapporter les fragments nombreux d'une roche remarquable qu'on voit partout dans les murs et ailleurs, autour de Veytaux et de Glion. C'est une espèce de brèche que je n'ai jamais vue autre part, dont la base est formée par le calcaire gris foncé ordinaire de ces montagnes, empâtant des fragments aplatis de 2 ou 4 millimètres à 5 ou 8 centimètres de diamètre de schiste talqueux d'un vert brillant plus ou moins foncé. Quoique je n'aie pu réussir à trouver cette roche en place, je n'ai aucun doute qu'elle ne fasse réellement partie du terrain dont les montagnes de ce district sont composées ; c'est ce que prouve d'abord la nature du calcaire qui en fait la base, puis le nombre et le volume des fragments de cette brèche qui augmentent en se rapprochant du haut des vallées, soit de Libozon au-dessus de Veytaux , soit des Grisalais au-dessus de Glion. Le lit d'un torrent qu'on traverse entre les chalets de Grisalais et ceux de Jaman, et qui se précipite des hauteurs de Maerdasson, en est rempli, ce qui prouve que le gîte de cette roche ne doit pas être éloigné.

Les débris des montagnes de ce district, tantôt en énormes blocs , tantôt en cailloux , ou disséminés dans de grandes et épaisses masses de glaise ressemblant au limon d'attérissement et sans mélange de blocs des Alpes, forment dans certaines portions du haut ainsi que du milieu des vallées des comblements à surface horizontale, comme, par exemple, à Avant dans la vallée du torrent de Montreux, et dans les portions mitoyennes de la vallée de la Verraye sur Veytaux , à environ 390 mètres au-dessus du lac. Mais des blocs primitifs diluviens se trouvent encore à un niveau plus élevé que ces comblements, qui doivent être le produit d'éboulements et de transport par les rivières actuelles, et par conséquent d'alluvion moderne ou de la période jovienne, comme les alluvions qui ont formé les cônes vers l'embouchure de ces mêmes rivières dans le lac. Ainsi, j'ai vu sur le haut contrefort couvert par les riches pâturages nommés *en Cau*, et vers une des granges les plus basses de Cau, un bloc alpin granitique, métrique ou bimétrique, à environ 585 mètres au-dessus du lac. J'ai observé d'autres blocs erratiques encore plus haut aux chalets des Grisalais, à plus de 682 mètres au-dessus du lac. Ce sont de gros blocs de poudingues du Trient, et un bloc bimétrique parfaitement arrondi, qui m'a paru formé de gneiss ou schiste micacé glanduleux. Cette zone de blocs alpins erratiques, qui règne entre 78 et 702 mètres de hauteur au-dessus du lac, est remarquable, en général, par sa séparation tranchée d'avec les comblements des fonds élevés des vallées et les cônes d'alluvion au débouché inférieur des mêmes vallées, tous les deux également formés uniquement des débris des montagnes environnantes. Mais dans bien des endroits, un mélange, produit par des éboulements ou des crues d'eau qui ont entraîné au milieu des blocs diluviens des blocs et cailloux ou fragments anguleux des monts voisins, rend cette distinction moins tranchée et complique encore les difficultés que présentent ces deux terrains d'origine et d'âge si différents, lorsqu'on cherche à les classer dans l'ordre de superposition; car la superposition de l'un à l'autre n'est visible nulle part, on ne les voit que juxtaposés, comme à Veytaux, par exemple, où le cône de débris tout calcaire qui est couvert de vignobles est surmonté par les maisons de ce village, adossées elles-mêmes aux collines de diluvium à blocs alpins.

Pour juger de l'ancienneté relative des deux dépôts, lorsque le caractère géologique essentiel, dérivé de la superposition de l'un à l'autre, manque, et lorsque les torrents actuels, même dans leurs plus grandes crues, ne paraissent pas capables de charrier des matériaux aussi volumineux et à d'aussi grandes distances que ceux que l'on voit sur les grèves du lac, aux extrémités des cônes, ou d'accumuler des masses de glaise aussi épaisses, renfermant d'aussi énormes débris que celles qui forment le comblement des vallées dans leur portion supérieure, comme à Avant, il faut avoir égard à l'étendue et à la généralité relative du phénomène, d'une part, et, de l'autre, considérer si le phénomène lui-même indique seulement une différence d'intensité dans un agent encore présent, encore actif dans le même sens, ou s'il indique l'action d'une cause qui a cessé d'agir. Et d'abord, sous le point de vue de l'effet, nous voyons, à n'en pas douter, que les comblements dans le haut des vallées qui nous occupent et que les cônes de débris placés à leur débouché sont des phénomènes purement locaux, subordonnés chacun à l'existence de sa vallée et de son torrent; chaque vallée a ici son comblement dans le haut, et son cône dans le bas, ne renfermant que des débris des seules montagnes que traverse la vallée. Mais les amas de blocs alpins sont ici sans rapport et sans subordination quelconque avec les vallées auprès desquelles ou dans lesquelles ils se trouvent; et, loin d'être un phénomène local, ils se rapportent au contraire, par la disposition et la nature des blocs qui les composent, à ces amas de cailloux et blocs alpins répandus sur toute la surface du bassin du lac Léman et de celui du Rhône qui en fait la suite, lesquels proviennent des montagnes de la chaîne centrale. Loin d'être subordonnés à l'existence de la vallée et du torrent qui la traverse, c'est la formation et le creusement de cette vallée qui ont séparé en deux des portions d'une même masse de ces amas de blocs, comme les plateaux de Champ-Babaud et de Meilleriaz ou de Glion, jadis réunis en un seul et même plateau horizontal, maintenant séparés par le gouffre profond de La Verraye, et ne se correspondant que par leur niveau, qui est resté le même sur les deux berges de la vallée.

Maintenant, quant aux causes auxquelles sont dus les deux phénomènes, on reconnaît encore que les pluies abondantes et prolongées, si fréquentes dans ces hautes régions, ont dû laver les flancs des cirques de montagnes élevées qui dominent le haut des vallées, entraîner dans le bas les terres, les glaises, les pierres, les rochers, qui se sont entassés sur les pentes de ces montagnes, et ont dû les déposer dans les fonds, où les eaux, resserrées par des barrages, s'accumulent de manière à donner à ces dépôts, sinon l'étendue et l'épaisseur, du moins la forme et la disposition des comblements que nous avons signalés. On reconnaît encore au torrent qui descend de ces lieux élevés vers le lac, même dans sa plus petite intensité, et, à plus forte raison, dans ses grandes crues, la disposition à entraîner dans le bas, soit les débris provenant de ces comblements, soit ceux qui ont glissé des montagnes dans le fond de la vallée qu'elles bordent dans tout son cours; et en les déposant partout où il se déverse sur les pentes du cône qu'il trouve tout formé au débouché de la vallée, il tend ainsi à accroître l'étendue du cône en lui conservant sa forme. Ainsi, la cause qui a produit le comblement dans le haut et le cône dans le bas de la vallée, agit toujours, et, quoique peut-être avec une intensité moindre, elle produirait des effets analogues à ceux que nous voyons. Il y a plus, et en supposant une intensité d'action égale à celle qui a lieu actuel-

lement sous nos yeux, mais répétée pendant un laps
de temps très considérable, on rendrait compte de
l'état actuel de la disposition des cailloux d'une taille
peu volumineuse dans les cônes de débris et dans le
comblement des portions supérieures des vallées ; et
si l'on pouvait remonter assez haut dans l'histoire de
ces divers torrents, on trouverait des exemples de
crues assez fortes pour expliquer le transport des plus
gros fragments de rochers qui jonchent actuellement
les grèves autour de ces cônes.

Mais il n'en est point ainsi de la cause qui a transporté à de si grandes distances de leur origine, à de
telles élévations et sur une si vaste étendue de pays, les
cailloux et les blocs provenus de la chaîne centrale des
Alpes. Non-seulement cette cause paraît hors de toute
proportion avec la force des agents actuels de transport,
portée même au plus haut degré concevable d'intensité,
mais une prolongation indéfinie de l'action qu'ils exercent aujourd'hui, ne suffirait pas pour rendre raison
des phénomènes que nous avons observés. Il en résulte que cette cause, quelle qu'elle soit, a cessé d'agir,
et que rien ne nous autorise, du moins dans la manière actuelle d'envisager le phénomène, à croire
qu'elle ait agi postérieurement à la dernière des grandes révolutions géologiques qui ont modifié la surface
de notre globe ; tandis que l'action à laquelle est due
la formation des cônes et des comblements, consistant
en matières dérivées des montagnes les plus rapprochées, agit encore et porte un caractère évident d'une
action moderne et postérieure à cette dernière révo-
lution. C'est ainsi, et par un raisonnement semblable,
que, malgré l'obscurité du gisement et malgré les

fréquents mélanges entre les blocs et fragments appartenant aux deux époques que la position élevée et la mobilité des plus anciens doit nécessairement amener, on est porté à attribuer les blocs alpins à l'époque antédiluvienne ou saturnienne, et les cônes, ainsi que les grands amas de comblement, à l'époque actuelle ou jovienne. Il semblerait donc naturel de conclure de là à la superposition du dernier de ces terrains sur le premier, et de supposer que si l'on pouvait pénétrer sous ces cônes et ces amas de comblement de débris calcaires, on pourrait y rencontrer d'autres amas de blocs et de cailloux primitifs et alpins d'une nature différente; et c'est ce que quelque accident favorable pourra un jour mettre en évidence.

Au delà de Villeneuve, la côte du lac jusqu'à l'embouchure du Rhône, ne présente que des plages de sable fin quartzeux, micacé, feldspathique et calcaire. Si maintenant nous remontons la vallée du Rhône sur sa rive droite, nous verrons les vallées latérales qui y aboutissent présenter des phénomènes semblables à ceux que nous venons de décrire. Ainsi, le village d'Ivorne est placé, comme celui de Montreux et de Veytaux, à la cime d'un cône très surbaissé et évasé de débris calcaires des monts voisins, tandis que dans la vallée au débouché de laquelle il se trouve, ainsi que dans les vallées plus au sud, au-dessus d'Aigle et d'Olon, à Arvey, Chessières, etc., suivant M. J.-A. de Luc neveu (*Mém. sur les blocs de granit; Mém. de la Soc. de Phys. et d'Hist. nat. de Genève*, t. III, p. 200), on trouve des blocs primitifs erratiques jusqu'à une hauteur de 974 mètres au-dessus du

Rhône. Il en est de même au-dessus de Bex ; le petit vallon du Devens au Bévieux est rempli de blocs énormes disséminés par groupes, presque tous de poudingue de Valorsine ou de Trient; l'un d'eux, qui a plus de 6 $\frac{1}{2}$ mètres de hauteur, présente dans une pâte de schiste talqueux ou protogine schistoïde des cailloux de quartz, de pétrosilex vert et porphyrique, et de gneiss. M. Charpentier, dit M. J.-A. De Luc, (*Mém. de la Soc. de Phys. et d'Hist. nat. de Genève*, t. v, p. 110,), a reconnu dans les blocs des environs de Bex presque toutes les roches qui se trouvent en place dans les vallées d'Entremont, Ferret et Bagnes.

Si nous remontons plus haut, nous voyons que la plaine et le bas des montagnes autour de Martigny, surtout vers le point où la Drance sort de la vallée de St-Branchier, et partout, entre Martigny et St-Branchier, sont pleins de gros blocs de protogine, et surtout de celle qui a le quartz légèrement violâtre et la structure la plus granitique, et de la protogine porphyrique à grands cristaux de feldspath et chlorite vert foncé. M. Escher de la Linth a suivi pied à pied la traînée de ces blocs jusqu'à la base de la Pointe-d'Ornex, la plus orientale des Aiguilles de la chaîne du Mont-Blanc, déjà indiquée par M. de Saussure, d'après M. Murith, comme le lieu d'où il suppose que proviennent la plupart des blocs granitiques dispersés dans le bassin du Léman. La terrible débâcle du lac temporaire de Gétroz dans le val de Bagnes, en 1818, en entraînant une multitude d'énormes blocs qui encombraient le lit de la Drance, où ils étaient gisant sur les flancs des montagnes qui la bordent, en a jonché la petite plaine des environs de Martigny, et a donné ainsi en petit une représentation de l'épouvantable cataclysme qui a transporté des blocs plus volumineux encore jusque sur le Jura et le mont de Sion.

SECTION IV.

La rive gauche ou méridionale du Rhône et du lac.

Descendant maintenant la vallée du Rhône, sur la rive gauche de ce fleuve, nous mentionnerons les amas de blocs de protogine, au-dessus de Saint-Maurice, cités par M. J.-A. De Luc (*Mém. de la Soc. de Phys. et d'Hist. nat. de Genève*, t. III, p. 199), ainsi que ceux qui sont répandus en si grand nombre et si volumineux (de 5 à 16 mètres de long), sur la pente de la montagne, au nord de Monthey, à environ 130 mètres au-dessus du Rhône, et qui s'étendent à la même hauteur pendant près d'une lieue jusqu'au dessus de Colombey. (*Même recueil*, t. V, p. 109.) Ces immenses blocs, de formes en général irrégulières, frappent déjà les regards depuis le fond de la vallée, au pied de la montagne, par leur masse et leur quantité. Ils sont accompagnés de plus petits blocs et de cailloux alpins qui occupent avec des graviers toute l'entrée du val d'Illiers, au-dessus de Monthey, et pénétrent même assez avant dans cette vallée.

De Monthey jusqu'à Saint Gingolph, aucune vallée un peu étendue ne s'ouvrant sur la vallée du Rhône, les cônes de débris qui s'élèvent au débouché des gorges étroites et profondes, comme, par exemple, celui sur lequel est bâtie l'église de Vouvry, ne m'ont paru formés que des cailloux et fragments calcaires

des montagnes voisines d'où descendent les torrents.
Mais au-dessus de Saint-Gingolph, en montant dans
la vallée de Novelle, on traverse une chaîne de collines élevées, toutes couvertes de bois et parsemées
de blocs erratiques présentant une grande variété de
roches primitives.

Au bord du lac, un peu à l'ouest de Saint-Gingolph,
la route traverse un grand amas de blocs calcaires
entassés les uns sur les autres, et qui se prolonge
dans le haut jusque vers le sommet de la montagne.
On exploite ces rocs et on les calcine dans une
longue ligne de chaufours construits sur la rive à la
base de cette grande traînée de débris. Ils produisent
de l'excellente chaux maigre. Ces blocs, semblables
par leur nature aux calcaires de la montagne d'où ils
proviennent, ne sont donc pas des blocs erratiques
diluviens, mais ils ont été amenés là plus récemment
par l'éboulement d'une portion considérable de cette
montagne. Peut-être, comme le pensent quelques auteurs, cet éboulement serait-il celui qui, en l'an 563
de notre ère, engloutit la ville de Tauretunum, et
causa dans les eaux de tout le lac une agitation qui
fut ressentit même à Genève.

Entre ce point là et Meillerie, on trouve quelques
blocs erratiques épars, parmi lesquels j'ai vu en
particulier de très belles euphotides. Mais vers la Tour
Ronde, entre Meillerie et Evian, commence un des
dépôts diluviens le plus remarquable de tous par son
étendue et sa prodigieuse épaisseur.

Ce dépôt, qui commence à une hauteur de plus de
585 mètres au-dessus du lac, vers le village de
Tholon, au pied de la montagne de Mémise, ne des-

cend point encore au pied de celle de Meillerie, dont
la partie inférieure jusqu'au lac présente les rochers
de calcaire bitumineux noirs exploités par de nombreuses carrières. C'est sur ces rocs calcaires que
repose le diluvium, entre 195 et 292 mètres au-dessus
du lac : il a déjà là une épaisseur de plus 195 mètres.
C'est là, au-dessus de ces carrières, que la surface supérieure du dépôt atteint son niveau le plus élevé;
mais ce n'est pas encore là où il atteint sa plus grande
épaisseur, car les calcaires des carrières de Meillerie
occupent le tiers ou la moitié inférieure de cette hauteur. Mais après avoir passé ces carrières, et près de
la Tour Ronde, la montagne entière ne présente plus
du haut en bas que du diluvium, qui atteint réellement ici sa plus grande épaisseur, puisque le niveau
de sa surface supérieure, qui a toujours été en s'a-
baissant graduellement depuis son origine à Mémise,
continue toujours à descendre jusqu'à la Drance, vers
Thonon, et plus loin, au sud-ouest, presque auprès
de Genève.

En effet, toute la haute colline de Saint-Paul, Neu-
vecelle, Laringe, etc., qui borde le lac au-dessus de
la Tour Ronde, d'Evian, jusqu'à la Drance, colline
qui ne reçoit ce nom qu'à cause des hautes montagnes
qui s'élèvent derrière elle, et qui partout ailleurs porterait elle-même le nom de montagne, n'est formée
depuis son sommet jusqu'au lac que de cailloux, de
blocs, de graviers, de sables et de glaises. S'étendant
au midi jusqu'au pied des hautes sommités des Dents
d'Oche, de Courbalanche, etc., ce vaste dépôt diluvien occupe tout le territoire des communes élevées
de Bernex, Vinsy, Feterne; il pénètre dans les val-

lées parcourues par les affluents de la Drance qui
portent le même nom que cette rivière, et remonte
dans une de ces vallées, la plus orientale, jusqu'à Vacheresse, dans une autre, la plus occidentale, jusqu'à
Vallier, et même bien plus haut, dans les montagnes
qui dominent le bourg de Lullin ; enfin, dans la principale, celle du milieu, jusqu'au-dessus de la Vernaz
et de la Forclaz. La Drance, depuis les ponts de la
Forclaz et de Bioge, vers le lieu où se réunissent les
trois principales branches qui forment ce formidable
torrent jusqu'au lac, traverse dans toute sa largeur
ce vaste dépôt, sur une étendue de 2 ½ lieues, et
l'ayant coupé dans toute son épaisseur, les berges
extrêmement élevées de cette rivière, profondément
encaissée par ces amas diluviens, en montrent la
structure de la manière la plus instructive. J'ai parcouru à plusieurs reprises les diverses parties de ce
grand dépôt, et l'ai étudié à Bernex, Saint-Paul, Vinsy,
partout au-dessus d'Evian, vers Memise, à Vacheresse, Raivroz, Vallier et au-dessus de Lullin ; mais
c'est particulièrement dans les années 1823, 25 à 27
que je me suis appliqué à étudier la remarquable
section qu'a opérée la Drance dans cet épais massif,
aux ponts de Forclaz et de Bioge, ainsi que sous les
villages de Raivroz et de Féterne ; et ce n'est pas sans
peine, sans fatigue et quelquefois même sans quelque danger, que j'ai pu rassembler, par mes propres
observations, les détails qui vont suivre.

Au pont de bois couvert de la Forclaz, qui traverse la branche principale de la Drance, celle qui
descend de la vallée du Biot et de Saint-Jean d'Aulps,
ses deux rives sont encore formées des couches cal-

caires qui descendent des montagnes au débouché de la vallée. En descendant de là, suivant le cours de la rivière, on ne tarde pas à se trouver au milieu du terrain diluvien, vers le confluent de la Drance d'A-bondance, et plus bas, vers celui de la Drance qui descend de la vallée de Bellevaux, et qui, après avoir reçu la rivière de la vallée de Lullin ou le Brévon, continue à porter ce dernier nom. C'est sur cette dernière Drance ou Brévon que sont jetés les deux ponts de Bioge, l'ancien et le nouveau, placés au fond de la profonde vallée, et sur la route qui, descendant de Raivroz, monte à La Vernaz. A ces ponts, le terrain diluvien commence à se montrer dans sa remarquable épaisseur; là, aux ponts de Bioge, les rives de la Drance des deux côtés, sont formées d'énormes rochers à pic de béton ou cailloux roulés, cimentés en forme de poudingue par des infiltrations de calcaire stalac-titique et disposées en couches horizontales. Le pont de Bioge est situé à 196 mètres environ au-dessus du lac, soit à 572 mètres au-dessus de la mer. Le village de Vallier, qui est au-dessus dans la vallée de Lullin, et auquel on arrive par une longue et rapide montée presque toujours dans le terrain diluvien, est à en-viron 440 mètres au-dessus du lac, soit 816 mètres au-dessus de la mer. Là aussi, vers Vallier, le terrain diluvien occupe le fond de la vallée, et les rives du Brévon y présentent des cailloux roulés de protogine et d'autres roches primitives, mais déjà accompagnées d'un mélange dominant de cailloux de calcaires gris et blancs veinés de spath, provenant des montagnes voisines. En sorte que, quoique la route puisse passer occasionnellement sur des couches calcaires en place, la différence de hauteur absolue entre Vallier et le pont de Bioge nous donne assez exactement l'épaisseur du terrain diluvien aux environs de ce pont, et cette différence est de 224 mètres, soit 145 toises.

Si, depuis le haut du passage entre Vallier et La Vernaz, près du hameau de Tré-Brevon, on regarde dans la profonde vallée qui s'ouvre au-dessous de soi, on voit couler la Drance et le Brevon entre les ponts de la Forclaz et de Bioge, qui ont creusé profondément leur lit dans la masse diluvienne dont nous parlons, masse formée ici de sable et de gravier entremêlés de couches solides de béton, dont quelques-unes sont inclinées en plongeant contre l'embouchure du Brévon et de la Drance. C'est surtout au-dessous du village de Raivroz que cette inclinaison se fait remarquer. On voit que cette masse, dont la surface forme un plateau, était une fois le fond de la vallée ; on voit aussi qu'elle tient à la haute colline de Saint-Paul au-dessus d'Evian, colline richement cultivée et boisée qu'on a devant soi. Un étroit et profond ravin la sépare des montagnes calcaires du groupe des Dents d'Oche et de la vallée du Biot.

Au-dessous du pont de Bioge, la Drance continue à couler, profondément encaissée entre deux murs énormes de terrain diluvien. Ce n'est qu'à une grande distance de ce pont et au-dessous de Raivroz, qu'on peut de nouveau atteindre le niveau de la Drance. Dans cet endroit, on voit que la longue montagne d'Armone qui s'est avancée du sud-ouest au nord-est, en formant la berge gauche de la vallée de Lullin, après s'être abaissée et prolongée en éperon au milieu de l'amas diluvien, s'est entièrement enfoncée sous ces débris accumulés, et c'est là qu'à son extrémité orientale, vers la carrière de gypse de l'Épine, on trouve un étroit et rapide sentier qui descend jusqu'à la Drance. Là, le lit du torrent est presque entièrement obstrué par d'énormes blocs diluviens, assez rapprochés pour permettre aux paysans des environs de traverser la rivière en franchissant de blocs en blocs, d'où ce difficile et dangereux passage a pris le nom de *Aux Pis* ou *Aux Piés*, ce qui signifie aux Pierres. C'est immédiatement au-dessous des gypses de l'Épine que l'on entre entièrement dans le terrain diluvien sur lequel on descend jusqu'au niveau de la Drance, **Aux Piés**, où l'on voit de nouveau reparaître quelques roches en place sur lesquelles repose le diluvium. Ces roches très remarquables, et qui présentent des variétés de calcaires magnésifères très différentes de celles que l'on rencontre partout ailleurs, variétés que je décrirai dans une autre partie de cet ouvrage, ces roches, dis-je, ont, sur la rive gauche de la **Drance**, une épaisseur de 5 à 6 $\frac{1}{2}$ mètres en comptant depuis le niveau du torrent, tandis que vis-à-vis, sur la rive droite, cette épaisseur atteint jusqu'à 19 ou 26 mètres. Au-dessus de ces couches s'élève un massif de plus de **234** à **253** mètres d'épaisseur de diluvium, dont la partie inférieure, sous forme d'un roc solide de béton, forme les falaises des deux côtés de la Drance. La masse de béton a environ 113 à 130 mètres d'épaisseur, et elle est encore dominée par une masse également diluvienne, de plus de 160 à 195 mètres d'épaisseur, de sables et graviers incohérents, mélangés de gros cailloux alpins et de blocs erratiques primitifs.

La surface de ce terrain sablonneux et graveleux est presque horizontale dans le haut, et descend vers la Drance en pente, qui, quoique rapide, est cependant assez douce pour être cultivée et revêtue de bois ou de broussailles. La grande masse inférieure de béton qui recouvre immédiatement les couches en place, n'est qu'un amas énorme de cailloux alpins en grande partie de calcaire noir et bleu foncé, quelquefois veiné de spath, et, pour le volume, péponaires, surtout céphalaires, pugilaires et ovulaires, mélangés de cailloux encore plus petits, tous arrondis, roulés et unis très solidement par un ciment très peu abondant de tuf stalactitique. Cette énorme masse, coupée à pic et homogène dans toute son étendue, car elle ne contient aucune couche ou nid de sable ni de gravier, paraît divisée en couches peu épaisses et ici presque horizontales. Les graviers fins et les sables, mélangés de cailloux roulés et de blocs incohérents, souvent très volumineux, qui forment au-dessus des bétons à pic la partie supérieure de ces hautes collines ou plateaux, paraissent représenter ici les attérissements ou limons diluviens des environs de Genève, tandis que les bétons, soit par leur position, soit par leur nature et leur structure, représentent les alluvions anciennes.

En effet, ici, comme vers Genève, on ne voit dans le béton aucune masse ni gros bloc de protogine, ni d'autre roche alpine, soit primitive, soit secondaire. J'ai particulièrement recherché, mais en vain, si je pourrais en découvrir dans toute l'étendue de cette longue section. En revanche, on voit des blocs gigantesques de protogine qui obstruent le lit de la Drance, et qui, probablement tombés jadis du haut massif supérieur au béton, n'ont pu être entraînés par les eaux par lesquelles ont été emportés les sables, les graviers et les cailloux qui les accompagnaient. Le lit de la Drance est aussi jonché de fragments énormes de béton détachés des rochers supérieurs. C'est sur de pareils blocs, soit de protogine, soit de béton, accidentellement réunis de manière à former une sorte de pont naturel, que les paysans passent la rivière à pied sec lorsque les eaux sont basses, et c'est d'eux, comme je l'ai dit, que provient le nom de Piés ou Pierres donné à ce passage.

Au-dessous de ce lieu, les deux rives de la Drance, dans les communes de Féterne sur la rive droite, et d'Armoi sur la gauche, présentent absolument les mêmes apparences; les deux berges également continuent à être très escarpées, élevées et à pic, quelquefois taillées en grandes aiguilles isolées, comme on le voit, près de l'église de Féterne. Sous Armoi, sur la rive gauche, les couches du béton sont ondulées et même tordues.

C'est dans la partie supérieure du béton, sur la rive droite et sous l'église de Féterne, qu'est une grotte nommée Grotte des Fées. Pour y arriver, depuis Féterne, il faut d'abord descendre presque jusqu'au niveau de la Drance, puis remonter à une grande hauteur par des sentiers très étroits, très rapides, presque dangereux, étant comme suspendus au-dessus du torrent et au milieu de cailloux arrondis et roulants. Une chaleur du commencement de juillet et un soleil ardent, réverbéré par d'énormes rochers de béton, exposés au midi et interceptant tout courant d'air, rendaient pour moi cette expédition presque intolérable, obligé comme je l'étais de faire mon chemin au travers de broussailles épineuses, et d'escalader des escarpements de béton ; car c'est dans le béton qu'est ouverte cette profonde excavation, dont les parois et surtout le sol sont tapissés d'une croûte très épaisse de stalactites. Celles des parois, quoique grandes, sont assez informes ; celles du sol, très épaisses, sont des restes d'anciens bassins d'incrustations. Il reste encore un vaste bassin de cette espèce, à trois étages, disposés en retraite les uns derrière les autres. Les petits bassins dont se composent les deux étages inférieurs, qui ont le plus grand diamètre, ont tous un même niveau dans chaque étage ; le troisième étage, le plus élevé et celui dont le diamètre est le plus petit, n'est formé que d'un seul grand et profond bassin. Tous sont remplis d'une eau très limpide, qui atteint jusqu'à la lisière des bassins, et qui, nonobstant cette limpidité, contient beaucoup de carbonate de chaux en dissolution, ce que témoignent les petites boules cristalline (dragées de Tivoli) qui remplissent le fond de ces bassins (comme dans les grottes de la Carniole), et les incrustations de minces aiguilles cristallines dont se revêtent les brins d'herbe et les feuilles qui sont tombées dans ces bassins. Quoique ces eaux soient ainsi saturées ou à peu près de carbonate de chaux, elles ne laissaient pas que d'être habitées, quand je les vis, par une grosse grenouille noire, qui me parut être de l'espèce des *Rana temporaria.*

Le sol de la grotte, comme ses parois, est formé de béton ; il n'y a au-dessus qu'une très épaisse couche de matière stalactitique; point de replat, point de couche d'argile, et par conséquent point d'espoir d'y rencontrer des ossements fossiles. On n'en voit point d'empâtés dans les incrustations mêmes, on n'en voit point non plus dans le sable entremêlé au béton, et qui forme en partie le fond et les parois de la grotte, sable assez fortement tassé pour avoir pris l'aspect et la consistance d'un grès.

Dans le plafond de la grotte, j'ai observé, enchâssé dans le béton, un gros bloc de schiste ou gneiss talqueux vert, ou protogine schistoïde. Il faut se rappeler qu'ici nous sommes dans la partie supérieure de l'alluvion ancienne, et tout près des limites du terrain d'attérissement diluvien supérieur, ce qui explique la présence des sables et de ce bloc, qui, comme nous l'avons dit déjà, ne se présentent point dans les parties inférieures de ce vaste massif de béton.

Les cailloux du béton, près de la grotte, sont souvent sans ciment, souvent aussi ils sont unis par des infiltrations stalactitiques; ils se détachent du rocher et roulent à sa base, où ils forment de rapides talus de gravier arrondis comme celui de Sous-Terre sous Saint-Jean, près de Genève. Les couches du béton au-dessus de la caverne sont assez régulières et inclinées; mais, plus bas, elles sont fort irrégulières et contournées. Au-dessous de ces masses de béton, sur la rive opposée et au niveau de la Drance, sous Armoi, on exploite des couches assez épaisses de gypse.

Le même massif diluvien continue des deux côtés, jusque vers Publier, à l'endroit où la Drance, sortant tout à fait des montagnes et des hautes collines diluviennes qui leur succèdent, et entre lesquelles elle est restée si longtemps resserrée, se répand de côté et d'autre dans l'étroite zone de plaine qui les sépare du lac. Là, elle s'est fait un vaste lit, qui, sur une largeur de près d'une demi-lieue, ne présente autre chose qu'un amas d'arides cailloux, et que l'on traverse sur un long et étroit pont de pierre, entre Thonon et Evian.

On ne saurait s'étonner des ravages que fait la Drance au sortir des montagnes et de l'énorme accumulation de cailloux roulés qu'elle répand sur ses rivages, et qu'elle a même poussés fort avant dans le lac (comme le prouve l'espèce de long promontoire caillouteux et bas, nommé Pointe des Drances, où elle se verse dans le lac), quand on pense que ce formidable torrent est l'unique débouché des eaux de presque tout le Chablais, et que tous les affluents des trois longues vallées, d'Abondance, d'Aulps et de Lullin, qui forment cette province, s'échappent par cette seule embouchure. En sorte que sur tout cet espace d'environ 16 lieues carrées de surface, hérissé de hautes montagnes et sillonné par d'innombrables ravines ayant toutes leur torrent, il ne peut pas tomber une goutte d'eau qui ne vienne ressortir dans ce lit de la Drance. Si l'on songe encore qu'il ne se passe guère de journée, en été, où quelque orage ne vienne fondre sur quelqu'un des points ou quelqu'une des hautes cimes de ce grand territoire, et que, outre les débris que ces ondées soudaines entraînent dans son lit, la Drance traverse continuellement, et ne cesse de ronger pendant près de trois lieues de son cours le massif diluvien tout de galets et de cailloux incohérents que nous venons de décrire, on cessera d'être surpris, en voyant la grandeur et l'étendue de ses alluvions actuelles auprès de son embouchure. Ce sont probablement ces circonstances qui ont empêché jusqu'à présent de penser à opposer des digues à ce torrent, et à regagner ainsi à l'agriculture de si grands espaces de plaine voués à une absolue stérilité.

Avant de poursuivre jusque près de Genève l'examen de cette haute et longue colline diluvienne que nous avons suivie depuis son origine vers la montagne de Mémise jusqu'ici, colline dont le niveau continue à s'abaisser graduellement, disons un mot de sa prolongation dans le bas des vallées latérales et des blocs erratiques isolés ou en groupes, épars sur le flanc des montagnes, fort au-dessus de la surface supérieure de ces amas épais de galets de sables et de blocs qui viennent de nous occuper.

En remontant la branche de la Drance qui descend de la vallée d'Abondance, on traverse entre le Kerra, hameau de la commune de Chévène et Vacheresse, le lit d'un torrent où l'on voit de gros blocs de roches primitives provenant du terrain diluvien. A Vacheresse même et dans ses environs, le fond de la vallée et les bords de la Drance sont formés d'une masse épaisse d'argile ou glaise grossière qui se fend profondément, et qui en glissant produit des éboulements. Je ne saurais affirmer si cette glaise appartient au terrain d'attérissement diluvien, comme pourraient le faire supposer la proximité des blocs erratiques que nous venons de mentionner, ou si ce ne

serait pas plutôt un comblement semblable à celui
des environs d'Avant sur Montreux, et appartenant à
l'époque actuelle ou jovienne.

Quoi qu'il en soit, le terrain diluvien ne remon-
terait pas plus haut dans cette vallée que Vacheresse;
car au village de Bonnevaux, qui vient après en remontant la Drance par le chemin qui conduit à Abondance, on arrive dans un étroit bassin d'alluvion,
tout formé de débris des montagnes voisines, débris
dont les masses ont jusqu'à 10 mètres d'épaisseur.

Ce même vallon, qui se prolonge jusqu'à l'entrée
de la vallée longitudinale d'Abondance, présente beaucoup de blocs épars de calcaire jurassique gris clair
ou blanc, avec des rognons et des filons de silex gris
rougeâtre, tous provenant aussi évidemment des montagnes environnantes. Enfin, dans aucune partie de
la vallée d'Abondance elle-même, je n'ai vu aucun
bloc erratique, ni rien qui pût être rapporté au terrain diluvien.

J'en aurais dit autant du fond de la vallée principale de la Drance, celui qui s'étend depuis la Forclaz
par La Vernaz, le Biot, et Saint-Jean d'Aulps à Morsine, car je n'en ai observé aucun dans tout cet espace, non plus que sur les flancs des montagnes qui
la bordent, mais M. J.-A. De Luc dit qu'une personne, qu'il ne nomme pas (*Mémoires de la Société de
Physique et d'Histoire naturelle de Genève*, t. 3, p. 144),
« en remontant cette vallée jusqu'à Morsine, avait
« rencontré des granits (blocs de protogine) çà et là
« sur toute sa route. » Il faut que ces blocs aient été
moins nombreux qu'il ne paraît le croire, car autrement, il serait bien étonnant qu'ils m'eussent tous

échappé, même en supposant, ce qui est possible, que mon attention, absorbée par l'étude des roches en place dans cette vallée, ne se fût pas portée sur ces blocs.

En revanche, dans la vallée de Lullin, qui dans ce district est la dernière vallée des Alpes vers l'ouest, on trouve beaucoup de blocs de roches primitives, non pas, il est vrai, sur les montagnes calcaires élevées au sud-est, qui la séparent de la vallée du Biot, mais sur la montagne d'Armone, beaucoup plus basse, qui s'élève au nord-ouest, et qui, formant le dernier chaînon des Alpes, la sépare de la plaine. M. J. A. De Luc a déjà signalé, dans le Mémoire que nous venons de citer, page 141, l'existence de nombreux blocs primitifs, tant à Raivroz que sur le penchant de la montagne calcaire d'Armone, qui domine ce village, et sur le versant opposé qui fait face au lac. La plus grande partie de ces blocs sont de protogine; il y en a qui ont jusqu'à 4 mètres de diamètre, le plus grand a 8 $\frac{1}{2}$ mètres de long, 3 de large et 7 de haut (p. 143). Raivroz étant élevé de 407 mètres au-dessus du lac, on peut en conclure que ces blocs atteignent une hauteur de 550 à 650 mètres au-dessus du même lac, soit de 475 à 526 toises au-dessus de la mer; ils s'élèveraient donc jusqu'à plus de 110 à 210 mètres au-dessus du niveau supérieur du grand diluvien. Mais ils s'élèvent encore plus haut vers l'extrémité sud-ouest de cette même chaîne, et aux chalets de Trélemont-sur-Lullin, près du sommet des Fourches d'Abère, point culminant de la chaîne, j'ai vu un groupe de gros blocs de protogine à environ 600 toises au-dessus de la mer.

Je ne sais si je dois rapporter au terrain d'attérissement diluvien ou à un comblement plus moderne,
tel que celui d'Avant sur Montreux, les hauts et épais
dépôts de glaise et de débris qui au-dessus de Lullin
couvrent les bases des montagnes de Trélemont et
des Fourches d'Abère, et qui de l'autre côté de la
chaîne, au-dessus de Draillans, forment un épais
massif de glaise mélangée de cailloux calcaires des
monts voisins, massif dans lequel s'ouvre un profond
ravin qui descend du haut de la montagne des Moisses
jusque dans la plaine, à Draillans. Je ne puis non
plus me prononcer sur l'origine du terrain de transport composé d'argile empâtant des cailloux roulés
qui recouvre le bas des montagnes de Paimbertier et
d'Armone, entre Lullin, Vallier et Raivroz. C'est de
là que s'est détaché, vers le milieu du xviie siècle, le
grand éboulement par lequel tout le fond de la vallée
entre Lullin et Vallier a été recouvert d'une épaisse
masse de glaise restée jusqu'à ce jour inculte et stérile. De semblables éboulements, qui peuvent encore
partir des mêmes dépôts et de ceux qui dominent
Lullin, menacent aujourd'hui même la vallée de pareils désastres.

Au sud-ouest des Fourches d'Abère et sur le haut
des montagnes de grès qui lient cette sommité calcaire avec la montagne de grès des Voirons, j'ai vu à
Sassé-sur-Abère, vers la route qui va de Boège à Ban,
un grand nombre de blocs arrondis et roulés, de 6 à 10
décimètres de diamètre, du grès vert feldspathique et
amphiboleux étoilé (ou grès de Taviglianaz), semblable
à celui d'Arrache et Pernant, que j'ai décrit *Bibl.*
univ. des Sc. et Arts, septembre 1826, mélangés avec

d'autres blocs du calcaire des montagnes de Flaine et
de Platet, décrits dans le même Mémoire, et accompagnés de nombreux blocs primitifs d'un même volume. Dans la vallée de Bellevaux, qui vient déboucher dans celle de Lullin, j'ai été surpris également
de trouver des blocs erratiques secondaires. Près de
Bellevaux, j'ai vu un grand bloc de grès vert des Alpes
roulé, arrondi et plein de fossiles. Plusieurs autres
blocs de la même roche ont été employés dans les ma-
çonneries de Belvaux. De pareils blocs ne peuvent
être venus d'aucune des montagnes des environs,
car ce grès vert ne se trouve nulle part dans le Chablais; ce ne serait que des chaînes du Reposoir, des
Fizs ou du Salvadon, au-dessus de Sixt, que ces
blocs de glauconie compacte auraient pu avoir été
amenés ici.

Reprenons maintenant la rive gauche de la Drance
au sortir des montagnes, et poursuivons au pied de
ces montagnes dont nous venons de parcourir les
vallées et les hauteurs, dans la plaine et sur les bords
méridionaux du lac, le prolongement du grand amas
diluvien. On le voit d'abord recouvrir la base du versant nord-ouest de la montagne d'Armone et des
Fourches d'Abère, et celle des montagnes qui lient
celles-ci aux Voirons; on le voit remplir la plaine
jusqu'au bord du lac, dont les rives en présentent çà
et là des coupes plus ou moins hautes, comme à la
Pointe d'Ivoire, où une colline élevée de 65 mètres
vient former au bord du lac de petites falaises de 10
à 16 mètres de haut. A la Pointe même, sous Ivoire,
ces falaises ne présentent qu'un amas confus de glaise,
de sable, de gravier et de galets incohérents. Plus au

sud-ouest, elles n'offrent plus que des masses de glaise ou limon d'attérissement sans cailloux ; tandis qu'au sud-est, vers Coudré, la glaise des falaises est mêlée de sable et de gravier, avec quelques blocs métriques ou bimétriques. C'est aussi de glaise mêlée de blocs que sont composées les falaises près d'Hermance ; tandis que la colline sur laquelle est la tour de ce nom et les berges de l'Hermance sont formées de graviers, sables et galets agglutinés en béton. Il paraît donc probable que toute cette rive du lac, depuis Thonon jusqu'à la base du coteau de Cologny, appartient au terrain d'attérissement diluvien, dont on voit tantôt les glaises ou limons inférieurs, tantôt les sables et graviers supérieurs. La présence d'une multitude d'énormes blocs primitifs, dont la grosseur varie de 3 à 7 et jusqu'à 18 mètres en longueur, et dont il y en a qui ont jusqu'à 8 mètres de hauteur, semble confirmer cette opinion.

M. De Luc (Mémoire cité) a montré que ces blocs étaient disséminés par groupes en huit localités différentes, depuis Thonon à Genève, et que la proportion des blocs de protogine variait dans ces localités ; que la plus grande partie des blocs, près de Genève, était des protogines, tandis que vers Thonon et Ivoire, cette roche ne forme qu'un quinzième du nombre total des blocs, les autres présentant surtout des gneiss talqueux, des talcschistes, des roches amphiboliques, des poudingues du Trient et quelques serpentines. Voyez, pour les détails circonstanciés de la disposition du terrain diluvien sur les bords du lac, entre Thonon et Genève, M. De Luc, *Mém. de la Soc. de Phys. et d'Hist. nat. de Genève*, t. 3, p. 154 à 167.

Vers la pointe de la Bise, des blocs péponaires et métriques de gneiss très chloritiques et de chlorite amphibolique se mêlent à de belles euphotides.

Si, quittant la rive du lac, nous examinons le pays que traverse la grande route entre Genève et Thonon, nous le trouvons partout formé des mêmes débris roulés, excepté là où se montrent les couches de grès de conglomérat du château de La Roquette et de la colline des Alinges, et les mollasses du coteau de Boisy ; il en est ainsi des larges vallons qui s'étendent entre ces deux collines et la base du dernier chaînon des Alpes. Mais ces collines elles-mêmes ne sont pas dépourvues de dépôts diluviens.

Sur la colline des Alinges, depuis le haut jusqu'en bas, partout au milieu des beaux bois de châtaigniers qui en recouvrent les pentes, ainsi que dans les broussailles et au milieu des grandes ruines du fort qui en couronnent la crête, on trouve des blocs et de gros cailloux primitifs, de vrais granits blancs, des protogines, des schistes talqueux et amphiboliques.

Sur le coteau de Boisy, tandis que sa face tournée au nord-ouest est escarpée et ne présente guère que des rochers élevés de mollasse rouge et bleue, son versant sud-est est presque tout enseveli sous une énorme épaisseur de terrain diluvien, qui, formant une longue mais étroite colline à surface horizontale, dont le niveau s'élève à plus des deux tiers de la hauteur du coteau de Boisy jusqu'au village de Balaison, soit entre 260 et 290 mètres au-dessus du lac, réunit ce coteau à l'extrémité septentrionale des Voirons, sous la Tour de Langin. Cette colline, d'environ une lieue de longueur, est entièrement formée de lits alternants de sable fluviatile, de graviers et de blocs primitifs plus ou moins volumineux, disposés par masses irrégulières et lenticulaires, tantôt horizontales, tantôt inclinées, offrant toute l'irrégularité de structure et la confusion dans la distribution des matériaux divers par leur nature et leur volume qui caractérise les terrains réellement diluviens et cataclystiques. C'est des versants nord et sud de cette longue colline diluvienne que partent les vallées tortueuses à hautes berges diluviennes aussi, dont l'une, s'étendant, comme nous l'avons dit plus haut, vers le nord du pied des Voirons, par Machilly, Saint-Didier, Ban, Brantôme, etc., présente l'aspect d'un lit de rivière à sec; et dont l'autre, semblable à celle-ci par sa grandeur et par sa forme, suit la base des Voirons et sert de lit à la petite ririère du Foron, entre Neydens, Juvigny, Marsaz, etc., rivière qui, dans l'état actuel de ses eaux, est tout à fait incapable d'avoir creusé le large et profond encaissement dans lequel elle coule.

La sommité même du coteau de Boisy, qui s'élève encore au-dessus du niveau de la colline diluvienne dont je viens de parler, et atteint la hauteur de 363 mètres au-dessus du lac, n'est pas exempte de traces de dépôts diluviens. Outre les lambeaux de terrains de transport qui recouvrent même son sommet, ce coteau est de toute part, ainsi que l'a déjà observé de Saussure, § 306 et suivants, jonché de blocs primitifs (*voy.* sa description de quelques-uns de ces blocs). Parmi les blocs épars en si grand nombre ici, j'ai retrouvé celui qu'il a désigné sous le nom de *pierre à Martin*, de 8 mètres ; de long , 5^m,8 de large et 7 mètres de haut : il est de chlorite schisteuse mêlée d'amphibole ; j'y ai vu en outre des gneiss talqueux, des chlorites et talcs schisteux feldspathiques, de belles diorites primitives ou syénites à grands cristaux de feldspath et d'amphibole, une belle serpentine verte avec des taches noires, accompagnée de stéatite asbestiforme vert jaunâtre, demi-transparente ; des blocs composés de feldspath et de quartz avec beaucoup de terre verte, comme on en voit dans la vallée de Chamouni, près de la source de l'Arveyron, et au Montanvert ; enfin, beaucoup de blocs de grès à gros grains des Voirons, et quelques-uns de calcaire gris foncé, bréchiforme. J'y ai vu aussi plusieurs blocs de protogine ; mais ici, comme près de Thonon et d'Ivoire , ces blocs ne forment qu'une fraction assez peu considérable de la totalité des blocs erratiques répandus sur ce coteau.

Dans la plaine, au nord-ouest du coteau de Boisy, j'ai observé, aux environs de Massongy, un groupe considérable de blocs énormes de protogine ; et vers le moulin de Bonnatray, au delà de Dovaine , des deux côtés du ravin que traverse la grande route de Genève à Thonon, des couches horizontales de béton diluvien.

L'angle sud-ouest de la montagne des Voirons offre un haut et épais revêtement diluvien qui se confond dans le bas avec les terrains semblables des environs de Genève; c'est un peu au-dessus de Lucinge, village élevé de 699^m,6 au-dessus de la mer (d'après mon observation du 22 juin 1821), soit de 674^m,3 d'après le docteur Berger, qu'il atteint sa plus grande hauteur; et de là son niveau supérieur va en descendant rapidement, d'un côté dans la vallée de l'Arve, vers Bonne, de l'autre dans la plaine au pied des Voirons, vers Saint-Cergues, où il est déjà beaucoup plus bas qu'à Lucinge. Cet épais dépôt est caractérisé par l'abondance de gros cailloux céphalaires et péponaires de calcaire noir des Alpes, et surtout de grès de Taviglianaz et du grès amphibolique qui l'accompagne. Les cailloux de ces grès sont ici, ainsi que dans le bas de la montagne, à Bonne, en quantité si considérable, et dans tous les murs de cette partie des Voirons ils sont tellement mélangés avec les grès de la montagne même, que j'avais longtemps cru qu'ils provenaient de cette montagne; mais je n'ai pu en trouver aucune trace dans les couches en place, quelque peine peine que j'aie prise à les chercher; d'ailleurs, les grès feldspathiques et amphiboliques des environs de Lucinge et de Bonne sont toujours arrondis et roulés, tandis que les grès des Voirons, employés conjointement avec ceux-ci dans la construction des murs, sont en forme de dalles épaisses et équarries. D'où je conclus que les blocs de grès de Taviglianaz font bien ici partie des blocs erratiques, et qu'ils doivent provenir originairement des rochers de la formation de grès de la Pointe-Pelouze et des autres sommités arénacées, qui, comme je l'ai dit dans mon mémoire sur ces districts (*Bibl. Univ. des Sc. et Arts*, septembre 1826), forment les points culminants du massif qui sépare la vallée de l'Arve de celle du Giffre. Placée comme l'est cette arête sud-ouest des Voirons, dans le prolongement de cette dernière vallée, il est plus probable que c'est au diluvium qui en provient plutôt qu'à celui qui vient de la vallée du Rhône, et que nous venons de suivre si long-temps, qu'appartient le massif élevé de Bonne et de Lucinge.

Mais avant de nous engager dans la considération de ces nouvelles vallées et de leurs terrains de transport, terminons nos observations sur l'énorme dépôt diluvien que nous venons de suivre depuis la Tour-Ronde et les rochers élevés de Memise, jusque dans la plaine des environs de Genève, en faisant remarquer qu'après en avoir, comme nous l'avons fait, étudié de lieux en lieux les détails dans les diverses parties de son étendue, rien ne pourra mieux donner une idée de son ensemble que de le regarder depuis les environs de Lausanne ou de Morges. On verra de là, sur la côte opposée, cette longue et d'abord haute colline couverte de bois, de verdure et de culture, partir du pied des Dents d'Oche ou de Memise, et descendre graduellement en se prolongeant au sud-ouest jusqu'au niveau du lac qu'elle atteint vers Ge-nève, on la verra, dis-je, contraster par l'uniformité de sa ligne supérieure avec les sommités d'arides ro-chers, tantôt s'élevant dans les airs en grandes pyra-mides, tantôt crénelées comme des ruines qui la sur-montent. Quoique les nombreuses vues du lac de Genève, prises, soit de Lausanne, soit de Morges, présentent toutes plus ou moins exactement l'énorme massif diluvien qui nous a si longtemps occupé, je crois devoir cependant en reproduire l'esquisse sui-vante pour ceux qui n'auraient pas connaissance de ces vues.

D d M. Dents d'Oche.

M. Mémise.

D d M. Dent du Midi.

C. Courbalanche.

M B. Mont-Blanc.

A. Colline des Alinges.

M. V. Monts Vergis.

V. Voirons.

B. (au-dessous des Voirons.)

S. Solève.

G. Genève.

T. Thonon.

E. Evian.

d. Coupure faite par la Drance dans le talus diluvien.

Coteau de Boisy.

t. Hameau de la Tour-Ronde.

m. Rocher de Meillerie.

———

La ligne horizontale de L à G est la rive du lac Léman.

La ligne inclinée de Mémise à Genève est la crête du grand talus diluvien.

Entre le Mont-Blanc et les Voirons, sur les Alinges et sous les Vergis, se voit la ligne extérieure des Alpes du Chablais.

SECTION V.

Prolongement au sud, au sud-est et à l'est de Genève.

Au delà et vers l'est des amas de très gros blocs de protogine qui couvrent le mont de Sion, énumérés et décrits par M. J.-A. De Luc (*Mém. cités*, t. III, p. 169), cette zone de blocs recouvre la montagne de Salève, où l'on en voit des groupes : 1° entre Le Chable et Pomier (blocs de 5 à 9 mètres de long); 2° au-dessus de Pomier, à 292 mètres au-dessus du lac, les plus gros ont au moins 6 mètres ½ de long; 3° au passage de la Croisette, à 616 mètres au-dessus du lac, les plus gros ont de 3 à 4 mètres de long; 4° au bois de Crevin, au pied du Grand-Salève, les plus gros ont de 3 à 7 mètres de long; 5° sur le haut du Grand-Salève lui-même, où les blocs sont rares et n'ont guère que de $0^m,3$ à $4^m,5$ de long, ils s'y élèvent jusqu'à 849 mètres environ (*loc. cit.*, p. 174 à 178); 6° dans le vallon de Monetier, sur ses deux flancs, soit sur les pentes du Grand et du Petit-Salève, et surtout aux deux extrémités de ce vallon.

On brise beaucoup de ces blocs près du village de Monetier, surtout pour en faire des meules de moulins, où pour en débarrasser les espaces de terrains susceptibles de culture; il est en conséquence probable qu'une grande partie de ceux qui couvraient le fond du vallon, maintenant occupé par des champs, a été successivement détruite. Ce fond présente des amas épais de sables et galets diluviens, excavés au pied du Grand-Salève, vers Monetier. On trouve des blocs en grand nombre sur le Petit-Salève, plusieurs reposent à nu sur les rochers; ils sont peu abondants sur la pente occidentale qui est la plus escarpée, mais on en voit jusqu'au point culminant à 487 mètres au-dessus du lac; cependant, c'est sur la pente orientale, et surtout au-dessus de Mournex, que sont les plus nombreux et les plus volumineux. Les deux plus gros de tous sont la *table*, de 15 mètres de long, $7^m,1$ de large et $2^m,3$ d'épaisseur ; et la *pierre à trois étages* ou le *pied de la Fée*, taillée naturellement en trois gradins ou comme formant un escalier à trois marches : cet énorme masse de granit ou plutôt de protogine granitoïde a $15^m,3$ de long, $8^m,8$ de large et $4^m,1$ de haut. (*Voy.* pour tous les blocs du Petit-Salève, De Luc, *Mém. cités*, t. III, p. 175 à 178.)

C'est surtout sur les rochers calcaires, et immédiatement sur le roc, que reposent la plupart de ces blocs. Mais j'en ai vu quelques-uns près de Mournex, et surtout dans le petit vallon, entre le mont Gosse et le Petit-Salève, qui reposent sur le grès; j'en ai vu d'autres posés près de ce village sur des pseudo-strates de cailloux, graviers et sables alternant. Enfin j'ai vu en montant d'Étrembières à Mournex, dans une berge diluvienne coupée par la route, un bloc métrique de protogine totalement enclavé dans les cailloux et les graviers de ce dépôt : c'est là, avec le bloc de Féterne, le seul exemple que j'aie observé de blocs renfermés dans des terrains analogues à l'alluvion ancienne; nous avons vu que celui de Féterne était dans la partie supérieure de ce terrain, et sur la limite du limon d'attérissement diluvien auquel peut-être il appartenait déjà. Il en est probablement de même de celui de la montée de Mournex, vu son élévation au-dessus du fond de la vallée de l'Arve, ou peut-être n'est-il pas à sa place originaire et a-t-il été balayé plus récemment du site qu'il occupait sur la pente rapide de la montagne, au-dessus, et entraîné avec les cailloux et graviers épars sur cette pente par quelque orage accidentel qui les aura déposés ensemble à la place qu'il occupe maintenant.

Le vallon du Viézon, qui sépare Salève du coteau d'Esery, est encore rempli de blocs de protogine, et le lit de ce ruisseau, profondément encaissé en plusieurs lieux, en est tout jonché; on y trouve aussi abondamment de gros blocs et gros cailloux de calcaire bleuâtre des Alpes (Voyez, sur ce vallon et sur le coteau d'Esery, qui est aussi couvert de blocs, les détails donnés par De Luc, *Mém. cités*, t. 3, p. 178 à 181, et t. 5, p. 95.) Les blocs du lit de Viézon sont probablement tombés des hauteurs voisines dans le profond lit de ce ruisseau.

Après avoir considéré les gros blocs primitifs soit isolés, soit en groupes épars sur les sommités et sur les flancs des montagnes ou dans le lit des torrents, revenons un moment aux massifs de terrain de transport qui forment des dépôts continus dans la plaine. Nous avons déjà indiqué plus haut ceux qui forment la base occidentale de Salève, et qui tiennent à ceux des environs de Genève. Comme eux, ils sont disposés en plateaux horizontaux. Au pied du Petit-Salève, l'alluvion ancienne domine; près de Verrier, on remarque que le plateau diluvien a deux étages bien distincts, tandis qu'à l'extrémité septentrionale de la montagne, vers Etrembières, le petit plateau sur lequel est bâti le château de l'Hôpital n'en présente qu'un seul. Le même plateau continue au pont d'E-trembières, sur les deux rives de l'Arve, et c'est sous lui que s'enfonce et se perd le calcaire de Salève, entre Etrembières et Mournex. De là, jusque vers Mournex, on voit le terrain diluvien composé de galets, de gravier et de sables, recouvrir les grès qui forment la base orientale du Petit-Salève.

Au-dessous de Mournex, le Viézon, qui a coulé depuis son origine entre des rochers de grès sur-montés près de Mournex, et surtout au pont de Vié-zon, d'épais amas diluviens consistant surtout en argile grise ou limon d'attérissement qui forment près de ce pont de très hautes falaises, le Viézon, dis-je, se jette dans l'Arve, et tout près de là, un peu au-dessous, se trouve le confluent de la Menoge. Là, les couches de grès ont disparu, et le bas des falaises élevées est occupé par une épaisse masse d'argile grise qui supporte les lits de galets et de gravier dont le haut du plateau est formé. Ce plateau est bien plus élevé que ceux qui sont à l'ouest de Salève. Je l'ai trouvé d'environ 93 mètres au-dessus de l'Arve, à l'embouchure de la Menoge.

Plus haut, le lit de la Menoge jusqu'au pont, sur la route de Bonneville, offre des grès mollasses rou-ges dans le lit du torrent, mais toujours recouverts par des dépôts diluviens aussi épais. Depuis le pont, aussi loin que la vue peut s'étendre, la Menoge, en remontant des deux côtés, est toujours encaissée en-tre des berges de débris, sable, argile et galets. Ces plateaux diluviens, qui environnent le coteau de Mon-thoux comme la mer entoure une île, vont se réunir au pied des Voirons au grand dépôt de Lucinge et de Bonne. De l'autre côté de l'Arve, ils continuent jusqu'à Reignier et tout autour de ce village ; là, les berges élevées de l'Arve ressemblent aux *crases* de Champel ; un sable fin argilo-quartzeux et micacé occupe les hauteurs et forme les petites berges du ruisseau nommé le Foron : et ici, comme toujours, ces dépôts diluviens se font remarquer par les plateaux tout à fait horizontaux qu'ils forment, et qui sont profondément sillonnés par les rivières. (Voyez plus haut, ce que j'ai dit des environs de Reignier.) Le lit du Foron, qui coule à Reignier, et celui d'un ruisseau qui coule entre le Foron et le coteau d'Esery, sont, comme celui du Viézon, encombrés par d'énormes blocs de protogine.

Toutes les berges de la Menoge, depuis Mournex jusqu'au pont Morand (vallée de Boëge), appartiennent au limon d'attérissement, et les plaines voisines, couvertes de végétation et cultivées, ont le niveau commun à celles de ce genre de terrains.

Les collines élevées d'alluvion, cailloux, sable et argile gris bleu, autour de Reignier et du pont neuf, sont la continuation des berges actuelles et anciennes de l'Arve, qui s'étendent par Mournez et Etrembières, et forment les plateaux parfaitement plats d'Artaz, du pont de la Menoge, de Vétraz, Colonges sous Monthoux, d'Annemasse, Chêne, etc. Ces amas diluviens ont la structure pseudo-stratiforme ou en amas lenticulaires de ceux de Saint-Jean et du bois de La Batie.

La pierre des Fées de Reignier est formée de gros blocs de protogine granitoïde.

La route de Reignier à la Roche laisse toujours un peu au-dessous, à gauche, la ligne limite des masses calcaires des communes de Saint-Roman, et elle est toujours dans la zone des blocs primitifs. Il y a autour de la Roche beaucoup de blocs de protogine et autres roches primitives. Les blocs, aiguilles, etc., de calcaire blanc qui recouvrent la première chaîne de hautes collines au-dessus de la Roche, n'appartiennent pas au terrain diluvien. Le ruisseau de la Roche a son lit encaissé dans une épaisse masse diluvienne, du milieu de laquelle percent d'énormes masses, blocs, pyramides et aiguilles de calcaire blanc. De grandes plaines d'alluvion parfaitement plates s'étendent de la Roche à la Bonneville, au pied de la montagne du Brezon.

Au pont de la Menoge, le terrain diluvien cataclystique contient des blocs primitifs très gros et très abondants dans le bas; il en est tombé d'isolés dans le lit de la rivière. Du pont de la Menoge au confluent de cette rivière et de l'Arve, les hautes berges sont de limon d'attérissement avec des amas de cailloux péponaires dans le haut, et quelques blocs dans le milieu. A Colonges sous Monthoux, la butte de terrain diluvien est formée de sable, de cailloux céphalaires et péponaires, et de blocs d'un volume plus considérable.

Au pont Morand, au débouché de la vallée de Boëge recommencent, en sortant de cette vallée, ces grands amas d'argile et de marne sans couches qui recouvrent les grès de la Menoge. Ne serait-ce point, du moins en partie, le produit de la décomposition de quelques grès schisteux à grain fin, tel que celui qui forme la base des Voirons? J'avais eu d'abord la même idée pour l'argile ou limon gris qui forme les falaises au confluent de la Menoge et de l'Arve. — De Colongess ous Monthoux à Nangi, et de Nangi à Filinge et au delà, règne toujours le terrain diluvien, couvert d'une belle végétation, noyers, vignes, etc.

Au-dessous de Filinge, la Menoge a creusé de grands ravins, et ses berges n'offrent que des amas de galets. A Boisinge et de là à Viu, on voit épars des galets et des blocs primitifs, tels que des gneiss à mica noir, des porphyres ou argilolites rougeâtres, provenant de la décomposition des poudingues du coteau voisin, nommé la Mobire ou Roc de Ouare. Les galets qui viennent de ce poudingue diffèrent en général des cailloux des Alpes, et plusieurs des roches dont ils sont formés ne se trouvent pas dans cette chaîne. D'ailleurs ce petit dépôt est fort circonscrit; il ne s'étend pas au delà de Boitinge au nord-ouest, ni de Viu en Salaz au sud-est, étant restreint à la base de la Molire. Déjà les dépôts diluviens du pont Morand, situés au pied occidental de cette colline, sont en presque totalité formés de roches primitives des Alpes comme les dépôts de tout le bassin du Léman; ce sont des gneiss talqueux et à mica blanc, des protogines, des grès de Taviglianaz et des grès amphiboliques qui les accompagnent. Je ne sais si les gros blocs épars de gneiss brun à mica blanc, en lames nombreuses et assez grandes, qu'on voit çà et là entre le pont Morand et Boége, sont alpins et diluviens, ou si, comme ils en ont l'apparence, ils proviennent du conglomérat de la Mobire qui forme les deux côtés de la vallée de Boége à son entrée.

A l'est de Viu et une demi-lieue avant le village de La Tour, la superficie du sol est de glaise qu'on exploite; on y a établi une tuilière. Au village de La Tour, la vallée est étranglée entre le Mole et la montagne nommée Château Cornu. Au-dessus du village de La Tour, et à l'extérieur de cet étranglement, on trouve un monticule couvert de gazon, tout composé de cailloux roulés et de sable.

Dans cet étroit vallon, entre les bases du Môle et celles de Château Cornu, il ne coule aucune rivière ni aucun ruisseau, tandis qu'il paraît être le prolongement de la vallée du Giffre. Le torrent du Riz, qui se jette dans le Giffre, semble remonter la vallée et couler en sens contraire de la direction ordinaire des rivières. Depuis La Tour, en remontant ce vallon, et ensuite la vallée du Giffre jusqu'au Buet, on ne voit plus que des galets calcaires de diverses nature et couleur, ainsi que des schistes gris ou noirs du lias, mais plus de galets primitifs.

De Nangy, en remontant la vallée de l'Arve, la route, jusqu'à Contamines, va en s'élevant toujours dans le terrain diluvien. Au pied du roc de calcaire blanc que surmontent les ruines du château de Faucigny, se trouvent des couches presque horizontales qui reposent sur le calcaire, et si régulières, qu'en les regardant de la route, qui passe fort au-dessous, j'avais cru que c'étaient des grès. Mais en y montant, je reconnus que c'étaient de grands bancs de poudingue béton, très caverneux, renfermant des cailloux et quelquefois des blocs très considérables de roches alpines, telles que protogines, granit blanc porphyrique, calcaire noir et gris et tuf ou corniole, presque tous arrondis et liés ensemble par un ciment stalactitique qui renferme de petits cailloux et du sable à gros grains comme le béton du bois de La Batie. Ces couches horizontales de béton forment la sommité d'une colline couverte de prairies au nord du château de Faucigny, au pied de laquelle passe la route de Bonneville.

La vallée de Bonneville à Cluses présente un fond plat tout d'alluvion moderne; mais si de la Bonneville on se rend à Marigny, derrière le Môle, et que de là on aille visiter les exploitations du gypse de Vernant, qui ont lieu à la base est-sud-est du Môle, on verra le Giffre, avant de se joindre à l'Arve, sortir d'un étroit défilé, et sa rive gauche bordée par un énorme dépôt diluvien de près de 100 mètres d'épaisseur. Le bas jusqu'à la moitié de la hauteur est de glaise grise; la moitié supérieure est un amas diluvien sans division quelconque de cailloux roulés de diverses grosseurs, avec trois ou quatre très gros blocs disséminés et plusieurs plus petits.

M. J.-A. De Luc (*Mémoire cité*, t. III, p. 181 à 185) a mis beaucoup de soin à reconnaître les blocs primitifs épars dans la vallée de l'Arve, entre Cluses et Sallenches; et d'abord il a remarqué qu'il n'en existait que sur la rive gauche de l'Arve, parce que là la pente de la vallée (d'ailleurs toute secondaire) est douce, tandis que sur la rive droite des précipices à pic de rochers, revêtus seulement à leur base de talus aussi très rapides de débris provenant des mêmes rochers, devaient avoir empêché les blocs de s'y arrêter. Il a reconnu entre Cluses et Sallenches, quatre groupes distincts de blocs de protogine, dont la longueur varie entre 1 et 7 mètres. Le premier de ces groupes se trouve près du pont de Cluses, sur la route de Nancy sur Cluses, à environ 100 mètres au-dessus de l'Arve. Les autres sont vis-à-vis du village de Maglans, qui est situé sur la rive droite de l'Arve.

Il en a aussi décrit deux groupes sur la montagne qui s'étend au sud-est de Sallenches, jusqu'au village de Comblon. Le premier présente des blocs de protogine qui ont jusqu'à 20 ou 21 mètres, le second en offre de 6 mètres $\frac{1}{2}$ à 10 mètres de long, et dans les deux ils sont si nombreux, que ces blocs se touchent presque tous. Il est à remarquer que les terrains sur lesquels ils reposent sont, vers Sallenches et Maglans, des schistes gris argileux ou calcaire de l'époque du lias, et entre Maglans et Cluses, d'autres schistes et des calcaires compactes du grès vert ou de la craie.

Entre Sallenches (Saussure, § 490) et Saint-Gervais, les collines d'ardoise de la rive gauche sont couvertes de blocs de granit.

A l'entrée de la gorge étroite et profonde dans laquelle est situé l'établissement des bains de Saint-Gervais, on observe sur la rive gauche du Bonnant, et recouvrant des couches de gypse et de schiste noirs du lias, un épais amas de galets, de sable et de béton, en couches distinctes plongeant de 25 à 30° au nord ou nord-ouest.

En allant du village de Saint-Gervais au hameau des Plagnes, qui est à l'orient, on trouve la colline jonchée de gros blocs de protogine de diverses variétés, la plupart porphyriques à grands cristaux de feldspath : ce dépôt de blocs fait la suite d'un bien plus grand amas diluvien qui s'élève presque a la hauteur du col de la Forclaz, à 1,481 mètres de hauteur absolue, vers lequel il paraît avoir son origine; un torrent a creusé son lit au milieu de ces masses de blocs diluviens et de cailloux de toute grandeur, irrégulièrement disséminés dans une masse énorme de glaise. C'est au milieu de ce chaos qu'on montre aux étrangers, sous le nom de *Pierre des Fées*, un immense bloc discoïde de protogine, soutenu naturellement à plusieurs pieds au-dessus du sol par un mince obélisque de béton ou de glaise durcie mêlée de cailloux, fragile soutien que ce bloc recouvre et déborde comme un chapeau à larges ailes. C'est ce bloc qui a préservé ainsi en partie de la destruction opérée par les eaux pluviales le terrain mobile et aisément décomposable sur lequel il reposait, et dont il ne reste plus que le mince obélisque qui le supporte encore. On voit souvent des effets analogues sur les glaciers, et souvent de même en miniature sur des pentes rapides de terre meuble, recouvertes de petits cailloux disséminés çà et là, après que des pluies abondantes en ont lavé la surface et y ont creusé de nombreux sillons.

On ne doit pas être surpris, dans le cœur des Alpes comme ici et au pied des immenses colosses de la chaîne centrale, de trouver les dépôts évidemment diluviens se mêler et se confondre même dans plusieurs de leurs parties avec des débris des montagnes voisines dérivés des éboulements ou transportés par les rivières, les torrents ou même les orages accidentels si fréquents dans les hautes régions alpines. Aussi voit-on le fond large et plat de la vallée de l'Arve, entre Saint-Gervais ou plutôt entre les Plagnes, le pont des Chèvres et Chède, jonché de gros blocs où, avec des

protogines ainsi qu'avec d'autres roches primitives de
la chaîne centrale, on trouve en abondance des blocs de
grès étoilé de Taviglianaz, d'une belle couleur verte, à
grandes étoiles, quelquefois contenant de petites taches
de schiste noir et quelquefois composés de plusieurs
couches alternativement à gros grains et à grains fins.
Il y en a où le feldspath paraît en lames très cristallines.
Ces grès, ainsi que des calcaires noirs et des schistes
noirs de diverses espèces, qui se trouvent également
en blocs roulés sur les bords de l'Arve, proviennent
des hautes montagnes de Sales, des Fizs, de Platet,
dont l'Arve baigne les bases entre Servoz et Chède.
(Voyez mon mémoire sur ces montagnes, *Bibl. univ.
Sc. et Arts*, septembre 1826.) Mais ils ne sont pas
tombés ici seulement peu à peu et isolément, ils ont
été amenés par ces terribles éboulements, dont l'un,
qui date de 1751, a laissé ses traces encore fraîches
sur toute la montagne des Fizs, depuis sa crête, à
2,339 mètres de hauteur absolue, jusqu'au bord de
l'Arve, entre Chède et Servoz ; c'est cet éboulement
qu'a décrit de Saussure, § 493 à 495 des *Voyages
dans les Alpes*, et sur lequel je reviendrai dans le
courant de cet ouvrage.

Un autre éboulement du même genre, mais bien
plus ancien et provenant du même groupe de montagnes, se reconnaît dans l'énorme amas ou haute
colline de débris sur laquelle est bâti le village de
Chède et existait naguère le joli petit lac de ce nom,
amas qui s'élève à une grande hauteur sur la pente de
la montagne, qu'il recouvre en entier, à l'exception du
rocher dont se précipite la belle cascade de Chède.
J'ai reconnu dans les blocs roulés de cet éboulement

ou de la colline de Chède, des calcaires noirs à grandes veines spathiques blanches, des calcaires noirs schisteux, des schistes carburés, des grès de Taviglianaz, des calcaires arénacés quartzifères bruns; toutes roches que j'ai trouvées en place dans les montagnes de Sales et de Platet. J'ai cependant remarqué à Chède, dans un mur de clôture, un gros bloc de ce calcaire brun arénacé quartzifère dont je viens de parler, qui renferme des cailloux roulés primitifs, granits, gneiss, schiste argileux, etc., cailloux de 5 à 8 centimètres de diamètre, et qui est devenu ainsi un véritable poudingue. Or, ce poudingue à pâte de calcaire brun compacte, je ne l'ai jamais trouvé en place, quoique la nature de cette pâte ne me laisse aucun doute qu'il ne doive se trouver dans les couches du même calcaire qui forment la partie mitoyenne de ce groupe de montagnes. Il serait intéressant de l'y chercher et de constater les circonstances de son gisement.

Quittant maintenant ces éboulements et ces débris comparativement récents ou appartenant à la période jovienne, qui, vers l'Arve, vont se mêler aux débris diluviens de la période saturnienne provenant du grand amas des Plagnes ou de Saint-Gervais, je retrouvai dans la petite vallée du Chatelar, entre Saint-Gervais et le pont Pélissier, vers Servoz, vallon creusé dans une montagne de schiste ardoise, des traces du courant diluvien indiquées par la présence d'un bloc erratique de protogine.

Une fois qu'on est entré dans la vallée de Chamonni, bordée au midi par un mur crénelé de huit lieues de longueur, formé par d'énormes montagnes, dont la presque totalité est primitive, et dont la crête supérieure est taillée en aiguilles et en majestueux obélisques, tous composés de cette belle protogine granitoïde à gros grains dont nous avons vu tant de blocs répandus dans tout le bassin du lac, on ne doit pas être étonné que le fond de la vallée soit couvert de semblables blocs, d'autant plus qu'une foule de glaciers suspendus sur les hautes sommités en entraînent sans cesse sur les pentes, tandis que d'autres nombreux et plus grands glaciers en amènent jusque dans le fond même de la vallée. Il devient donc impossible de dire si les blocs de la vallée de Chamouni appartiennent au terrain diluvien ou à l'époque actuelle ; il est même bien probable que la presque totalité sont de cette dernière catégorie.

M. J.-A. De Luc a cité comme diluviens (V. son Mém., t. III, p. 186), deux seuls groupes de blocs dans cette longue vallée qui en est toute jonchée : l'un près du torrent de Taconnaz et sous le glacier de ce nom, où entre plusieurs blocs de 13 à 16 mètres de long, on en voit un de 29; l'autre un peu au-delà du Prieuré, dans lequel quelques blocs ont plus de 6 mètres ½ de long. Il indique aussi des blocs granitiques sur le mont Boucha, sur la rive droite de l'Arve, vis-à-vis des Ousses. Mais il ne parle pas des moraines avancées des glaciers des Bossons, des Bois, d'Argentière et du Tour, qui ne sont elles-mêmes que des amas de blocs souvent énormes, et qui en ont jonché tous leurs environs. Il ne parle non plus ni de ces immenses blocs de protogine entassés qui obstruent le cours de l'Arve entre les hameaux des Tines et des Isles, sur une étendue d'une demi-lieue en longueur ;

ni de ceux qui sont répandus tout autour du village d'Argentière. Et pourtant tous ces blocs et groupes de blocs auraient autant de droit que ceux qu'il a cités d'entrer dans le catalogue des blocs diluviens, si tant est, pour les raisons exposées plus haut, qu'aucun des nombreux blocs épars dans la vallée de Chamouni aient ce droit.

Mais ce qu'il y a peut-être quelque intérêt à signaler dans l'histoire des terrains diluviens, comme nous le verrons plus tard, c'est l'existence d'un grand amas de blocs de protogine granitoïde, partant de la berge droite du glacier d'Argentière, et s'étendant vis-à-vis de l'entrée de la vallée de Trélechant qui conduit à Valorsine ; c'est que cet amas paraît correspondre à une masse semblable qui se trouve des deux côtés de la vallée de Trélechant à son entrée, et qui est formé d'un mélange irrégulier de sables, de graviers et de blocs primitifs.

Cet ensemble constitue une épaisse digue de plus de 97 à 130 mètres de haut, qui jadis a dû fermer entièrement la vallée de l'Arve et celle de Trélechant, et former, en retenant les eaux de l'Arve, un lac du haut de la vallée de Chamouni, depuis un peu au-dessus d'Argentière jusqu'au pied du col de Balme. Cette digue, qui n'était vraisemblablement que l'immense moraine du glacier d'Argentière, bien plus grand alors qu'aujourd'hui, a bien pu occasionner par sa rupture le transport des blocs dans les vallées inférieures. On remarque évidemment une digue ou ancienne moraine semblable au-dessus des Tines, partant de la berge droite du glacier des Bois et barrant entièrement la vallée, qui est là très resserrée, sauf la seule place nécessaire pour le passage de l'Arve qui se précipite en écumant au milieu d'énormes blocs de protogine granitoïde détachés de cet immense amas de débris, dont la hauteur peut égaler 195 mètres. C'est là où la route de Chamouni au col de Balme, qui a été jusqu'alors plane pendant une lieue, commence à monter rapidement au milieu des amas de blocs et de cailloux en partie cachés par les bois de sapins et de mélèzes. On met une demi-heure de marche à franchir cette colline de débris, et après qu'on l'a passée, on trouve aux Isles que la vallée s'élargit de nouveau et reprend un fond plat. (Voyez de Saussure, § 544.) Cette ancienne moraine du glacier des Bois a dû aussi, en barrant la vallée, donner naissance à un lac. Je ne saurais y voir, comme de Saussure, le produit de la chute de quelque montagne, qui a entassé dans cet endroit cette immense quantité de débris; car la nature de ces débris est différente de celle de toutes les roches des montagnes avoisinantes, et n'est analogue qu'à celle des hautes aiguilles, dont un glacier seul a pu accumuler ici les débris. C'est après la rupture de la digue par les eaux du lac dont nous venons de parler, que l'Arve a dû, comme dit de Saussure, se frayer un passage au travers de ces mêmes débris, ayant ses eaux resserrées par de grands blocs de granit (protogine) qu'elle n'a pu entraîner.

Après avoir ainsi remonté tout le cours de la vallée de l'Arve jusqu'à son origine et aux montagnes qui ont fourni les matériaux de nos terrains diluviens, et avant que de résumer toutes les observations qui précèdent et d'essayer d'en tirer des conséquences, il est bon de signaler l'extension de ces dépôts au delà des limites de la vallée de l'Arve et du bassin du lac de Genève, au midi, dans les lieux au moins où j'ai pu les observer.

Au midi du mont de Sion, au-dessus de Cruseilles, dans la fente étroite et profonde que traverse la rivière des Ousses, fente ouverte entre deux montagnes calcaires, j'ai trouvé dans le lit de cette rivière des blocs épars et des galets tous primitifs de protogine, granits, gneiss, etc., et avec ceux-ci de gros blocs tombés des hautes falaises voisines, dont quelques-uns sont des bétons calcaires à gros cailloux anguleux de calcaire blanc de Salève, cimentés par un tuf poreux calcaire.

Plus loin, sur la route d'Annecy, avant et après Brogny et vers Annecy, on ne trouve plus que des cailloux secondaires, de grands amas et plateaux plats de gravier tout secondaire, calcaire noir, gris, et souvent blanc, quelques grès verts et autres grès des Alpes. Les cailloux dont sont formés les grèves de tout le lac d'Annecy et ceux des environs, sont secondaires, de calcaires blanc dominant, de calcaires gris et de grès. Ils s'étendent au midi jusqu'à Taverges, où commencent un très petit nombre de cailloux roulés primitifs parmi de très nombreux cailloux de calcaire blanc. — Sous Ugine, il y a beaucoup de gros cailloux primitifs, tels que schistes talco-chloritiques, ainsi que de grauwacke poudingue lie de vin.

Entre Aix-les-Bains et Annecy à Albi, les mollasses en couches verticales (Saussure, § 1165), sont recouvertes de grands dépôts de béton et d'agglomérats diluviens à blocs métriques et plus grands encore dans le haut. En approchant d'Annecy, plusieurs de ces blocs sont de calcaires blanc et gris, jurassique et de grès gris.

CHAPITRE IV.

CONSÉQUENCES LES PLUS ESSENTIELLES A DÉDUIRE DES OBSERVATIONS PRÉCÉDENTES SUR LES TERRAINS DILUVIENS DU PIED SEPTENTRIONAL DES ALPES.

1° Les roches dont se composent les cailloux et les blocs qui forment les terrains diluviens proviennent toutes, sans exception (1), comme celles des alluvions récentes, d'une portion du bassin hydrographique où se trouvent ces blocs supérieure à celle où ils sont maintenant placés ; ce qui prouve qu'à l'époque du transport et de la dispersion de ces cailloux et de ces blocs, le relief du sol avait, en général, déjà pris sa forme actuelle.

2° Les blocs diluviens paraissent, quant à leur nature et contrairement aux cailloux des alluvions tant anciennes que modernes, d'autant plus nombreux, que les terrains dont ils proviennent sont moins étendus et plus éloignés de la place actuelle qu'occupent les blocs. Ainsi, aux environs de Genève, les blocs provenant de la chaîne centrale, qui forme la lisière du bassin la plus éloignée et en même temps la portion la moins large, sont infiniment supérieurs en nombre aux blocs de roches secondaires, et surtout aux blocs calcaires, quoique les montagnes de cette nature occupent un espace bien plus considérable que

____

(1) Nous rappelons ici que le très petit nombre de roches étrangères aux Alpes qui se trouvent parmi les terrains diluviens, peuvent être toujours rapportées à quelques couches de poudingues anciens de cette même chaîne.

les primitives, et soient aussi bien plus rapprochées. Les environs de Lutry, et en général la partie orientale des rives du lac où dominent les blocs de poudingue de Valorsine et du Trient, ainsi que les blocs de calcaires noirs, rouges et bréchiformes des **Alpes** vaudoises, forment une exception apparente, dont nous rechercherons tout à l'heure la cause.

3° La forme des blocs diluviens est la même que celle des blocs que charrient les glaciers, et qu'ils déposent sur leurs moraines. Comme ceux-ci, sans être en général complétement arrondis, ils ont leurs angles et leurs arêtes tellement émoussés, qu'on ne saurait douter qu'ils aient éprouvé un frottement prolongé.

4° Il est à présumer que tous les blocs diluviens, même ceux qui aujourd'hui se présentent tout à fait libres et isolés sur la pente des montagnes, sur le sommet des plus basses d'entre elles, ainsi que des coteaux et dans le fond des vallons, dans le lit des rivières et des torrents, ont fait jadis partie d'une masse considérable où ils étaient confusément mélangés avec d'autres blocs plus ou moins volumineux, avec des galets, des graviers et des sables, le tout lié ensemble, sans régularité, par une glaise ou vase argileuse analogue à ce que nous avons nommé limon d'attérissement. Ces énormes masses de débris avaient leur point de départ au débouché de toutes les grandes vallées des Alpes; et c'est là que leur épaisseur était la plus grande. De là, la masse descendait en talus très surbaissé dans les plaines, et allait s'adosser contre la base de la chaîne extérieure du Jura, où elle avait une épaisseur considérable, sa surface atteignant là, en général, une hauteur absolue d'au moins 700 mètres, car c'est à cette élévation que se trouve ordinairement la limite supérieure des blocs sur cette chaîne; et tout porte à croire qu'avant la destruction et le transport du limon, du sable et du gravier qui accompagnaient ces blocs, ils devaient occuper une hauteur plus grande que celle où nous les voyons aujourd'hui, et où ils ne sont parvenus que par des chutes répétées ou par un affaissement graduel. Même aujourd'hui, il est des points de la surface du Jura où les blocs isolés s'élèvent encore à 1,100 mètres de hauteur absolue, ainsi que M. de Buch l'a observé au Chasseron, où la limite supérieure des blocs sur le Jura atteint son point culminant. Le Chasseron, se trouvant placé précisément vis-à-vis du débouché de la grande vallée du Rhône, de ce point la ligne des blocs va toujours, suivant M. de Buch, en s'abaissant vers la plaine, tant au nord-est qu'au sud-ouest.

En combinant cette importante donnée avec celles que nous avons fait connaître ci-dessus, avec la forme et la hauteur de la traînée diluvienne qui descend du pied des Dents d'Oche, en offrant un niveau graduellement décroissant jusqu'aux plaines des environs de Genève, traînée que nous avons décrite avec assez de détails; en ajoutant à cela ce que nous avons dit sur la position, la hauteur et l'étendue des divers lambeaux diluviens épars çà et là sur le flanc des montagnes et dans les plateaux et les plaines qui bordent le lac, ainsi que sur la position et la hauteur à laquelle se trouvent aujourd'hui placés les blocs isolés sur les diverses crêtes qui l'environnent, on se persuadera qu'il y a une grande probabilité que tout ce qui reste aujourd'hui de terrains diluviens dans le bassin du lac de Genève devait faire jadis partie d'une seule et même masse partant du débouché de la vallée du Rhône, et dont la forme devait être celle d'un cône très surbaissé, ressemblant ainsi, mais avec des dimensions incomparablement plus grandes, aux petits cônes de débris que forment les torrents alpins à leur sortie des montagnes.

En examinant de même la distribution des débris de l'époque diluvienne dans la vallée de l'Arve et dans son prolongement, on arrivera aux mêmes résultats, et il en sera ainsi pour toutes ces grandes vallées des Alpes, qui toutes paraîtront avoir donné naissance à autant d'énormes cônes de débris, cônes maintenant oblitérés et démantelés par l'effet de l'action des éléments sur des masses toutes composées de matériaux incohérents, et surtout d'un limon très aisément attaquable par l'eau, pendant l'espace immense de temps qui s'est écoulé entre l'époque de la formation de ces cônes et le moment actuel.

Si, maintenant, nous cherchons à déterminer le mode de formation de chacun de ces grands cônes et la cause qui leur a donné naissance, nous trouverons le champ de nos spéculations étroitement limité par les conséquences que nous avons essayé de déduire plus haut de nos observations précédentes.

Et d'abord la circonstance que le relief du sol devait être, dans ses traits principaux, à très peu près tel qu'il se présente aujourd'hui, milite fortement contre toute cause qui assignerait à la dispersion des blocs, et par conséquent à l'origine des terrains diluviens, une époque antérieure à celle du soulèvement des Alpes ou même contemporaine de ce soulèvement.

De même, les observations précédentes sur l'abondance infiniment plus considérable des blocs primitifs que des blocs calcaires et secondaires en général, et sur la raison en quelque sorte inverse qui existe entre le nombre relatif des blocs et l'éloignement de la couche dont ils proviennent, ces observations, dis-je, militent également fortement contre la supposition que les glaciers des Alpes, s'étendant jadis jusque dans les plaines, auraient charrié jusque-là ces blocs comme ils charrient ceux de leurs moraines. S'il en eût été ainsi, comme les glaciers transportent également des débris de toutes les cimes au pied desquelles ils passent, le nombre des blocs calcaires aurait dû être beaucoup plus considérable que celui des blocs primitifs, et cela dans le rapport de la largeur comparative des bandes calcaires et primitives dans le versant nord des Alpes. D'ailleurs, il est impossible de trouver dans la distribution, la position et la structure des dépôts diluviens dans les plaines, rien qui rappelle, même de la manière la plus éloignée, les moraines des glaciers.

Quoique les blocs fassent partie d'un amas composé en très majeure proportion de débris d'un petit volume, cependant, comme c'est la masse des gros blocs qui détermine le minimum d'intensité requise dans la force qui a transporté le tout, on peut sans inconvénient, pour les principales données du problème, négliger tous les débris d'un petit volume, et ne considérer que les blocs seuls. En effet, l'existence de gros blocs dans les masses diluviennes domine toute la question; car si ces masses eussent été, comme l'alluvion ancienne, uniquement composées de sables, de gravier et de petits cailloux, il eût été naturel, comme pour celle-ci, de ne pas chercher d'autres causes que des courants d'eau plus considérables peut-être que nos torrents et nos rivières actuelles, mais pourtant ayant avec ceux-ci de grandes analogies.

Si donc c'est l'origine des blocs qui doit être le point de vue principal, et si, comme leur nature l'indique, c'est à la chaîne centrale seule qu'ils se rapportent, c'est aussi dans la chaîne centrale seule qu'il faut chercher les agents du transport de ces blocs, et avec eux, à plus forte raison, de toutes les masses diluviennes.

Quels sont donc actuellement, dans la chaîne la plus élevée des Alpes, les agents capables d'effectuer un pareil transport? Cette question est importante, car, quelque persuadé que je sois que bien des grands faits géologiques ne peuvent être expliqués par la seule action des causes qui agissent journellement sous nos yeux, un géologue, ce me semble, n'est pas moins requis de prouver que de pareilles causes, même dans leur plus haut degré d'intensité possible, sont insuffisantes pour l'explication d'un fait particulier, avant que d'appeler l'intervention d'une cause étrangère à ce qui nous paraît le régime habituel de la nature.

Nous ne connaissons actuellement dans les grandes Alpes que trois agents qui possèdent la force virtuelle

nécessaire pour imprimer un mouvement de transla-
tion à un fragment de rocher, ce sont : la simple action de la pesanteur, la glace des glaciers et l'eau des
torrents et des rivières qui coulent dans ces montagnes.

Ce que nous avons dit plus haut sur la similarité
qui existe entre le relief du sol à l'époque du transport des blocs et celui que nous voyons aujourd'hui,
ne permet pas de supposer qu'alors, plus qu'à présent, une masse de rocher, abandonnée à son propre
poids, pût trouver un plan assez uni et assez incliné
pour qu'elle pût parcourir, sans être arrêtée, l'espace de 15 à 20 lieues qui sépare l'emplacement
actuel d'une multitude de blocs du lieu de leur origine.

Les glaciers. Nous avons montré aussi que si, contre toutes probabilités, ils avaient une fois rempli le
fond des grandes vallées transversales des Alpes, et
s'étaient étendus jusqu'au Jura, les blocs qu'ils auraient laissés en se retirant auraient été, en grande
majorité, des blocs de calcaire secondaire, et non de
protogine ou de roches primitives, comme ils le sont
réellement.

Enfin, l'eau des rivières et des torrents. On comprend difficilement comment le savant commentateur
de Hutton, comment un physicien aussi profond que
Playfair ait pu laisser échapper de sa plume l'idée
que l'Arve ou une rivière à peu près des mêmes dimensions, et suivant un cours à peu près analogue,
quoiqu'à des niveaux plus élevés, aurait été capable
de mouvoir et de transporter des blocs du volume
de ceux qui reposent aujourd'hui sur les pentes du

Petit-Salève (1). Au reste, sir James Hall a déjà réfuté victorieusement cette assertion (2), et je ne crois pas qu'aujourd'hui personne soit disposé à la soutenir.

Si donc ni les glaciers ni les rivières ne sont pas eux-mêmes des agents assez puissants pour transporter les blocs, voyons s'il n'existerait pas quelque combinaison de ces deux puissances de nature à donner naissance à une force très supérieure à celle que chacune d'elle possède, et suffisante pour entraîner au loin des masses volumineuses de rochers.

Nous venons de signaler, en terminant l'esquisse de nos observations sur les terrains diluviens, l'existence, vers le haut de la vallée de Chamouni, de deux grandes collines, je dirai presque deux montagnes, entièrement composées de blocs entassés, et rappelant tout à fait la forme des moraines. Nous avons cru trouver dans leur forme et dans leur position, l'une auprès du glacier d'Argentières, l'autre auprès du glacier des Bois, de grandes présomptions en faveur de l'idée que ce sont là réellement d'anciennes moraines, formées par chacun de ces glaciers à une époque où leur masse était incomparablement plus grande qu'elle ne l'est aujourd'hui. En effet, l'amas de débris près du glacier d'Argentières a plus de 100 mètres de hauteur, et celui des Tines, qui correspond au glacier des Bois, a une élévation à peu près double.

(1) *Illustrations of the Huttonian Theory*, p. 392.
(2) Voyez les *Transactions de la Société royale d'Édimbourg*, t. VII, p. 142, et les remarques très judicieuses de M. Greenough sur ce sujet., *Critical examination*, etc., p. 156 et suiv.

S'il en est ainsi, il est hors de doute, d'après l'aspect des localités, vu que le courant de l'Arve, particulièrement aux Tines, semble avoir été serré et repoussé par de puissants obstacles contre la base de la chaîne des Aiguilles Rouges, de manière que les eaux rapides et impétueuses de ce torrent ont à peine la place de se faire jour au milieu des blocs énormes dont est encombrée l'étroite fissure par où elles s'échappent, il est, dis-je, hors de doute que ces glaciers et leurs moraines ont une fois entièrement barré la vallée en arrêtant complétement le cours de l'Arve; dès lors auront dû se former deux lacs : le premier, celui d'Argentières, ayant près de 100 mètres de profondeur sur une longueur qui est celle de l'intervalle qui sépare le glacier du même nom du pied du col de Balme au delà du village du Tour; l'autre, le lac des Tines, d'une profondeur double et d'une longueur égale à la distance entre l'ancienne moraine du glacier des Bois et celle du glacier d'Argentières.

A l'époque de la retraite ou de la diminution de ces glaciers, les énormes masses d'eau dont nous venons d'estimer les dimentions, renversant la portion la plus faible de la moraine laissée sans appui, se seront précipitées par ces brèches, avec une furie et une force dont la débâcle de la vallée de Bagnes, qui est un cas tout à fait analogue, ne peut donner qu'une bien faible idée, entraînant avec elles non-seulement les énormes blocs entassés dans les portions des moraines qu'elles auront rompues, mais tous ceux qu'elles auront trouvés répandus dans le fond de la vallée et au pied des montagnes des deux côtés, en même temps que tous les cailloux et les débris épars de toutes les grandeurs qui se seront rencontrés sur leur passage.

En sortant de la vallée de Chamouni, les eaux ont dû balayer le reste de la vallée de l'Arve où sont maintenant Servoz, Sallenches, Cluses et la Bonneville, entraînant avec elles tous les débris et les cailloux accumulés sur les pentes des montagnes et sur les bords de la rivière. Les gros blocs de roches secondaires tombés des montagnes dans la vallée, auront dû aussi être entraînés; mais la force d'impulsion des eaux étant moindre vu la diminution de rapidité de leur pente, et les blocs secondaires ayant un mouvement imprimé moins considérable que les blocs de granit ou protogine de la chaîne centrale, auront dû s'arrêter beaucoup plus tôt et se déposer dès la sortie des eaux hors des montagnes, tandis que les derniers, conservant plus longtemps leur mouvement, auront été portés à de grandes distances : ce qui n'aura pas empêché ceux de ces blocs primitifs, qui dans leur cours au milieu des vallées alpines auront heurté contre des obstacles invincibles, de se déposer dans le fond ou sur les pentes de ces vallées, où on en voit encore aujourd'hui un certain nombre.

Quoique l'hypothèse précédente explique assez comment les blocs secondaires ont dû ne pas s'éloigner beaucoup du lieu de leur origine, elle ne suffit cependant pas pour rendre compte de l'énorme accumulation de pareils blocs que l'on remarque au pied des Alpes vaudoises, et surtout du transport de masses calcaires aussi énormes que celles que nous avons observées au-dessus de Lutry.

Mais il faut remarquer que la chaîne secondaire des Alpes qui borne le canton de Vaud à l'est atteint la limite des neiges éternelles et la dépasse aux Diablerets, au Moveran et à la Dent de Morcles, ainsi que le fait la chaîne de la Dent du Midi, au-dessus de Saint-Maurice en Valais. Là sont de nombreux glaciers, dont plusieurs, comme celui de Pannerosse près d'Enzeindaz, descendent perpendiculairement au fond, ou *thalweg*, de hautes vallées, glaciers qui ont pu occasionnellement barrer le cours des rivières et ainsi former des lacs temporaires, les eaux de ces lacs, par le recul des glaciers, auront pu aussi causer des débâcles et descendre dans les plaines en entraînant non-seulement les blocs des moraines qui ici sont tous des calcaires, des poudingues et des grès secondaires, mais emmener avec eux tous les débris également secondaires et quelquefois énormes tombés du haut de ces sommités élevées.

Mais ce n'est pas seulement là et dans la vallée de Chamouni que se trouvent des glaciers capables d'avoir une fois arrêté le cours des rivières : toute la haute chaîne des Alpes renferme de pareils glaciers; le Valais particulièrement en offre le plus formidable assemblage. Non-seulement la vallée principale au fond de laquelle coule le Rhône en est bordée des deux côtés dans sa partie supérieure, où d'immenses glaciers, comme ceux de Vish et d'Alettch, descendent presqu'au pied de la chaîne septentrionale, mais chacune des nombreuses vallées transversales qui viennent des deux côtés déboucher dans la vallée du Rhône sont bordées sur leurs deux flancs de très hautes cimes couvertes de champs de neige et de glace, d'où descendent de grands glaciers dans des directions perpendiculaires au cours des rivières. Les nombreuses et intéressantes observations de M. Venetz sur les traces d'anciennes moraines qui se voient aujourd'hui sur le prolongement de tous ces glaciers, mais à des distances considérables de leur place actuelle, ces observations de faits positifs prennent dans la question qui nous occupe une haute importance, puisqu'elles prouvent qu'il y a eu un temps où les glaciers des Alpes, bien plus étendus qu'ils ne sont à présent, descendaient dans le fond des vallées et quelquefois les traversaient. Ainsi, par le barrage des rivières se formaient des lacs plus ou moins étendus et plus ou moins profonds; et quand des débâcles subites occasionnées par la retraite des glaciers rendaient un libre cours aux eaux accumulées, celles-ci s'élançaient vers les plaines, entraînant tous les blocs, les cailloux, les sables et le limon qui se trouvaient sur leur passage.

Lorsque l'on considère l'étonnante rapidité avec laquelle la dégradation des Aiguilles et de toutes les hautes sommités des Alpes se poursuit aujourd'hui, et lorsqu'on réfléchit à l'espace énorme de temps pendant lequel une semblable dégradation a agi depuis l'époque reculée où les blocs diluviens ont été transportés dans les régions basses et éloignées, on ne peut douter qu'à cette époque les Alpes n'atteignissent des élévations fort supérieures à leur hauteur actuelle. Or, tout ce surplus d'élévation pénétrait en entier dans la zone des neiges éternelles; celles-ci, par conséquent, devaient être considérablement plus abondantes qu'aujourd'hui. Or, comme ce sont ces neiges qui forment et alimentent les glaciers, il est naturel de conclure que le volume de ceux-ci a dû être proportionné à la hauteur des cimes.

Cependant, l'irrégularité dans la quantité annuelle des neiges qui occasionne de nos jours l'avancement et le retrait successifs des glaciers, devait également, dans les temps plus anciens, avoir un effet semblable; et de là devait naître pour les plaines, alors inhabitées, une succession de périodes de repos suivies d'épouvantables invasions de torrents chargés de boue, de débris et de blocs provenant de la haute chaîne centrale. Rien, en effet, dans la nature des dépôts diluviens ne force à croire que ces dépôts aient été le produit d'un seul et unique cataclysme. Au contraire, la structure de ces terrains, leur division en masses distinctes, les différences peu considérables, il est vrai, mais cependant réelles qu'on observe, suivant les localités, dans la nature et la proportion des diverses espèces de roches dont ils se composent, semblent indiquer clairement une succession de dépôts distincts, pareille à celle qui s'observe dans les cônes de débris au débouché des torrents alpins, dont les lambeaux des immenses cônes diluviens rappellent si évidemment la forme et la nature.

Enfin, une considération plus générale vient s'ajouter aux raisons qui nous ont porté à supposer que les glaciers des Alpes devaient avoir puissamment contribué à la dispersion et au transport des blocs, depuis les aiguilles de la chaîne centrale jusque dans les plaines fort éloignées même du pied des Alpes, et jusque sur le Jura.

Partout où la chaîne centrale des Alpes a beaucoup

dépassé la limite des neiges perpétuelles, et par conséquent par tout où elle présente des glaciers, on observe au débouché des grandes vallées qui y aboutissent, des amas de blocs et d'autres débris diluviens. Partout, au contraire, où la chaîne centrale n'atteint pas cette limite, ou n'entre que faiblement dans la zone des neiges éternelles, comme c'est le cas à son extrémité orientale en Carinthie, en Carniole, dans la Basse-Autriche, ainsi que dans la Croatie et la Dalmatie; ou lorsque des chaînes extérieures très élevées, mais pas assez pour dépasser la limite des neiges, en s'interposant sur un long espace entre la portion centrale de la chaîne et les plaines, ne permettent à aucune vallée d'atteindre cette crête centrale, comme cela a lieu dans le Vicentin, le Feltrin, le Bellunois, le Frioul, on ne voit de blocs diluviens ni au débouché des vallées, ni dans les plaines voisines; tandis que les vallées du Verronais, du Milanais, du Piémont, savoir, celles de l'Adige, du lac de Come, du lac Majeur, celles de la Sésia, de la Doire, etc., qui de la plaine vont directement aboutir à la chaîne centrale chargée de neiges et de glaciers, ont donné passage à un nombre prodigieux de blocs énormes et à d'immenses masses de débris diluviens, ainsi que nous le montrerons dans les portions de cet ouvrage où nous ferons connaître avec détail nos observations sur le versant méridional et dans la partie orientale de la longue chaîne des Alpes.

Il y a plus encore, et c'est un fait remarquable, que la seule chaîne en Europe, avec les Alpes, qui pénètre considérablement dans la zone des neiges éternelles, et qui ait de grands glaciers, savoir, la

chaîne scandinave, soit aussi la seule d'où soient pro-
venues de grandes masses de blocs et de débris diluviens (1). Le rapport entre les deux chaînes, à
cet égard, devient d'autant plus frappant lorsque
l'on rapproche des observations qui précèdent la remarque importante que fait M. Haussman, que c'est
dans le duché de Brunswick, le Hanovre et le bassin du Weser, c'est-à-dire dans dans les portions les
plus éloignées de la Suède, que se trouvent les blocs
de roches provenant de la Dalécarlie ou d'une partie
plus centrale de la chaîne scandinave, tandis que c'est
dans le Mecklembourg et dans la Poméranie, contrées
les plus voisines de la Suède, qu'on rencontre les
roches de transition à *trilobites* et *orthocératites* provenant des îles de Gothland et de Oéland, par conséquent des portions les plus extérieures de la chaîne.

On ne doit pas perdre de vue ici que, d'après les
belles observations de M. Haussman, l'époque de la
dispersion des blocs scandinaves paraît avoir été fort
antérieure à celle du transport des blocs alpins. Il
ne faut donc pas s'étonner si le relief du sol a éprouvé dans le nord des modifications telles que l'abaissement des montagnes, le creusement des régions
basses de manière à admettre l'entrée des eaux de
la mer, comme dans la Baltique; modifications qui
n'ont pas de contre-partie dans les environs des
Alpes, où, ainsi que nous l'avons dit, les change-

<hr>

(1) Voyez le remarquable travail de M. Haussman sur la distribution géographique et l'origine des blocs de roches scandinaves répandus en Allemagne, dans les Pays-Bas et en Angleterre, *Mémoires des
Savants de Gottingue*, nᵒˢ 151 et 152 ; et *Bibliothèque universelle des
Sciences et Arts*, t. XXXIX, p. 217.

ments, quelque considérables qu'ils aient pu être dans les hauteurs absolues des diverses portions de la contrée, doivent avoir été comme nuls si on considère les hauteurs relatives des diverses portions de l'ensemble, car ce sont ces hauteurs relatives qui constituent le relief du sol.

Et ici nous devons faire remarquer que l'état où sont les blocs transportés, vu la rondeur de leur forme, ou du moins l'émoussement de leurs arêtes et de leurs angles saillants, est l'état le plus favorable à leur conservation, cet arrondissement et l'absence de fissures les rend en quelque sorte inattaquables aux éléments, de manière qu'ils peuvent aisément braver l'effort des siècles et des révolutions successives qui, en abaissant les montagnes et les plateaux et en sillonnant profondément les plaines, modifient de tant de manières la configuration du sol. Ainsi, des blocs de roches qui n'ont ni éléments ni ciment aisément destructibles ou décomposables par l'eau, peuvent survivre à la décomposition et à la destruction de grandes masses de terrains qui les supportent, non-seulement lorsque dans la composition de ces terrains il entre quelque élément attaquable par l'eau, et même lorsqu'ils sont d'une nature semblable à celle des blocs, mais n'ayant pas été comme eux arrondis, et en quelque sorte polis par le transport. Ainsi plusieurs blocs peuvent être, dans le cours des âges, descendus aux niveaux inférieurs où nous les voyons actuellement, après avoir, au fur et à mesure que les terrains, les plateaux et les montagnes qui les supportaient se dégradaient et se détruisaient, roulé de degrés en degrés depuis les faîtes ou les sommités qu'ils occupaient jadis, et qui ont pu dès lors complétement disparaître.

M. Boué a remarqué que les régions au pied des Carpathes, tant en Gallicie qu'en Hongrie et en Transylvanie, ne présentent point de blocs erratiques (1). Or, cette chaîne ne pénètre en aucun de ses points dans la zone des neiges éternelles, et par conséquent ne renferme aucun glacier. Quelques-unes des chaînes de la Turquie d'Europe pénètrent un peu dans cette zone, mais n'ont pas de glaciers ; aussi M. Boué a-t-il spécialement signalé l'absence de blocs erratiques dans toutes les parties de cette contrée qu'il a parcourues (2).

Les Pyrénées dépassent bien la limite des neiges perpétuelles, et les crêtes de leur chaîne centrale sont couvertes de glaciers ; mais ces glaciers appartiennent à la seconde classe de de Saussure, à celle des glaciers qui, restant suspendus sur les pentes élevées des sommités, ne descendent jamais dans les vallées et ne peuvent donc pas arrêter le cours des rivières. Aussi les plaines au nord de cette chaîne ne paraissent pas offrir de blocs erratiques qui en soient dérivés. Il y a bien de grands amas, d'immenses blocs de granit entassés les uns sur les autres dans les vallées intérieures de la chaîne, comme, par exemple, à la Peyrade, au pied du Coumélie, entre Gèdre et Gavarnie, mais ce sont probablement des restes de grands éboulements; du moins lorsqu'en 1813 je vis la Peyrade, l'idée d'un éboulement se présenta tout de suite à mon esprit, car le

(1) *Mémoires de la Société géologique de France*, t. I, p. 229.
(2) *Bibliothèque universelle de Genève*, t. XVIII, p. 544.

granit des blocs est précisément le même que celui de la montagne dont ils occupent la base, et cet entassement de masses d'un aussi énorme volume n'a aucun rapport avec la position des blocs erratiques alpins, disséminés comme ils le sont à des distances plus ou moins considérables les uns des autres.

Peut-être l'amas de blocs de granit porphyrique provenant des sommités du Port d'Oo, que M. Boubée décrit, dans sa *Promenade au lac d'Oo*, p. 17, comme remplissant le fond de la vallée de Larboust, entre Bagnères de Luchon et le village d'Oo, a-t-il une origine analogue?

Palassou (*Mém. sur les Pyrénées*, t. 1, p. 121) cite un amas de blocs qui paraît avoir changé le cours du Gave, près d'Arudi, dans la vallée d'Ossau. Il dit aussi qu'on trouve quelquefois des blocs primitifs au pied des Pyrénées, et en cite qui couvrent en quelques endroits les collines calcaires, entre Peyroure et Lourde. (*Ibid.*, p. 128.) Mais comme nous ne voyons rien qui indique que ces blocs surpassent en diamètre deux mètres, ce qui est le minimum de grosseur qui caractérise les blocs erratiques des Alpes, nous ne savons pas si ceux dont il parle peuvent être assimilés à ces derniers. D'ailleurs il remarque au même endroit, qu'en général, si l'on suit les rivières, on voit leurs cailloux augmenter ou diminuer de volume, selon qu'on se rapproche ou que l'on s'éloigne des Pyrénées; circonstance tout à fait étrangère aux dépôts cataclystiques, et laquelle caractérise, au contraire, les alluvions proprement dites.

Si nous portons maintenant nos regards au delà de l'Europe, nous serons frappés de l'absence des blocs erratiques dans toutes les dépendances des chaînes qui, quoique pénétrant dans la zone des neiges, sont privées de glaciers, et, au contraire, de leur présence dès que les chaînes les plus voisines possèdent des glaciers étendus.

Ainsi, pour résumer les curieuses données sur la distribution géographique des blocs erratiques dans le Journal tout récent des recherches de M. Darwin (1) (Londres 1839), nous nous contenterons de signaler ici comme complétement privées de blocs : 1° d'après M. de Humboldt, toutes les plaines du nord et de l'est de l'Amérique méridionale ; 2° d'après La Condamine, celles des rives de l'Amazone ; 3° d'après d'Azara, celles du Chaco ; 4° d'après M. Darwin lui-même, celles des deux côtés des Cordillières du Chili en descendant du nord au sud jusqu'au Chili central, c'est-à-dire jusqu'au 41ᵉ degré de latitude sud ; 5° le Paraguay, d'après M. Rengger, qui, connaissant bien le phénomène des blocs alpins en Suisse , avait inutilement cherché des faits semblables dans cette contrée ; 6° en Afrique, l'Algérie, d'après M. Puillon Boblaye ; 7° l'Afrique méridionale, depuis le tropique jusqu'au 35ᵉ degré de latitude sud, d'après le docteur André Smith ; 8° en Asie, le nord de l'Inde, au pied des Himalaya, suivant M. Royle ; 9° en Australie, les portions sud-est de la Nouvelle-Hollande visitées par le major Mitchell.

En revanche, M. Darwin nous apprend qu'au sud du 41ᵐᵉ degré, dans l'Amérique méridionale, au Chili, dans la Patagonie et à la Terre-de-Feu, on

____

(1) Pages 289 et 615.

trouve des blocs erratiques ; et là aussi, d'après ses propres observations, se trouvent de grands glaciers qui descendent jusqu'à la mer. Dans l'île de la Géorgie, à l'est, et aux Nouvelles Schetland, au sud-est de la Terre-de-Feu, on trouve de grands amas de blocs primitifs énormes.

M. Darwin, en remarquant que le phénomène des blocs erratiques est en quelque sorte limité aux régions polaires et aux portions froides des zones tempérées dans les deux hémisphères, tandis qu'il est inconnu dans la zone torride et dans les zones tempérées chaudes, croit voir là une preuve du transport de ces blocs par les glaces, soit des régions circumpolaires, soit des glaciers qui viennent aboutir à la mer. Suivant lui, si les blocs disparaissent en s'approchant de l'équateur, c'est que la fonte des glaçons qui les charriaient ne leur a pas permis de s'avancer davantage dans les régions chaudes.

Nous sommes loin de nier que dans les latitudes fort élevées et dans le voisinage des glaciers qui descendent jusque dans l'Océan, les blocs adventifs épars çà et là n'aient pu être transportés par les glaces ; trop de témoins oculaires de ce genre de transport, parmi lesquels MM. Scoresby (1), Darwin, etc., sont en première ligne, ont signalé ce fait avec détail pour qu'il soit permis de concevoir le moindre doute à cet égard, lorsqu'il s'agit de blocs erratiques situés comme nous venons de le remarquer, et surtout placés sur des terrains peu élevés au-dessus de la mer. Nous admettrions ainsi la possibilité que des

____

(1) *Voyage en* 1822, p. 253.

contrées basses comme celles-là, et rapprochées des régions glaciales de l'un ou de l'autre pôle, pourraient avoir été couvertes, à l'époque où elles étaient encore au fond de la mer, par des blocs charriés sur des glaçons flottants, ainsi que M. Darwin le suppose pour l'île de Géorgie, à l'est de la Terre-de-Feu, et que d'autres géologues l'ont supposé pour le Canada, et, en général, l'Amérique du Nord. Nous admettrions cette possibilité s'il était démontré que les circonstances de géographie physique qui avaient précédé l'émergence et le soulèvement de ces contrées étaient réellement analogues à celles où se trouvent aujourd'hui les fonds de mer sur lesquels les glaces flottantes parties des glaciers du Nord déposent les blocs dont elles sont chargées; mais les blocs erratiques du pied des Alpes qui nous occupent spécialement ici ne présentent aucune de ces conditions.

Il semblerait d'abord que rien n'est plus aisé que de concevoir la chaîne centrale des Alpes assimilée aux montagnes du Spitzberg où à celles de la Terre-de-Feu, et, comme elles, versant ses glaciers jusqu'au niveau de la mer, et cela en supposant, soit cette chaîne plus basse de 1,200 mètres qu'elle ne l'est aujourd'hui, soit la mer élevée de la même quantité au-dessus de son niveau actuel, ainsi qu'on a essayé de le supposer dernièrement. Mais dans l'hypothèse où les glaciers descendant jusqu'à la mer et y apportant des blocs granitiques charriés par eux depuis la crête neigée du Mont-Blanc et des Aiguilles, la mer transportait ensuite les glaçons chargés de ces blocs, on ne voit pas pourquoi les côtes alors les plus rapprochées, celles des îles formées par les montagnes calcaires du versant septentrional des Alpes, ne seraient pas un des lieux où ces blocs se présenteraient aujourd'hui en plus grande abondance, tandis qu'elles en sont réellement tout à fait privées.

En outre, et c'est là l'objection la plus forte, la différence de niveau relatif entre le sommet des Alpes et la mer, devenue moins considérable, serait insuffisante pour faire descendre les glaciers jusqu'à cette dernière, en supposant même qu'elle dépassât la hauteur du fond de la vallée de Chamouni; car au 46me degré de latitude, c'est précisément l'élévation de la chaîne neigée et de ses glaciers au-dessus de la mer, et leur position au milieu d'un grand continent, qui fait que les glaciers descendent si bas; en sorte que si les circonstances climatériques restent les mêmes qu'elles sont aujourd'hui, et si la position géographique de la chaîne au 46me degré de latitude reste la même, rapprocher le faîte des Alpes du niveau de la mer sera faire remonter bien plus que dans le rapport simple de la hauteur relative la limite des neiges éternelles, et par conséquent la limite inférieure des glaciers.

Il faudrait donc de toute nécessité, dans ce cas, admettre un changement dans la température ou dans le climat des contrées placées aujourd'hui au 46me degré de latitude nord. Mais une semblable supposition serait entièrement gratuite, vu que rien n'indique un pareil changement, et que la circonstance déjà signalée plus haut de la similarité matérielle entre le relief du sol à l'époque de la dispersion des blocs et à l'époque actuelle, en démontrant le peu d'ancienneté relative de cette dispersion, ne permet pas de supposer qu'il y eût cette différence dans la distribution des terres, relativement au pôle et à l'équateur, d'où pourrait résulter, suivant M. Lyell, une notable différence dans le climat.

Les mêmes réflexions s'appliquent, à plus forte raison, à l'extraordinaire hypothèse avancée dernièrement, qu'au moment où les blocs ont été dispersés, l'espace qu'ils occupent aujourd'hui entre les lieux où sont maintenant placés les Alpes et le Jura était couvert de neige et de glace, et que le lac de Genève était gelé dans toute sa profondeur.

Une question qui, comme j'espère le montrer plus tard, est tout à fait étrangère au phénomène des blocs erratiques, a été à plusieurs reprises agitée à leur occasion. Je veux parler ici de certains sillons en général parallèles qui ont été remarqués sur la surface des rochers dans plusieurs contrées différentes, et qu'on attribue au frottement exercé par les blocs sur les rochers avec lesquels le courant qui les transportait les mettait en contact.

Nous verrons ailleurs que ces sillons et les surfaces de rochers équarries et polies, qu'on a attribuées à la cause quelconque qui a opéré le transport des blocs, doivent se rapporter à une tout autre classe de phénomènes.

Il en est de même d'un fait vrai sans doute, et que j'ai eu occasion d'étudier dans les environs d'Édimbourg, où il a été signalé pour la première fois par sir James Hall (*Trans. of the Roy. Soc. of Edimb.*), à savoir : le phénomène que présentent les appendices de terrain de transport attachés à chaque rocher isolé autour de cette ville. Ces appendices ou *queues*, comme on

est convenu de les appeler, occupent constamment,
près d'Édimbourg et au loin dans son voisinage, le
revers oriental de tous les rochers isolés au milieu de
ce plateau ou bassin peu élevé au-dessus de la mer.
On a prétendu que ce fait prouvait qu'un courant
venu de l'ouest et charriant des blocs erratiques, en
passant auprès de ces rochers, avait déposé dans la
partie qu'ils abritaient, et où le courant, par leur
rencontre, avait perdu une portion de sa force, les
amas de galets et de blocs qu'on y voit actuellement,
ainsi qu'on le remarque en petit dans les rivières et
les ruisseaux qui ont un certain courant, et où les
cailloux un peu volumineux sont toujours accompagnés, en aval, d'une traînée de petits graviers ou
grains de sable qui sont venus là s'amonceler sous
leur abri. Tel est le phénomène souvent cité par les
géologues écossais sous la désignation de *crag and tail*
(roc et queue.) Mais, remarquons-le, dans la portion
de l'Écosse où il a été particulièrement observé, la
pente générale du terrain est dirigée vers l'est,
par conséquent, la tendance des eaux dans cette
région est vers l'est; et toutes les fois que ces eaux
auront rencontré devant elles dans une masse de
rocher solide et résistante un obstacle à l'action éro-
sive qu'elles exercent sur le sol meuble ou tendre,
non-seulement le rocher lui-même, mais les portions
de ce sol qui sont en aval de ce rocher auront dû naturellement être préservées de pareilles érosions.

De récents travaux d'arts exécutés à Édimbourg
ont mis ce fait hors de doute pour le rocher de basalte sur lequel est bâti le château qui domine la
ville. On a découvert, en ouvrant une route vers la

portion de ce rocher qui fait face au sud-ouest, les couches solides de grès et d'argile schisteuse dont est formée la base de la colline qui constitue à l'est le prolongement du roc que surmonte le château. Cette colline est celle que couronne la longue et principale rue de la vieille ville d'Édimbourg, qui descend du château à l'ouest au palais d'Holyrood à l'est. Lorsqu'on pouvait la croire formée tout entière de terrain diluvien, du moins y avait-il encore quelque apparence de possibilité à l'idée que le courant diluvien venant de l'ouest, et retenu par le rocher du château, avait déposé là, à son aval, cette queue de matériaux incohérents; mais depuis que les travaux cités, et d'autres qu'a nécessités plus récemmment la construction d'un pont destiné à joindre cette colline à celle qui en fait la suite au midi, ont démontré que la base de la colline du château jusqu'à plus des deux tiers de sa hauteur est formée de grès et argiles solides et compactes du terrain houiller, et que le terrain de transport n'en occupe que la surface, il n'est plus possible de regarder la formation de cette colline comme l'effet d'un courant diluvien chargé de cailloux et de blocs. La même remarque peut être faite relativement au rocher de porphyre du Calton-Hill, situé à l'extrémité orientale de la même ville, et, de même que le rocher du château, offrant du côté oriental un prolongement de terrain diluvien placé sur un épais massif de grès et d'argile schisteuse.

En dégageant ainsi la question des blocs erratiques des Alpes de toutes les questions étrangères dont on l'avait pour ainsi dire encombrée, il ne reste plus, ce nous semble, qu'à choisir entre deux hypothèses :

l'une, celle que nous avons développée plus haut, toute locale, attribue le phénomène à l'action des glaciers et des rivières actuelles, mais à une époque où les premiers avaient une étendue bien autrement considérable qu'aujourd'hui ; l'autre est l'ancienne hypothèse d'une débâcle générale, de ce grand et général cataclysme qui a couvert les contrées basses de tous les continents d'énormes amas de cailloux en général peu volumineux et souvent mêlés d'ossements fossiles, restes de grands mammifères appartenant à des espèces aujourd'hui perdues. Loin de me refuser à croire à l'existence d'une pareille débâcle générale, je pense, au contraire, que le transport des ossements de grandes espèces éteintes d'animaux dans les plaines basses de toute la terre, ne peut s'expliquer autrement: mais je pense aussi pour les blocs erratiques des Alpes, comme M. Haussman pour les blocs scandinaves, que le mode et l'époque de leur transport sont très différents de ceux du transport des vrais terrains diluviens à ossements fossiles.

Et ici je ne crois pas que la découverte de deux seules défenses d'éléphant isolées dans l'espace considérable qu'occupent nos terrains de transport entre les Alpes et le Jura suffise pour placer ces terrains dans la même catégorie que ceux qui sont caractérisés par le nombre des ossements et la variété des espèces de mammifères auxquelles ils appartiennent, d'autant plus que la circonstance qu'Annibal, avec les nombreux éléphants dont son armée était accompagnée, a passé à une très petite distance de Genève, puisque, ainsi que M. De Luc l'a montré, et, plus tard, MM. Cramer et Wickham l'ont confirmé dans leurs savantes et ingénieuses dissertations sur cet intéressant sujet, c'est par Yenne, près des bords du lac du Bourget, et ensuite par la Tarentaise, que passait la route suivie par Annibal pour traverser les Alpes; plusieurs éléphants périrent dans cette traversée : et tant qu'on n'aura pas trouvé près de Genève des restes plus nombreux, plus variés, et appartenant à plus d'espèces, et à des espèces plus vraiment caractéristiques des terrains diluviens proprement dits, le passage d'Annibal tendra toujours à jeter un grand doute sur l'origine antédiluvienne de ces deux défenses.

Et l'on ne doit pas alléguer ici que les Carthaginois et leurs éléphants ne sont jamais entrés dans le bassin du lac de Genève, lorsqu'on sait qu'on rencontre fréquemment dans les tourbières des montagnes de l'Écosse et des îles Hébrides des armes et des monnaies romaines, tandis qu'il est démontré que jamais un seul Romain n'a pu mettre le pied dans ces contrées.

Au demeurant, je ne suis pas encore moi-même persuadé que l'hypothèse que j'ai présentée soit à l'abri de toute objection, et je me figure que la plus grave de toutes serait de démontrer que la cause que j'assigne est disproportionnée à l'effet ; mais les données positives sur lesquelles s'établiraient les calculs destinés tant à appuyer qu'à combattre l'objection me manquent entièrement. Quoi qu'il en soit, et s'il fallait revenir, pour les blocs erratiques des Alpes, à l'ancienne hypothèse d'un cataclysme général, du moins serait-il maintenant nécessaire d'expliquer pourquoi la présence de blocs pareils est limitée au voisinage des chaines chargées de neiges éternelles et de glaciers, et pourquoi, dans les contrées situées au pied des Alpes, les blocs primitifs de la chaîne centrale sont de beaucoup les plus nombreux, tandis que cette chaîne et les terrains primitifs occupent la moindre portion de la surface totale des montagnes.

—

DEUXIÈME PARTIE.

TERRAIN DE LA MOLLASSE D'EAU DOUCE.

Ce terrain, qui dans les environs de Genève n'est jamais recouvert que par les terrains de transport diluvien ou d'alluvion, a été assimilé à l'argile plastique des terrains de Paris par quelques géologues; par d'autres, il a été considéré comme fort analogue aux formations subapennines, et comme contemporain de ces formations, mais déposé dans les eaux douces. M. Studer l'a compris dans sa grande catégorie des mollasses qui remplissent l'intervalle entre le Jura et les Alpes, et il a donné quelques courtes notices sur son gisement et sur les fossiles qui le caractérisent dans les localités des cantons de Vaud, de Fribourg et de Neuchatel qu'il a visitées. Mais, outre que ce savant géologue n'a pu connaître tous les traits caractéristiques de cette formation, car la plupart de ces traits sont plus saillants près de Genève que partout ailleurs, il est à craindre, par la même raison, qu'il n'ait pas aperçu la distinction très marquée qui existe entre ce terrain et celui de la mollasse rouge, bien différent et bien plus étendu, qu'il recouvre sans en être recouvert lui-même, du moins dans les lieux où la superposition est claire et incontestable.

Les couches qui recouvrent la mollasse d'eau douce, et dont nous ne parlons pas encore à présent, vu

24 *

qu'elles ne se présentent nulle part, non-seulement près de Genève, mais dans aucune partie du bassin du lac, sont les couches de mollasse à coquilles marines tertiaires, déjà bien connues par les descriptions de M. Studer et d'autres géologues; couches qui ne commencent guère à se montrer au nord que vers La Broye, près de Moudon, où elles recouvrent la mollasse d'eau douce, et au sud, qu'à la perte du Rhône.

Les couches dominantes de ce terrain sont des grès mollasses (*macigno* de M. Brongniart), blancs, grisâtres ou jaunâtres, à ciment argileux, peu abondant en général, et quelquefois uniquement calcaire. Ces grès contiennent souvent des balles ou rognons d'argile grise ou verdâtre; et parfois à la surface des couches se trouvent des empreintes végétales dont les plus apparentes sont des feuilles de divers arbres analogues aux arbres indigènes. Quant à celles de *Chamærops* ou *Flabellaria*, peut-être appartiennent-elles à la mollasse rouge.

Avec ces grès alternent d'abondantes et souvent fort épaisses couches d'argile ou marne grise, bleuâtre ou noirâtre, quelquefois jaunâtre, souvent douce au toucher, mais non onctueuse comme les marnes de la mollasse rouge, qui ressemblent souvent sous ce rapport à la terre à foulon. Ces dernières aussi sont ordinairement rouges, bigarrées et marbrées, tandis que celles des terrains de mollasse d'eau douce ne sont jamais rouges, et très généralement leur teinte, plus ou moins grise ou bleuâtre, est homogène. J'en excepterais peut-être certaines portions tout à fait inférieures du terrain qui occupent un espace très peu considérable en épaisseur, et recouvrent presque immédiatement les calcaires de la base du Jura, dans la route de Cossonay à la Sarraz, et près de cette dernière ville, dans le lit du dernier affluent de la Venoge avant son débouché des montagnes. Là, les marnes sont violettes ou bigarrées de violet et de jaune, mais leur épaisseur n'est que d'un petit nombre de décimètres, et même une étude plus approfondie de ces dernières couches m'a récemment décidé à les associer à la mollasse rouge.

Les roches qui forment des couches ou des amas accidentels ou subordonnés dans ce terrain sont :

1° Des gypses grenus ou compactes en couches ou en amas plus ou moins épais, et des gypses fibreux en couches très minces, et en filons dans les marnes.

2° Des calcaires compactes, fétides, plus ou moins bitumineux, d'un brun tantôt très clair, tantôt foncé comme le chocolat, principalement lorsqu'ils avoisinent la lignite ou houille particulière à ce terrain. Les calcaires dont il est question, se présentent en couches généralement fort minces, renfermant souvent des coquilles terrestres et fluviatiles. Ils sont quelquefois percés de tubulures cylindriques, ou plus ou moins irrégulières.

3° Une houille sèche ou lignite, ayant perdu toute trace d'organisation et ressemblant à la houille schisteuse la plus ancienne, disposée en lits en général minces, toujours plus ou moins mélangés de pyrites, et par là donnant par la combustion une forte odeur sulfureuse, ce qui limite beaucoup son emploi tant dans l'économie domestique que dans les arts.

Les coquilles fluviatiles et terrestres qui caracté-

risent surtout les calcaires et les couches argileuses
voisines de la houille, et qui se trouvent aussi aplaties et comme calcinées entre les feuillets de la houille
même, appartiennent aux genres *Helix*, *Bulimus*,
Pupa, *Lymnea*, *Planorbis*, *Anodon*, *Unio*, *Cyclas*.

Il est à remarquer que les couches subordonnées
que je viens d'énumérer, ainsi que les fossiles, manquent entièrement dans le terrain de mollasse rouge
qui ne renferme que des grès et des marnes bigarrées. Dans une seule occasion, j'ai trouvé une
mince couche d'un calcaire compacte, assez différent
toutefois de celui du terrrain d'eau douce, associée avec
la mollasse rouge : c'est au village de Balaison, sur le
coteau de Boisy. Mais comme cette couche, qui a été
jadis exploitée, n'est visible aujourd'hui tout au plus
que par de rares affleurements à la surface du coteau,
il est impossible de savoir si elle est intercalée dans
la mollasse rouge, ou si elle ne fait que la recouvrir.
Tels sont en peu de mots les caractères distinctifs du
terrain de mollasse d'eau douce; ils sont les mêmes
partout, comme on le verra par la description détaillée
qui va suivre des localités où il se présente. Le gisement dans les environs de Genève est très clair; et
quoique les lambeaux de ce terrain qui se montrent
à la surface du sol soient là en général morcelés et
séparés les uns des autres par de grands espaces, formés ou par la mollasse rouge seule, ou plus fréquemment encore par le terrain diluvien, les rapports
des diverses masses entre elles s'y montrent d'une
manière plus claire et plus instructive que partout
ailleurs. Il en est de même des rapports de superposition avec les autres terrains; et si nous n'avions à

nous occuper que de ce point unique, la question de la classification de ce terrain ne saurait exciter la moindre contestation. Mais, entre Lausanne et Vevay, le même terrain se montre dans des circonstances fort différentes. Là, ses couches, fortement inclinées au sud-est, sont suivies dans cette direction, et sembleraient (si tant est qu'il n'y ait pas de faille) devoir être recouvertes par un poudingue ou nagelfluh particulier et par une mollasse rouge d'une apparence beaucoup plus ancienne, et qui elle même paraît plus loin s'enfoncer sous les calcaires de la chaîne extérieure des Alpes, dans la grande paroisse de Montreux. Nous discuterons plus loin ce gisement ; mais si, dans cette partie du canton de Vaud, le terrain d'eau douce des environs de Lausanne offre ainsi quelque obscurité dans son gisement, il s'y présente avec un développement remarquable et une foule de caractères intéressants. D'ailleurs, lorsqu'on le suit dans son prolongement au nord, entre Lausanne et Moudon, on le voit évidemment se perdre sous les assises du terrain de grès coquillier marin, si abondant dans le haut plateau de la Suisse, entre les Alpes et le Jura; et c'est là un trait important qui manque entièrement dans les environs de Genève, et qui détermine avec précision la limite supérieure et l'âge de ce terrain.

CHAPITRE PREMIER.

DESCRIPTION DES DIVERS DÉPÔTS DE MOLLASSE D'EAU DOUCE AUX ENVIRONS DE GENÈVE.

SECTION PREMIÈRE.

Nant d'Avanchet, près de Vernier.

A l'ouest de Genève, et à trois quarts de lieue de la ville, la grande route, dite du Mandement, passe sur le pont de pierre d'Avanchet, situé à un quart de lieue avant le village de Vernier. Depuis Genève, la route a constamment suivi le haut d'un grand plateau diluvien, et c'est encore du même terrain que sont formées les deux berges du ruisseau d'Avanchet, tant au-dessus du pont qu'au pont même. Mais en suivant de là le cours du ruisseau dans le sens de sa pente, on voit le terrain diluvien cesser d'occuper le fond du vallon, et ne se présenter qu'au sommet des berges.

Presque immédiatement au-dessous du pont, le lit du ruisseau est occupé par des couches appartenant au terrain de la mollasse rouge, qui se succèdent dans l'ordre suivant, en remontant de bas en haut :

1° Une couche de mollasse solide à grain fin, d'un brun rougeâtre ;

2° Marnes marbrées de rouge vif et de bleuâtre, formant une couche épaisse ;

3° Une couche de marne bleuâtre ;

4° Une couche épaisse de mollasse rougeâtre accompagnée de marnes violettes ;

5° Une couche également épaisse d'une mollasse

grise, dans laquelle on remarque une petite faille ou fente accompagnée d'un affaissement des strates sur un des côtés de la fente.

Toutes ces couches (autant que j'ai pu en juger par l'ensemble des sections partielles, car il n'existe là aucune section des couches perpendiculaire à leur direction) doivent être dirigées du nord 80° ouest au sud 80° est magnétique (soit de l'ouest à l'est vrai), et plonger de 30° au sud 10° ouest magnétique (sud vrai); mais il y a parfois de légères inflexions et irrégularités qui montrent, ou que le dépôt n'a pas été uniforme, ou qu'il y a eu, ce qui est rendu probable par la faille citée plus haut, des affaissements partiels postérieurs au dépôts de ces couches.

En suivant le cours descendant du ruisseau, on arrive à une masse de mollasse rougeâtre placée sur la rive gauche et formant comme un promontoire avancé autour duquel le ruisseau se contourne. Sur cette masse repose de minces couches de marnes alternativement rougeâtres et bleuâtres, et dans le haut violettes. Ces couches plongent, comme les couches de la mollasse, au sud 10° ouest. Ici finit le terrain de mollasse rouge et commence celui de la mollasse d'eau douce.

Ce dernier terrain s'annonce d'abord par la présence d'une mince couche (de 0^m,33 seulement de puissance) d'un calcaire marneux, gris, fétide, ou exhalant lorsqu'on le brise une forte odeur bitumineuse. Il est très tenace et difficile à casser, et il est divisé naturellement en parallélipipèdes par de nombreuses fissures perpendiculaires au plan de la couche, et qui se coupent à angle droit.

Aucune autre couche ne se voit au-dessus de ce calcaire, qui est immédiatement recouvert par les masses de terrain diluvien occupant toutes les parties élevées du vallon. Mais en descendant le ruisseau quelques pas plus bas que le promontoire que nous venons de décrire, et sur la rive opposée ou rive droite, on retrouve, immédiatement au-dessous du terrain diluvien, d'abord la mollasse brun rougeâtre, puis, au-dessus, les marnes rouges du terrain de mollasse rouge, immédiatement recouvertes par une mince couche d'un grès blanchâtre calcaire, et celui-ci par le prolongement de la même couche mince de calcaire fétide dont je viens de parler.

Au-dessus de ce calcaire, se voient des marnes grises avec beaucoup de noyaux de *Cyclades* assez grandes et assez allongées, de la forme desquelles la fig. 3, Pl. II, où le fossile est représenté de grandeur naturelle, pourra donner quelque idée. Avec celles-ci se voient d'autres *Cyclades* plus petites et moins distinctes encore, et aussi des *Cypris* plus petites et plus allongées que le *Cypris faba*, Brong., et semblables à celles des marnes de Cologny que je décrirai bientôt.

Toutes ces couches plongent régulièrement d'environ 30° au sud-sud-est, et, à partir du grès calcaire inclusivement, appartiennent au terrain de mollasse d'eau douce.

Le ruisseau a creusé son lit dans la masse de marnes grises, en suivant la direction de leurs couches, dont les plus élevées se voient sur sa rive gauche ; mais celles-là ne m'ont pas paru renfermer de fossiles.

En remontant depuis ce point du ruisseau le talus couvert d'herbe qui forme sa berge droite, on retrouve à une certaine hauteur un grès blanchâtre calcaire, micacé, qui se décompose en sable, et qui recouvre une couche mince de calcaire fétide, brunâtre, semblable à celle par laquelle le grès analogue au bord du ruisseau est recouvert.

La surface de ce calcaire est arrondie comme si la couche avait été pliée, et les fissures qui traversent cette roche sont tapissées de petits cristaux.

Depuis la mollasse brune et les marnes rouges que nous venons de voir au bord du ruisseau, le terrain de mollasse rouge disparaît tout à fait, et les deux berges du vallon sont occupées uniquement par les marnes d'eau douce et le gypse qui les accompagne.

Ces marnes, qui sont schisteuses et de couleur bleue, sont séparées de la couche calcaire dont nous venons de parler par une couche de gypse blanc, terreux, recouvert par le calcaire et recouvrant les marnes.

Au-dessous de ce point, le diluvium et le sol d'éboulement descendent jusqu'au ruisseau dont ils occupent les deux rives ; mais plus bas, le même ruisseau coule entre deux berges ou falaises formées par une masse épaisse d'environ 35 mètres de marnes bleues, tendres, feuilletées et entremêlées de couches minces d'une marne plus compacte, qui donne par la percussion une odeur bitumineuse, ainsi que d'un grès micacé, schisteux, passant à la marne.

Ces marnes contiennent des couches de 13 à 20 millimètres au plus d'épaisseur d'un beau gypse fibreux et soyeux. Ces couches sont courtes et interrompues, et se terminent souvent aux deux extrémités en forme de filons obliques aux couches de la marne. Elles renferment aussi des masses de gypse lenticulaire de 2 ¾ centimètres environ de diamètre ; ces lentilles sont souvent groupées deux à deux, comme celles des carrières de Montmartre, dont les sections produisent les gypses en *fer de lance*, et leur couleur est d'un blanc mat et opaque.

A ces marnes succède, en descendant, une mince couche de marne argileuse et carburée, noire, contenant de petits *Planorbes* et de très petits bivalves d'une forme analogue à celle des cyclades ; et au milieu de cette couche paraissent les indices indistincts d'un filet de lignite, ainsi que quelques filons et filons couches de gypse fibreux.

Au-dessous de la marne noire, qui n'est visible que sur la rive gauche du ruisseau, reparaît une épaisse masse des mêmes marnes qui la recouvrent, alternant aussi avec des grès micacés, des marnes fétides, et renfermant également des gypses lenticulaires et des filons et filons couches de gypse fibreux.

Toutes ces marnes se font remarquer par une tendance à se diviser spontanément en boules ou en sphéroïdes irréguliers.

Sur la rive droite du ruisseau, où cet étage des marnes inférieures à la lignite est le plus développé, on voit paraître au-dessous d'elles la portion supérieure d'une couche épaisse de gypse blanc, grenu ou compacte, souvent mêlé de gypse fibreux, qui a été exploité il y a quelques années ; mais cette exploitation ayant cessé, il m'a été impossible de connaître l'épaisseur exacte de cette couche.

Toutes les couches que je viens de décrire paraissent horizontales, vues sur des sections du terrain parallèles à un plan dirigé à peu près de l'est à l'ouest, telles que les présente le cours du ruisseau. Cependant, en quelques endroits, j'ai vu les lignes de stratification plonger légèrement, ici au nord 10° ouest, là à l'ouest.

En descendant encore le vallon, et en se rapprochant de l'embouchure du ruisseau dans le Rhône, on suit toujours les marnes supérieures au gypse, car on ne voit aucune couche du même terrain qui soit inférieure à ce gypse. Lorsqu'on est parvenu au-dessous de la petite église de Vernier, on voit cesser tout à coup ces marnes bleues et paraître sur le même niveau les marnes bigarrées de la mollasse rouge, dont elles sont séparées par une ligne verticale; d'un côté de cette ligne, vers l'ouest, sont les couches horizontales des marnes bigarrées, dirigées de l'ouest-sud-ouest à l'est-nord-est (vrai), et de l'autre côté sont les marnes bleues plongeant de quelques degrés à l'ouest-sud-ouest, soit vers les marnes bigarrées. Il y a donc ici, non pas superposition, mais simple juxtaposition d'un des deux terrains à l'autre. Je me suis assuré, en faisant creuser le talus au pied de la ligne de jonction, qu'il n'y avait dans cette apparence aucune illusion, et qu'il n'existait réellement pas de superposition.

On a donc devant les yeux une vraie faille, par laquelle les couches du terrain de mollasse d'eau douce, qui sont les supérieures, ont été amenées au même niveau que celles du terrain de mollasse rouge, qui partout ailleurs leur sont inférieures.

Ces dernières, avec les couches de mollasse brunâtre qui en font partie, remplacent entièrement, depuis ce point-là, les marne, gypse, grès et calcaire du terrain d'eau douce, qui ont complétement disparu; et la mollasse rouge continue à se montrer sur les deux rives du Rhône, tant au-dessus qu'au-dessous du confluent du ruisseau d'Avanchet, recouverte, comme toutes les couches que nous venons de décrire, par les épaisses masses de béton ou par les amas de galets libres du terrain diluvien.

Récapitulant en peu de mots les principaux faits offerts par la coupure naturelle du terrain opérée par le ruisseau d'Avanchet (dont les figures 3 et 4, de la planche II, offrent l'une la section générale, l'autre un croquis du plan), nous voyons d'abord les couches du terrain de mollasse d'eau douce se présenter dans l'ordre suivant, en commençant par les plus récentes :

1° Un grès calcaire micacé, friable, blanc ou grisâtre ;

2° Un calcaire brunâtre, bitumineux, fétide, très tenace;

3° Une couche de marnes grises feuilletées, avec *cyclades;*

4° Une seconde couche mince de calcaire brunâtre, bitumineux, fétide ;

5° Une seconde couche très mince de grès calcaire micacé, renfermant du gypse;

6° Une épaisse série de couches de marnes bleues, schistoïdes, alternant avec des marnes bitumineuses et des grès schisteux micacés, passant à la marne et renfermant des masses de gypse lenticulaire et des filons et filons couches très minces de gypse fibreux ;

7° Une mince couche de marne noire carburée, avec *planorbes* et petits *bivalves*, dans le milieu de laquelle se montrent des indices d'un filet de lignite ;

8° Une répétition de l'épaisse série des marnes du n° 6 ;

9° Enfin, une couche de gypse grenu et compacte, dont l'épaisseur est inconnue.

Après avoir ainsi déterminé l'âge relatif des diverses couches du terrain d'eau douce, il est curieux d'observer que la superposition de ce terrain à celui de la mollasse, dans la partie supérieure du vallon, a lieu de telle manière que ce sont non pas les couches inférieures du terrain d'eau douce qui viennent en contact avec la mollasse rouge (comme cela eût eu lieu si celle-ci eût appartenu au terrain d'eau douce et en eût constitué les assises inférieures), mais bien les couches supérieures, les grès, les calcaires et les marnes coquillées, montrant ainsi évidemment que cette superposition a lieu en stratification non parallèle; et cette observation est d'une grande importance pour motiver la séparation des deux terrains qu'on avait jusqu'ici été tenté de confondre.

La faille remarquable dont nous avons parlé ne contredit en rien cette assertion, puisqu'elle n'est qu'un accident. D'ailleurs, le fait que le terrain de la mollasse d'eau douce cesse vers le milieu de la hauteur du vallon sans descendre jusqu'au Rhône, et celui que les rives de ce fleuve ne présentent d'autres couches que celles de la mollasse rouge, concourent, avec toutes les autres observations faites aux environs de Genève, à prouver que là le terrain d'eau douce est constamment superposé à la mollasse rouge. Ainsi, une étude attentive du Nant d'Avanchet suffit pour établir clairement les relations de position géologique qui existent entre ces deux terrains.

Nous ne décrirons point ici les couches de mollasse rouge et de marnes bigarrées qui bordent le cours du Rhône, et nous en renverrons l'examen à l'époque où nous traiterons de la mollasse rouge.

SECTION II.

Coteau de Choully.

Reprenons maintenant la grande route du Mandement que nous avons quittée au pont d'Avanchet, pour descendre le ruisseau. Cette route, jusqu'au pied du haut coteau de Choully, ne cesse de suivre le plateau horizontal diluvien qui entoure Vernier et Meyrin.

Jadis il y avait, d'après de Saussure, des exploitations de gypse sur le coteau de Choully; mais aujourd'hui ces exploitations ont cessé, et tout le coteau, richement cultivé, n'en présente plus de traces. Cependant il suffit de la courte mention de de Saussure pour nous autoriser à regarder ce coteau comme formé, au moins en partie, du terrain de mollasse d'eau douce, puisque le gypse est limité ici à ce terrain.

Il est probable que c'est dans la partie supérieure du coteau que les exploitations du gypse ont eu lieu.

A sa base occidentale, dans le lit de l'Allondon, la mollasse rouge se présente d'une manière très caractérisée avec ses marnes bigarrées, et avec elles une abondance peut-être plus grande qu'ailleurs de marne bleue ; mais puisqu'ici ces dernières alternent à plusieurs reprises avec les marnes rouges et bigarrées, on ne peut douter qu'elles ne fassent partie du terrain de mollasse rouge. Les couches de cette mollasse et des marnes qui l'accompagnent, plongent ici dans le vallon de la London, à l'ouest ou au nord-ouest.

Les grès et les marnes bleues qui forment l'étage moyen du coteau, et qui ne se voient que çà et là en affleurement dans de petits ravins, comme dans le chemin creux entre Satigny et Peissy, et près du premier de ces villages, le long du chemin de Russin, et à la butte du Tirage, sont moins caractérisés. Les grès sont des mollasses ou *macigno* d'un gris brunâtre ou bleuâtre, schistoïdes, à ciment argileux, à grain fin, alternant avec des marnes bleues auxquelles elles passent insensiblement.

L'abondance des marnes bleues, et la circonstance que les mollasses semblent avoir une légère tendance à se réduire en sable par la décomposition, m'avaient d'abord porté à croire qu'elles appartenaient au terrain de mollasse d'eau douce, et le fait qui m'avait confirmé dans cette opinion, c'est que dans les petites carrières qui ont été ouvertes à plusieurs reprises dans le village de Satigny et ses environs immédiats pour l'exploitation de ces mollasses, d'une qualité en général très inférieure, il s'était rencontré parfois des grès plus blancs, plus solides et plus propres à la bâtisse.

Mais un examen plus approfondi, en me montrant l'absence dans ces marnes de tout ce qui caractérise celles d'eau douce, j'entends l'absence des coquilles fluviatiles, des *couches* de lignite parallèles à la stratification du terrain, des couches de calcaire brunâtre et fétide, et en revanche la circonstance que les grès ont très ordinairement un ciment argileux, et renferment parfois des traces et même de grands amas de pétrole (comme cela se voit près de Dardagny, dans le prolongement de ces mêmes couches), et que l'asphalte et le pétrole manquent généralement dans les terrains d'eau douce aux environs de Genève, mais se présentent quelquefois dans des couches liées à celle du terrain de mollasse rouge; de plus, le fait que les marnes bleues présentent toujours quelques minces couches de marne bigarrée alternant avec elles, et que ces mêmes marnes bleues très épaisses sont évidemment associées à la mollasse rouge dans le lit de l'Allondon; enfin, l'observation positive que ces couches diverses plongent au nord-ouest comme celles que traverse cette rivière : toutes ces considérations réunies m'ont persuadé que les mollasses et les marnes de Satigny, de Peissy, ainsi que celles de Dardagny et de ses environs, appartenaient réellement à la mollasse rouge, et c'est quand il sera question de ce dernier terrain que je les décrirai plus en détail.

Je me bornerai donc à dire ici que l'ensemble de cet examen paraît appuyer l'idée que le gypse exploité jadis sur ce coteau avait dû en occuper la partie culminante, et que, puisqu'il forme au Nant d'Avanchet, qui en est peu éloigné, la couche la plus basse du terrain de mollasse d'eau douce, il n'est pas à présumer que les couches supérieures de ce terrain puissent se rencontrer aujourd'hui dans le coteau de Choully.

SECTION III.

Coteau de Bernex, carrières de Saint-Julien et de Verrières-sur-Archamp.

Vis-à-vis du coteau de Choully et du Nant d'Avanchet, s'élève, sur la rive opposée du Rhône et à une hauteur absolue de 488 mètres, soit de 122 mètres au-dessus du lac de Genève, le coteau de Bernex ou de Confignon.

Sur cette même rive gauche du Rhône, et peu au-dessus des eaux du fleuve, la mollasse rouge, ainsi qu'on le verra ci-après, se montre en divers lieux, recouverte par les dépôts diluviens. Mais les couches du terrain de mollasse d'eau douce, se faisant jour au travers de ces dépôts meubles et plus récents, paraissent au sommet du coteau.

Peut-être le grès brunâtre schistoïde, à grain fin, facilement décomposable en un sable argileux gris foncé, dans lequel on a coupé la route auprès du hameau de la Petite-Grave, afin de l'élargir, appartient-il déjà à la mollasse d'eau douce. Les marnes bleues qui constituent une portion du fertile territoire d'Onex et de Confignon, et qui là, aussi bien qu'à Lancy, sont recouvertes immédiatement par le limon d'attérissement diluvien, et pourraient facilement être confondues avec lui, font plus probablement encore partie de ce terrain. Ces marnes, vers l'extrémité méridionale du village de Lancy, dans les champs

rendus célèbres par la culture savante que leur donnait jadis un homme, M. Pictet de Rochemont, dont
la haute renommée comme agronome n'est pas le
seul titre à la célébrité, se font remarquer comme
renfermant de petits rognons d'un calcaire jaunâtre
terreux, et de petites masses lenticulaires de gypse;
rognons qui, comme nous allons le voir, caractérisent évidemment des couches de marnes dépendantes de la même formation.

Ces mêmes marnes, avec les mêmes rognons de
calcaire marneux jaunâtre aplatis ou mamelonnés,
irréguliers, plus ou moins gros, reparaissent dans
deux ou trois endroits, sur les bords de l'Aire, entre
Onex et Confignon, où elles forment de petits escarpements.

Plus haut, sur la partie élevée du coteau, au-dessus de Bernex, on trouve déjà dans les champs des
fragments épars et des plaques d'un grès mollasse
gris clair, un peu micacé et à grain très fin, qui annoncent que des couches de même nature doivent
se rencontrer fort près de là. En effet, on en voit
au sommet du coteau, vers son point culminant.
Là ont été ouvertes, sur le versant méridional, immédiatement au-dessus du hameau de Lully, deux
grandes excavations ou espèces de larges puits de
près de 13 mètres de profondeur, pour exploiter du
gypse.

Dans la plus haute de ces excavations, les couches
paraissent complétement horizontales, mais dans la
plus basse, elles semblent plonger d'environ 45° au
nord-ouest.

Voici la section naturelle des couches qui accompagnent le gypse dans la carrière la plus élevée et la plus profonde. Ce sont, du haut en bas :

1° Terreau végétal.

2° Couches alternantes de mollasse grise, verdâtre, micacée, à grain fin, et de marne sableuse grise, avec quelques strates mêlées de petits rognons marneux . . . . . . $6,5^m$

3° Masse homogène de marne bleue, ou plutôt d'un grès excessivement fin et micacé, avec des filets de gypse fibreux dans la partie inférieure de la masse. . . . . $2,6^m$

4° Gypse blanc compacte, ou grenu à grain fin, mêlé de minces couches irrégulières d'argile. . . . . $1,6^m$

5° Au-dessous du gypse vient, m'a-t-on dit, car je ne l'ai pas vu moi-même, une mollasse tendre et terreuse épaisse de. . . $1,3^m$

A une lieue au sud, au-dessous de ce coteau, et séparées de lui par les masses épaisses du terrain diluvien, se présentent, à Soral, des couches de mollasse rouge très caractérisées; mais au sud-est, à peu près à la même distance, et également à un niveau fort inférieur, sont les carrières de gypse de Saint-Julien.

Là un gypse grenu à grain fin ou moyen, d'un blanc de neige, et parfois compacte, terreux et grisâtre, est accompagné de couches de marne bleue friable, traversée par des filons de gypse fibreux, et remplie de groupes et d'amas de gypse lenticulaire blanc et opaque, ainsi que de marne grise, parsemée de lames de sélénite, ou gypse laminaire.

Je regrette de ne pouvoir donner des détails plus

circonstanciés sur cette localité, vu que je n'ai jamais pu réussir à voir ces carrières en état d'exploitation, et que les éboulements m'en ont toujours caché la stratification. J'ai seulement appris de l'ouvrier qui avait été le plus récemment employé à l'extraction du gypse, que là les couches plongent contre Salève, c'est-à-dire à l'est ou est-sud-est. Elles se relèveraient donc contre le coteau de Bernex, et les gypses du sommet de ce coteau pourraient ainsi, sinon être le prolongement des couches du gypse de Saint-Julien, du moins appartenir à des couches voisines de ces dernières.

Au reste, d'après les données ci-dessus, il est probable que le gisement du gypse de Saint-Julien doit avoir de grands rapports avec celui du gypse du Nant d'Avanchet.

Si maintenant on se dirige depuis Saint-Julien vers l'est, contre Archamp, on arrive à l'extrémité occidentale d'un grand et haut contre-fort de Salève, qui, s'appuyant presque immédiatement contre la base du rocher le plus élevé de cette montagne, semble en faire une partie intégrante. Mais ce n'est pas le calcaire de Salève qui forme ce contre-fort, ce sont des grès et des marnes bleues. Les premiers sont depuis longtemps renommés par leur beauté, leur blancheur et leur qualité supérieure. Aussi y a-t-on ouvert de nombreuses carrières, surtout dans la partie la plus élevée de ce terrain. De Saussure les a désignés sous le nom de grès de Verrières, et en a donné une notice succincte, comprise dans sa description de Salève (*Voyage dans les Alpes*, t. 1, chap. 7, § 242). Ils sont plus généralement connus maintenant à Genève sous le nom de grès d'Archamp, et ont été récemment employés à la construction des édifices, tant particuliers que publics, dont l'architecture est la plus soignée. Ils conviennent en effet admirablement pour la taille des colonnes et pour la sculpture des chapiteaux. La blancheur de leur teinte leur donne un éclat particulier, et leur ciment, presque entièrement calcaire, fait qu'ils résistent mieux que tous les grès du bassin du lac de Genève à l'action des éléments, et particulièrement à celle de la gelée. Il résulte, en effet, de l'examen qu'en a fait M. Brard (d'après sa méthode pour reconnaître promptement les pierres gelives), comparativement avec les autres grès et mollasses généralement employés à Genève, que tandis qu'aucune de celles-ci n'a resisté à l'action du sulfate de soude, que même la mollasse de Lausanne, qui est la plus estimée, a éprouvé un léger déchet, le grès de Verrières seul est resté complétement inattaquable, et ainsi il a été prouvé que c'était une roche éminemment non gélive (1).

La montagne ou contre-fort vers le sommet duquel se trouvent ces grandes carrières, dans la couche de grès blanc supérieur, et qui partout ailleurs ne présente guère que des couches de marne bleue; offre en général une surface inégale, comme moutonnée par de nombreuses protubérances, nue et stérile, et sillonnée de profonds ravins ou nants, qui servent de lit à de petits ruisseaux, tels que la Rance, la Lèche, etc. Le sentier dit de la Traversière, par lequel on se rend d'Archamp aux pâturages de Salève,

(1) Sur les pierres gelesses ou gelives, par Brard, *Bibliothèque universelle des Sciences et Arts*, t. XXIV, p. 224 et 232.

situés au pied du plus haut rocher de cette montagne, s'élève d'abord le long du contre-fort qui nous occupe, et ce n'est qu'après avoir dépassé son point culminant qu'il atteint les rochers calcaires appartenant au mont Salève proprement dit.

En suivant ce sentier, on monte longtemps sans voir aucune roche en place, et ce n'est que lorsqu'on est près d'arriver au sommet du contre-fort que se présentent, dans l'origine des petits ravins, les sections des couches de marne, et, vers la crête de la montagne, les diverses carrières exploitées dans la couche épaisse de grès blanc, par laquelle ces marnes sont recouvertes.

La première carrière que nous signalerons est située vers l'extrémité sud-ouest de ce grand banc de grès ; on la nomme carrière à Dunoyer. On y exploitait en 1821 une couche épaisse de $1^m,95$ à $2^m,27$ d'un grès blanc à grains fins quartzeux et à ciment calcaire, qui en haut et en bas est bordée comme par une lisière de quelques centimètres d'épaisseur du même grès, mais devenu schisteux et un peu micacé. Le tout est recouvert par des couches minces d'une marne bleuâtre foncé. Ces couches sont fendillées de toutes parts, et divisées en petites masses incohérentes, irrégulièrement arrondies. Chacune de ces masses est d'un bleu foncé au centre, et prend à la surface par l'action des éléments une couleur brunâtre.

Quelques portions de la couche de grès, et surtout dans sa partie supérieure, offrent à leur surface des noyaux ou rognons elliptiques, d'argile bleu ou verdâtre, qui, se décomposant facilement, laissent souvent de grands trous vides dans la roche. Quelquefois la même argile remplit les fentes qui se trouvent à la surface du grès et y forme de petits filons.

Dans le prolongement au sud-est de la même couche de grès, on a ouvert plusieurs carrières. Il en est une où le grès a près de 6 mètres d'épaisseur; d'ailleurs, il est toujours couvert de couches de marne bleue, et n'offre rien de particulier.

L'inclinaison des couches de grès et de marne est très régulière, et la même dans toutes les carrières; toutes plongent d'environ 30° au nord-ouest.

Au-dessous des grès supérieurs, on voit, en descendant vers Salève au sud-est, paraître en affleurement la surface d'une couche mince d'un calcaire compacte fort différent de celui de Salève, qui est très rapproché : c'est un calcaire fétide, gris brun, parsemé de petits trous et tubulures de 14 à 20 millimètres et plus de diamètre, qui pénètrent profondément dans la roche. Je n'ai trouvé dans ce calcaire aucun coquillage fossile, ni rien en fait d'empreintes végétales; seulement une portion de la couche m'a présenté une empreinte profonde formée de cinq côtes triangulaires un peu courbées, particulièrement les plus extérieures. Ces côtes se réunissent toutes par l'une de leur extrémité, et de ce point là elles divergent un peu. Si cette empreinte, qui, au reste, est fort mal caractérisée, appartient à un corps organisé, il est probable que cela doit être à un végétal.

On ne tarde pas à s'apercevoir à la hauteur de Perrolet, commune de Bléchant, que ce calcaire fétide est subordonné au terrain de grès; car, d'une part, on voit cette couche mince plonger de 30° au nord-ouest, et se diriger dans le sens de son inclinaison de manière à passer sous les grès dont nous avons parlé plus haut, tandis que, d'autre part, on voit le grès reparaître au-dessous du calcaire; et cette superposition du calcaire au grès qui se présente plus loin le long de la route de la Traversière, est on ne peut plus distincte et plus immédiate. Cependant, on ne voit pas la jonction du calcaire avec le grès qui doit le recouvrir; un sillon qui bientôt devient un ravin les sépare. (Voy. *Pl.* III, *fig.* 1.)

La couche peu épaisse de ce calcaire est elle-même divisée en strates épaisses de 0^m,08 à 0^m,11. Le grès au-dessus est réduit en sable, et de là jusqu'à l'endroit où ce terrain fait place au calcaire de Salève, on n'aperçoit, à la surface du moins, qu'un sol sablonneux au milieu duquel passe le chemin de la Traversière.

La carrière de Perrolet (commune de Verrières) offre la section de couches suivantes, en commençant par les plus hautes :

1° Terreau végétal;

2° Une mince couche de grès blanc;

3° Une plus mince encore de marne bleue feuilletée;

4° Une couche de marne bleue, à strates plus épais;

5° Un lit très puissant de marne bleue, divisé en couches minces : une seule couche de la même marne bleue, plus épaisse que les autres, se voit au milieu du lit;

6° Grès blanc exploité; un lit aussi puissant que le précédent. On ne voit pas la roche sur laquelle il repose.

Ce grès est remarquable, en ce qu'il présente sur la surface de ses couches de singuliers filons du même grès, qui ont jusqu'à 0^m,3 et plus de longueur, et de 9 à 14 millimètres d'épaisseur, et même au delà. Ces filons sont souvent entre-croisés, et offrent aussi des embranchements et des ramifications comme les filons de quartz ou de spath calcaire.

Quoique les grains principalement quartzeux dont se composent les grès de Verrières, ne dépassent pas ordinairement la grosseur d'un grain de mil, il est des portions de la couche exploitée à la carrière de Perrolet où les grains sont plus gros, et où ils atteignent et surpassent même la grosseur d'un grain de chanvre.

La surface des couches de ces grès présente souvent de grandes et profondes ondulations, semblables à celles que les vagues et quelquefois les vents produisent sur les sables des grèves au bord de la mer et des rivières. J'ai eu occasion d'observer des ondulations de ce genre à la surface des couches de grès de tous les âges, jusque et y compris les grès rouges les plus anciens et les plus anciennes grauwackes de transition du midi de l'Écosse ; mais jamais ces ondulations ne m'ont offert des dimensions comparables, pour la grandeur, à celles des grès de Verrières. Si la force et la grandeur des vagues de l'eau qui a déposé les grès offre quelque proportion avec la taille des ondulations, les vagues du lac au fond ou sur les bords duquel se sont formés les grès de Verrières, ont dû surpasser en grandeur celles même de l'océan Atlantique.

Dans les mêmes grès, j'ai aperçu des traces assez

indistinctes de grandes empreintes végétales qui m'ont semblé analogues à des feuilles de palmiers ou de *chamœrops*. Elles ressortaient, par leur couleur noire ou grise, sur le fond blanc des couches de grès; mais comme elles ne présentaient une apparence d'organisation que dans leur forme extérieure ou leur contour sans en offrir dans leur tissu, je me contente ici de cette simple indication pour mettre sur la voie d'en retrouver des exemplaires mieux caractérisés et plus déterminables que ceux que j'ai vus.

On trouve fréquemment aux environs du village d'Archamp, en blocs et cailloux épars et hors de place, un grès d'un gris clair et, comme celui de Verrières avec lequel il a les plus grands rapports, à ciment calcaire réunissant de petits grains de quartz, mêlés de grains noirs abondants et de quelques paillettes de mica blanc. Ce grès est rempli d'empreintes de feuilles d'un brun foncé ou d'un noir violâtre, qui ont quelque analogie avec des feuilles de saule. J'ai représenté *Pl.de fossiles*, *fig.* 1, 2, 3, celles qui m'ont paru les plus caractérisées.

Il me paraît hors de doute que ce grès à empreintes végétales doit accompagner quelque part les grès de Verrières, mais je n'ai jamais réussi à le trouver en place.

En continuant à suivre le sentier de la Traversière pour monter au Piton, on voit les grès de Verrières se terminer un peu au-dessus du point le plus élevé où paraisse la couche mince de calcaire fétide, et peu à peu ils font place au calcaire de Salève. Cependant, on ne voit pas la jonction des deux terrains, parce que cette jonction, ainsi que l'extrémité supérieure des couches du grès, sont cachées par de grands amas de cailloux calcaires.

J'ai déterminé barométriquement, avec assez de soin, la hauteur du point culminant de la couche de calcaire fétide de Verrières, au-dessus d'Archamp, et j'ai trouvé cette hauteur de 334^m,7. En évaluant la hauteur absolue d'Archamp à 500 mètres, ce qui doit peu s'éloigner de la vérité, on aura pour la hauteur absolue du point culminant du calcaire fétide, environ 835 mètres, et cette hauteur coïncide à très peu près avec celle du plus haut point qu'atteigne le terrain de mollasse d'eau douce dans la commune de Verrières, et avec celle de la montagne ou contrefort même qui en est formé.

En redescendant vers Archamp, on voit dans le Nant de la Lèche, au nord et plus bas que toutes les carrières de grès, un petit escarpement de couches fort minces de marne bleue, schisteuse. Ces couches plongent toujours au nord-ouest sous le même angle de 30', et elles sont régulièrement coupées par un grand nombre de très minces filons de gypse fibreux fort prolongé en ligne droite et tous parallèles entre eux. Ils plongent tous au sud-est et remontent au nord-ouest.

Quelques couches de ces marnes sont parsemées de petits rognons irréguliers d'un calcaire jaune dont la surface est terreuse et tachante, et qui n'ont guère plus de 14 à 27 millimètres de diamètre. Ce sont précisément les mêmes rognons que nous avons indiqués comme se trouvant dans les marnes qui forment les petites falaises de l'Aire, au-dessous de Confignon, et dans celles des champs de Lancy ; et c'est le gisement de ces rognons calcaires dans les marnes du **Nant de la Lèche**, associées évidemment au gypse et au grès d'eau douce, et dans un lieu où il n'y a pas de trace de terrain diluvien, c'est, dis-je, ce gisement qui nous a permis d'assigner la vraie place des marnes bleues de Lancy et de Confignon, et de les distinguer du limon d'attérissement diluvien qui les recouvre, et avec lequel on pourrait bien facilement les confondre.

Au-dessus des marnes du Nant de la Lèche, une couche de grès blanc calcaire comme ceux décrits ci-dessus, est superposée aux marnes, et forme la sommité d'un monticule au nord-ouest de ce Nant.

Les grès de Verrières paraissent se prolonger au nord-est, au-dessus de Collonges, et tout le long du pied de Salève, jusqu'au-dessus du hameau du Coin. Ils y forment des monticules couverts de broussailles, de bois et de cultures, dont la pente douce est vers le nord-ouest, ce qui est le sens de la plongée des couches dans les carrières. Ces grès paraissent être la partie la plus basse du terrain, car on les voit presque superposés au calcaire oolithique de Salève. Mais les couches de grès les plus rapprochées du calcaire ont ici leurs feuillets verticaux ou contournés. C'est une mollasse tendre, grise, assez marneuse, de mauvaise qualité, dont par conséquent on n'a jamais tenté l'exploitation; la plus basse, et celle qui a été longtemps exposée aux éléments, prend parfois une légère teinte rougeâtre. Ces diverses circonstances par lesquelles les grès de Collonges et du Coin diffèrent de ceux de Verrières, ainsi que le niveau infé-

rieur qu'ils occupent, me fait concevoir quelque
doute sur leur identité de formation avec ces derniers,
et peut-être appartiennent-ils déjà au terrain inférieur à la mollasse d'eau douce, c'est-à-dire à celui
de mollasse rouge.

SECTION IV.

Coteau de Cologny et de Vandeuvre.

Jusqu'à présent les localités que nous avons décrites ne nous ont offert dans le terrain de mollasse
d'eau douce que des fossiles du règne organique
très peu nombreux et pour la plupart mal caractérisés et fort imparfaits ; plusieurs même de ces localités ne nous en ont pas présenté du tout. Nous arri-
vons maintenant à un des points les plus riches en
coquilles et autres animaux fossiles que présente le
terrain d'eau douce, soit près de Genève, soit dans
le canton de Vaud.

Il est à regretter que cet intéressant gisement ne
se présente nulle part au jour et à ciel ouvert, et qu'il
faille attendre, pour pouvoir vérifier les observations
qui vont suivre et les compléter par des observations
nouvelles, qu'on ait recommencé les travaux souterrains qui ont mis en évidence les couches d'eau
douce, ou qu'on en ait entrepris du même genre dans
le voisinage des anciens.

Le coteau de Cologny commence à s'élever au-dessus des rivages bas de la côte orientale du lac de Genève, à une demi-lieue de la ville ; sa base au bord
du lac est formée des couches de la mollasse rouge

et des marnes bigarrées qui l'accompagnent ; les travaux d'exploitation qui ont eu lieu au commencement du siècle passé, au-dessous des eaux du lac, et dont j'ai déjà dit un mot précédemment, ont été poussés dans des mollasses rouges, mais dans des couches infiniment supérieures pour la qualité, la dureté, la finesse du grain, à celles qui se montrent partout ailleurs au-dessus des eaux du lac. C'est de cette mollasse qu'est construite la face occidentale de l'hôtel-de-ville de Genève.

D'un autre côté, le même coteau se lie à la colline sur laquelle Genève est bâtie, et à tout le haut plateau entre le lac et l'Arve, par le prolongement de l'épais massif diluvien qui, comme nous l'avons vu, forme les deux côtés du Nant de Frontenex, et se prolonge jusqu'à la hauteur du village de Cologny, à un niveau de 78 mètres à peu près au-dessus du lac, soit à 444 mètres de hauteur absolue.

Comme le coteau est entièrement et richement cultivé en vignes, prés, champs et jardins, et qu'une grande portion est couverte de maisons de campagne et de terrains d'agrément, il est impossible de connaître les couches qui forment la colline, à moins que des excavations nécessitées par le percement des puits ou l'établissement des aqueducs, ne pénètrent assez profondément dans le sol pour percer la couche plus ou moins épaisse d'amas diluviens qui ici recouvre toutes les roches en place. C'est probablement dans de pareils travaux que de Saussure aura vérifié que la colline de Cologny contient des veines de gypse blanc et de charbon de terre.

La commune de Cologny, ayant décidé l'établissement d'une fontaine dans le village, s'occupa à rechercher des sources d'eau sur le haut du coteau, et poursuivit ces recherches depuis 1825 à 1828 , au moyen de nombreux puits percés de distance en distance.

Me trouvant alors établi une partie de l'année sur les lieux mêmes, j'ai pu suivre avec soin le développement de ces travaux et étudier les remarquables et intéressantes sections du terrain d'eau douce, à mesure qu'elles étaient mises au jour , recueillir sur place les fossiles nombreux qui caractérisent plusieurs de ces couches, et dessiner les gisements variés des diverses roches traversées par les puits.

Comme dès lors ces puits ont été comblés, et comme il est probable qu'il se passera longtemps avant qu'on songe ou à les rouvrir ou à en creuser de nouveaux aux mêmes endroits, il ne sera pas , ce me semble, sans intérêt, de décrire avec quelque détail les observations que j'ai eu occasion de faire dans chacun de ces puits. Leur ensemble me parait jeter un grand jour sur la nature du terrain d'eau douce qui nous occupe ; et comme à Cologny se trouvent rassemblés tous les membres dont se compose ce terrain, cette localité forme le point qui sert à mettre en rapport les couches essentiellement gypseuses de Saint-Julien, Archamp, Bernex et Vernier, où la houille ou lignite et les coquilles fossiles sont tout à fait absentes, ou en quantité extrêmement petite, avec les couches du canton de Vaud, Belmont et Paudex, près de Lausanne, Oron et Saint-Martin-de-Vaud, près de Semsales, où la houille, le calcaire fétide et les couches coquillières ont pris un développement remarquable au détriment du gypse, qui là paraît manquer tout à fait.

Ces puits ayant été ouverts la plupart sur la route montante qui de Cologny conduit à Vandeuvre par le hameau des Hauts-Crests, et quelques-uns dans les champs voisins, je les décrirai successivement en remontant la route et en allant du sud au nord, ce qui est à peu près sa direction.

Premier puits, ouvert peu au-dessus du village de Cologny, là où le petit chemin dit la Vie (1) des Fours atteint la route de Vandeuvre.

Les premiers 6 mètres, à partir du terreau végétal, se sont trouvés formés d'une argile diluvienne dure, gris foncé, contenant des cailloux primitifs et secondaires, variant pour la grosseur depuis celle d'un haricot à celle d'un œuf, et séparés les uns des autres par de grands espaces sans cailloux; vers le milieu, cette argile est traversée par des veines d'une argile semblable, mais mêlée de sable jaune, et elle renferme des nids d'une marne calcaire jaune d'ocre et blanchâtre, avec des taches ferrugineuses. — Arrivé à 6 mètres de la surface, il a été trouvé une couche de lignite ressemblant à de la houille et n'ayant une épaisseur que de $0^m,027$ à $0^m,054$. C'est au-dessous de la lignite qu'on a trouvé de l'eau, mais en petite quantité, ce qui a engagé à approfondir le puits d'un ou deux mètres. Il a été par là constaté que la lignite reposait sur un lit d'épaisseur inconnue d'une mollasse grise à grain très fin, ou plutôt d'une marne

(1) Mot latin conservé presque sans altération depuis l'époque où Cologny, comme son nom l'indique, était une colonie romaine.

arénacée, micacée, grossière, renfermant les coquilles fossiles suivantes :

1° Des moules extérieurs, la plupart du genre *Lymnée*, changés en pyrites ou en lignite noire, qui se sont promptement détruits par l'exposition à l'air.

2° Planorbe, peut-être le *Planorbis cornu*, Brong., *Ann. du Mus.*, t. xv, pl. 22, fig. 6; lisse, ombiliqué ; quatre tours de spire, le dernier plus large que tous les autres réunis; ouverture et section des tours rondes.

3° *Unios* ou *Anodontes*, qui seront décrits plus loin, sont ici accompagnés de traces de lignite et de fer sulfaté vert, provenant de pyrites décomposées.

4° *Pupa* ou *Bulimus*, dont la bouche n'est pas visible. Coquille cylindrique et turriculée, longue de $2\frac{1}{2}$ à 3 millim. et épaisse de 1 millim. Cinq tours de spire ég ux en diamètre, ou augmentant graduellement un peu d'épaisseur de la pointe à la bouche; ressemble beaucoup au Bulime cylindracé. *Annales du Muséum*, t. xv, *Pl. 34, fig.* 22 et 23, et 24 et 25; grossie.

Deuxième puits, creusé un peu à l'est du premier, dans le chemin qui conduit au cimetière actuel, présente du haut en bas :

DILUVIUM. . . . . . { Terreau végétal et glaise diluvienne. 2ᵐ
Glaise diluvienne mêlée de rognons de gypse provenant des couches inférieures. . . . 2ᵐ

TERRAIN
DE LA MOLLASSE
D'EAU DOUCE.

Marne arénacée bleuàtre et ver-
dàtre, schisteuse, alternativement dure et tendre, se
décomposant en boules formées de segments concen-
triques précisément comme
certains grünsteins ou dolérites. . . . . 5^m
Marne arénacée dure. . . . . $0^m,8$
Argile tendre et pàteuse, épaisseur inconnue.

Les travaux ayant été arrêtés à cette profondeur
après que l'eau a été trouvée entre cette argile et la
marne dure qui la recouvre, cette dernière argile
n'a pas été traversée. Toutes ces couches paraissent
horizontales.

Les rognons de gypse qui se trouvent dans l'argile ou glaise diluvienne du haut de ce puits sont
formés d'un gypse compacte niviforme, à grain extrêmement fin, blanc de neige. Ces rognons sont couverts de cristaux lamelleux et brunàtres de gypse
équivalent, mal caractérisés. Il y a aussi des rognons
qui, lorsqu'ils étaient encore en place et humides,
étaient mous et onctueux. Ils sont mêlés de soude
carbonatée et de cristaux petits, mais très nets, de
gypse équivalent.

Au-dessus de ces deux puits, et sur la route de
Vandeuvre, on a percé, en 1828, du sud au nord,
une très longue galerie souterraine presque horizontale, destinée à amener les eaux du fond des puits
supérieurs. L'entrée de cette galerie a d'abord tra-

versé le limon d'attérissement diluvien rempli de cailloux et de blocs (ainsi que nous l'avons mentionné à l'article de ce terrain), et immédiatement au-dessous d'un bloc de protogine de 4 mètres de longueur qu'il a fallu percer, on a trouvé le limon d'attérissement superposé sans intermédiaire à une marne d'eau douce dont les couches sont très ondulées et fléchies, et sont accompagnées de plusieurs petites couches de lignite n'ayant guère plus de 7 à 9 millim. d'épaisseur.

Un calcaire brun foncé bitumineux accompagne la lignite ; il porte des traces de coquilles d'eau douce, et il est parsemé de très petites pyrites d'un beau jaune ou jaune rougeâtre métallique.

En prolongeant la galerie, on a vu les couches de lignite augmenter d'épaisseur à mesure qu'on s'avançait vers le nord.

Les marnes et les lignites sont traversées par une multitude de filets et de filons de gypse fibreux, qui sont quelquefois sur une certaine étendue parallèles aux couches, puis les coupent, puis se bifurquent et s'entre-croisent. L'épaisseur et le nombre de ces filons augmente aussi en s'avançant vers le nord, tellement que la marne et la lignite en sont comme réticulées.

Des amas de bivalves, *Unios* ou *Anodontes* et *Cyclades,* se voient en divers endroits dans la marne grise. J'y ai trouvé aussi des *Planorbes* en quantité dans une marne verte, et des amas de *Lymnées* adhérents à des couches de gypse fibreux. Ce qui paraît être des couches n'est probablement que des filons du même gypse qui ont traversé ces dépôts coquilliers.

La galerie dont je viens de parler va aboutir au fond d'un puits, le plus profond et le plus bas des puits ouverts à un niveau supérieur et plus au nord que les précédents. Je les désignerai sous le nom de *puits de Faguillon*, qui est celui d'une maison à côté de la route, et vers laquelle ils ont été excavés.

Troisième puits. C'est le puits inférieur de Faguillon, le plus profond de tous, et celui où la galerie aboutit. Il a présenté du haut au bas :

Terreau végétal et diluvium, quelques centimètres.

Terre ou marne d'un blanc jaunâtre, argileuse et pâteuse, paraissant susceptible d'être avantageusement employée comme marne pour l'agriculture. . . . . 0^m,65

Marne argileuse d'un gris noir plus foncé sur les bords. . . . . 0^m,80

Marne gris brunâtre. . . . . 0^m,65

Marne bleuâtre. . .⎫
Marne jaune. . . .⎬. . . . . 0^m,98 ?
Marne bleuâtre. . .⎭

Marne très tenace, cariée, jaune, ressemblant à un tuf calcaire. . . . . 0^m,48

Marne gris jaunâtre. . . . . 0^m,97 ?

Calcaire fétide dur et poreux. . . . . . 0^m,05

N. B. On a rencontré de l'eau entre ce calcaire et la marne qui le recouvre à une profondeur de 14 pieds, soit 4^m,55.

Marne grise ou bleue, avec filets de gypse. . . . . 2^m,27

Gypse compacte gris à grains très fins ou légèrement fibreux. . . . . 0^m,04

Marne grise avec très petits filets lenticulaires de gypse fibreux. . . . . $1^m,95$

Gypse compacte gris à grains très fins,
assez épais, et très mêlé de marne d'un
gris noirâtre, épaisseur inconnue.

La marne du haut du puits, immédiatement sous
le terreau végétal et le diluvium, est effervescente avec
les acides, et renferme de petites masses d'un gypse
compacte grossier ou terreux, légèrement effervescent, de couleur blanche, et happant à la langue.

Le calcaire, quoique formant une couche très
mince, offre assez de variétés ; il est toujours compacte, caverneux et celluleux, à grains fins, fétide ;
mais il est parfois terreux et tachant, d'autres fois
solide ; ses cellules sont plus ou moins grandes, et
plus ou moins abondantes ou espacées, et rares ;
elles sont ordinairement vides, mais quelquefois elles
sont toutes remplies d'un calcaire terreux jaune à
grains très fins ; la roche est alors d'un brun clair.

Cette couche de calcaire jaune fétide est parfois
partagée en deux couches distinctes par l'interposi-
tion d'un lit très mince d'une marne d'un gris blanc
mêlé de jaune. Toutes ces couches plongent de 33°
au sud-ouest.

Le quatrième puits, ouvert près du précédent, a
présenté sous l'alluvion une mince couche de marne
blanche recouvrant une lame de lignite épaisse seulement de 2 à 5 millimètres, au-dessous de laquelle
s'est trouvée une épaisseur d'environ 2 mètres d'une
marne nuancée de bleuâtre, blanchâtre et jaunâtre,
contenant de petits tubes pyriteux. Plus bas, 2 à
5 millimètres de gypse fibreux au-dessous duquel

paraissaient des traces de lignite ou de terre noire accompagnée d'une marne grise renfermant des coquilles d'eau douce, entre autres des *Unios* ou *Anodontes*. La couche la plus basse qu'on ait trouvée sans la traverser, est une marne grise compacte et dure, se décomposant en boules formées de lames concentriques. Les couches paraissaient plonger d'un petit nombre de degrés au sud-est.

Le cinquième puits, aussi très peu profond, a offert quelques particularités qui méritent d'être signalées : immédiatement sous le *diluvium*, a paru une couche de lignite de 25 millimètres d'épaisseur, en petites plaques rectangulaires et lamelleuses, plongeant à l'est ; puis au-dessous, une épaisseur d'environ 2 mètres de terre arénacée brune et de marne verdâtre pleine de *Lymnées* et de *Planorbes,* et traversée par de petits filons de gypse fibreux. Un de ces filons, plus épais que les autres, formait là comme une couche horizontale d'un gypse fibreux, à fibres courbées, d'un blanc pur et d'un éclat soyeux, ayant environ 12 millimètres d'épaisseur, recouverte sur ses deux surfaces d'une lignite terreuse ou de terre charbonneuse noire, dont la teinte foncée et l'aspect mat fait ressortir vivement la couleur blanche et le brillant des fils courbés du gypse. Ceux-ci montrent aussi à la surface et dans l'intérieur de leur petite couche du gypse en lamelles cristallines.

Dans les petits filons de gypse à fibres droites qui traversent la marne verdâtre se trouvent de petits et de très petits cristaux de gypse, les uns limpides, en druses, de forme assez compliquée, mais trop exiguë pour être déterminée ; d'autres brunâtres, implantés sur la surface des filons, mais également indéterminables, soit à cause de leur petitesse ou de leur imperfection, soit parce que les faces sont trop convexes.

Au-dessous de la couche horizontale de gypse à fibres courbées et de la terre noire qui la renferme, vient une marne grise dans laquelle se sont arrêtés les travaux. Ce qu'il y a de remarquable ici, c'est que la couche de lignite, quoique ayant, en général, une pente rectiligne vers l'est, est très ondulée dans le sens de sa direction, qui est du sud au nord. La couche de gypse à fibres courbes est aussi ondulée, quoique, en général, horizontale, et ces ondulations, qui ont lieu dans tous les sens, ne correspondent point avec celles de la lignite qui est au-dessus ; en sorte que les convexités de celle-ci répondent indifféremment à des convexités ou à des concavités du gypse, sans qu'il y ait aucun parallélisme entre eux.

Sixième puits ou puits supérieur de Faguillon.

Diluvium. . . . . 1^m

Marne blanchâtre et marne gris clair, avec *Cypris* et *Paludines*. . . . . $1^m,3$

Marne gris foncé et verdâtre. . . . . . $0^m,5$

Lignite. . . . . $0^m,027$

Calcaire brun avec *Planorbes, Cypris?* et fer sulfuré. Ce calcaire se change, dans le bas, en une terre brune arénacée. . . $0^m,5$

Marne grise schistoïde, avec *Cypris*, *Gyrogonites (Chara)*, traces de végétaux, *Cyclades, Unios* et *Anodontes*, fort gros, et fer sulfuré. . . . . $1^m,6$

Marne verdâtre avec *Lymnées, Paludines* et *Planorbes,* traversée dans la partie inférieure de la couche par de petits filons de gypse fibreux.

Mince couche de gypse fibreux au milieu d'une lignite ou d'une marne noire.

Marne grise avec quelques filets de gypse fibreux.

L'épaisseur de ces trois derniers lits n'a pas été déterminée.

Les marnes du bas de ces puits sont parfois remplies de très petits cristaux de gypse trapézien allongé (Haüy), isolés et transparents.

Le septième et dernier puits, le plus élevé de tous, a été ouvert à quelques centaines de mètres à l'est du précédent et de la route, dans le champ dit de la Planta. Je ne fais que le signaler ici comme ayant présenté quelques fossiles remarquables dont il va être incessamment question, car d'ailleurs on n'y a trouvé à ma connaissance que des marnes bleues et grises, avec des filons de gypse fibreux.

Sur le haut du versant oriental du coteau de Cologny, un peu au sud-est des puits de Faguillon et de la Planta, on peut remarquer dans de petits fossés des affleurements d'un grès mollasse, gris jaunâtre clair, à grains fins, et à ciment marneux et micacé. Une longue galerie souterraine, ouverte en 1832 dans cette mollasse, parallélement à la direction de ses couches, c'est-à-dire du sud-ouest au nord-est, a montré que la mollasse alternait là à plusieurs reprises avec de la marne grise d'un grain souvent très fin, et à surfaces douces au toucher et presque onctueuses, et que ses couches plongeaient fort régulièrement de 25° à 30° au sud-est. Comme malgré leur irrégularité les couches alternantes de marne coquillière, de calcaire fétide, de gypse et de lignite que nous avons vues dans les divers puits, paraissent le plus généralement plonger au sud - est, il s'ensuivrait que ces couches seraient probablement inférieures à cette mollasse, qui ainsi formerait ici la couche la plus haute du terrain d'eau douce. Celle-ci d'ailleurs ne m'a présenté aucun fossile quelconque, et, sauf la marne grise, aucune couche subordonnée.

Après avoir achevé de décrire la nature et la position des couches qui ont été traversées par les différents puits, je vais donner une courte notice sur les divers fossiles qu'elles renferment.

Univalves.

Pupa ou *Bulimus* décrit plus haut. *Du puits* n° 1.

Paludines très petites (de 2 à 4 millimètres de longueur), ressemblant pour la forme et le nombre des tours à la *Paludina elongata*, Sow., *Pl.* 509, *fig.* 1, mais, comme on le voit, cinq à six fois plus petites que celle-ci. Les stries d'accroissement sont à peine perceptibles sur la marne grise *du puits* n° 7.

Autres *Paludines* ou *Bulimes* microscopiques, turriculées et allongées, indéterminables. *Du puits* n° 7.

Paludines turriculées, très petites (2 à 3 millimètres de long), analogues aussi pour la forme à la *Paludina elongata* de Sowerby, *Pl.* 509, *fig.* 1. Elles ont 5 à 6 tours de spire. Le test est conservé, quoique presque toujours brisé et plus ou moins calciné; plusieurs de ces coquilles présentent des stries d'accroissement, mais plusieurs sont tout à fait lisses. Elles sont disposées en amas formés de nombreux individus, sur la surface des minces feuillets d'une lignite schistoïde. *Des puits de Faguillon.*

Lymnée représentée *Pl. de fossiles, fig.* 11. Elle ressemble, pour la grandeur et la forme, au *Lymnœus palustris antiquus*, Brong. (*Ann. du Mus.*, t. xv, *Pl.* 22, *fig.* 15, AC), sauf les méplats qui manquent à la nôtre. Celle-ci est lisse, à l'exception de très fines stries d'accroissement. Son dernier tour est un peu plus renflé vers la base que celui de l'*Antiquus*. *Du puits* n° 6.

Petite *Lymnée* représentée *Pl. de fossiles, fig.* 12, ressemble un peu au *Lymnœus pereger*. *Du puits* n° 6.

Moules et empreintes d'autres petites *Lymnées*, indéterminables dans la marne grise. *Du puits* n° 7.

Lymnées? ou *Melanopsides?* N'ayant jamais pu réussir à trouver un échantillon complet de cette espèce de coquilles, quoiqu'elle soit abondante dans les marnes grises, je ne sais à quel genre la rapporter. Le dernier tour de spire est le seul qui existe, toutes ayant perdu leur sommet. Ce tour, dans les nombreux échantillons que j'ai examinés, est très comprimé et aplati parallélement à un plan passant par l'axe, et en même temps parallèle à la bouche, ce qui produit une sorte de carène latérale, qui règne des deux côtés également, ainsi qu'on le voit dans le *Scarabe* de Montfort. L'uniformité de position de cet aplatissement et des deux carènes qui en sont la conséquence, dans au moins dix individus placés dans différentes couches et dans diverses directions, semble prouver que cet aplatissement n'est pas accidentel, mais bien inhérent à la coquille. La plupart des têts ont des côtes saillantes, peu nombreuses, parallèles au bord de la bouche, peu élevées et émoussées. Sur l'un des exemplaires qui paraît le mieux conservé, on remarque des stries d'accroissement plus ou monis prononcées, qui, par leur forme et leur disposition, donnent à la coquille de la ressemblance avec certaines espèces de mélanopsides, particulièrement avec le *Melanopsis Dufouri*. Les autres exemplaires, probablement par l'effet d'une altération, n'ont que de faibles indices de côtes, et leur surface est lisse et sans stries d'accroissement. Dans les moins obli-térés, on croit observer, tout comme dans les mélanopsides, la trace d'un sinus ou d'une sorte de court canal au bas de la lèvre extérieure, lequel séparerait cette lèvre de la columelle, qui est tronquée. *Du puits* n° 6.

Planorbe, analogue au *Planorbis cornu*, Brong., indiqué plus haut. *Du puits* n° 1.

Planorbe, très analogue au *Planorbis Prevostinus*. Brong. (*Ann. du Mus.*, t. xv, *Pl*, 22, *fig.* 7), mais aplati et déformé. *Du puits* n° 6, dans la marne, et du même puits, dans le calcaire gris bleuâtre fétide.

Petits *Planorbes* très aplatis (de 3 à 4 millimètres), plusieurs de forme elliptique. On croit reconnaître parmi eux quelques *Planorbis lens*, Brong. (*Ann. du Mus.*, t. xv, *Pl*. 1, *fig.* 8), par l'empiétement bien marqué du dernier tour sur le précédent. Mais, aplatis comme ils sont, on ne peut voir la forme de leur bouche, ni juger si elle fait un angle ou une carène. Dans la lignite à feuillets minces *d'un des puits de Fa-guillon*.

Bivalves.

Unios ou *Anodontes*, figurées de grandeur naturelle, *Pl. de foss.*, *fig.* 13 et 14. Leurs sommets sont plus saillants que ceux des Anodontes. Elles ressemblent beaucoup à l'*Unio Solandri*, Sow., *Pl.* 517. *Du puits* n° 6.

Grande *Unio*, figurée de grandeur naturelle, *Pl. de foss.*, *fig.* 15. Ressemblant à l'*Unio porrectus*, Sow., *Pl.* 594. *Du puits* n° 6.

Petites *Unios*, ayant quelques rapports avec les *Unio compressus* et *antiquus*, Sow., *Pl.* 594, *fig.* 2 à 5. *Du puits* n° 6 ?

Unios ressemblant à celle que j'ai représentée *Pl. de foss.*, *fig.* 13, mais beaucoup plus petites. *Du puits* n° 7.

Autres *Unios*. Quelques-unes sont plus arrondies que celle de la *Pl. de foss.*, *fig.* 13, et ont leurs sommets placés plus au milieu. Il y en a de plus allongées que celle de la *fig.* 14, même planche. Il y en a aussi de très petites, particulièrement des empreintes, où l'on voit les deux valves ouvertes; chaque valve n'a que 26 millimètres de longueur sur 10 millimètres de largeur; il y en a même qui n'ont qu'environ 16 à 18 millimètres de long sur 8 millimètres de large. Ces dernières sont probablement très jeunes; elles offrent des stries d'accroissement profondes, nombreuses et assez serrées, ondulées, régulièrement parallèles, et sans diminution d'épaisseur ni de profondeur dans tout le pourtour. Si ce ne sont pas là de jeunes individus, une pareille disposition devrait les faire regarder comme des espèces nouvelles; mais les échantillons que j'ai pu rassembler sont trop imparfaits et trop incomplets pour me permettre de déterminer ce point.

Plusieurs, et même la plupart des grandes *Unios* (à l'exception, toutefois, de celle de la *fig.* 15, la plus grande de toutes), sont très aplaties, n'ayant guère plus de 2 à 5 millimètres d'épaisseur, quoique portant encore des restes du têt calciné sur les deux surfaces de leur moule de marne grise; il y en a cependant quelques-unes, mais en très petit nombre, qui ne sont point du tout aplaties.

Cyclades, petites ou de moyenne grandeur, arrondies et globulaires. Ce sont des moules indéterminables formés de marne grise. *Du puits* n° 6.

Cyclades, très petites, aussi en moules indéterminables de marne grise. *Du puits* n° 7.

Cyrène? un ou deux moules très petits (5 à 7 millimètres) de marne grise, ressemblant à la *Cyrena cor,* Lam. *Du puits* n° 6? où l'on trouve mêlés avec eux, dans la même marne grise, les moules ordinaires de Cyclades, de Lymnées et d'Unios.

Crustacés.

Cypris, plus petits que le *Cypris faba* de M. Brongniart (environs de Paris), et que ceux de Sowerby. On en voit qui ont la même forme et les mêmes proportions que ces deux sortes de Cypris, lesquelles, quoique portant le même nom spécifique, nous paraissent différentes; mais la plupart des nôtres sont plus allongées, relativement à leur largeur, qu'au-

cune de celles figurées par MM. Brongniart et Sowerby.

Dans la *Cypris faba* de Sowerby, la longueur est de
2 millimètres et la largeur de 1 millimètre. Ainsi,
le rapport entre ces deux dimensions est celui de 2
à 1.

Dans ceux de nos Cypris, que, d'après ce caractère, je proposerais de nommer *Cypris elongata*, la
longueur est de $1\frac{1}{7}$ millimètre, et la largeur de $\frac{1}{7}$ millimètre; le rapport est donc de 3 à 1. *Des puits* n°s 6
et 7. Les unes sont dans une marne grise, les autres
dans le calcaire gris brunâtre fétide que recouvre la
lignite.

Coléoptères.

J'ai figuré dans la *Pl. de foss.*, *fig.* 16, un fragment
de coléoptère probablement aquatique et analogue au
Dytique ou à l'*Hydrophile*. Il est représenté de grandeur naturelle, tel qu'il se trouve dans la marne grise
(*fig.* 16 *a*, et grossi *fig.* 16 *b*). Ce fragment ne paraît
avoir subi aucune altération; il est de nature cornée;
sa couleur est d'un beau noir, et il brille comme
s'il avait été verni. En tout, il est aussi frais et aussi
brillant que s'il venait d'être détaché d'un insecte
vivant. Une portion de cette mince écaille, qui s'est
perdue ou détruite, a laissé son empreinte sur la
marne, comme on le voit dans les figures. *Du puits*
n° 7.

Je ne sais si je dois regarder comme une portion
d'un coléoptère ou comme faisant partie de la na-
geoire d'un très petit poisson, une petite écaille que
j'ai trouvée sur la surface d'un feuillet de lignite du

puits n° 6, et que j'ai représentée *Pl. de foss.*, *fig.* 19, telle qu'on la voit à la loupe : c'est une petite plaque noire, brillante, comme cornée et marquée de stries un peu divergentes ; sa forme est trapézoïdale ; sa longueur est de 7 millimètres ; sa largeur est de 4 millimètres à une de ses extrémités, et de 3 millimètres à l'autre.

Végétaux.

Gyrogonites, inférieures de moitié à peu près à celles que M. Brongniart a figurées. (*Env. de Paris.*) Elles sont trop petites et trop enfermées dans la marne pour que leur espèce puisse être déterminée. *Du puits* n° 6.

Carpolite? Corps elliptique, noir, très aplati, de 2,7 millim. de long, et de 1,5 millim. de large, avec deux arêtes séparées par un large sillon sur un des côtés de la graine, vue dans le sens de sa longueur. Ressemble au *Carpolites ovulum,* Ad. Brong. (*Env. de Paris, Pl.* 11, *fig.* 6 c). *Du puits* n° 6, où il s'est trouvé sur un calcaire marneux fétide, formant le lit sur lequel repose la couche de lignite. Il est accompagné de planorbes microscopiques. Représenté avec un grossissement de cinq fois, *Pl. de foss.*, *fig.* 20.

Longs fragments de tiges réduites en lames étroites et extrêmement minces, en forme de parallélogrammes rectangulaires. Les uns ont des fibres longitudinales, d'autres des fibres transversales ; un autre a des fibres dans les deux sens, se croisant à angle droit et très finement serrées. Dans la marne *du puits* n° 6.

Fragment paraissant appartenir à la tige d'une *Prèle,* assez fruste à sa surface, et ressemblant à l'*Equisetum brachyodon*, **Ad. Brong.** (*Env. de Paris,* Pl. 10, *fig.* 3, surtout à *b*), mais un peu plus petite. Les gaînes inférieures, les plus minces, sont allongées comme dans la *fig. b;* peu à peu, elles se raccourcissent en s'épaississant, et deviennent comme celles de la *fig. a.* On n'y distingue pas de dents. *Du puits* n° 7, dans une marne dure ou calcaire marneux, à grain fin, gris brunâtre, avec des moules et des empreintes de petites *Lymnées.*

Fragment d'une tige ronde, très mince, changée en lignite ou en jayet. Elle est presque lisse, ou n'a sa surface marquée que de quelques stries irrégulières et peu profondes. *Du puits* n° 7.

Empreintes charbonneuses de diverse longueur et largeur (ayant jusqu'à 18 ou 20 millimètres de largeur), presque toujours en forme de parallélipipède allongé, avec des stries parallèles et longitudinales, et des fibres. Ce sont probablement des portions de feuilles ou de tiges. Dans les marnes grises *des divers puits de Faguillon.*

A environ un quart de lieue à l'est de ces puits, au milieu du village de Vandeuvre, un puits a été creusé à peu près dans le même temps que les autres; là, après avoir traversé une couche épaisse de terrain diluvien à blocs erratiques, on a atteint une masse de gypse compacte d'un mètre d'épaisseur, divisée en strates minces qui plongent au sud-est. Dans la partie inférieure de cette masse de gypse, on a rencontré une petite couche d'un calcaire dense, à tissu serré. Sa couleur est d'un gris blanc. Malgré sa densité, on remarque que vers les surfaces, tant supérieure qu'inférieure, il est très poreux et caverneux.

Souvent il est là très ferrugineux, et il prend une cou
leur jaune d'ocre et brun de rouille. Ce calcaire paraît ainsi analogue aux *rauhwakes* ou *cornioles* qui
accompagnent les gypses secondaires. Quelquefois,
et toujours à la surface, la roche est complétement
cariée et couverte d'un enduit de forme globuleuse,
à grain très fin, brun ou noir métallique, de fer hydraté.

La masse de gypse du puits de Vandeuvre repose
sur une marne gris bleu contenant du gypse fibreux.

Des indices du même terrain se sont montrés dans
des excavations faites à diverses reprises dans la partie supérieure du village de Vandeuvre; et les bords
d'un petit chemin entre ce village et la campagne de
Bessinge ont offert des affleurements de marne bleue
avec de petites plaques de gypse fibreux.

Déjà, dès l'année 1806, j'avais trouvé dans un
puits qu'on ouvrait à Chougny, entre Cologny et
Vandeuvre, des marnes bleues et jaunes, du gypse
fibreux et des plaques de houille ou lignite de 25 à 30
millimètres d'épaisseur.

Enfin, les déblais d'un puits creusé il y a peu de
temps dans le hameau inférieur du Carre, précisément à l'extrémité nord-est et à la base du coteau
de Cologny et de Vandeuvre, m'ont présenté de la
marne bleue, compacte ou arénacé et schistoïde, avec
des moules de bivalves d'eau douce, trop détériorés
cependant pour pouvoir être déterminés.

Ainsi, d'après tout ce qui précède, on peut conclure
qu'à une certaine élévation, tout le revers oriental du
coteau de Cologny, depuis un peu au-dessus du village de ce nom jusqu'au hameau du Carre, est occupé

par les couches de diverse nature dont se compose le terrain d'eau douce.

En revanche, tout ce qu'on peut voir du revers occidental de la même colline, soit de celui qui fait face au lac, ne présente aucun indice de ce terrain, et l'on n'y trouve que de la mollasse rouge et des marnes de couleurs variées qui lui appartiennent. Il en est de même du point culminant de la colline. Le sol sur lequel repose le cône artificiel, au-dessus duquel s'élève la tour gothique de Bessinge, sol qui forme la cime du coteau, consiste aussi en mollasse rouge et verdâtre, alternant avec une marne rouge bigarrée. C'est dans ces roches qu'a été excavé, en 1832, un petit étang au nord de la tour.

D'anciennes exploitations de mollasse rouge ont été faites sur un autre point du même sommet du coteau, au pied de deux grands arbres que la route du Chablais et du Simplon sépare de la maison de Bessinge. Il suit de là que le terrain d'eau douce s'arrête à une limite notablement inférieure à celle de la mollasse rouge.

Je n'ai d'ailleurs, au delà du Carre, aperçu nulle part, sur toute la rive méridionale du lac de Genève, aucune trace du même terrain.

SECTION V.

Chambeisy.

Sur la rive septentrionale du lac, le terrain d'eau douce ne m'a paru se montrer que dans une seule localité des environs de Genève : c'est à la base du coteau de Chambeisy, à son extrémité septentrionale, dans les berges rocailleuses qui bordent le ruisseau du Vengeron vers son embouchure.

Immédiatement au-dessus du pont sur lequel passe la grande route de Genève à Lausanne, et sur la rive droite du ruisseau, on aperçoit de petites falaises toutes formées de couches alternantes de mollasse brune et rougeâtre et de marnes rouges, bleues et vertes. Ces couches plongent d'environ 15 à 20 degrés au sud-est. J'y reviendrai plus tard, en traitant du terrain de mollasse rouge auquel elles appartiennent, pour faire connaître les belles marnes œillées qu'on y rencontre.

En remontant de quelques pas le ruisseau, on peut remarquer que le sommet de ces falaises est formé par un dépôt très mince de grès calcaire à grain fin, et de marnes arénacées grises, caractérisé par la présence de nombreux bivalves ainsi que de planorbes.

L'ensemble de ces roches d'eau douce ne m'a pas paru avoir plus de deux mètres d'épaisseur. Les couches m'ont semblé horizontales, et, en ce cas, elles recouvriraient la mollasse rouge en superposition non parallèle; mais c'est ce que je n'ose affirmer avec certitude, vu que ces couches sont fort brisées et se font jour au milieu d'un fouilli d'arbres et de broussailles qui en rendent l'accès difficile.

La couche la plus haute de ce dépôt est une marne arénacée, calcaire, d'un gris clair légèrement jaunâtre ou verdâtre; ou plutôt c'est un grès calcaire à grains très fins, qui, vu à la loupe, paraît blanc et parsemé de petits grains verts et noirs; son ciment, très abondant, est calcaire et vivement effervescent avec les acides. Les surfaces de ses strates sont bosselées de moules très détériorés de petites et grandes *Unios*, et peut-être aussi de *Cyclades*. On y voit en outre des empreintes de *Planorbes* (peut-être du *Planorbis cornu*, Brong.) et de *Cypris*. Çà et là on observe quelques *Gyrogonites* blanches et probablement spathiques. Ces fossiles (qui sont, comme on le sait, des graines de *Chara*), étant ovoïdes et ayant 8 tours de spire, ressemblent et paraissent appartenir à l'espèce de celles du *Chara helicteres*, Ad. Brong. (*Env. de Paris*, p. 368, Pl. XI, *fig.* 8.)

Au-dessous de cette marne coquillée, se trouve des couches de marnes rouges et bigarrées, semblables à celles de la mollasse rouge, mais alternant (ce qui n'arrive pas à ces dernières) avec une marne argilo-calcaire qui ne fait que partiellement effervescence avec les acides. Cette marne est à grain fin, un peu arénacée; sa couleur est un mélange de gris bleuâtre et de gris brunâtre. Elle est pleine de lames microscopiques, cristallines, blanches, brillantes, très minces, ressemblant à du mica ou à du talc. Dans la même marne, se trouvent des baguettes longues, droites, légèrement aplaties, qui sont formées d'une roche semblable à celle qui les contient. Ces baguettes ressemblent à des tiges cylindriques.

Dans les couches les plus hautes des marnes bigarrées, j'ai trouvé un moule en marne rougeâtre, d'une coquille elliptique ressemblant à une *Hélice*. Sa grandeur et sa forme, à l'ellipticité près, sont celles de l'*Helix nemoralis;* elle a quatre tours de spire, le dernier le plus large et le plus bombé.

Plusieurs moules d'une *Hélice* parfaitement semblable à celle-ci, mais en marne bleue, ont été trouvés, en 1822, à la Pierrière, un peu au sud du lieu que nous décrivons, en faisant une excavation de 4 mètres de profondeur dans une marne bleue alternant avec de la mollasse, recouverte par un pré placé entre la grande route et le lac. On en voit aussi un ou deux échantillons dans une mollasse micacée grise (qui renferme également des rognons d'argile), provenant du Nant d'Avanchet, près de Vernier. Ce morceau fait partie de la collection géologique des environs de Genève, rassemblée par feu M. Jurine, et placée maintenant dans le Musée de cette ville. Ces derniers moules sont de même en marne bleue, semblable à celle qui accompagne le gypse. Dans ces deux derniers cas, d'après la couleur et la nature de la marne dont sont formés ces moules, il est très probable que l'*Hélice* en question appartient à la partie la plus inférieure du terrain d'eau douce.

Quoique formé d'une marne rouge et provenant de couches d'une marne semblable, il me paraît évident que l'*Hélice* de Chambeisy doit appartenir à la même époque que les autres.

En voyant les marnes rouges du terrain inférieur (celui de mollasse rouge) passer ainsi par alternance au terrain d'eau douce, et contenir quelques couches de ce dernier terrain dans leur portion la plus haute, et en rencontrant dans les marnes rouges une *Hélice* propre aux marnes bleues d'eau douce, on ne doit pas se hâter d'affirmer qu'il y a eu succession non interrompue entre les dépôts des deux terrains, et d'attribuer à un passage réel ce passage apparent de l'un à l'autre. Le cas pourrait être en effet fort différent, et voici comment :

Il doit rester démontré, par tout ce que nous avons dit jusqu'ici sur le terrain d'eau douce, qu'avant sa formation, la surface du sol était occupée par la mollasse rouge, terrain d'une étendue et d'une épaisseur considérable, ainsi que nous le verrons plus tard. Cette mollasse rouge, exposée à l'action des forces destructives, a été excavée en divers petits bassins, et c'est dans de pareils bassins que s'est déposé le terrain d'eau douce. Mais à l'époque où ont eu lieu les premiers dépôts, la surface de la mollasse rouge pouvait bien ne pas présenter partout une roche solide. Dans bien des lieux, l'action des éléments ou une décomposition en place avait pu former sur le fond de quelques-uns de ces bassins un sol de débris provenant des mollasses et des marnes elles-mêmes; des végétaux avaient pu prendre racine sur ce terreau de marne rouge et de sable de mollasse; des *Hélices* terrestres avaient pu y vivre au moment où les eaux douces allaient remplir ces bassins. Alors même que des eaux chargées de calcaire les ont remplis, les affluents de ces lacs, gonflés par les pluies et pleins d'une boue rouge produite par la décomposition des marnes de même couleur, ont pu momentanément, et à diverses reprises, interrompre par le dépôt mécanique des particules qu'ils tenaient en suspention, les précipités d'une nature plus chimique qu'opéraient les eaux mêmes du lac. De là ces couches de marne rouge pour ainsi dire régénérées, et par là si semblables aux marnes rouges qui leur ont donné naissance; de là aussi les *Hélices* terrestres qu'elles renferment, et qui ont dû être entraînées par les mêmes affluents débordés, restes organiques de l'époque de formation du terrain d'eau douce, et qui servent à constater l'âge des marnes rouges récentes, contradictoirement avec celui des marnes rouges anciennes dont elles proviennent, et qui ne renferment aucun fossile.

Ce n'est pas la seule fois que j'aie vu ainsi au contact de deux terrains arénacés différents les couches inférieures de grès ou de marne du terrain le plus moderne offrir une ressemblance parfaite avec les grès et marnes anciennes qu'elles recouvraient et dont elles présentaient tous les caractères. C'est ainsi que, dans quelques localités du nord de l'Ecosse, des grès et marnes appartenant au grès bigarré ou aux couches inférieures du lias présentent sur des espaces limités précisément la même nature et les mêmes couleurs que les grès et marnes du grès rouge ancien qu'elles recouvrent; circonstance que je me suis expliquée comme je viens de le faire pour les marnes rouges intercalées dans le terrain d'eau douce de Chambeisy, et contiguës aux marnes de même couleur de la mollasse rouge.

D'ailleurs, à l'exception de la localité très restreinte que je viens de décrire, et de la marne grise à *Hélices* elliptiques qu'a présentée la petite excavation de la Pierrière, le côteau de Chambeisy en entier ne m'a offert aucune trace de terrain d'eau douce. Dans les seuls endroits, tant de sa base que de son sommet, où les roches en place se sont montrées au-dessous du sol cultivé ou au milieu des masses d'alluvion ancienne et de terrain diluvien, ces roches appartenaient au terrain de mollasse rouge. Un puits foré, qui a coupé de part en part ce côteau depuis le point le plus haut jusqu'à un niveau inférieur à celui de la surface du lac, n'a traversé que des couches de ce dernier terrain. On peut voir une description intéressante et détaillée de ces diverses couches dans le *Recueil des Mémoires de la Société de Physique et d'Histoire naturelle de Genève*. L'absence de l'eau qu'on cherchait a fait suspendre les travaux avant qu'on fût parvenu à trouver le terrain que recouvre la mollasse rouge.

Entre Genève et Lausanne, on ne trouve nulle part, sur la rive septentrionale du lac, d'indice du terrain d'eau douce. Dans tout cet espace, les grès et les marnes que l'on rencontre font partie du terrain de mollasse rouge. J'avais quelque temps hésité si je ne placerais point dans le terrain d'eau douce les marnes d'un gris bleuâtre, en couches minces et horizontales, qui forment une petite falaise sur la rive droite de la Promentouse, au-dessus du pont que traverse la grande route entre Nion et Role; mais, comme on n'y voit ni gypse, ni lignite, ni coquilles fluviatiles, rien enfin de ce qui caractérise la formation d'eau douce, j'ai dû provisoirement les associer à la mollasse rouge.

CHAPITRE II.

ENVIRONS DE LAUSANNE.

SECTION PREMIÈRE.

Belmont et Paudex.

La colline de Lausanne, dans sa partie supérieure, celle sur laquelle s'élève cette ville, est formée d'un grès mollasse, tendre, à ciment argilo-calcaire, d'une couleur gris bleuâtre ou jaunâtre, moins argileux que la mollasse rouge des environs de Genève, mais plus cependant que le grès blanc de Verrières ; aussi résiste-t-il en général plus à l'action de la gelée que le premier de ces grès et moins que le second, d'après les expériences de M. Brard : c'est donc une sorte d'intermédiaire entre ces deux roches. D'ailleurs, comme dans toutes les deux, les petits grains qui par leur réunion forment le sable dont la mollasse de Lausanne se compose, consistent principalement en quartz blanc, gris et rougeâtre, en jaspes, cornéennes, etc., mélangés d'une proportion plus ou moins considérable de petits grains verts et noirs, semblables à ceux qui caractérisent les glauconies et les grès verts.

Une très belle empreinte d'une *Flabellaria* ou *Chamœrops* a été trouvée, il y a quelques années, dans les couches de la mollasse à l'extrémité orientale de Lausanne. On la voit maintenant dans le musée de cette ville.

La colline de Belmont, qui est séparée de celle de Lausanne par le profond ravin au fond duquel coule la Paudaise ou Chamberonne, nous présente deux fois le terrain d'eau douce avec la houille ou lignite qui le caractérise. On trouve ce terrain au sommet de la colline, à une lieue à l'est de Lausanne, à Belmont, et au pied de la même colline, à Paudex, à demi-lieue au sud-est de la ville.

En suivant la route de Lausanne à Belmont, on descend d'abord dans le lit de la Paudaise, et l'on voit que dans cette partie inférieure les deux bords du ruisseau, qui sont très élevés, sont formés de mollasse d'un gris blanc verdâtre, se décomposant en sable blanc et alternant avec des marnes bleuâtres. Les couches plongent en général très régulièrement d'environ 20° au sud-sud-est, excepté au bas de la berge droite, où il paraît y avoir eu un bouleversement et où les couches, affectant diverses inclinaisons, plongent pourtant particulièrement au nord-ouest. C'est au-dessus de ces couches bouleversées, et toujours sur la rive droite, que l'on voit dans le haut d'épaisses couches de mollasse formant des bandes de rochers escarpés, séparés par des talus recouverts de bois et de broussailles, et qui sont formés par les marnes. Les carrières où l'on exploite la mollasse de Lausanne, qui à Genève est considérée comme le meilleur grès à bâtir, inférieur seulement au grès de Verrières, ces carrières ont été ouvertes dans celle des bandes de rochers qui occupe le milieu de la pente. Ainsi la berge droite du vallon, dans toute sa hauteur, ne se compose que de mollasse et de marne grise.

Il n'en est pas de même de la rive gauche. Aprés

avoir passé le pont, d'où l'on peut saisir d'un coup d'œil la nature de la stratification que nous venons d'exposer, on monte d'abord sur des couches alternantes de marne et de mollasse semblables aux précédentes, mais plongeant régulièrement au sud-sud-est. Les mollasses, plus dures, forment des bandes de rochers en saillie, tandis que les marnes, plus aisément décomposées, laissent des vides entre les couches ou forment des talus couverts de végétation.

Plus haut, on traverse un grand espace dans lequel le sol est caché par les prairies ou les cultures, et ce n'est que lorsqu'on arrive au village de Belmont qu'on trouve de nouveau des roches en place. Déjà à l'entrée du village, on aperçoit sur le chemin même un mince affleurement de houille dans la mollasse ou dans la marne. Au-dessus du village, vers les dernières maisons et toujours sur le bord du chemin, paraissent des couches de mollasse grise micacée, au-dessous desquelles on voit un lit d'environ 14 centimètres de lignite ou houille accompagnée de *Planorbes* très aplatis et dont le têt est comme calciné. Les paysans du lieu ont commencé à l'exploiter pour leur usage en 1824; l'année suivante, lorsque je visitai cet endroit, ils n'employaient pas d'autre combustible et se louaient fort de celui-ci, comme brûlant avec flamme, facilement, lentement et sans odeur désagréable. L'un d'eux avait à la même époque commencé une galerie dans la mollasse sur-jacente pour arriver depuis le sud-est au toit de la couche qu'il n'avait pas encore atteint.

Voici la série des couches qui accompagnent cette

houille, en allant du haut en bas. (Voyez *Pl. 2, fig. 2.*)

1° Mollasse grise micacée, compacte, environ. . . , ... 3^m

2° Grès marneux bleuâtre schisteux. . . 0,13

3° Marne bleue et grise. 0,16

4° Argile ou calcaire argileux fétide, tendre, avec de minces feuillets de houille, contenant des coquilles fluviatiles comprimées et calcinées, particulièrement des *Planorbes,* ressemblant au *Planorbis marginatus* ou au *carinatus.* 0,14

5° Houille exploitée 0,14

6° Grès mollasse gris, à grain fin, formant le lit de la houille. Épaisseur inconnue.

Toutes ces couches plongent de 20° à 25° au sud-sud-est.

En poursuivant la route qui monte, on trouve au-dessous de ces couches et de l'autre côté du chemin, l'indication d'une autre couche de houille qui n'est pas exploitée; elle est dans un grès fin, semblable au grès n° 6, dont elle est séparée par une couche d'environ 8 à 11 centimètres d'épaisseur d'un calcaire compacte, fétide, de couleur brun chocolat, qui traverse le chemin. La houille repose sur un grès à grain fin, encore semblable au n° 6.

En continuant donc la section précédente, nous avons :

N°s 7. Calcaire brun fétide. . . . 0,8^m à 11 $^{cent.}$

8. Grès fin, semblable au n° 6.

Nᵒˢ 9. Mince couche de houille.

10. Grès fin, semblable au nᵒ 6. (Voy. *Pl.* 3, *fig.* 2)

Vers le sommet de la colline se trouve une couche de houille qui paraît être la même que le nᵒ 5 de la section précédente, et qui a donné lieu à une véritable et grande exploitation. Commencée en 1786 par M. Wagner, propriétaire de la verrerie de Paudex, puis abandonnée ensuite pendant plus de trente ans, cette exploitation a été reprise en 1824, et elle était en pleine activité lorsque je la visitai en 1825.

La galerie de traverse principale, celle par laquelle on pénètre dans la mine, a été ouverte sur le versant sud-est de la colline, qui là est couverte d'une mollasse presque nue, renfermant parfois des *Hélices* fossiles, dont le têt est encore conservé, mais dont on ne peut déterminer l'espèce. La galerie qui va aboutir au toit de la houille s'étend du sud 10ᵒ est au nord 10° ouest magnétique, pendant un espace de 39,3 mètres jusqu'à sa rencontre avec la couche de houille. En la parcourant, on reconnaît la série suivante de couches qu'elle traverse, en allant géologiquement de haut en bas :

1° Une couche très épaisse de mollasse d'un gris blanc, à *Hélices*.

2° Une couche épaisse de marne bleue, qui se délite et se décompose facilement à l'air; aussi a-t-on été obligé de beaucoup élever l'excavation dans la partie de la galerie qui traverse cette marne d'une nature aussi ébouleuse.

3° Argile schisteuse gris jaunâtre ou grès marneux, à grains très fins, formant le toit de la couche de combustible.

4° Houille sèche, schistoïde, formant une couche fort régulière de 14 à 16 centimètres de puissance, dirigée nord 80° est, et plongeant de 22° à 25° au sud 10° est magnétique. La partie supérieure de cette couche est mêlée de calcaire compacte fétide, noir ou brun chocolat foncé, contenant d'innombrables coquilles aplaties, brisées et comme calcinées, dont le têt, qui est extrêmement mince, est d'un beau blanc : ce sont, en général, des *Planorbes* semblables à ceux cités plus haut. Cette même portion supérieure de la couche renferme beaucoup de petites lames de pyrites martiales et passe à une argile pyritifère. Là, cette houille se débite par feuillets minces et planes, qui, lorsqu'on les sépare, offrent sur leurs deux surfaces des *Planorbes* très aplatis, de diverses grosseurs; d'ailleurs, elle est rarement exempte de petites veines, de nids et de taches de pyrites cristallisées presque microscopiques, qui dégagent par la combustion une forte odeur sulfureuse et désagréable, ce qui, joint aux autres inconvénients communs aux houilles pyriteuses, nuit à la valeur commerciale de ce combustible.

5° Une argile d'un gris clair ou grès schisteux, à grain fin, semblable au toit de la houille, forme le lit ou mur de celle-ci Elle est fort épaisse.

6° Une mollasse à grain fin, d'un gris blanchâtre.

En prolongeant la galerie de traverse, toujours dans sa même direction, au nord 10° ouest, sur une longueur de 32^m,5, on a traversé d'autres couches

de houille ; mais l'entrée de cette portion de la galerie ayant été fermée, je n'ai pu les voir.

Sur la couche principale, on a ouvert des deux
côtés, à partir de la galerie de traverse, deux galeries d'exploitation, l'une à l'est, qui n'a pas été pous-
sée à plus de 4^m,8, l'autre à l'ouest, qui avait, lorsque je l'ai vue, 18^m,8 de long, à compter depuis la
galerie de traverse. De là on a poussé des tailles de
97^m,5 de longueur en montant, et on a commencé à
en pousser de quelques mètres en descendant, qu'on
compte, vu la sécheresse de la mine, pouvoir, sans
être incommodé par les eaux, continuer jusqu'à
32^m,5. L'épaisseur de ces tailles, prise dans l'argile
tenace du toit et du mur, est d'environ 48 centimètres, et, par conséquent, le mineur y travaille *à col
tordu*, c'est-à-dire couché sur le côté. Le toit de la
couche est si solide que, malgré la longueur des
tailles, il ne s'y est point produit d'éboulement, et
qu'il n'a besoin pour être soutenu que de quelques
faibles étançons.

Sur le versant septentrional de la colline ou plutôt
de la mince crête qui couronne celle-ci, un affleurement de la couche exploitée s'est montré au jour, à
une hauteur de 97 mètres au-dessus de la précédente
mine.

On a aussi entrepris des ouvrages sur cet affleurement, dans le but de rejoindre par là les parties les
plus élevées des tailles de la mine inférieure. Ici, le
toit est moins solide, et présente de nombreuses fissures qui le rendent plus difficile à soutenir, surtout
dans les parties les plus près du jour.

Pour atteindre la houille, une petite galerie de traverse a été percée du nord-nord-ouest au sud-sud-est, au-dessous de la couche, de manière à parvenir à la houille par son mur ou lit. Cette galerie a traversé successivement les couches suivantes du bas en haut, ou en remontant dans l'ordre de la superposition :

1° Argile marneuse bleue, se délitant à l'air ;

2° Une petite couche de houille impure de 5 ½ centimètres d'épaisseur ;

3° Calcaire marneux, noir, schistoïde, avec des *Planorbes* calcinés ;

4° Une masse de mollasse, à grain fin, gris bleuâtre, la même que celle indiquée sous le n° 6 de la section précédente ;

5° Une masse épaisse d'argile grise ou de grès fin, schistoïde, la même que le n° 5 de la section précédente, et servant aussi de lit à la houille que la galerie atteint ensuite.

Les ouvrages dans cette galerie étaient encore peu considérables. En 1825, on avait mené dans la couche de houille, vers l'est, une fort courte galerie d'exploitation, et l'on avait commencé les tailles.

Au-dessous de cette mine et sur le penchant occidental de la colline, vers la Paudaise, se trouvent, sous le terrain végétal cultivé qui recouvre toute cette pente, des affleurements de calcaire brun fétide et de houille, qui indiquent la présence d'au moins trois couches de ce combustible.

Plus bas, le sol est trop couvert de culture pour qu'on puisse y apercevoir aucune couche en place ; et tout à fait en bas, dans les hautes falaises qui bordent la Paudaise ainsi qu'un autre petit torrent qui

s'y jette, on ne voit que des couches alternantes et assez épaisses de mollasse grise et de marne bleue schistoïde et facilement décomposable, mais ni houille ni
calcaire fétide. Quelques parties de la marne prennent par la décomposition une couleur d'un bleu plus
foncé, presque noir; mais cette couleur n'a rien de
commun avec les couches de houille ou de lignite,
qui sont ainsi limitées par le torrent de la Paudaise,
et ne se rencontrent que sur sa rive orientale, la rive
occidentale n'étant, comme je l'ai dit, composée que
de mollasse grise alternant avec des marnes bleues.
J'ai reconnu là trois grandes et très épaisses couches
de cette mollasse formant autant de crêtes de rochers
séparés par des espaces boisés.

On voit ainsi que le gîte du combustible de Belmont, qui se compose de plusieurs couches peu puissantes de houille sèche, accompagnées de calcaire
fétide et d'argiles à coquilles fluviatiles alternant avec
de la mollasse grise, occupe principalement la sommité du coteau, et que ce gîte repose à l'est sur une
masse très épaisse de la même mollasse grise. Quant
aux couches qui le recouvrent à l'est, on ne saurait
les reconnaître, la pente orientale de la colline étant
dans toute son étendue couverte de végétation.

La couche la plus orientale, et géologiquement la
plus haute qu'on ait reconnue dans ce dépôt, est une
couche de calcaire brun fétide, contenant quelques
coquilles fluviatiles, aplaties et calcinées, et qui se
trouve sur le haut de la colline à la surface du sol,
et recouvrant les couches de mollasse grise, supérieure à la houille. Ce calcaire, que le propriétaire de
la mine calcine à l'aide du combustible qu'il ex-

ploite, lui fournit une chaux maigre de très bonne qualité.

Lorsque j'ai visité cette mine, toute la houille qu'on en retirait était déposée sous un hangar, puis triée en deux qualités différentes ; la meilleure était vendue à Lausanne et dans ses environs, quelquefois pour le service des bateaux à vapeur, qui l'ont employée à diverses reprises, mais qui, vu les défauts que j'ai signalés plus haut, n'ont jamais pu en faire leur combustible habituel.

La même qualité supérieure était aussi transformée, à Belmont même, en un *coak* très léger, poreux, et ayant un brillant métallique semblable à celui de l'anthracite.

C'est à la calcination du calcaire qu'était employée la qualité inférieure obtenue par le triage ; un four à chaux permanent avait été construit dans ce but, près de la mine même.

Vers le village de Paudex, à trois quarts de lieue au sud-est de Lausanne, on a aussi exploité de la houille sèche ; c'est près du bord du lac, à la base méridionale de la colline de Belmont, et aussi sur la rive gauche ou orientale de la Paudaise. Cette position, jointe à la nature et à l'épaisseur des couches de houille, à celle des couches qui l'accompagnent, à leur direction et à leur inclinaison, prouve que les couches de Paudex sont le prolongement de celles de Belmont, les portions les plus basses de leurs plans, qui plus loin vont se perdre sous les eaux du lac. En effet, c'est la même houille sèche, et souvent schistoïde, accompagnée du même calcaire brun fétide et des mêmes coquilles fluviatiles calcinées (*Planorbes*), enclavée dans les mêmes alternations de mollasse gris blanc, d'argile schisteuse grise et de marne bleue, et reposant sur une masse épaisse de mollasse grise, alternant avec des marnes bleues, masse qui forme les berges élevées et à pic de la Paudaise. Toutes ces couches plongent également au sud-sud-est.

Un paysan de Lutry, propriétaire d'un petit fonds de terre à un quart de lieue au-dessus de Paudex, sur la rive gauche du ruisseau, exploitait sur ce fonds, au bord de l'eau, en 1825, une couche de houille de 13 à 16 centimètres de puissance; mais sa possession était trop bornée, et la nature des roches traversées par les ouvrages trop défavorable pour qu'il pût tirer grand parti de cette mine. L'argile schisteuse dans laquelle il avait poussé sa galerie de traverse était si friable, qu'il a fallu donner à cette galerie une hauteur démesurée. Il avait atteint la couche de houille par son lit, mais à peine eut-il prolongé de quelques mètres vers l'est une galerie d'exploitation, qu'il dut s'arrêter à cause des limites de sa propriété; son voisin, d'ailleurs, avait de son côté commencé plus haut une galerie de traverse dans la mollasse et dans la marne bleue, avec le but d'atteindre et d'exploiter la même couche.

Enfin, dans cette localité, l'espace manque pour pour pousser les tailles en remontant, car on atteint fort vite le jour sur le penchant de la colline; les eaux qui sont abondantes, et la nature ébouleuse de l'argile schisteuse grise du toit, empêcheront d'exploiter par tailles descendantes, qui seules auraient pu présenter quelques avantages.

Vers le toit, la houille contient beaucoup de dépôts

de pyrites en lames minces, et là aussi elle est fort mélangée de calcaire noir fétide contenant des *Planorbes* dont le têt, comme toujours, brisé et calciné, en rend l'espèce indéterminable.

Plus bas que l'ouverture de la mine actuelle, et sur la rive opposée, c'est-à-dire sur la rive droite de la Paudaise, M. Wagner avait, trente ans auparavant, entrepris de grands ouvrages d'exploitation dans une couche de houille, peut-être la même que celle que j'ai vu exploiter, peut-être aussi une couche distincte, mais voisine et supérieure à celle-ci. Là, il avait percé de très longues galeries d'exploitation et ouvert un puits d'airage qui venait aboutir au milieu des vignobles.

Actuellement on n'aperçoit plus que les haldes de ces anciens travaux, et l'on ne voit au bord de la rivière que les alternations habituelles de mollasse d'un gris blanchâtre, d'argile schisteuse grise, et de marne bleue, tandis que sur les coteaux, couverts de vignobles, les tranches de la mollasse dure et compacte sortent çà et là sous forme de crêtes de rochers.

Je dois dire, avant de terminer l'article relatif à la colline de Belmont et de Paudex, qu'à l'ouest ou au nord-ouest de cette colline, dans le ruisseau entre Lausanne et Pully, ainsi que sur le bord de la grande route entre ces deux lieux, j'ai observé des affleurements d'une mollasse un peu rougeâtre, marneuse et décomposée, ressemblant à la mollasse rouge; d'après sa position, cette mollasse devrait passer sous la mollasse grise inférieure à la houille des deux bords de la Paudaise.

A Paudex, comme à Belmont, aucune couche ne

se montre recouvrant immédiatement la mollasse d'eau douce supérieure. Quant à celles qui suivent cette formation au sud-est, et qui, plongeant comme elle au sud-sud-est, sembleraient devoir la recouvrir, mais qui en sont séparées par un large espace où les roches en place sont cachées par la végétation, nous nous en occuperons plus tard. Pour le moment, nous allons voir dans le sens de la direction des couches de la houille, c'est-à-dire à l'est-nord-est, reparaître de nouveaux dépôts de ce combustible.

SECTION II.

Oron et Saint-Martin de Vaud.

Sur la surface du plateau élevé entre Lausanne et Oron, on ne voit que des terrains cultivés, des prairies et des bois. Si dans quelques endroits quelques rochers se montrent, ce sont des poudingues calcaires dont il sera question ailleurs ; mais, en général, la surface du sol est occupée par des amas diluviens.

Le village d'Oron est situé sur le bord de la Broye, et c'est dans les berges de cette rivière que le même M. Wagner, dont j'ai déjà parlé, faisait exploiter de la houille à l'époque où il exploitait les mines de Paudex et de Belmont. Les couches, le long de la Broye et dans le lit de cette rivière, sont précisément celles que nous avons vues sur les bords de la Paudaise. Ce sont les mêmes alternations de mollasse grise et d'argile schisteuse bleue, dont les couches plongent de 35° au sud-sud-est. Ces couches forment des barrages et des arrêts de rochers successifs qui traversent obliquement le lit de la Broye, et la rivière descend dans un sens opposé à la pente des couches. Sur la rive gauche, je vis encore, près du bord de l'eau, à peu de distance de la maison de M. Jan, au milieu du bois et sous une masse de mollasse grise, les traces de l'ouverture de l'ancienne galerie. Les débris répandus aux alentours de cette galerie attestent la présence de la houille et du calcaire brun fétide entremêlé de petits filets de houille, lesquels sont couverts des *Planorbes* ordinaires, comme toujours aplatis et calcinés. D'ailleurs, on ne peut pénétrer dans la galerie, et tous les environs sont tellement couverts de végétation, que je ne pus nulle part voir en place les couches d'où ces débris proviennent. Et comme les travaux à entreprendre, si l'exploitation était reprise, devraient nécessairement passer sous la maison indiquée, et que pour cette raison le propriétaire a mis opposition à toute nouvelle tentative, il est à croire que de longtemps on ne pourra les renouveler. De longtemps aussi on ne reconnaîtra autre chose, à Oron, que la nature minéralogique de la houille et des roches qui l'accompagnent, ainsi que la direction et l'inclinaison des couches sur lesquelles celles-ci reposent et auxquelles très probablement elles se conforment. Mais ce petit nombre de données m'a suffi pour constater sans hésitation l'identité de nature des gîtes de Paudex et d'Oron.

A une lieue environ d'Oron, se trouve le village fribourgeois de Saint-Martin de Vaud. La route qui y conduit après avoir passé devant le chateau d'Oron, beau bâtiment flanqué de tours gothiques, traverse un pays fertile et bien cultivé; partout le terrain ondulé est couvert de champs, de prairies et de bois de sapins; nulle part on n'aperçoit la roche qui supporte ce riche terroir, et qui est probablement de la mollasse d'eau douce avec ses couches de houille et de calcaire fétide.

Saint-Martin est placé sur le haut d'une colline verdoyante, séparée de celle qui renferme les abondantes mines de houille dont s'alimente la verrerie de Semsales, par une vallée toute couverte de pâturages. Les deux collines et le vallon entre deux s'étendent du sud-ouest au nord-est; la colline de Saint-Martin est au nord-ouest, et celle des mines, nommée Mont-Maracon, au sud-est.

Cette dernière colline se compose encore de couches successives de mollasse grise, d'argile schisteuse bleue, de houille sèche, de calcaire brun fétide renfermant de petites couches et filets de houille, et pleines de coquilles fluviatiles et terrestres, encore calcinées et fort aplaties. Ce sont toujours les mêmes couches et les mêmes roches que celles des environs de Lausanne. On remarque cependant ici une plus grande abondance et une plus grande variété de fossiles que dans ces dernières, particulièrement de grands *Planorbes*, et diverses espèces d'*Hélices*, mais trop comprimées et brisées pour pouvoir être décrites et déterminées. Tous ces fossiles sont renfermés dans les petites couches de houille qui alternent avec le calcaire brun fétide.

Il y a ici plusieurs couches exploitées, et par conséquent plusieurs rangs de galeries. Dans les couches supérieures qu'on atteint par les galeries de traverse les plus élevées, on trouve une argile tendre, bleuâtre, remplie de bivalves fluviatiles, *Anodontes* ou *Unios* et *Cyclades*, qui toutes conservent en grande partie leur nacre. Parmi les *Unios*, il y en a d'étroites et d'allongées, analogues à l'*Unio Solandry* de Sowerby.

On peut aussi remarquer qu'au Mont-Maracon, les couches de calcaire brun sont un peu plus épaisses et plus fréquentes, et leurs alternations en lames minces avec la houille plus répétées. On trouve même dans les haldes beaucoup de fragments rubannés ou rayés de noir et de brun, à plusieurs bandes, qui indiquent autant de couches alternatives de houille contenant des *Planorbes* calcinés, et de calcaire brun. Ces bandes ont jusqu'à 20 et 27 millimètres d'épaisseur.

La puissance des couches de houille est à peu près la même qu'à Belmont, cependant celle de la couche principale est un peu plus forte, et va jusqu'à **22** ou **24** centimètres; mais elle est quelquefois totalement interrompue par des *crains* ou avancements simultanés du toit et du lit, par lesquels la houille est interceptée en entier. On voit un pareil *crain* fort remarquable vers le milieu de la grande galerie d'exploitation.

Les couches de houille plongent aussi ici au sud-sud-est, mais de 45°, ce qui est une inclinaison bien plus forte qu'à Belmont, et même qu'à Oron.

Comme on peut en juger d'après ce qui précède, c'est une mine fort considérable, et c'est ici la localité où le terrain d'eau douce dont il est question présente le plus grand développement. La mine appartient à **M.** Brémond de Semsales, qui depuis un grand nombre d'années l'exploite avec activité, intelligence et succès. Depuis l'année 1817, époque où les ouvrages étaient déjà fort étendus, **M.** Brémond a fait encore faire de grands travaux. Il a continué l'exploitation des couches, déjà commencée, par la galerie inférieure ; il a fait creuser deux puits pour l'airage et pour le transport du combustible à l'aide de treuils. Au - dessus de la galerie principale, il en a fait percer de nouvelles dans la colline, pour chercher et exploiter des couches de houille plus élevées. Toutes ces galeries sont ouvertes sur le versant nord-ouest de la colline, et atteignent les couches par leur surface inférieure ou leur lit. La galerie du milieu, qui a son entrée près de l'ouverture des puits, est parallèle à la grande galerie inférieure, ayant comme elle sa direction au sud-sud-est. La supérieure, nommée *Galerie des Foyards*, a une direction un peu oblique à celle-ci, et qui se rapproche davantage de celle du méridien magnétique. C'est au bout de cette dernière que se trouvent les amas d'*Unios* et d'autres bivalves fluviatiles renfermés dans l'argile bleue. D'ailleurs les ouvrages sont beaux et bien faits. Les galeries de traverse sont en grande partie revêtues de murailles ; mais on est dérangé par les eaux, ce qui empêche d'exploiter par tailles descendantes au-dessous de la galerie principale. Les moyens de transport m'ont paru, lors de ma visite en 1825, peu commodes : ce sont des chars élevés, portés sur deux hautes roues et qu'un homme tire par une longue flèche.

Lorsque des mines de Saint-Martin on se rend à la verrerie de Semsales, qui en est éloignée d'une heure, on chemine à travers des bois et des villages.

Le sol est toujours formé de cailloux et de blocs diluviens; mais avec eux se présentent en abondance de gros blocs de poudingue à cailloux ronds, calcaires, et à ciment de même nature, semblable à celui de Saint-Saphorin, près de Vevay. Il me paraît de là probable que ce poudingue doit se trouver en place à peu de distance.

Les beaux et grands bâtiments de la verrerie de Semsales sont au fond d'un large vallon ayant à l'ouest le prolongement du Mont-Maracon où sont les mines de Saint-Martin, et à l'est une haute colline arrondie qui s'élève à la base occidentale du Mont-Moléson, l'une des plus hautes cimes des Alpes fribourgeoises. Dans le fond de cette vallée sont deux belles tourbières, que M. Brémond fait exploiter. Aucun ossement ni aucun reste de mammifères antédiluviens n'y ont été reconnus. La tourbe est employée, conjointement avec la houille sèche de Saint-Martin, dans les fourneaux de la verrerie. On ne fait usage du bois que pour la seconde cuite des bouteilles noires, parce qu'on a remarqué que celles qui ont été recuites avec de la houille contractaient une qualité délétère pour les vins qui y sont renfermés, ce qui provient probablement des pyrites que contient la houille et qui par la chaleur dégagent du soufre, lequel produit de l'acide sulfureux par la combustion.

Aucune roche ne se montre à découvert dans tous les environs de la verrerie. On y a pourtant autrefois exploité de la houille sèche. Trois ou quatre couches de ce combustible, qui sont probablement le prolongement de celles de Saint-Martin, passent dans le fond de la vallée, sous la verrerie et sous les jardins attenants, ainsi qu'au pied du coteau qui s'élève à l'ouest. Leur direction et leur inclinaison, m'a-t-on dit, sont les mêmes qu'à Saint-Martin. Je ne sais sur quelle donnée d'anciens plans des travaux souterrains exécutés à Semsales, que M. Bremond me montra, annoncent qu'une de ces couches est épaisse et composée de houille grasse. Tous ces travaux étaient depuis longtemps abandonnés lorsque je visitai Semsales en 1825.

Les observations précédentes, depuis celles que nous avons faites aux environs de Lausanne jusqu'à celles de Saint-Martin et de Semsales, nous montrent le terrain de mollasse de Lausanne avec ses couches subordonnées de houille sèche ou lignite, de calcaire brun fétide à *Planorbes* et d'argile bleue avec ou sans bivalves fluviatiles, comme traversant de l'est-nord-est à l'ouest-sud-ouest tout le plateau élevé qui domine les vignobles de Lavaux et le lac, depuis Paudex jusqu'à Semsales. En effet, le même système de couches, probablement les mêmes couches, se retrouvent avec les mêmes caractères et les mêmes fossiles à Paudex, à Belmont, à Oron, à Saint-Martin de Vaud, et vraisemblablement aussi à Semsales. Seulement l'inclinaison, qui à Paudex et à Belmont est de 25°, devient de 35° à Oron, et de 45° à Saint-Martin, qui est plus près de la chaîne des Alpes. Dès lors la probabilité est très grande qu'on trouverait de la houille entre Belmont et Oron, et entre Oron et Saint-Martin, sur le prolongement des couches qui sont ou ont été exploitées, la direction de ces couches étant invariablement la même partout. Dans cette hypothèse, on peut se représenter le gîte carbonifère dans toute son étendue, comme composé d'au moins six à huit couches parallèles de houille sèche, placées à peu près à égale distance les unes des autres, variant pour l'épaisseur entre 8 et 22 ou 24 centimètres, et en moyenne de 13 à 16 centimètres de puissance, et séparées par des couches de mollasse, de calcaire brun et d'argile bleue.

Ce gîte, considéré comme une seule couche carbonifère dirigée de l'est nord-est à l'ouest-sud-ouest et plongeant au sud-sud-est, est bordé dans toute sa longueur, au nord-nord-ouest, par un terrain stérile sur lequel repose la couche en stratification concordante et qui est de même formation qu'elle, terrain composé de mollasse grise alternant avec de la marne bleue, mais sans houille ni calcaire. Cette mollasse compacte se décompose partout, tant à Lausanne, Belmont et Paudex, qu'à Oron et Saint-Martin, en sables blanchâtres qui, en tombant, laissent en saillie sur les surfaces des rochers de mollasse des rognons arrondis d'une grosseur variable, qui sont plus durs et plus tenaces que le reste.

Rien ne recouvre immédiatement et évidemment le gîte carbonifère : ainsi la discussion de sa position à cet égard viendra plus tard. Avant de nous occuper de ce sujet, nous devons parler d'un autre dépôt d'eau douce privé de houille, qui se trouve sur le même plateau, mais à une grande distance à l'ouest du gîte que nous venons de décrire.

SECTION III.

Calcaire d'eau douce à Oulens.

A cinq lieues à l'ouest d'Oron, et à trois lieues et demi au nord un peu ouest de Lausanne, se trouve situé sur le même haut plateau et près de la ligne de partage des eaux, entre les lacs de Genève et d'Yverdun et entre la Méditerranée et l'Océan, le petit village d'Oulens. Là on exploite à fleur de terre et immédiatement sous un lit très mince de terreau végétal, une couche de calcaire jaunâtre fétide. Le village est en entier bâti sur ce calcaire, dans lequel on a partout ouvert des carrières, quelques-unes, dit-on, à plus de 3 mètres de profondeur. Celle qui me parut la plus considérable et que j'étudiai plus particulièrement, est celle qui avoisine la route de Lassaraz et qui appartient au sieur François Viami. Elle présente de haut en bas la section suivante :

1. Terreau végétal. . . . . $0^m,48$
2. Calcaire brunâtre. . . . . $0^m,32$
3. Marne grise et jaunâtre pleine de petits rognons d'un calcaire terreux. . . . . $0^m,24$
5. Calcaire brunâtre. . . . . 1^m »

Ce calcaire est d'un gris brunâtre plus ou moins foncé, quelquefois couleur de chocolat claire. Il est très compacte, translucide sur les bords, parfois un peu arénacé. Sa cassure en petit est unie ou écailleuse, à très petites écailles ; en grand elle est conchoïde, à grandes cavités aplaties. Il contient çà et là, éparses à de grandes distances, de petites cellules irrégulières à parois très déchiquetées et intérieurement tuberculeuses. Ce calcaire exhale, par la percussion et la friction, une odeur très fétide, et par insufflation, une odeur argileuse. C'est un calcaire tout à fait semblable à celui de Belmont et des puits de Cologny. Les couches de cette carrière plongent de 8° à 10° au sud-est.

On exploitait jadis un calcaire d'eau douce, analogue à celui d'Oulens, à Goumoens, village placé au haut d'un coteau à peu près de même élévation que celui dont nous venons de parler. De Luc a trouvé la hauteur absolue de Goumoens égale à 606 mètres (1). Là, c'était sous les champs cultivés qu'on travaillait les carrières ; car le rocher ne se montre nulle part à découvert, et aujourd'hui il est tout à fait invisible.

La petite rivière du Talent coule entre les coteaux de Goumoens et d'Oulens, dans un vallon assez profond. Dans le lit du ruisseau et au bas des coteaux se voient des couches de mollasse grise, dirigées du nord-est au sud-ouest, plongeant de 10° au sud-est, et alternant avec des marnes sableuses, grises et violâtres. Les mêmes mollasses se voient plus au nord-est, près d'Echallens, et se montrent en affleurements entre ce village et celui de Crissier.

Le calcaire d'Oulens est superposé à une partie de ces mollasses, mais peut-être alterne-t-il avec elles. On dit, mais je ne l'ai pas vu moi-même, qu'on trouve dans un bois entre Goumoens et Villars le Terroir,

____

1 *Modific. de l'atmosph.*, p. 252

une coupe de terrain opérée par un ruisseau, où se montre la même couche calcaire, qui se prolonge de là vers Vuarens et vers Essertine.

En se dirigeant depuis Oulens, dans la direction du sud-est, sur Saint-Barthélemy et Brétigny, on trouve les hautes berges du Talent formées, non pas de mollasse, comme plus haut, mais de terrain diluvien à gros blocs alpins. Le même terrain forme le cône élevé que domine le pittoresque château de Saint-Barthélemy, ainsi que le sol sur lequel est bâti le village de Brétigny.

Le versant nord-ouest de la colline d'Oulens paraît composé de mollasse, de marne, et aussi de calcaire d'eau douce, que son odeur a fait nommer par les habitants *pierre punaise*. Un très large vallon à fond plat, et tout couvert par la végétation, sépare cette colline de celle qui s'élève sur Éclépens, Entreroche et Lassarraz ; la dernière colline est en entier composée de calcaire jaune du Jura ; on la nomme le Mortmont : ses couches plongent au sud-est, sur le revers sud-est de la colline ; et au nord-ouest, sur le revers nord-ouest ; dans le milieu et dans le haut, elles sont horizontales : ainsi un axe anticlinal la traverse Elle est très riche en fossiles ; ceux que j'ai pu me procurer, et qui ont été extraits des grandes carrières exploitées entre Éclépens et entre Roche (près de l'endroit où l'ancien canal, maintenant abandonné, traverse la colline), m'ont paru analogues aux *Terebratula plicatilis*, *dimidiata*, *plicatella* (Sow.), *Gallina* (Brong.), et autres espèces. Deux *Trochus*, dont l'un ressemble au *T. Rhodani* (Brong.); *Diceras ?* piquants de *Cidarites ?* en forme de massue.

D'après la position des couches sur le versant sud-est de cette colline calcaire, et de celle de la colline d'Oulens, on voit que celles-ci, si elles étaient suffisamment prolongées, recouvriraient les calcaires du Jura.

Comme dans les environs de Genève, à Oulens et à Goumoens, aucune couche étrangère au terrain d'eau douce ne paraît recouvrir ni directement ni indirectement ce terrain.

SECTION IV.

Terrains qui sont ou qui paraissent superposés à la mollasse d'eau douce.

Voici maintenant la position relative des couches de mollasse d'eau douce à Lausanne et à Belmont, et des terrains qui paraissent la recouvrir ou qui la recouvrent en effet.

Lorsque de Lausanne on monte vers le nord, en suivant la grande route, on rencontre d'abord des rochers de mollasse grise qui paraît semblable à celle qui forme le sol de cette ville et les environs de Belmont. Mais cette roche ne tarde pas à se cacher sous les épais amas diluviens qui forment toute la partie supérieure du passage du Jorat aux environs de Montprevére et du chalet Gobet, point culminant de ce passage. Ce même terrain continue à former tout le haut de la descente le long du versant septentrional du Jorat jusqu'auprès de Moudon, où l'on voit paraître une mollasse blanche à grains moyens et à grains fins, peu adhérents, et, par la décomposition, se convertissant en sable, dans une grande carrière ouverte à l'est, et vis-à-vis de Moudon, sur la rive gauche de la Broye. Cette carrière présente de longues bandes de couleur brune qui sembleraient appartenir à des folioles de palmiers ou de *Chamœrops*. Les couches de cette carrière de mollasse sont, en général, horizontales; mais on y remarque aussi des couches brisées et disposées en forme d'angles saillants et rentrants alternativement, ce qui semble produit par un courant d'eau plutôt que par des soulèvements partiels. La grosseur du grain de la mollasse varie suivant les places; elle est tantôt à grains fins, et tantôt à grains moyens. Elle renferme des fragments de bois carbonisés et mêlés de pyrites, et contient aussi quelques empreintes indistinctes de bivalves. En outre, on y trouve en grande abondance diverses sortes d'empreintes végétales, brunes, provenant, les unes, de plantes monocotylédones, et ressemblant à des feuilles d'iris et de *Carex*; d'autres, de végétaux dicotylédones et de feuilles analogues à celles du chêne et d'autres arbres du pays. J'ai représenté (*Pl. des foss.*, *fig.* 5, 6, 7) de grandeur naturelle les fragments de feuilles de cette dernière classe les mieux conservées que j'ai pu trouver dans cette carrière. Quant aux feuilles de monocotylédones, elles se font aisément reconnaître à leurs fibres ou nervures droites, et à leur grande longueur proportionnellement à leur largeur; mais leurs contours n'étant jamais complets et réguliers, on ne saurait les figurer dans un dessin.

Les fragments de bois, souvent assez épais, produisent, par la décomposition des pyrites martiales qu'ils renferment, beaucoup de sulfate de fer.

Enfin, dans la mollasse de cette carrière, j'ai trouvé en place une petite dent de *squale*, et les ouvriers m'ont assuré avoir rencontré quelquefois de pareilles dents. Cette dent, très bien caractérisée, indique pour cette mollasse une origine marine; mais la quantité de feuilles d'arbres et de plantes terrestres annonce que ce dépôt a dû se faire dans le voisinage des terres, et probablement à l'embouchure de quelque fleuve. D'ailleurs la mollasse de Moudon m'a paru présenter de grandes analogies avec les grès de Verrières-sur-Archamp), près de Genève, particulièrement pour les caractères minéralogiques, ainsi que pour certains accidents, tels que les ondulations à la surface des couches, qui se font remarquer dans les grès de ces deux localités tout comme à la surface des grèves sablonneuses actuelles sur les bords de la mer.

Je trouve dans l'ouvrage de M. Studer (*Monogr. der Mollasse*, p. 256), certifié sur l'autorité de M. Levade, que dans une carrière de mollasse à la Bergère, campagne à vingt minutes au nord-ouest au-dessus de Lausanne, il a été trouvé un grès plein de feuilles de saules, peupliers, bouleaux, frênes, aulnes ou vernes. A environ 5 ou 6 ½ mètres au-dessous de ce grès, se trouve une couche de marne bleuâtre avec des pyrites et des coquilles marines. Si ce rapport des deux grès, celui-ci et celui de Moudon, relativement à leurs fossiles, se confirme, il s'ensuivrait que déjà à Lausanne le grès marin de Moudon recouvrirait le terrain d'eau douce.

On emploie à Moudon, pour les constructions, des dalles épaisses d'un grès ou mollasse jaunâtre, ayant l'aspect d'un conglomérat, quelquefois poreux, contenant des noyaux qui paraissent être des moules intérieurs de bivalves, et alternant avec de minces couches d'un grès à grain fin. Ces roches, qui ressemblent à celles de la Tour de la Molière, dont nous allons parler, proviennent, m'a-t-on dit, de la carrière des Planches, située sur le haut de la colline qui s'élève à l'ouest de Moudon.

J'ai appris aussi que dans les carrières de mollasse situées au nord-est d'Avanche, on trouve beaucoup de fossiles, coquillages, ossements et dents de squales, que les gens du pays nomment becs d'oiseaux.

C'est ainsi que les couches de formation marine des environs de Moudon se lient avec le terrain étendu de mollasse marine, qui recouvre tous les plateaux élevés de la Suisse septentrionale, et dont la colline de la Molière offre l'un des exemples les plus remarquables.

Le même grès, qui se voit sur les bords de la Broye, à Moudon, continue à former les berges de la vallée des deux côtés, jusqu'à Surpierre et au delà. Toutes les couches de ce district sont horizontales, ainsi que les sommités des deux berges de la Broye. On voit ce grès blanc, et remarquable par sa facile décomposition en sable, se prolonger soit sur la route de Fribourg jusqu'à cette ville même, où les hautes falaises qui bordent la Sarine, et sur lesquelles a été jeté dernièrement le beau pont suspendu, en fil de fer, qui excite l'admiration générale, en sont entièrement formées, soit sur la route de Berne, par les bords du lac de Morat. Les falaises

de la Sarine, à Guminen, sont composées de ce grès.
Là, ses couches paraissent horizontales dans certaines
places, où la section naturelle des rochers est parallèle à la direction des couches; ailleurs, lorsque les
sections sont inclinées dans un sens ou dans un autre
à cette direction, les lignes qui indiquent la stratification à la surface verticale des rochers plongent de
10° tantôt à l'est et tantôt au sud; ce qui montre (en
adaptant à ces données la boussole clinométrique que
j'ai décrite dans les *Transactions de la Société royale
d'Édimbourg*) que le plan de toutes ces couches plonge
partout, et uniformément, de 15° au sud-est.

Je ne suivrai pas plus loin cette formation marine,
si bien décrite par M. Studer, qui a fait connaître
avec détails les nombreuses coquilles marines et les
ossements de reptiles et de mammifères qu'elle renferme; c'est à elle que paraissent se lier les couches
de grès et de conglomérats à *Huitres* et à *Panopées* du
Belpberg et du Langenberg, près de Berne, ainsi que
celles de mollasse blanche, avec de gros et de petits
cailloux disposés en lignes parallèles à la stratification, qui forment la montagne voisine, le Gurten.
Probablement, ces couches forment l'étage supérieur
du terrain de mollasse marine, tandis que celles de la
Tour de la Molière en forment l'étage moyen, et celles
de Moudon l'étage inférieur, qui, dans cette partie
de la Suisse, recouvrirait immédiatement le terrain
d'eau douce dont nous nous sommes occupés. C'est
là (du moins lorsque les couches sont ou tout à fait
ou presque horizontales, et lorsque les superpositions
immédiates sont cachées ou tout au moins rendues
obscures par la ressemblance des diverses mollasses),

c'est là, dis-je, le résultat le plus probable qu'on puisse tirer en combinant, tant la position géographique que la hauteur absolue des lieux de la grande vallée suisse occupés par ces divers terrains fossilifères. Mais avant de passer aux apparences présentées par la rive septentrionale du Léman, au sud-est de Belmont, je dois signaler encore quelques observations que j'ai faites sur la position et la stratification de la mollasse marine à la colline de la Tour de la Molière.

Lorsque l'on quitte le plateau élevé d'Echallens, où nous avons vu régner le terrain d'eau douce, bien caractérisé par les calcaires d'Oulens et de Goumoens, et qu'on descend au bord du lac d'Iverdun, on n'aperçoit, jusqu'à la ville du même nom, que la mollasse blanche, décomposable en sable, divisée en couches fort épaisses qui plongent de 5° à 10° au sud-sud-est, ayant ainsi la même inclinaison que les couches des environs d'Echallens. Cette mollasse alterne avec des marnes arénacées bleuâtres, dont la ressemblance avec les marnes gypseuses des environs de Genève est remarquable. Cependant, ici, l'on ne voit pas de gypse : mais proche d'Iverdun, sur cette route où dominent les mêmes marnes accompagnées de la même mollasse, j'ai cru apercevoir quelques traces de gypse fibreux, en minces filets (1).

_____

(1) La mollasse argileuse que l'on trouve à l'ouest et au sud-ouest d'Iverdun, appuyée près de Sussève sur le calcaire jaune jurassique du coteau de Chamblon, me paraît différente de la mollasse d'eau douce, et me semble appartenir au terrain inférieur, celui de mollasse rouge ; aussi n'en traiterai-je qu'en parlant de la superposition de cette dernière formation au calcaire du Jura.

En se dirigeant maintenant d'Iverdun vers la Tour de la Molière, au nord-est, on passe à Ivonens, au pied d'une haute colline toute formée de mollasse blanche, dont les couches plongent de 5° à 10° à l'ouest-sud-ouest. Le sol plus bas que suit la route, et qui est inférieur d'environ 200 mètres à la surface du plateau de Goumoens et d'Echallens, est tout composé de terrain de transport diluvien. Mais depuis le village de Chère, on commence à monter dans des collines d'une mollasse blanche tellement décomposée, qu'elle semble n'être qu'un sable blanc faiblement agglutiné. Les rochers assez élevés qui en sont formés sont si tendres, qu'on peut facilement y tracer avec un bâton des sillons profonds, et que leurs surfaces sont tout arrondies et comme moutonnées.

Si l'on examine bien les environs immédiats de Chère, on reconnaîtra que cette mollasse si tendre repose sur des marnes argileuses, rouges et jaunâtres, et c'est sur ces marnes qu'est bâti le village.

En partant donc de Chère et en montant vers le village de Chable, on remonte aussi dans l'ordre de la superposition, et l'on trouve successivement du bas en haut :

1° Une couche de marne argileuse rouge, sur laquelle sont situés Chère et les champs qui l'environnent ;

2° Une couche peu épaisse de mollasse d'un gris blanc, tendre, et se décomposant en sable ;

3° Une couche également mince de marnes argileuses rouges et jaunâtres ;

4° Une masse fort épaisse d'une mollasse blanche très tendre et presque entièrement réduite en sable.

C'est de cette masse que font partie les rochers si tendres dont nous venons de parler. Elle est divisée en strates horizontaux, qui renferment des nœuds souvent considérables de fer hydraté brun et de sable agglutiné par de l'ocre jaune qui s'est formé autour de petits fragments de fer hydraté brun, à fibres parallèles, et ressemblant tout à fait a des morceaux de bois ou de racines. Cette masse s'élève jusqu'au village de Chable. Mais un peu au sud et au-dessus du même village, commencent les grès coquillés marins (*Muschel-nagelfluh* de M. Studer), bien différents des mollasses sur lesquelles ils reposent.

Il est à remarquer que les quatre couches que nous venons d'indiquer sont, ainsi que les strates particuliers dont elles se composent, sensiblement horizontales. Mais au-dessus de Chable, les couches deviennent inclinées et plongent d'environ 10° dans des sens différents, ici à l'est-nord-est, là au nord-nord-ouest, et elles commencent à contenir les coquilles qui caractérisent les grès et les conglomérats de cette formation marine.

Ceux-ci s'annoncent, en allant du bas en haut, par une alternation répétée au moins quatre fois de couches épaisses de grès blanc, avec des couches minces d'une argile ou marne d'un gris verdâtre. Au-dessus paraissent les conglomérats coquillés, formés de grès blancs, à grains fins, à ciment calcaire fort tenace, contenant, outre des coquilles spathiques (parmi lesquelles les plus abondantes sont des *Mactra*, analogues à la *M. solida*, et des *Cytherea* ressemblant, suivant M. Studer, à la *Venus læta* de Gualtieri), des cailloux épars à distance les uns des autres.

Les couches de ce conglomérat ont de 11 à 13 ½ centimètres d'épaisseur, et sont nombreuses; leur ensemble forme toute la sommité de la colline que couronne la vieille tour carrée de la Molière. Ce nom a été donné à cette colline et à cette tour, parce que la couche de conglomérat qui forme le sommet de la colline est partout exploitée dans de grandes carrières pour en fabriquer des meules de moulin, usage auquel sa consistance, due à la ténacité de son ciment calcaire, et les protubérances formées à la surface des couches par la saillie des coquilles et des cailloux, le rendent très propre. La hauteur absolue de la colline doit approcher de 600 mètres, puisque M. Studer attribue à la carrière de Seyrie celle de 590 mètres.

Entrons dans quelques détails ultérieurs sur les caractères minéralogiques de ce remarquable conglomérat. Le grès qui en forme la base est d'un gris blanchâtre ou verdâtre, à petits grains ou à grains moyens, souvent restant en saillie sur les surfaces tant naturelles que produites par la fracture des échantillons; ces grains sont ou anguleux, ou très irrégulièrement arrondis : ils sont formés, les uns, de quartz hyalin limpide ou opaque, ou d'un blanc de lait, ou vert, ou rose, ou même rouge, mais toujours transparent; les autres, de silex calcédonieux gris, de hornstein, de jaspe brun, rouge ou noir, de lydienne et d'autres roches siliceuses homogènes. On y remarque, en outre, beaucoup de grains noirs brillants ou vert foncé (des silicates de protoxyde de fer) qui sont parfois microscopiques. Ce sont de pareils grains, tout à fait semblables à ceux qui caractérisent les glauconies et les grès verts, qui donnent à bien des por-

tions de la roche une couleur verdâtre. Le ciment de
ce grès est toujours calcaire, quelquefois fort tenace,
d'autres fois très peu ; souvent il est stalactitique ou
concrétionné ; souvent encore il est assez abondant
pour donner à la roche l'aspect d'un calcaire grossier,
caverneux, carié, jaunâtre. Dans cet état, le grès renferme de nombreux fragments de bivalves spathiques
et également caverneux ; il contient alors moins de
grains verts et noirs.

Dans ce grès à grains fins et moyens, on trouve
disséminés des cailloux arrondis variant pour la grosseur depuis celle d'un pois à celle d'une amande ou
d'une noisette. Ce sont des silex calcédonieux gris ou
rougeâtres, des jaspes rouges, des hornsteins gris
foncé, des lydiennes noires, des grès à grains très
fins ou des quartz grenus d'un gris clair, et d'autres
grès d'un vert clair, à grains très fins. Enfin, j'ai
trouvé enfermé dans le grès de la Molière, avec les
roches que je viens d'énumérer, un caillou roulé de
granit de couleur violâtre, ayant une longueur de
27 millimètres sur une largeur de 20 millimètres.

Les fossiles que j'ai rencontrés moi-même dans les
diverses carrières à meules que j'ai visitées au haut de
cette colline, se bornent à des bivalves spathiques et
à leurs fragments, changés en spath calcaire jaunâtre, creux et géodique cristallifère. Là, les cristaux
individuels sont trop petits pour pouvoir être déterminés. J'ai cru cependant distinguer parmi eux des
cristaux de l'espèce *équiaxe*, des rhomboïdes fort aigus,
et aussi des formes très composées. Parmi ces bivalves,
j'ai trouvé en grande quantité les *Mactra solida?* et
les *Venus* ou *Cytherea* dont j'ai parlé plus haut ; mais

ces coquilles étaient trop brisées ou trop engagées, en tout ou en partie, dans le grès pour se prêter à une détermination plus précise.

J'y ai recueilli, en outre, plusieurs dents de *Squales* de diverses grosseurs, et appartenant probablement à plusieurs espèces différentes de ce genre de poissons. M. Studer croit y avoir reconnu celles des *Squalus carcharias, canicula, ferox, cornubicus* et *galeus*, ou du moins d'espèces voisines de celles-ci, mais éteintes.

Enfin, j'ai rencontré là des traces d'un fragment de bois à fibres parallèles ou de lignite fibreuse brune et noire.

Je dois rappeler ici que l'ouvrage déjà bien ancien de M. le comte Ratzoumowsski sur le Jorat contient l'indication et la représentation de quelques fragments d'os de mammifères, et la mention de deux univalves fossiles que cet auteur compare au *Murex erinaceus* et au *Trochus striatus*, Linn., enfin les figures d'ossements ou de palais de poissons, ayant la forme de tables carrées et hexagonales. Tous ces fossiles provenaient des carrières de la Tour de la Molière.

M. Studer indique encore comme trouvé dans la même localité des *Buffonites* ou osselets du palais de quelques poissons, plats, elliptiques, d'un brun noirâtre, et de 8 millimètres de diamètre, ainsi que des restes d'un reptile chélonien analogue à la *Testudo punctata*.

Si des terrains marins tels que ceux que nous venons de décrire paraissent avec une très grande probabilité recouvrir le terrain d'eau douce de Belmont près de Lausanne (auquel maintenant nous revenons) lorsqu'on le quitte en se dirigeant au nord, ce ne sera pas sans une grande surprise que nous verrons en allant au sud-est, c'est-à-dire dans le sens de l'inclinaison des couches d'eau douce, ces couches faire place à des terrains tout différents par lesquels elles semblent, avec une égale apparence de probabilité, devoir être recouvertes.

Sans attendre au moment où, dans le deuxième volume de cet ouvrage, nous décrirons en détail la série variée des couches qui se présente en partant de Belmont et de Paudex au nord-est, et en se dirigeant vers Vevay, puis vers Montreux et Chillon au sud-est, suivant ainsi la direction des rivages du lac, nous allons donner un léger aperçu des apparences anomales qui s'offrent dans cette longue coupe de terrain. Plus tard nous discuterons avec soin les moyens d'arriver à la solution du problème qu'offre ce singulier gisement.

Pour étudier cette série de couches, il ne faut pas suivre la grande route qui côtoie le lac, ni la partie inférieure des collines, car cette partie, que recouvrent des éboulements qui supportent les plus précieux vignobles de tout ce district, ceux qui sont connus sous le nom de Lavaux, utilisée partout avec le plus grand soin, ne présente que des murs en terrasse, s'élevant à rangs serrés les uns au-dessus des autres, et séparés par de petits terre-pleins, plantés de vignes. Mais il faut s'élever vers le haut des collines et suivre les portions qui avoisinent leur crête, car c'est là seulement, du moins entre Paudex et Cully, qu'on peut trouver des roches en place. (Voyez *Pl.* III, *fig.* 7.)

Nous avons déjà dit que les pentes sud-est de la colline de Belmont, qui sont formées par le plan des couches supérieures du terrain d'eau douce, ne sont recouvertes que de débris, de terreau végétal et de prairies. Un ravin peu profond les sépare du contre-fort peu saillant au pied duquel est bâti le bourg de Lutry. Sur ce contre-fort qui forme la berge gauche du ravin, et un peu au-dessus de Lutry, se présentent de nouveau des roches en place : ce sont des mollasses d'un rouge vif fort semblables à celles des environs de Genève, de Coppet et de Nion, lesquelles, ou du moins les marnes bigarrées qui les accompagnent toujours, se sont présentées pour la dernière fois en masse considérable à Morges, sur le bord du lac, à l'ouest-nord-ouest de Paudex et à une forte lieue de ce village. Là, d'après leur position et leur inclinaison, elles doivent être, comme près de Genève, placées au-dessous du terrain d'eau douce. Les mollasses des monts de Lutry, qui sont plus rouges encore et plus compactes que ces dernières, contiennent de nombreux et larges filons de spath calcaire souvent géodique et pleins de cristaux déterminables et assez grands, caractère que je n'ai jamais observé dans les mollasses de la partie occidentale des bords du lac Léman. Les couches des mollasses rouges de Lutry plongent, comme celles du terrain d'eau douce de Belmont, et avec un angle d'inclinaison semblable, au sud-est ; ainsi, en les supposant prolongées dans une direction nord-ouest, elles devraient, si les apparences ne sont pas trompeuses, passer au-dessus du terrain d'eau douce, et par conséquent le recouvrir.

A l'est de ces mollasses rouges, les premières couches en place que l'on rencontre se trouvent au pied occidental de la colline que couronne la Tour de Gourze : là , l'auberge de ce nom est bâtie sur des couches d'un grès micacé, à feuillets minces , et qui se divisent en grandes dalles planes, comme celles des carrières de la Bonneville. Ces couches, qui plongent d'environ 30° au sud-est, sont recouvertes par des marnes bigarrées de couleur jaunâtre, verdâtre, bleuâtre et rougeâtre , ayant la même inclinaison. Ce système de couche s'élève jusqu'à la moitié à peu près de la hauteur de la colline de Gourze, et cesse vers le chalet du même nom. Il est à remarquer que tous les grès précédents sont compactes, c'est-à-dire que les grains dont ils se composent ne font pas saillie sur les surfaces de la roche, et que dans les cassures ces grains se rompent plutôt que de se détacher du ciment argileux ou calcareo-argileux qui les lie. Aussi ces grès ne produisent pas des sables par leur désagrégation , mais bien des terrains argileux que la pluie convertit en limon tenace.

Au contraire , la sommité de la colline de Gourze présente des grès d'une tout autre nature ; ils sont à ciment de calcaire pur ; les grains, ainsi que les petits cailloux (rangés sur des lignes parallèles à la stratification) qui les accompagnent, forment des saillies sur la surface des couches et des rochers. Dans les cassures ils restent en saillie d'une part, et de l'autre laissent une cavité à la place qu'ils occupaient. Leur décomposition produit des terrains sablonneux. Les grains et les cailloux fort petits de ces grès sont tous secondaires. Ce sont des calcaires, des hornstein, des lydiennes et des glauconies compactes ou calcaires pleins de grains verts.

Ces grès supérieurs ont une grande analogie avec les grès marins supérieurs, à nombreuses coquilles d'huître et dents de squale qui recouvrent le grès vert sur les deux rives du Rhône, entre Bellegarde et Seyssel. Dans ce dernier lieu, un grès semblable et à structure torrentielle très marquée, est imprégné d'asphalte, et exploité pour en extraire ce combustible.

Sur le versant méridional de la colline de Gourze, aussi bien que sur l'occidental, les grès inférieurs et argileux reparaissent sous ces grès calcaires, au-dessus du village de Réez, puis, plus au sud-est, se voient les grands escarpements nommées Corniaux de Cully, qui sont encore de grès compactes, gris clair, à grains fins, traversés par de nombreux filons géodiques cristallifères de spath calcaire. Ces rochers, divisés en nombreux strates peu épais plongeant au sud-est, paraissent appartenir aux grès inférieurs.

Mais immédiatement après Cully, l'extrémité inférieure de ces couches est brusquement interrompue, et elles n'atteignent pas le lac, étant interceptées par une masse énorme du poudingue à ciment et cailloux calcaires, que M. Brongniart a pris pour type de ses Gompholites calcaires. (Voyez sa *Classification des roches.*) Ces poudingues constituent presque en entier la longue et haute colline de Saint-Saphorin, Chexbre et Chardonne. Vers Cully, leurs épaisses couches plongent encore au sud-est, et on pourrait au premier coup d'œil les croire superposées aux grès divers de la Tour de Gourze et des Corniaux de Cully, car ces poudingues occupent toute la hauteur de la colline depuis sa crête jusqu'au lac, et il semble que s'ils étaient prolongés plus au nord-ouest, ils passeraient immédiatement sur les grès; mais en y regardant de plus près, on voit clairement qu'ils ne sont que juxtaposés à ceux-ci, et qu'une faille évidente par laquelle les grès ont été coupés les en sépare.

En avançant toujours vers Vevay, on voit en haut les massives couches des poudingues calcaires perdre peu à peu leur inclinaison au sud-est, devenir momentanément horizontales, puis vers l'extrémité orientale de la colline, à Chardonne et au-dessus de ce village, ces mêmes couches prendre une inclinaison inverse de la première, et plonger au nord-ouest. En même temps, dans le bas, on voit reparaître des mollasses ou grès compactes sous le poudingue, et ces grès bleuâtres et verdâtres sont d'abord mêlés de cailloux roulés plus ou moins volumineux, et alternent avec des couches de poudingue; mais plus bas et plus loin de ce poudingue, les grès sont à grains fins, à couches minces, et alternent avec des marnes arénacées. La figure que M. Brongniart a donnée du gîte de lignite de Saint-Saphorin, dans sa *Description géologique des environs de Paris*, offre une idée fidèle de la superposition des masses de poudingue aux couches minces de grès compacte, et on pourra prendre déjà une connaissance suffisante de ces divers terrains jusqu'au moment où nous les décrirons complétement, en lisant ce qu'il dit à ce sujet dans le même ouvrage, page 114. Les grès immédiatement recouverts par le poudingue sont rouges; là, on a exploité jadis de la houille ou lignite; au-dessous, vient une masse de couches de grès fins ou marnes bleues ; enfin, un grès rouge très compacte, tenace et même à grains quartzeux presque cristallins, se voit dans la portion la plus basse de ces couches de grès, presque à la surface des eaux du lac, sous la porte ou arcade du petit port de Saint-Saphorin.

Les couches de grès paraissent d'abord presque horizontales, comme celles du poudingue, dans cette portion de la colline; mais en même temps que ces dernières commencent à plonger au nord-ouest, on voit les couches de grès inférieures s'incliner toujours plus au sud-est, en sorte qu'il devient bientôt évident que le poudingue recouvre le grès en superposition non parallèle. C'est ce que l'on observe clairement en grand, lorsque l'on côtoie en bateau la base de la colline depuis Cully à Vevay, à quelque distance du rivage, et ce que l'on aperçoit même déjà, à l'irrégularité de la surface inférieure du poudingue, là où celui-ci est immédiatement superposé aux couches minces de grès compacte, vers le moulin de Saint-Saphorin.

En approchant toujours plus de Vevay, le niveau du sol devient plus bas; le poudingue cesse de se montrer, ou du moins il ne règne plus que sur le haut des collines élevées qui forment la continuation au nord-est de la colline de Chardonne. Tout, dans les environs de Vevay, est une formation épaisse et étendue de mollasse ou grès compacte calcareo-argileux, gris brunâtre, bleuâtre ou rougeâtre, avec des marnes des mêmes couleurs et souvent très rouges, traversées, ainsi que le grès lui-même, par de nombreuses fissures tapissées d'un mince enduit d'hématite rouge, souvent métalloïde, et passant au fer oligiste, et, de plus, par de larges filons géodiques cristallifères de spath calcaire. Quelques-unes de ces marnes, très compactes et schisteuses, ont leurs feuillets tapissés à leur surface d'une très mince couche luisante et micacée, qui leur donne, lorsqu'elles sont vertes ou rouges, une grande ressemblance avec certaines grauwackes schisteuses de transition, avec des schistes talqueux primitifs, et aussi avec certains grès schisteux, à grain très fin, de la formation du grès rouge ancien. C'est dans une couche de marne verte de cette nature, sur une colline immédiatement au nord et au-dessus de l'église de Saint-Martin, à Vevay, que j'ai trouvé le fragment de *Chamærops* ou *Flabellaria* représenté d'après nature, *Pl. de foss.*, *fig.* 4. Il paraît être formé de la matière d'un schiste talqueux, tant la marne verte qui le compose est compacte et tenace. Dans la même planche, *fig.* 17, j'ai mis en regard un autre fragment de palmier trouvé dans les grès argileux de Mournex, derrière Salève, que je décrirai dans le deuxième volume de cet ouvrage, où je reparlerai plus à fond des terrains que je ne fais à présent qu'esquisser très rapidement.

Les couches continuent à plonger au sud-est, et dans cette direction, l'inclinaison et la structure compacte des grès restant les mêmes, la couleur devient gris bleuâtre foncé en approchant des montagnes, les couches deviennent aussi plus épaisses, les marnes diminuent en quantité, et l'on n'en voit plus qui aient la couleur rouge ; enfin des lignes de cailloux, parallèles à la stratification, se montrent dans ces ès , et des couches minces de poudingues à cail-

loux calcaires alternent avec eux. De longs et épais
filons géodiques cristallifères de spath calcaire continuent à traverser toutes ces couches. Puis enfin, une
fois que nous sommes parvenus dans la grande paroisse de Montreux, les grès et les mollasses cessent
tout à fait, et les montagnes des Alpes commencent.
Ces montagnes sont calcaires, de formation probablement appartenant à la partie inférieure ou moyenne
des terrains oolithiques, au moins dans le bas, vraisemblablement de la craie dans le haut ; c'est ce qu
nous discuterons plus tard.

Mais voici ce qu'il y a de plus remarquable : c'est
que les couches de ces monts calcaires qui s'élèvent
au sud-est des grès ont encore la même inclinaison
au sud-est que ceux-ci, et que l'examen le plus minutieux de ces deux ordres de terrains, qu'on ne
voit malheureusement nulle part en contact immédiat, m'a convaincu que la superposition des calcaires
(tout au moins de ceux qui sont les plus hauts) aux
grès est d'une très grande probabilité.

Cette probabilité, si elle n'était fondée que sur l'i-
dentité d'inclinaison des calcaires et des grès, pourrait être contestée, puisque dans chaque lieu et sur
une même ligne verticale, les grès occupent toujours
une position physiquement inférieure aux calcaires;
circonstance qui, envisagée abstraitement, sans avoir
égard aux circonstances particulières de localité, et
dans la supposition de la nouveauté relative du grès,
pourrait s'expliquer par une faille. Mais si l'on étudie
avec soin toutes les bases des couches calcaires depuis
Blonay, et même depuis Chatel-Saint-Denis jusqu'à
Montreux, on se convaincra de l'impossibilité d'ad-

mettre ici une faille. En effet, depuis Montreux, on voit les rochers calcaires monter rapidement en s'avançant vers le nord-ouest, et si l'on suit la limite supérieure des grès, on la verra monter avec une égale rapidité dans la même direction. Ainsi, tandis que sur la rive du lac l'embouchure du torrent de Clarens sépare les grès des calcaires qui se montrent déjà au même niveau sous le hameau de Vernet, plus haut et plus au nord-ouest, les grès se voient, au pont de Tavel, au Chatelard, entre ce château et la *baie* ou torrent de Clarens, et même au-dessous du hameau de Charney, hameau déjà passablement élevé et immédiatement au-dessus duquel paraissent les rochers calcaires. Mais plus au nord-ouest encore, au château de Blonay, les grès s'élèvent encore plus; et si de là on monte, par Tercier, la montagne appelée les Pleyaux qui fait encore partie des alpes de Montreux, on verra les grès passer en mêm etemps, et par alternance avec des schistes calcaires, et par transition graduée, à un calcaire marneux et arénacé, qui lui-même passe au calcaire compacte, dont le sommet de la montagne est formé. Les environs des bains de Lalliaz, qui occupent la base orientale de la même cime des Pleyaux, présentent des alternations fréquentes de grès marneux, de marnes arénacées compactes et de calcaires marneux, tout à fait semblables aux couches de même nature qui se voient sur plusieurs points de la montagne des Voirons près de Genève.

Enfin, indépendamment même des intéressantes transitions que je viens de signaler, si l'on essaie de réunir par la pensée, en un seul et même plan, tous les points culminants atteints par les grès des environs de Vevay et de Montreux, et si de même on essaie de faire passer un second plan par tous les points les plus bas où se montrent les calcaires, on verra que ces deux plans sont sensiblement parallèles, et que tous deux plongent du même nombre de degrés au sud-est, le plan des calcaires occupant toujours la position supérieure. Il n'y a donc rien dans de semblables apparences qui puisse se concilier avec l'idée d'une faille qui aurait abaissé un grand terrain de grès auparavant superposé au calcaire. Il y a plus, en suivant la montée rapide qui conduit de Vevay à Chatel-Saint-Denis, après avoir gravi pendant plus de deux heures toute une haute colline formée par les grès et les marnes rouges des environs de Vevay, on atteint dans le haut, d'une part, à l'ouest, des poudingues calcaires de Saint-Saphorin, suite des couches de la colline de Chardonne qui se sont relevées au nord-ouest : ceux-ci recouvrent immédiatement les grès et marnes rouges; d'autre part, à l'est, paraissent des masses calcaires plongeant au sud-est, qui sont le prolongement de celles de Montreux et des Pleyaux. Dans ces calcaires, M. Studer a découvert une grande abondance des mêmes ammonites, des mêmes bélemnites, des mêmes *Aptychus* que ceux qui caractérisent les calcaires marneux des Voirons.

Voilà donc indiquée toute la longue série de couches diverses plongeant au sud-est, qui se développe entre les terrains d'eau douce de Belmont et les premiers calcaires des Alpes à Montreux. Nous nous en sommes tenus ici à l'exposition simple et rigoureuse des faits ou des apparences; et, d'après celles-ci,

le terrain d'eau douce occuperait la portion inférieure de cette série dont le calcaire à *Aptychus*, à
bélemnites, à ammonites, formerait la portion supérieure.

Aux environs de Genève, comme nous l'avons dit,
le terrain d'eau douce n'est recouvert que par les
terrains de transport, et ce n'est qu'au delà du Vouache et du Fort de l'Écluse que se trouvent des grès à
huîtres et à dents de squales, des grès marins par
conséquent, et plus récents.

CHAPITRE III.

RÉSUMÉ DES FAITS PRINCIPAUX QU'OFFRE LE TERRAIN D'EAU DOUCE.

Récapitulons maintenant en peu de lignes les traits généraux du terrain d'eau douce tel qu'il se présente sur les bords du lac Léman.

Les roches dont ce terrain se compose sont : 1° des grès mollasses à ciment généralement calcaire ou calcareo-argileux, à grains de diverse nature, parmi lesquels abondent des grains noirs ou verts, pareils à ceux des glauconies ou grès verts. Ces grès, qui sont blancs ou gris clair, se décomposent en sable.

2° Des marnes grises ou bleuâtres.

3° Du gypse grenu et fibreux.

4° Un calcaire compacte jaunâtre ou brun, toujours fétide et même bitumineux, et souvent percé de cavités ou tubulures irrégulières.

5° Une houille schistoïde, sèche, presque toujours pyriteuse.

Les fossiles que contient ce terrain sont des coquilles, les unes terrestres, *Hélix*, *Bulimus* ou *Pupa*; les autres aquatiques, des genres *Lymnœus*, *Paludina*, *Melanopsis? Planorbis*, *Anodonta* ou *Unio*, *Cyclas*, et peut-être *Cyrena?* des *Cypris*, des fragments de coléoptères aquatiques, peut-être de poissons. Enfin ce sont des portions de végétaux, des graines de *Chara* et d'autres plantes. Ce n'est qu'avec beaucoup de doute que je placerais dans ce terrain les feuilles de *Flabellaria* ou de *Chamærops* trouvées à Lausanne; car nous avons déjà vu que, près de Vevay, on trouve de semblables feuilles dans la mollasse rouge, et c'est également dans les mollasses inférieures qu'ont été rencontrées, près de Genève, d'autres feuilles de palmiers.

Dans le terrain qui nous occupe, et particulièrement près de Genève, on peut reconnaître trois étages distincts, savoir : l'étage supérieur, qui contient des grès dans le haut et des marnes dans le bas ; l'étage moyen, où se trouvent des marnes avec du calcaire et de la houille ou lignite : c'est là qu'abondent les coquilles fossiles ; enfin l'étage inférieur, où dominent les marnes du gypse et le gypse lui-même.

A Vernier, les trois étages existent, mais c'est l'inférieur qui domine.

A Cologny, l'étage moyen est le plus développé, mais pourtant l'inférieur et le supérieur s'y voient aussi, et c'est ce qui rend cette localité intéressante pour l'étude.

Si l'on suppose une section partant des grès de Verrières-sur-Archamp, et se dirigeant par Saint-Julien, pour aboutir à Bernex, on verra que, sur toute cette étendue, les grès supérieurs, de même que les marnes et les gypses de l'étage inférieur, sont très développés ; la lignite y manque, et l'étage moyen n'y indique sa présence que par une mince couche calcaire interposée entre les grès et les marnes du gypse.

A Lausanne, ce sont les étages supérieur et moyen seuls qui se montrent ; le gypse y manque entièrement, mais il est peut-être remplacé par les épaisses assises de mollasse et de marne inférieures à la houille, qui forment les rives de la Paudaise, et paraissent être ici l'équivalent de l'étage inférieur.

Le gypse manque aussi à Oron et à Saint-Martin-de-Vaud ; là l'étage moyen existe seul avec ses houilles et ses calcaires coquillés très développés, mais à peu près sans grès et tout à fait sans gypse.

Les calcaires d'Oulens et de Goumoens appartiennent probablement aussi à l'étage moyen, mais la houille y manque.

La superposition du terrain d'eau douce à la mollasse rouge est immédiate à Chambeisy et au Nant d'Avanchet ; elle est très manifeste à Cologny ainsi que dans les autres lieux où l'on voit le terrain d'eau douce occuper le haut des coteaux dont la mollasse rouge forme les bases. Mais nulle part cette superposition n'est aussi intéressante qu'au Nant d'Avanchet ; car là, outre qu'elle est immédiate, elle est encore contrastante, puisque l'on voit la surface de la mollasse rouge être successivement recouverte, d'abord par le calcaire, puis par les autres couches du terrain d'eau douce.

D'après le morcellement des dépôts du terrain d'eau douce dans les environs de Genève, d'après la disposition des portions inférieures de ces dépôts et la configuration des surfaces de la mollasse rouge en contact avec ces dernières, il semblerait évident que le terrain d'eau douce a, du moins près de Genève, été déposé dans des bassins ou cavités de la mollasse rouge. Aussi faudrait-il non-seulement que celle-ci eût préexisté à la formation d'eau douce, mais qu'elle eût préexisté assez longtemps pour que des bassins aient pu y être creusés, bassins dans lesquels le terrain d'eau douce se serait ensuite déposé en stratification non parallèle. De là vient la diversité d'inclinaison que présentent les couches de ce terrain dans l'espace très limité qu'il occupe près de Genève. A Vernier, ces couches sont presque horizontales; à Cologny elles sont tordues et fléchies, ou bien elles plongent au sud-est, de même qu'à Chambeisy ; en revanche, à Verrières-sur-Archamp, elles plongent uniformément et très régulièrement au nord-ouest.

Toutes ces considérations, jointes à celles que nous présenterons dans le volume suivant sur l'uniformité de structure et de disposition qui règne dans les couches de la mollasse rouge ou grès inférieur, coordonnées comme sont celles-ci sur une grande étendue à celles des Alpes et du Jura, ces considérations, dis-je, montrent qu'il y a là deux terrains de grès ou mollasse réellement différents, et cela, nonobstant la similarité des grès dans les deux terrains, grès qui tous, de même que les grès verts, sont composés d'un sable formé des mêmes grains de quartz, de jaspe, de lydienne, etc., avec un mélange considérable de grains verts et noirs.

Ce n'est pas, en effet, la nature des grains dans les grès qui constitue entre eux une différence géologique essentielle ; car, suivant la nature diverse des couches qui par leur destruction ont fourni les matériaux des grès, on peut voir ces matériaux varier dans une même couche de grès, c'est-à-dire dans un ensemble de grains de sable déposés tous à la même époque, et que de même, vu l'épaisseur de certaines couches minérales, et vu la hauteur des montagnes qui en sont formées, on peut voir reparaître des fragments d'une même roche dans des couches de grès

fort distantes dans l'ordre de superposition, et formées à des époques très différentes. En outre, les
mêmes grains provenant de la destruction de certains
grès anciens peuvent se rencontrer agglutinés de
nouveau dans des grès plus récents superposés immédiatement ou non aux grès anciens et formés à leurs
dépens.

Mais c'est la nature du ciment, comme indiquant
celle de la solution par laquelle le dépôt s'est effectué,
qui par là devient géologiquement caractéristique
de la formation.

Or, le ciment de tous les grès dont se compose le
terrain de la mollasse rouge est évidemment argileux,
tandis que celui des grès du terrain d'eau douce est
calcaire en tout, ou au moins en très grande partie.

Sur la rive septentrionale du lac, entre Lausanne
et Vevay, les apparences sont bien différentes. Là, en
effet, non-seulement la partie moyenne du terrain se
trouve reposer sur une masse épaisse de mollasse
grise d'une nature en quelque sorte intermédiaire
entre les grès inférieurs, ceux de la mollasse rouge,
et les grès supérieurs à la houille ; mais, vu l'inclinaison constante de toutes les couches de ce district,
qui toutes (sauf les poudingues calcaires de Chardonne) plongent uniformément au sud-est, et vu aussi
la présence simultanée de la mollasse rouge au nord-
ouest, à Morges, et au sud-est, vers Lutry, le terrain d'eau douce semblerait, non pas déposé, comme
près de Genève, dans des bassins creusés dans la
mollasse rouge, mais formant une vraie couche bien
régulière intercalée dans ce terrain, c'est-à-dire recouvrant des couches de mollasse rouge, et en même

temps recouverte par d'autres couches de la même mollasse.

Mais ces apparences sont-elles des réalités, et représentent-elles bien l'état normal du sol? ou bien sont-elles le produit ou d'illusions, ou de changements dans la position des couches opérés depuis leur dépôt?

Ce qui semblerait confirmer l'idée d'une couche régulièrement intercalée, c'est que c'est précisément sur le prolongement à l'est-nord-est de Belmont, c'est-à-dire dans la direction même de la couche supposée, que se trouvent placées les couches d'eau douce d'Oron, de Saint-Martin de Vaud et de Semsales.

D'ailleurs, pour affirmer que des illusions produisent les apparences actuelles, il faudrait trouver quelques traces d'une faille entre Belmont et les monts de Lutry. Mais c'est ce qu'il m'a été impossible de découvrir, malgré tout le soin que j'ai pris pour étudier cette localité à plusieurs reprises, et en observant tant de près qu'à distance. Il existe, comme je l'ai dit, une faille bien marquée au sud-est de Cully, là où commencent les poudingues calcaires; mais partout ailleurs je n'ai pu apercevoir le moindre vestige de pareils glissements. Je sais que l'usage a prévalu de trancher les difficultés que présentent des gisements obscurs, en supposant gratuitement des failles dans les lieux où les apparences semblent contredire des observations faites dans d'autres localités; mais ce n'est pas là la méthode que j'adopterai dans le cours de cet ouvrage, où mon but principal est de décrire la nature avec toute la fidélité possible, au risque, soit d'entrer dans des détails qui pourraient paraître trop minutieux, soit de laisser du doute sur la véritable nature des gisements lorsque les faits observés ne m'ont pas permis de me former une opinion arrêtée à ce sujet.

On pourrait peut-être supposer, pour concilier les apparences contradictoires qu'offrent les environs de Genève et ceux de Lausanne, qu'un sol composé de couches horizontales de mollasse rouge, aurait été excavé de manière à former des bassins dans lesquels le terrain d'eau douce se serait déposé en couches horizontales. Plus tard, un soulèvement de toutes ces couches, d'âge différent, leur aurait donné une inclinaison uniforme, de manière à produire dans certaines circonstances des apparences très décevantes d'intercalation.

C'est ce que les diagrammes ci-joints feront mieux comprendre qu'une longue description.

Fig. 6.

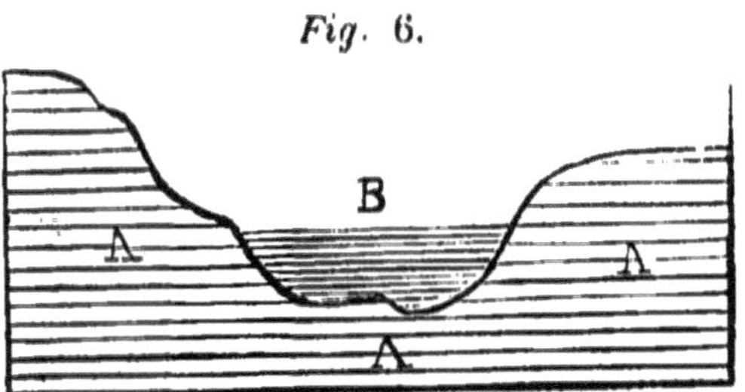

La *figure* 6 représente une section faite dans un massif de couches horizontales de grès ancien, A, lequel contient un bassin rempli de couches pareillement horizontales d'un grès plus récent, B, tel qu'il était censé exister avant le soulèvement.

Fig. 7.

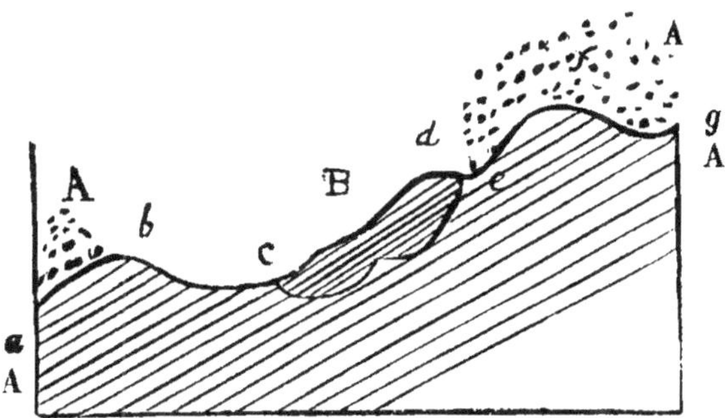

La *figure* 7 montre ce massif et le bassin qu'il renferme, mais après que les couches ont été rendues inclinées par un soulèvement. Dans les deux figures, les mêmes lettres indiquent les mêmes objets. La ligne ondulée *a b c d e f* indique la surface du sol après que l'action des éléments, postérieure au soulèvement, a détruit les portions du massif de grès A, désignées par des lignes ponctuées. Tout ce qui est en lignes pleines est censé exister encore.

Maintenant, il est évident qu'un observateur qui suivra la surface du sol de *a* en *g*, sur la ligne ondulée *a b c d e f*, pourra facilement se persuader, d'après la position relative des couches, que les couches de grès ancien A, qu'il verra entre *b* et *c*, recouvrent les couches du grès récent B, tandis que les mêmes couches du terrain B lui paraîtront, s'il va de *d* à *f*, reposer en stratification concordante sur les couches du terrain ancien A. Il sera donc tout naturellement porté à conclure que le terrain B forme une couche régulièrement intercalée dans le terrain A. Et pourtant il n'en est rien, car le soulèvement qui a incliné les couches auparavant horizontales n'a rien pu changer à la position relative des terrains.

Mais le cas que nous venons de supposer est-il applicable aux terrains des environs de Lausanne ? rien ne l'indique encore. Il faut donc attendre, avant d'asseoir définitivement son opinion relativement à la position et à l'âge du terrain d'eau douce des bords du Léman, d'avoir étudié en détail tous les faits que présentent les mollasses rouges et les grès qui lui sont associés, et c'est dans le volume qui suivra que nous nous livrerons à cet examen.

FIN DU TOME PREMIER.

TABLE DES MATIÈRES

CONTENUES DANS CE VOLUME.

EXPLICATION DES PLANCHES.

PLANCHE I.

Fig. 1. Cette figure, de même que son explication, sont tirées des *Principles of Geology* de M. Lyell, quatrième édition, t. i, p. 574. La figure a été dessinée par M. Lyell, sous mes yeux, en janvier 1829. La longueur de la partie représentée est d'environ 12 pieds (4 mètres), et la hauteur 5 (1^m,7). Les lits A A sont des alternations irrégulières de gravier et de sable en lits ondulés; au-dessous sont des couches de sable très fin, BB, les unes aussi minces que du papier, les autres d'environ un quart de pouce d'épaisseur. Les couches CC sont des lits de sable fin d'un gris verdâtre, et aussi minces que du papier. Quelques-uns des lits inclinés sont plus épais à leur extrémité supérieure, d'autres à leur extrémité inférieure. L'inclinaison de quelques-uns est très considérable.

Fig. 2 et 3. Ces deux figures représentent la structure torrentielle telle que je l'ai observée dans des moellons de grès houillers employés à la construction des murs et du donjon (*keep*) de la ville de Durham.

Fig. 4. Montre les courbures brisées telles qu'on les observe parfois dans certains schistes primitifs.

Fig. 5. Est un plan horizontal des couches torrentielles du grès bigarré au petit port de Brodick dans l'île d'Arran. La même figure, vue comme un plan vertical, représente aussi assez bien le profil ou la coupe verticale des mêmes grès dans les falaises au nord-est de Brodick.

Fig. 6. Vue destinée à montrer la disposition relative de l'alluvion ancienne du terrain diluvien et du terrain d'éboulement plus récent ou jovien, ainsi que la structure de ce dernier, à l'angle nord-est du bois de La Batie, près de Genève.

A et A′. Graviers, galets et béton diluviens, formant l'alluvion ancienne.

a. Masse lenticulaire de sable dans le poudingue ou béton.

D. Talus d'éboulement tout récent.

E. Terrain d'éboulement jovien, mais ancien

Fig. 7. Coupe d'une carrière de sable diluvien vers la campagne de La Boissière, près de Genève.

    A. terrain végétal ; BB, sable fin ; CC, sable à grains pisaires.

Fig. 8, 9 et 10. Sections de diverses portions d'une carrière de sable diluvien ouverte à la plaine de Frontenex, entre Genève et Cologny.

Fig. 8. A, terreau végétal ; B, sable très fin, gris ; C, gros sable à grains de quartz cannabaires ; D, talus d'éboulement de sable gris, fin.

Fig. 9. A, Sable gris très fin, en couches inclinées ; B, le même sable sans divisions régulières ; C, sable fin gris ; D, sable fin brun, en masses et en couches contournées en zigzag ; E, sable à grains milliaires et au plus cannabaires ; F, gros sable.

Fig. 10. A, terreau végétal ; B, sable grossier gris noir, mêlé de petit gravier ; C, sable très fin gris jaunâtre, en couches inclinées ; D, le même sable, en couches horizontales ; E, gros sable gris noir.

PLANCHE II.

Fig. 1. Section naturelle sous le bois de La Batie, près de Genève.

    A. Marne grise.

    B. Béton.

    C. Sable fin en lits courts et masses lenticulaires dans le béton.

    D. Sable fin gris blanc.

    E. Sable fin jaunâtre.

    F. Marne grise avec feuilles et faînes de hêtres et avec *Planorbes* et *Lymnées*.

    G. Marne jaune.

    H. Marne gris bleu.

    I. Sable mêlé de cailloux.

    K. Sable et cailloux agglutinés par un ciment ferrugineux.

Fig. 2. Suite de la première vers le confluent de l'Arve et du Rhône.

Fig. 3. Plan des couches du Nant d'Avanchet, entre Genève et Vernier.

    A. Le Nant d'Avanchet, ruisseau.

    B. Route du Mandement.

    C. Pont.

a. Marnes et grès de la mollasse rouge.
b. Calcaire d'eau douce.
d. Marnes d'eau douce.
f. Feuilles.
g. Grès de la mollasse d'eau douce.

Fig. 4. Section idéale du terrain de mollasse d'eau douce au Nant d'Avanchet.

A et B. Grès et marnes de la mollasse rouge du terrain d'eau douce.

1. Grès calcaire.
2. Calcaire brunâtre fétide.
3. Marnes grises feuilletées à *Cyclades*.
4. Calcaire brunâtre fétide.
5. Grès calcaire et gypse.
6. Marnes bleues schistoïdes à filons de gypse fibreux.
7. Marne noire avec *Planorbes* et bivalves, et une mince couche de lignite.
8. Comme 6.
9. Gypse.

Fig. 5. Vue de la superposition du calcaire d'eau douce à la mollasse rouge au promontoire D du plan *fig*. 3.

A. Terrain diluvien recouvrant des marnes bleues d'eau douce.
B. Couche de calcaire fétide d'eau douce.
C. Marne violette de la mollasse rouge.
De D en D'. Marnes grises et rouges de la mollasse rouge.
E. Couche épaisse de mollasse rouge et brune.

Fig. 6. Vue de la faille sous l'église de Vernier en F dans le plan *fig*. 3.

A. Diluvium.
B. Marnes bleues de la mollasse d'eau douce.
C. Marnes rouges et bigarrées de la mollasse rouge.

PLANCHE III.

Fig. 1. Section montrant la position relative du calcaire fétide et des grès et marnes d'eau douce à Verrières-sur-Archamp.

A. Calcaire fétide à tubulures.
B. Grès calcaire blanc se décomposant en sable.
C. Grès calcaire blanc et marnes bleues.

Fig. 2. Couches de houille d'eau douce à l'entrée méridionale du village de Belmont.

1. Mollasse grise ; A, galerie de traverse.
2. Grès bleuâtre marneux, schistoïde.
3. Marne bleue et grise.
4. Argile ou calcaire argileux à *Planorbes*.
5. Houille exploitée.
6. Mollasse grise à grain fin.
B. Interruption causée par la route.
7. Calcaire brun fétide.
8. Mollasse à grain fin comme 6.
9. Mince couche de houille.
10. Mollasse à grain fin comme 6 et 8.

Fig. 3. Ensemble des couches du vallon de la Paudaise sous Belmont.

A. Pont sur la Paudaise.
B. Village de Belmont.
C. Carrières de mollasse de Lausanne.
D. Rocher de mollasse grise.
E. Espace couvert par la végétation et la culture, mais où l'on a reconnu des traces de houille et de calcaire fétide.
c. f. Calcaire fétide à *Planorbes*.
h, h, h. Houille sèche ou lignite.
m. Couches alternantes de mollasse grise et de marne bleue.

Fig. 4. Section naturelle des couches du versant occidental et septentrional de la colline au-dessus du village de Belmont.

A. Galerie de traverse.
B. Espace couvert par la végétation et la culture.
a. Argile schisteuse.
c. f. Calcaire fétide.
h. Houille sèche.
m. Mollasse grise.

Fig. 5. Section passant par les villages d'Échallens, de Goumoens et d'Oulens, et par le Mortmont, colline calcaire au-dessus d'Entreroche et d'Éclépens.

C. Mortmont, calcaire du Jura à couches arquées.
O. Oulens.
G. Goumoens.
E. Échallens.
c. f. Calcaire fétide.
m. Couches alternantes de mollasse grise et de marne bleue.

Fig. 6. Section passant par Oulens, le château de Saint-Barthélemy
et Brétigny.

O. Oulens.

St B. Saint-Barthélemy.

B. Brétigny.

c. f. Calcaire fétide.

m. Mollasse et marnes grises et bleues alternant.

d. Diluvium.

Fig. 7. En haut :

L. Lausanne (mollasse grise).

B. Belmont (houille d'eau douce).

M^s de L. Monts de Lutry (mollasse rouge).

T^r de G. Tour de Gourze (grès récent torrentiel en haut et mollasse rouge en bas).

C. de C. Corniaux de Cully (grès gris et filons spathiques).

M^t de Ch. Mont de Chardonne (poudingue calcaire).

P. Les Pleyaux, première cime des Alpes (calcaire et grès secondaire en haut, mollasse rouge et grise en bas).

En bas :

P. Paudex (houille d'eau douce).

L. Lutey (éboulements et vignes).

C. Cully (éboulements et vignes).

St S. Saint-Saphorin (poudingue calcaire).

V. Vevay (mollasse rouge et verte, et argile schisteuse verte).

M. Montreux (calcaires secondaires).

PLANCHE DES FOSSILES.

Fig. 1, 2 et 3. Empreintes de feuilles sur le grès gris blanc d'Archamp.

Fig. 4. Portion de feuille de *Chamærops* ou *Flabellaria* en argile
schisteuse compacte, verte, luisante, et ressemblant à un
schiste talqueux, associée à la mollasse rouge de Vevay.

Fig. 5, 6, 7, 8, 9 et 10. Empreintes de feuilles dans le grès blanc
de Moudon.

Fig. 11. Lymnée des puits de Faguillon sur Cologny.

Fig. 12. Petite Lymnée des mêmes puits.

Fig. 13, 14 et 15. *Unios* ou *Anodontes* des mêmes puits.

Fig. 16. *a*, portion d'un coléoptère de grandeur naturelle ; *b*, grossi du puits de la Planta sur Cologny.

Fig. 17. Portion de feuille de **Chamærops** ou **Flabellaria** dans le grès mollasse gris de Mournex (Mont-Salève).

Fig. 18. **Cyclade** dans la marne gris bleu du Nant d'Avanchet, sous Vernier.

Fig. 19. Écaille de poisson? grossie, du puits supérieur de Faguillon sur Cologny.

Fig. 20. Curpolite ou graine, dans les marnes du même puits, grossie.

N. B. Tout est représenté de grandeur naturelle dans cette planche, excepté les *fig*. 16, 19 et 20, qui sont grossies.

FIN.

IMPRIMERIE D'HIPPOYTE TILLIARD,
rue St. Hyacinthe-St.-Michel, 30.

ERRATA.

Page iij, lig. 15, *au lieu de* Hatton, *lisez* Hutton.

Page vij, lig. 29, *au lieu de* ctmps, *lisez* temps.:

Page viij, lig. 24, *au lieu de* reconnaisance, *lisez* reconnaissance.

Page ix, lig. 31, *au lieu de* l'année, passée 1839, *lisez* l'année passée, 1839.

Page xvij, ligne 21, *au lieu de* pu, *lisez* ou.

Page xviij, lig. 15, *au lieu de* éprouvent, *lisez* éprouve.

Page xxix, lig. 10, *au lieu de* antiquit,é, *lisez* antiquité,

Page 5, ligne 15, au lieu de *nagelfuhl*, lisez *nagelfluh*.

Page 17, lig. 4, *au lieu de* et le cône, *lisez* et cône.

Ibid., lig. 5, *au lieu de* Paolo, *lisez* Palo.

Ibid., lig. 18, *au lieu de* est, *lisez* était.

Page 20, à la note, ligne dernière, *au lieu de* VX, *lisez* XV.

Page 25, lig. 4, *au lieu de* Reykianefs, *lisez* Reikianess.

Page 30, lig. 21, *au lieu de* Bouveret, *lisez* Boveret.

Page 38, lig. 29, *au lieu de* ses ses, *lisez* ses.

Page 42, lig. 17, *au lieu de* 80 mètres, *lisez* 26 mètres.

Page 46, lig. 17, *au lieu de* Édimburg, *lisez* Édimbourg.
Partout où le nom abrégé de cette ville est en anglais, au lieu de *Edimb.*, lisez *Edinb.*

Page 51, lig. 11, *au lieu de* une, *lisez* un.

Ibid., lig. 31, *au lieu de* passante, *lisez* fréquentée.

Page 80, lig. 14, *au lieu de* Weissten, *lisez* Weisstein.

Page 95, lig. 19, *au lieu de* Zirchnitz, *lisez* Zinchnitz.

Ibid., lig. 28, *au lieu de* Zichnitz, *lisez* Zinchnitz.

Page 129, lig. 11, *au lieu de* Kampchatka, *lisez* Kamchatka.

Page 138, lig. 13, *au lieu de* suberbes, *lisez* superbes.

Page 131, lig. 2, *au lieu de* Fettlar, *lisez* Fetlar.

Ibid., lig. 4, *au lieu de* Scheland, *lisez* Schetland.

Page 165, lig. 1, *au lieu de* la figure 7, *lisez* la fig. 1, Pl. 2.

Page 215, lig. 9, *au lieu de* Saint-Jéoires, *lisez* Saint-Jeoire.

Page 242, lig. 15, *au lieu de* Colligny, *lisez* Cologny.

Page 263, lig. 27, *au lieu de* sur le, *lisez* sur.

Ibid., lig. 30, *au lieu de* Mont-Brillant, *lisez* Montbrillant.

Page 267, lig. 15, *au lieu de* la London, *lisez* l'Allondon.

Page 268, lig. 22, *au lieu de* Scon, *lisez* Sion.

Page 286, lig. 19, *au lieu de* Moverau, *lisez* Moveran.

Page 288, lig. 1, *au lieu de* Culley, *lisez* Cully.

Même ligne, *au lieu de* Moudon, *lisez* Moudon.

Page 290, lig. 5, *idem*, *idem*.

Page 320, lig. 31, *au lieu de* 600 toises, *lisez* 1170 mètres.

Page 336, lig. 15, *au lieu de* Mobire, *lisez* Molire.

Ibid., lig. 31, *idem*, *idem*.

Page 346, lig. 22, *au lieu de* Taverges, *lisez* Faverges.

Page 382, lig. 17, *au lieu de* Pl. 11, *lisez* Pl. IV ou de fossiles.

Page 389, lig. 10, *au lieu de* la London, *lisez* l'Allondon.

Page 446, lig. 5, au lieu de *Solandry*, lisez *Solandri*.

Page 453, lig. 26, *au lieu de* entre Roche, *lisez* Entreroche.

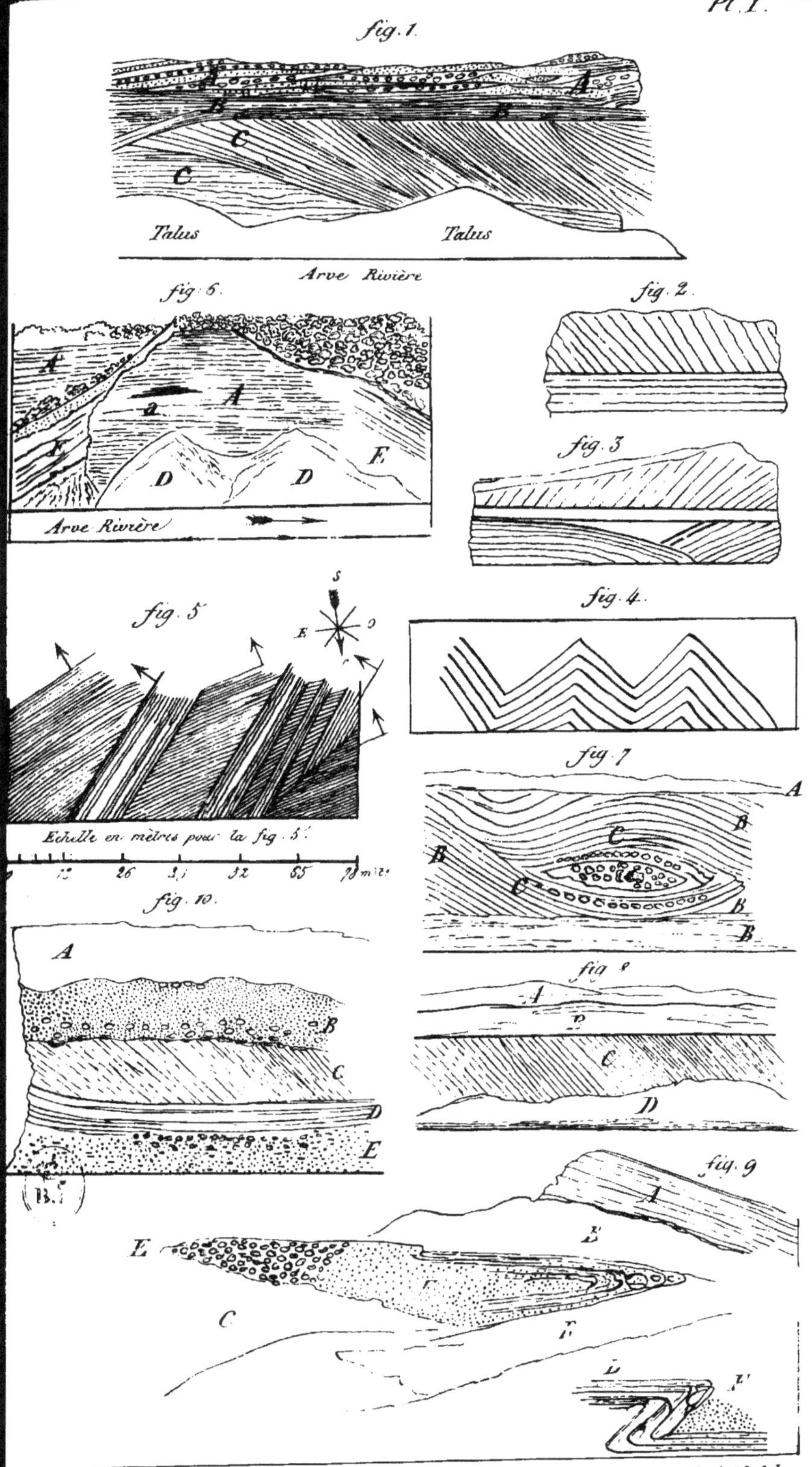
Pl. 1.
fig. 1.
A
B
C
C
Talus
Talus
Arve Rivière
fig. 6.
A
a
A
F
D
D
F
Arve Rivière
fig. 2.
fig. 3.
fig. 5.
S
E
O
fig. 4.
Echelle en mètres pour la fig. 5.
fig. 7.
A
B
C
B
C
B
B
fig. 10.
A
B
C
D
E
B
fig. 8.
A
P
C
D
fig. 9.
A
B
E
C
F
D

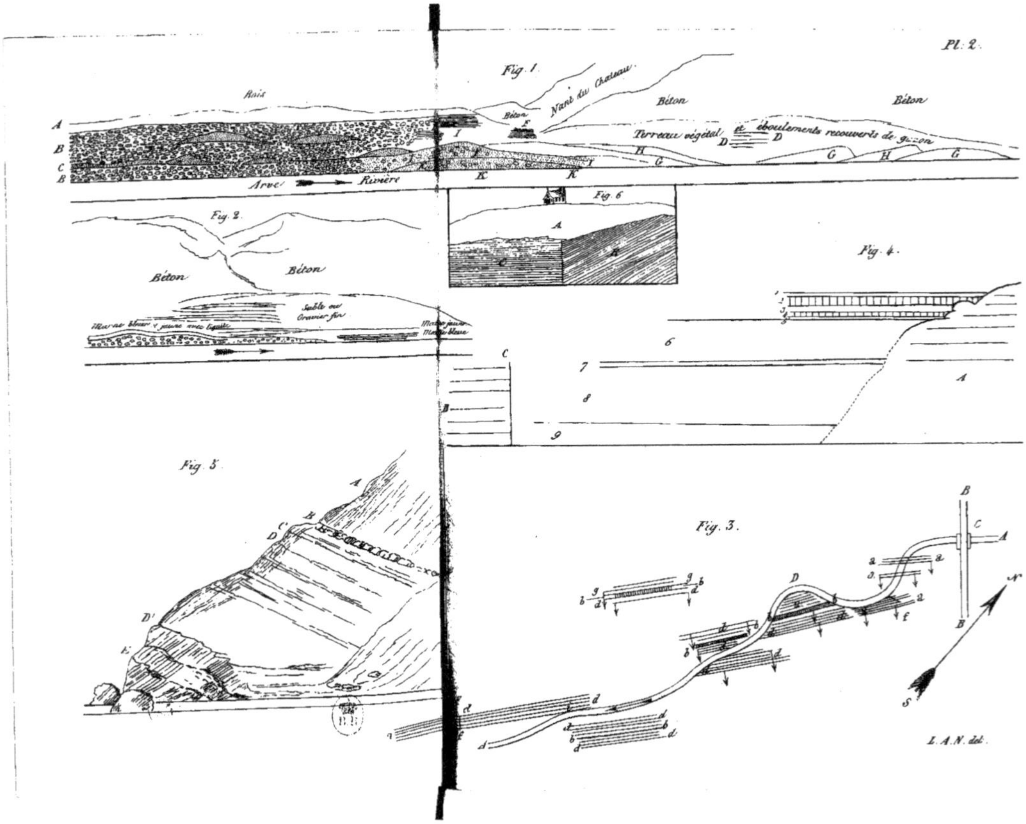

Fig. 1.
Nant du Château
Bois
Béton
Béton
Béton
Terreau végétal et éboulements recouverts de gazon
A B C B
D D
G H G H G
I
E
K K
Arve Rivière

Fig. 2.
Béton
Béton
Marne bleue et jaune avec lignite
Sable ou Gravier fin
Marne jaune Marne bleue
Arve Rivière

Fig. 6.
A
C
B

Fig. 4.
1 2 3 4
6
7
8
9
C
B
A

Fig. 5.
A
C
D
D'
E

Fig. 3.
A B C
a
a
a
a
b
b
d
d
d
d
D
f
N
S

L. A. N. del.

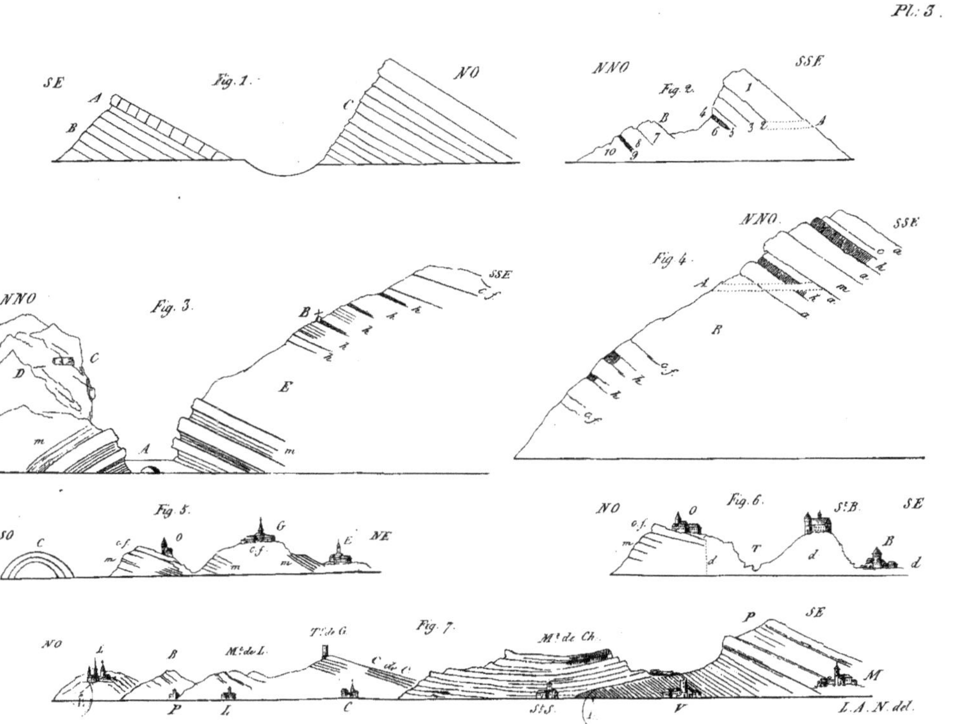

Pl. 3.
SE   Fig. 1.   NO
A
B
C
NNO   Fig. 2.   SSE
1
B   4
6   5   3   A
10 8   7
9
NNO   Fig. 3.   SSE
c.f.
B   h   h
C   h
D   h
E
m   A   m
Fig. 4.   NNO   SSE
o
h
a
A   h
m
R
c.f.
h
h
c.f.
SO   Fig. 5.   NE
C   c.f.   O   G   E
m   c.f.   m
NO   Fig. 6.   St. B.   SE
o.f.   O
m   d   T   d   B   d
NO   Fig. 7.   P   SE
L   B   Mt de L.   Tt de G.   Mt de Ch.
C de C   St. S.   V   M
P   L   C
L. A. N. del.

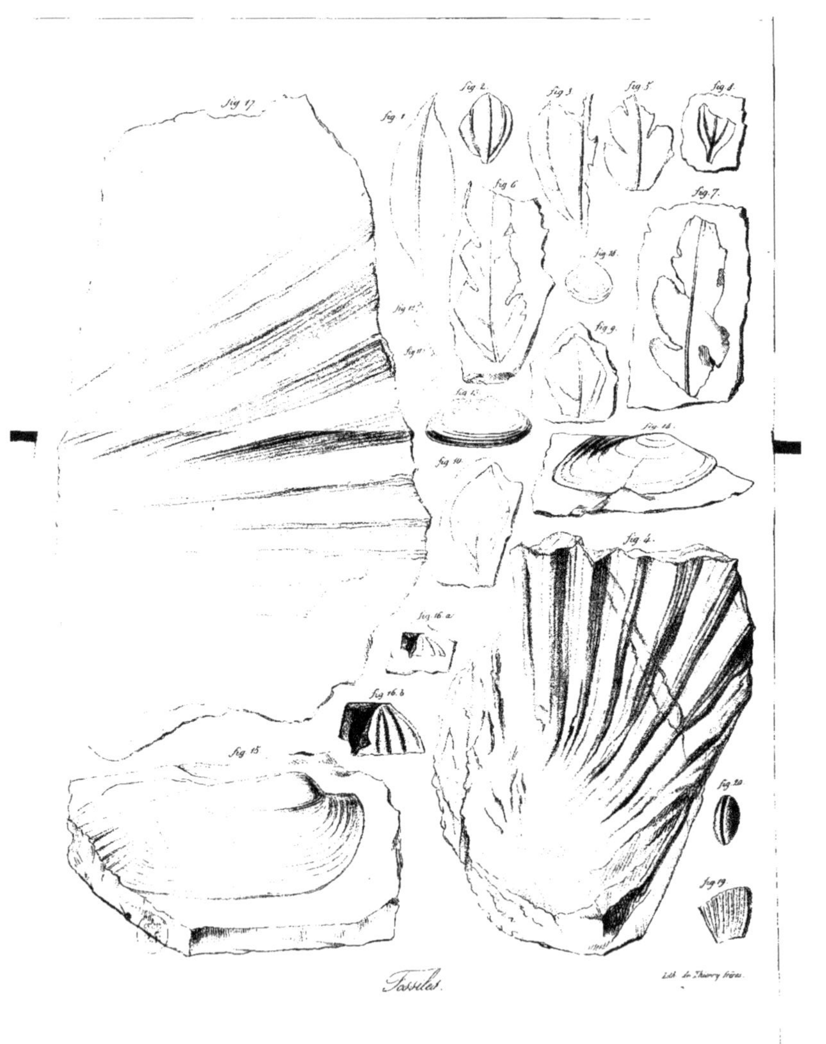

fig 17
fig 1
fig 2
fig 3
fig 5
fig 8
fig 6
fig 7
fig 18
fig 12
fig 11
fig 9
fig 13
fig 14
fig 10
fig 4
fig 16 a
fig 16 b
fig 15
fig 20
fig 19
Fossiles.
Lith. de Thierry frères.

Vue des falaises de St Jean prises du bout de la digue Doazat vers le confluent.

Vue des Creuses de l'Arve sous la Paumière.